建筑类专业优秀毕业设计（论文）系列丛书

建筑环境与设备工程

北京建筑工程学院　主编

中国建筑工业出版社

图书在版编目（CIP）数据

建筑环境与设备工程/北京建筑工程学院主编.—北京：中国建筑工业出版社，2010.9
建筑类专业优秀毕业设计（论文）系列丛书
ISBN 978-7-112-12308-7

Ⅰ.①建… Ⅱ.①北… Ⅲ.①建筑工程-环境管理-毕业设计-高等学校-教材②房屋建筑设备-毕业设计-高等学校-教材 Ⅳ.①TU-023②TU8

中国版本图书馆CIP数据核字（2010）第161040号

责任编辑：王 磊 蔡华民
责任设计：李志立
责任校对：王金珠 王雪竹

建筑类专业优秀毕业设计（论文）系列丛书
建筑环境与设备工程
北京建筑工程学院 主编
*
中国建筑工业出版社出版、发行（北京西郊百万庄）
各地新华书店、建筑书店经销
北京嘉泰利德公司制版
北京云浩印刷有限责任公司印刷
*
开本：787×1092毫米 1/16 印张：21½ 字数：536千字
2011年1月第一版 2011年1月第一次印刷
定价：**52.00**元
ISBN 978-7-112-12308-7
（19592）

本书编委会

前　言

“建筑环境与设备工程”专业是由原我院“供热通风与空调工程专业”和“燃气工程专业”，根据1998年教育部新颁布的专业目录调整改造的新专业。于2003年由教育部批准为第一批招生专业，2005年5月通过建设部高等教育建筑环境与设备工程专业评估。

本科生的毕业设计，是其对本科阶段所学知识的一次总复习，是其走上工作岗位之前对专业知识的一次大练兵。本专业除学习公共基础课外，还学习流体力学、工程热力学、传热学、建筑环境学、建筑环境测试技术、热质交换原理与设备、专业英语等专业基础课以及暖通空调、供热工程、燃气输配、燃气燃烧与装置、锅炉房工艺与设备、制冷技术等专业课程。在毕业设计过程中，学生将在指导老师的指导下，对这些专业知识有一个综合、系统的应用。

本书编写得到了北京建筑工程学院和中工国城科技（北京）有限公司的支持，并组织人员对优秀毕业设计进行优选和精编。本书所收录的毕业设计，都是在本专业近几年的优秀毕业设计中优选出来的，是学生在指导老师的指导下，结合实际工程或实际科研项目做出的，具有较高的专业水平。本书所收录的优秀毕业设计包括：北京富力城高层住宅分户热计量供暖设计、北京浅山区生态村主动式太阳房测试分析、上海某民用建筑大楼空调工程设计、空气源热泵热水器工质充灌工艺方案优化研究、某建筑空调工程设计、济南市天然气供应规划、北京某小区供热外网及热源工程设计、天然气催化燃烧特性在炉膛中的应用研究和天然气供热锅炉节能技术与应用研究。

希望本书能为即将或正在进行毕业设计的同学们提供指导和帮助，同时也能为指导毕业设计的老师们提供思路和参考。

编者

2010年5月

目 录

1　北京富力城高层住宅分户热计量供暖设计

聂晶晶（建筑环境与设备工程，2006届）

指导老师：王随林

简　介

本项目为北京市富力城D51楼及D52楼住宅分户热计量供暖设计。D51楼为高层建筑，供暖建筑面积为9735m^2，供暖面积热指标35.3W/m^2；地上21层，首层商业层高4.65m，2～21层为住宅，每层层高均为2.9m；地下两层，地下一层为物业办公，层高3.5m，地下二层为人民防空地下室，层高3.4m。D52楼也为高层建筑，供暖建筑面积为5994m^2，供暖面积热指标34.8W/m^2；其中地上14层，首层商业层高4.65m，2～14层为住宅，每层层高均为2.9m；地下两层，地下一层为物业办公，层高3.5m，地下二层为人民防空地下室，层高3.4m。住宅、商业、物业办公均需供暖，人民防空地下室不供暖。

1.1 设计原始资料

1.1.1 土建资料

1. 地下二层平面图（建1）（1：100）
2. 地下一层平面图（建2）（1：100）
3. 首层平面图（建3）（1：100）
4. 2~8层平面图（建4）（1：100）
5. 9~10层平面图（建5）（1：100）
6. 11~14层平面图（建6）（1：100）
7. 15~20层平面图（建7）（1：100）
8. 21层平面图（建8）（1：100）
9. 21层屋顶平面图（建9）（1：100）
10. 建筑立面图（建10）（1：150）

1.1.2 气象资料

本工程位于北京地区，气象资料如下：

1. 冬季供暖室外计算温度 t'_w：$t'_w=-9℃$
2. 冬季室外日平均温度 t_p：$t_p=-1.6℃$
3. 冬季累年最低日平均温度 $t_{p,min}$：$t_{p,min}=-15.9℃$
4. 冬季室外风速、主导风向、风频率

（1）冬季室外风速：$v=2.8m/s$

（2）主导风向：NNW（北偏西）

（3）风频率：13%

1.1.3 热源

室外热网供、回水温130℃/70℃，整个小区设置一个换热站，二次网供、回水温80℃/60℃。

1.2 围护结构传热系数的计算与最小传热阻的校核

1.2.1 围护结构传热系数的计算

1. 计算公式

（1）对于匀质多层材料（平壁），如一般建筑的外墙、屋顶的传热系数 K 值可由下式计算：

$$K=\frac{1}{R_o}=\frac{1}{\frac{1}{\alpha_n}+\sum\frac{\delta_i}{\lambda_i}+\frac{1}{\alpha_w}}=\frac{1}{R_n+R_j+R_w}$$

式中 R_o——围护结构的传热阻（$m^2\cdot$℃/W）；

α_n、α_w——围护结构内表面、外表面的换热系数［W/（$m^2\cdot$℃）］，

依据《采暖通风与空气调节设计规范》GB50019－2003 可查得：

$\alpha_n=8.7$W/（$m^2\cdot$℃）；$\alpha_w=23$W/（$m^2\cdot$℃）；

R_n、R_w——围护结构的内表面、外表面的传热阻（$m^2\cdot$℃/W）；

δ_i——围护结构各层的厚度（m）；

λ_i——围护结构各层材料的导热系数［W/（m·℃）］；

R_j——由单层或多层材料组成的围护结构各层材料的热阻（$m^2\cdot$℃/W）。

凡有外保温的外墙、屋顶，要对计算出的传热系数进行修正，乘以修正系数 1.3。

（2）对于内墙、楼板的传热系数 K 值可由下式计算：

$$K=\frac{1}{R_o}=\frac{1}{\frac{1}{\alpha_n}+\sum\frac{\delta}{\lambda}+\frac{1}{\alpha_n}}=\frac{1}{2R_n+R_j}$$

（3）对于门、窗的传热系数 K 值可由设计手册查得。

2. 计算结果

（1）墙体、楼板、屋顶结构做法图（图 1－1～图 1－5）及建筑材料的物性参数列表（表 1－1）

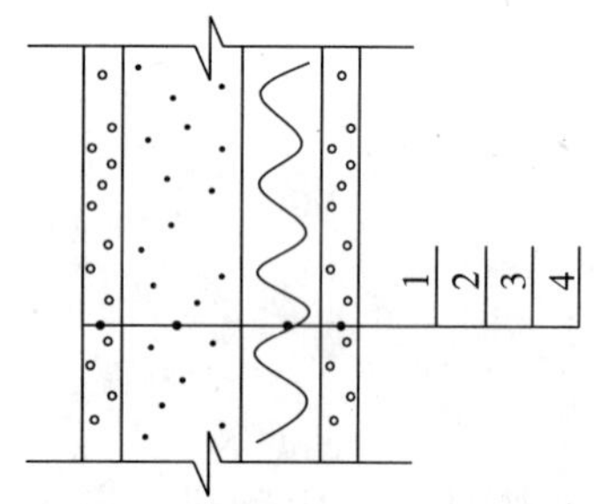

1—水泥砂浆内抹灰，厚15mm；
2—钢筋混凝土，厚200mm；
3—挤塑聚苯板保温，厚70mm；
4—水泥砂浆外抹灰，厚15mm。

图 1－1 外墙做法

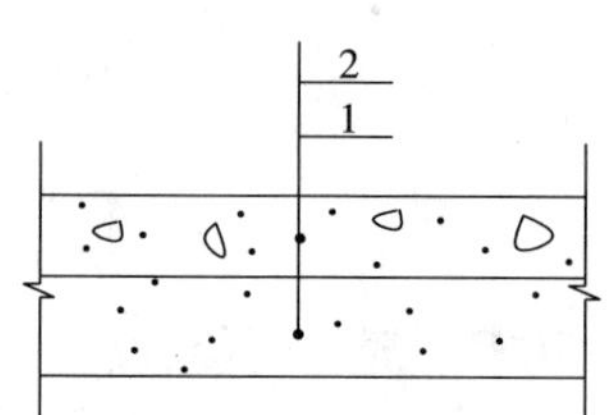

1—钢筋混凝土，厚200mm；
2—挤塑聚苯板保温，厚110mm。

图 1－2 屋顶做法

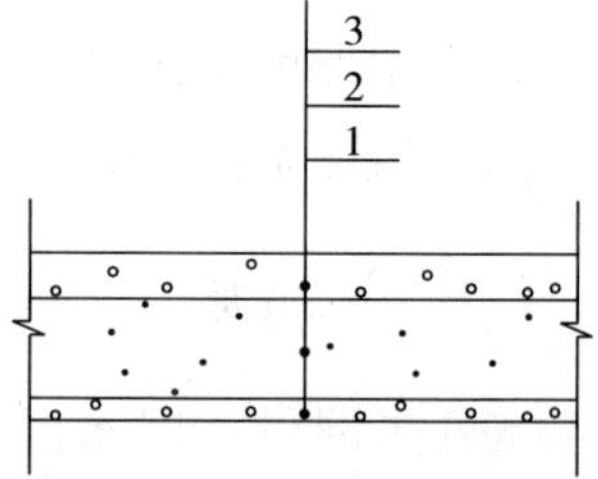

1—水泥砂浆抹灰，厚15mm；
2—钢筋混凝土，厚180mm；
3—水泥砂浆，厚80mm。

图 1－3 楼板做法

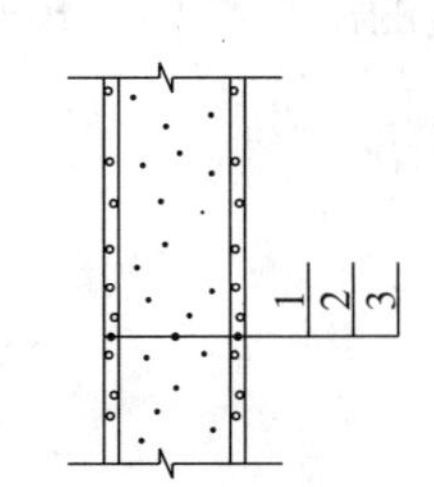

1—水泥砂浆抹灰，厚5mm；
2—钢筋混凝土，厚200mm；
3—水泥砂浆抹灰，厚5mm。

图1－4　内墙做法

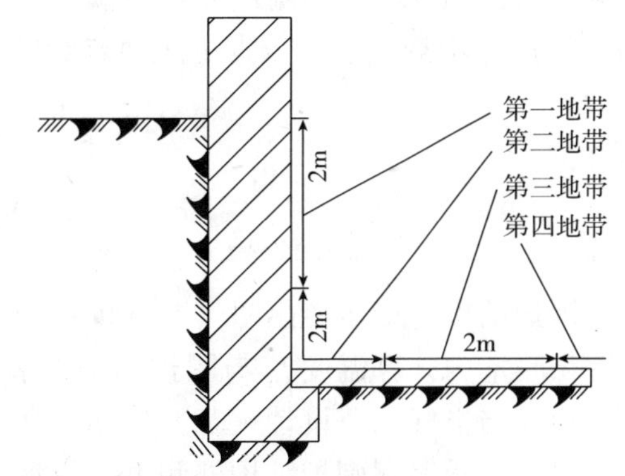

图1－5　地下室四个地带划分

建筑材料的物性参数列表　　表1－1

材料	水泥砂浆	钢筋混凝土	挤塑聚苯板
导热系数 λ [W/(m·K)]	0.93	1.74	0.03
蓄热系数 S [W/(m^2·K)]	11.37	17.2	0.25

（2）外墙、楼板、屋顶、内墙的传热系数（表1－2）

外墙、楼板、屋顶、内墙的传热系数表　　表1－2

传热系数 K	外墙	屋顶	楼板	内墙
W/(m^2·℃)	0.5	0.33	2.4	2.9

（3）地下室贴土非保温墙体、门、窗的传热系数（表1－3、表1－4）

地下室贴土非保温墙体传热系数表　　表1－3

传热系数 K	第一地带	第二地带	第三地带	第四地带
W/(m^2·℃)	0.47	0.23	0.12	0.07

门、窗传热系数表　　表1－4

传热系数 K	外窗	内门	内窗	户门
W/(m^2·℃)	2.9	6.4	6.4	2.0

注：1. 户门的传热系数由厂家样本提供；
2. 外窗采用中空玻璃。空气层9mm厚，两侧玻璃均6mm厚，窗框为PA断桥铝合金，查《公共建筑节能设计标准》，则外窗的传热系数可查。

1.2.2　最小传热阻的计算与校核

1. 围护结构最小传热阻的概念

由于考虑到，除浴室等相对湿度很高的房间外，围护结构内表面温度 τ_n 应满足不结露的要求，内表面结露可能导致耗热量增大、围护结构易于损坏。除此之外，室内空气温

度 t_n 与围护结构内表面温度 τ_n 的温度差还应满足卫生要求。当内表面温度过低，人体向外辐射热过多，会产生不舒适感。依据上述两点要求确定的围护结构的传热阻称为最小传热阻。

2. 计算公式

$$R_{omin}=\frac{a\ (t_n-t_{w,e})}{\Delta t_y}R_n$$

式中 R_{omin}——围护结构的最小传热阻（$m^2\cdot ℃/W$）；

Δt_y——供暖室内计算温度 t_n 与围护结构内表面温度 τ_n 的允许温差，可由《采暖通风与空气调节设计规范》GB50019－2003 查得；

a——对于供暖房间围护结构外侧不是与室外空气直接接触而引起的温差修正系数，可由《采暖通风与空气调节设计规范》GB50019－2003 查得；

t_n——冬季室内计算温度（℃），所谓室内计算温度是指距地面 2m 以内人们活动地区的平均空气温度。室内空气温度的选择，对于分户热计量的供暖形式，卧室、起居室和卫生间等主要居住空间的室内计算温度应按相应的设计标准提高 2℃。冬季室内计算温度选择见表 1－5。

冬季室内计算温度表 **表 1－5**

房间类型	卧室	客厅、餐厅	多功能房	浴厕	厨房
t_n（℃）	20	20	20	22	16
房间类型	厕所	物业用房	物业用库房	入口大堂	商业
t_n（℃）	18	18	16	16	18

D——热惰性指标；

对于匀质多层材料组成的平壁围护结构，D 由下式计算：

$$D=\sum_{i=1}^{n}D_i=\sum_{i=1}^{n}R_iS_i=\sum_{i=1}^{n}\frac{\delta_i}{\lambda_i}S_i$$

式中 R_i——各层材料的导热阻（$m^2\cdot ℃/W$）；

S_i——各层材料的蓄热系数［$W/(m^2\cdot ℃)$］。

$t_{w,e}$——冬季围护结构室外计算温度，与 D 有关（℃）。

$D>6$ 时，$t_{w,e}=t'_w$

$D\in 4.1\sim 6$ 时，$t_{w,e}=0.6t'_w+0.4t_{p,min}$

$D\in 1.6\sim 4$ 时，$t_{w,e}=0.3t'_w+0.7t_{p,min}$

$D\leqslant 1.5$ 时，$t_{w,e}=t_{p,min}$

式中 t'_w——冬季室外计算温度（℃），所谓冬季供暖室外计算温度是指历年平均不保证 5 天的日平均温度；

$t_{p,min}$——冬季累年最低日平均温度（℃）。

3. 计算结果及校核（表1－6）

最小传热阻 R_{omin} 校核步骤表　　**表1－6**

计算及校核步骤	外墙计算及校核	屋顶计算及校核
计算热惰性指标 D	$D=\sum_{i=1}^{n}R_iS_i=2.93$	$D=\sum_{i=1}^{n}R_iS_i=2.89$
计算冬季围护结构室外计算温度 $t_{w,e}$	$t_{w,e}=0.3t'_w+0.7t_{p,min}$ $=-13.83℃$	$t_{w,e}=0.3t'_w+0.7t_{p,min}$ $=-13.83℃$
计算最小传热阻 R_{omin}	$R_{omin}=\frac{a(t_n-t_{w,e})}{\Delta t_y}R_n$ $=\frac{1\times(22+13.83)}{6}\times\frac{1}{8.7}$ $=0.69$	$R_{omin}=\frac{a(t_n-t_{w,e})}{\Delta t_y}R_n$ $=\frac{1\times(22+13.83)}{4}\times\frac{1}{8.7}$ $=1.03$
计算实际热阻 R	$R=\frac{1}{K}=2$	$R=\frac{1}{K}=3.03$
校核	$R>R_{omin}$ 合格	$R>R_{omin}$ 合格

注：在计算最小传热阻时，由于外墙相邻的房间室内设计温度各不相同，而公式中其他项都分别相同，在进行围护结构最小传热阻校核的时候，只需找到最小传热阻的最大值，即室内设计温度达到最大值的时候，围护结构的最小传热阻达到最大值。如果该围护结构的实际热阻大于最小传热阻的最大值，那么该围护结构就能满足不结露和人体卫生要求。

1.3　供暖设计热负荷的计算

供暖系统的热负荷是指在一定室外温度 t_w 下，为了达到要求的室内温度 t_n，供暖系统在单位时间内向建筑物供给的热量，它随着建筑物得失热量的变化而变化。供暖系统设计热负荷是指在设计室外温度 t'_w 下，为了达到要求的室内温度 t_n，供暖系统在单位时间内向建筑物供给的热量，是一个常数。

在工程设计中，供暖系统的设计热负荷 Q' 依据下式进行计算：

对于一般建筑 $Q'=Q'_1+Q'_2+Q'_3$

对于分户热计量建筑 $Q'=Q'_1+Q'_2+Q'_3+Q'_4$

式中　Q'——供暖系统的设计热负荷（W）；

Q'_1——围护结构的传热耗热量（W）；

Q'_2——冷风渗透耗热量（W）；

Q'_3——冷风侵入耗热量（W）；

Q'_4——户间传热负荷（W）。

户间传热负荷仅作为确定户内供暖设备容量和计算户内管道的依据，不应计入户外供暖干管热负荷和建筑总负荷内。

1.3.1　围护结构的传热耗热量

围护结构的传热耗热量是指当室内温度高于室外温度时，通过围护结构向外传递的热量。在工程设计中，它包括围护结构传热的基本耗热量 $Q'_{1,j}$ 和附加耗热量 $Q'_{1,x}$。基本耗热量是指在设计条件下，通过房间各部分围护结构（门、窗、墙、地板、屋顶等）从室内传递到室外的稳定传热量的总和。附加耗热量是指围护结构的传热状况发生变化而对基本耗热量进行修正的耗热量。附加修正耗热量包括风力附加、高度附加和朝向修正耗热量。

1. 围护结构传热的基本耗热量 $Q'_{1,j}$

$$Q'_{1,j} = \sum KF(t_n - t'_w)a$$

式中 $Q'_{1,j}$——围护结构传热的基本耗热量（W）；

K——围护结构的传热系数［W/（m^2 · ℃）］；

t_n——冬季室内计算温度（℃）；

t'_w——供暖室外计算温度（℃）；

F——围护结构的面积（m^2）。

围护结构面积的丈量原则：

（1）外墙：高度从本层地面算到上层地面（底层除外），对于平屋顶的建筑物，最顶层的丈量是最顶层的地面到平屋顶的外表面的高度，而对有闷顶的斜屋面，算到闷顶内的保温层表面。其平面尺寸，应该按照建筑物外廓尺寸丈量，两相邻房间以内墙中心线为分界线进行丈量。

（2）门、窗：依据外墙面上的净空尺寸计算。

（3）闷顶、平屋顶：闷顶应按建筑物外墙以内的内廓尺寸进行计算，平屋顶的顶棚面积按建筑物外廓尺寸进行计算。

（4）地面：应按建筑物外墙以内的内廓尺寸进行计算。

（5）地下室：位于室外地面以下的外墙，其耗热量的计算方法与地面的计算相同，但传热地带的划分，应从与室外地面相平的墙面算起，即把地下室外墙在室外地面以下的部分，看做是地下室地面的延伸。

以上面积丈量原则如图 1－6 和图 1－7 所示。

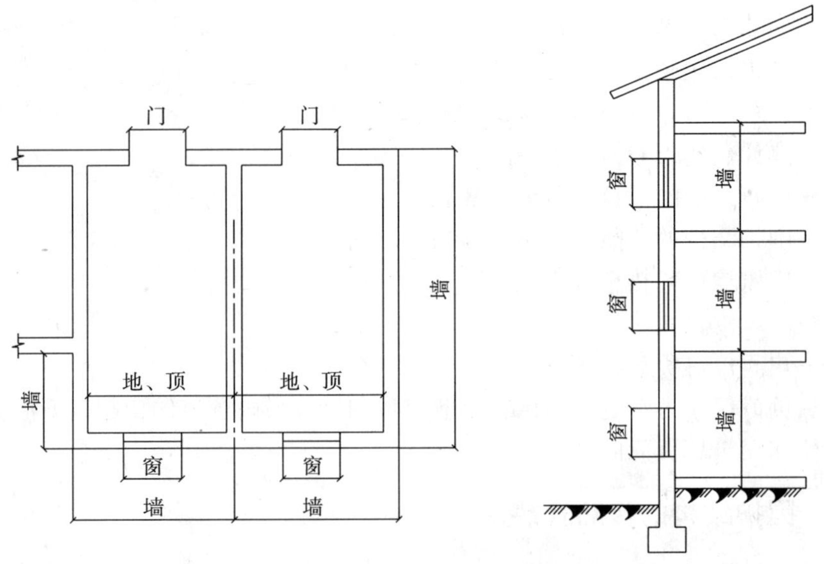

图 1－6 围护结构传热面积的尺寸丈量规则

2. 围护结构传热的附加耗热量 $Q'_{1,x}$

(1) 朝向修正 X_{ch}

朝向修正是考虑建筑物受太阳照射影响而对围护结构基本耗热量进行修正。采用的修正方法是按照围护结构的不同朝向，采用不同的修正率。需要修正的耗热量等于垂直的外围护结构的（门、窗、外墙及屋顶的垂直部分）基本耗热量乘以相应的朝向修正率。规范规定：各向附加百分率，宜按规范选用。

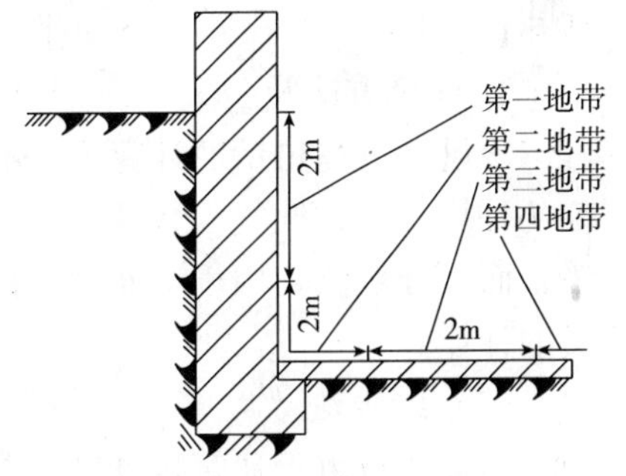

图 1－7　地下室面积丈量规则

朝向修正系数选择见图 1－8、图 1－9。

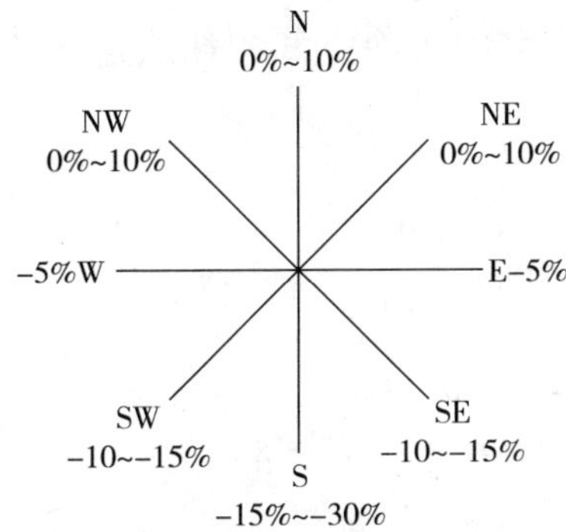

图 1－8　规范中对朝向修正系数的规定

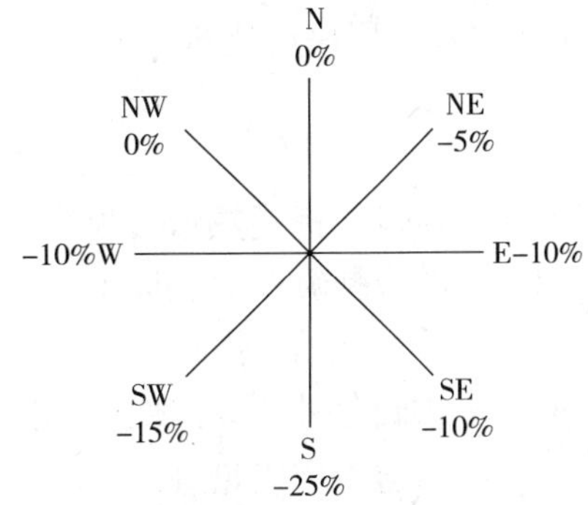

图 1－9　北京地区朝向修正系数的选择

(2) 风力附加 X_f

风力附加是考虑室外风速变化而对围护结构基本耗热量的修正，在计算围护结构的基本耗热量时，外表面换热系数 α_w 是对应风速约 4m/s 的计算值。如果室外风速和实验值不一样，α_w 值就要变化。但是，风的方向和大小都是不停变化的，且 α_w 的变动对传热系数 K 值影响不太大。因此，一般情况下不必附加。且周边都是高层建筑（十层及十层以上的居住建筑，包括首层设置商业服务网点的住宅），本设计风力修正系数：$X_f=0$。风力附加要附加在围护结构的基本耗热量之上。

(3) 高度附加 X_g

高度附加是考虑热气流上升，建筑物层高太高时工作区的温度无法保证而引起的修正。高度附加要附加在围护结构的基本耗热量和附加耗热量（进行朝向、风力修正后的耗热量）的总和上。民用建筑和工业辅助建筑（楼梯间除外）的高度附加率：当房间高度大于 4m 时，每高出 1m 应附加 2%，但总的附加率不应大于 15%。

3. 围护结构的传热耗热量 Q'_1

$$Q'_1 = Q'_{1,j} + Q'_{1,x} = (1 + X_g) Q'_{1,j} (1 + X_{ch} + X_f)$$

1.3.2　冷风渗透耗热量

1. 定义

在风力和热压造成的室内外压差作用下，室外的冷空气通过门、窗等缝隙渗入室内，被加热后逸出。把这部分冷空气从室外温度加热到室内温度所需的耗热量，称为冷风渗透耗热量。

2. 计算方法及公式

冷风渗透耗热量的计算方法有缝隙法、换气次数法及百分数法。其中，缝隙法是最准确的计算方法；换气次数法是在缺乏足够的门窗缝隙数据时，用于民用建筑的概略计算法；而百分数法是用于工业建筑的概略计算法。本工程设计采用缝隙法进行冷风渗透耗热量的计算。

（1）缝隙法

高层建筑由于建筑物高度附加，热压的作用不能忽略，进行冷风渗透耗热量计算时，应综合考虑风压和热压的共同作用。缝隙法是根据门窗缝隙的长度和在风压与热压共同作用下每米长缝隙渗入的冷空气量计算的方法。

对于多层和高层民用建筑，加热由门窗缝隙渗入室内的冷空气的耗热量，可按下式计算：

$$Q'_2 = 0.28c_p\rho_w L(t_n - t'_w)$$

式中 Q'_2——冷风渗透耗热量（W）；

0.28——单位换算系数，即 1kJ/h = 0.28W；

c_p——冷空气的定压比热容，$c_p = 1\text{kJ}/(\text{kg}\cdot\text{K})$；

ρ_w——供暖室外计算温度下的空气密度（kg/m^3）；

L——渗透冷空气量（m^3/h）。

由上式可知，在室内外温差一定时，冷风渗透耗热量主要取决于渗透冷空气量 L，用缝隙法计算时，渗透冷空气量按下式确定：

$$L = m^b L_0 l_1$$

式中 l_1——门窗缝隙的计算长度（m）；

门窗缝隙的计算长度 l 按各朝向可开启的外门窗缝隙丈量，并以下述原则确定：

①当房间仅有一面或相邻两面外墙时，全部计入其外门、窗的缝隙；

②当房间有相对两面外墙时，仅计入风量较大一面外墙的缝隙；

③当房间有三面外墙时，仅计入风量较大一面外墙的缝隙；

④当房间有四面外墙时，则计入较多风向的 1/2 外围护范围内的外门、窗缝隙。

b——门窗缝隙渗风指数，$b = 0.56 \sim 0.78$，当无实测数据时，可取 $b = 0.67$；

L_0——通过每米门窗缝隙进入室内的理论渗透冷空气量［$\text{m}^3/(\text{m}\cdot\text{h})$］，通过每米门窗缝隙进入室内的理论渗透冷空气量 L_0 是指在基准高度单纯风压作用下，不考虑朝向修正和建筑物内部隔断情况时，通过每米门窗缝隙进入室内的理论渗透冷空气量，按下式计算：

$$L_0 = a\left(\frac{\rho_w v_0^2}{2}\right)^b$$

式中 v_0——基准高度（风观测高度 $h_0 = 10\text{m}$）冬季室外最多风向的平均风速（m/s）；

a——外门窗缝隙渗风系数［$\text{m}^3/(\text{m}\cdot\text{h}\cdot\text{Pa}^b)$］，当无实测数据时，可根据国家现行标准《建筑外窗气密性能分级及检测方法》按

表1－7采用。

外门窗缝隙渗风系数下限值 **表1－7**

建筑外窗空气渗透性能分级	Ⅰ	Ⅱ	Ⅲ	Ⅳ	Ⅴ
a [m^3 ($m \cdot h \cdot Pa^{0.67}$)]	0.1	0.3	0.5	0.8	1.2

m——门窗的冷风渗透压差综合修正系数；

实际上通过每米缝隙冷风渗透量影响因素很多，因此，根据理论渗透冷空气量计算实际渗透冷空气量时，需要引入相应的修正。冷风渗透压差综合修正系数m正是一个综合考虑在风压和热压共同作用下，不同建筑物体型、内部隔断和空气流通等情况时，不同朝向、不同高度的门窗冷风渗透压差综合修正系数。

我国现行暖通规范推荐冷风渗透压差综合修正系数m按下式计算：

$$m = C_r \cdot \Delta C_f \cdot (n^{1/b} + C) \cdot C_h$$

式中 C_r——热压系数，当无法精确计算时，按照表1－8选用；

热压系数表 **表1－8**

内部隔断情况	开敞空间	有内门或房门		有前室门、楼梯间门或走廊两端设门	
		密闭性差	密闭性好	密闭性差	密闭性好
C_r	1.0	0.8～1.0	0.6～0.8	0.4～0.6	0.2～0.4

ΔC_f——风压差系数，当无实测数据时，可取$\Delta C_f = 0.7$；

n——单独风压作用下，渗透冷空气量的朝向修正系数，其值可由《采暖通风与空气调节设计规范》GB50019－2003查得；

C_h——高度修正系数，可按下式计算：

$$C_h = 0.3h^{0.4}$$

式中 h——计算门窗的中心线标高（m）；

C——作用于门窗上的有效热压差与有效风压差之比，简称压差比，按下式计算：

$$C = 70 \cdot \frac{h_z - h}{\Delta C_f v_0^2 h^{0.4}} \cdot \frac{t'_n - t'_w}{273 + t'_n}$$

式中 h_z——中和面标高（m），指室内外压力差为零的界面。通常在纯热压作用下，可以近似取建筑物高度的一半；

t'_n——建筑物内形成热压作用的竖井内空气计算温度，简称竖井温度（℃），其他符号同前。

（2）工程上的计算方法

北向： $Q'_2 = 12 \times l_1$

其他方向： $Q'_2 = 10 \times l_1$

式中 l_1——门、窗的缝长（m）。

采用缝隙法计算某一房间一竖向的冷风渗透耗热量，与工程上的方法比较，工程上的粗算基本合理。

1.3.3 冷风侵入耗热量

1. 定义

在冬季受风压和热压作用下，冷空气由开启的外门侵入室内。把这部分冷空气加热到室内温度所消耗的热量称为冷风侵入耗热量。

2. 计算公式

$$Q'_3 = NQ'_{1,j,m}$$

式中 N——考虑冷风侵入的外门附加率；

$Q'_{1,j,m}$——外门的基本耗热量（W）。

1.3.4 户间传热负荷

1. 定义

在实施分户热计量后，存在部分房间间歇供暖或者较大幅度调节室温的可能性，因此造成邻户耗热量增大，这部分耗热量称为户间传热负荷。

2. 计算公式

$$Q'_4 = KF \times 6 \times (30\% \sim 80\%)$$

式中 K——户间墙（楼板）的传热系数［W/（m^2·℃）］；

F——户间墙（楼板）的面积（m^2）；

6——户间温差（℃）。对于分户热计量散热器供暖住宅建筑，与邻户的温差按照6℃进行计算。

30%～80%——户间出现传热温差的概率。一般可取50%，而顶层和底层垂直方向因只向下或向上传热，因此要取较大的概率，如取70%～80%。

1.3.5 供暖设计热负荷计算中特殊问题的处理

（1）凡与相邻房间的温差小于5℃，无论对于失热一方还是得热一方都计算围护结构耗热量，不再校核这一部分围护结构耗热量是否大于该房间热负荷的10%（规范规定与相邻房间的温差小于5℃，且这一部分围护结构耗热量大于该房间热负荷的10%时，要计入这一部分围护结构耗热量，小于10%不计入）。

（2）阳台校核

本设计中阳台不供暖，但是要保证阳台里放置的洗衣机水管不冻，因此，阳台的最低温度要控制在5℃。进行阳台温度校核时，先假定阳台的温度为5℃，然后计算它的得热量和失热量，如果得热量大于失热量，说明阳台的温度可以保证在5℃以上；如果得热量小于失热量，说明阳台的温度无法保证最低要求，这时就要提高邻近房间的温度进行试算，直到阳台的得热量大于失热量为止，如果阳台邻近的房间温度上升得过大才能保证阳台5℃，则考虑阳台也要供暖。

（3）户间出现传热温差的概率的选择

1）D51 楼户间传热概率（表1－9）

D51 楼户间传热概率表 **表1－9**

户间出现传热温差概率	底板	顶板	户间隔墙
1层（首层商业）		70%	
2层（住宅）		70%	70%
3～20（住宅）	50%	50%	50%
21（顶层住宅）	70%		70%

对于首层商业供暖，24h 常开，在计算户间传热负荷时：对于底板，下邻物业办公，供暖24h 常开，商业底板不发生户间传热；对于户间隔墙，不发生户间传热；对于顶板，考虑到上层住宅可能很大幅度地调节室内温度，甚至关闭，因此发生户间传热的概率比较大（即只有顶板发生户间传热），户间传热概率取70%。

对于二层住宅，在计算户间传热负荷时：对于底板，下邻商业，商业供暖24h 常开，因此住宅底板不计户间传热；对于户间隔墙和住宅顶板，考虑到上层住宅和户间隔墙可能很大幅度地调节室内温度，甚至关闭，且发生户间传热的概率比较大（只有顶板和隔墙发生户间传热），户间传热概率取70%。

对于3～20 层住宅，在计算户间传热负荷时：对于底板、顶板、户间隔墙，考虑到上、下层住宅和户间隔墙可能很大幅度地调节室内温度，甚至关闭，且各个方向户间传热概率小，因此户间传热概率取50%。

对于21 层（顶层住宅），在计算户间传热负荷时：对于底板、户间隔墙，考虑到下层住宅和户间隔墙可能很大幅度地调节室内温度，甚至关闭，且发生户间传热的概率比较大（只有底板和户间隔墙发生户间传热），户间传热概率取70%。

2）D52 楼户间传热概率（表1－10）

D52 楼户间传热概率表 **表1－10**

户间出现传热温差概率	底板	顶板	户间隔墙
1层（首层商业）		70%	
2层（住宅）		70%	70%
3～13（住宅）	50%	50%	50%
14（顶层住宅）	70%		70%

D52 楼户间传热概率的选取原则同 D51 楼。

（4）既是户间墙又有围护结构传热耗热量的处理

当户间隔墙存在室内设计温度差异，且又有户间传热时，本着最不利的情况，对于温度较高的房间，取户间传热和隔墙围护结构耗热量的较大值；对于温度较低的房间，全部按照户间传热进行计算。原因在于，对于温度较高的房间，无论其相邻户的房间供暖还是关闭暖气，取户间传热和隔墙围护结构耗量的较大值都能保证本户的温度与设计温度相差不大。对于温度较低的房间，当其相邻户关闭暖气时，该户失热，当其相邻户供暖时，该户得热，这两种情况相比，该户的这个房间失热更为不利。

1.3.6 热指标及平均传热系数的计算

1. 供暖面积热指标 q_f

(1) 计算公式

$$q_f = \frac{Q'_1 + Q'_2 + Q'_3}{F}$$

式中 F——建筑物的建筑面积（m^2）；

q_f——供暖面积热指标（W/m^2）。

(2) 计算结果（表1-11）

面积热指标表 表1-11

楼号	设计面积热指标 q_f（W/m^2）	平均面积热指标 q'_f（W/m^2）	北京地区节能标准热指标（W/m^2）
D51	$q_f=35.3$	21.4	32（20.6）
D52	$q_f=34.8$	21.1	

注：1. 平均面积热指标是对应室内温度为16℃，室外温度为-1.6℃下的热指标，可由设计面积热指标折算得到；

2.《居住建筑节能设计标准》DBJ 01-602-2004 规定：北京地区普通住宅的供暖设计热负荷指标不宜超过32W/m^2；

3.《民用建筑节能设计标准》（供暖居住建筑部分）规定北京地区的建筑耗热量指标为20.6W/m^2（对应室内温度为16℃，室外温度为-1.6℃下的热指标），且北京地区的供暖住宅建筑耗热量指标不应超过20.6W/m^2。

2. 供暖体积热指标 q_v

(1) 计算公式

$$q_v = \frac{Q'_1 + Q'_2 + Q'_3}{V_w(t_n - t'_w)}$$

式中 V_w——建筑物的外围体积（m^3）；

t_n——供暖室内计算温度（℃）；

t'_w——供暖室外计算温度（℃）；

q_v——建筑物的供暖体积热指标（$W/m^3 \cdot ℃$）。

(2) 计算结果（表1-12）

体积热指标表 表1-12

楼号	D51	D52
体积热指标 q_v（$W/m^3 \cdot ℃$）	0.43	0.42

3. 建筑围护结构的平均传热系数 K_m

(1) 计算公式

$$K_m = \sum_{i=1}^{m} K_i F_i / F_o$$

式中 K_i——参与传热的各围护结构的传热系数［W/（$m^2 \cdot ℃$）］；

F_i——相应的围护结构面积（m^2）；

F_o——参与传热的各围护结构面积的总和（m^2）；

K_m——建筑物围护结构的平均传热系数［W/（m^2·℃）］。

（2）计算结果及校核（表1-13）

平均传热系数计算结果及校核　　表1-13

楼号	平均传热系数 K_m	平均传热系数的校核
D51	$K_m = 1.40$	$K_m < 1.84$
D52	$K_m = 1.39$	$K_m < 1.84$

《民用建筑节能设计标准》（供暖居住建筑部分）规定：$K_m < 1.84$。

1.4 散热设备的选择计算

1.4.1 散热器的选择

1. 对散热器的一般要求及分户热计量系统对散热器的特殊要求

（1）对于一般散热器的要求

1）热工性能方面的要求

散热器的传热系数 K 值越高，说明其散热性能越好。

2）经济方面的要求

散热器传给房间的单位热量所需金属耗量越少，成本越低，其经济性越好。衡量散热器经济性的指标是它的金属热强度 q：

$$q = \frac{K}{G}$$

式中　q——散热器的金属热强度（W/kg·℃）；

K——散热器的传热系数［W（m^2·℃）］；

G——散热器每 $1m^2$ 散热面积的质量（kg/m^2）。

即 q 值越大，说明散出同样的热量所耗的金属量越小，散热器的经济性越好。

3）安装使用和工艺方面的要求

散热器应该具有一定机械强度和承压能力；散热器的结构形式应便于组合成所需要的散热面积，结构尺寸要小，少占房间面积和空间；散热器的生产工艺应满足大批量生产的要求。

4）卫生和美观方面的要求

散热器外表光滑，不积灰和易于清扫，散热器的装设不应影响房间观感。

5）使用寿命的要求

散热器应不易被腐蚀和破坏，使用年限长。

（2）对于分户计量散热器的要求

由于散热器内不清洁将会造成系统不能正常运行，因此安装热量表和恒温阀的热水供暖系统不宜采用水流通道内含有粘砂的铸铁等散热器。在设置分户热计量装置和设置散热器温控阀的供暖系统中，当采用铸铁散热器时，散热器内腔应清洁，无残砂。

2. 散热器的类型及特点

散热器的类型包括：铸铁散热器、钢制散热器和铝制散热器，其特点比较如表 1 – 14 所示。

散热器的类型及特点　　表 1 – 14

散热器类型	铸铁散热器	钢制散热器	铝制散热器
优点	1. 结构简单，防腐性好； 2. 使用寿命长，热稳定性好	1. 金属耗量少，耐压强度高（因此从承压角度分析，适用于高层建筑供暖）； 2. 外形美观整洁，占地小，便于布置，热稳定性差些	1. 散热性好，耐氧化腐蚀性能好； 2. 耐压强度高，外形美观，重量轻
缺点	1. 金属耗量大，承压低； 2. 体积大，外形粗陋，金属热强度低于钢制散热器	1. 易腐蚀； 2. 寿命比铸铁散热器短	要求水质 pH > 7，不能与其他材料散热器混合安装

3. 散热器的选择原则

（1）散热器的工作压力，应该满足系统的工作压力，并符合国家现行有关产品标准的规定。

（2）民用建筑宜采用外形美观、易于清扫的散热器。

（3）安装热量表和恒温阀的热水供暖系统不宜采用水流通道内含有粘砂的铸铁等散热器。在设置分户热计量装置和设置散热器温控阀的供暖系统中，当采用铸铁散热器时，散热器内腔应清洁，无残砂。

考虑到在铸铁散热器淘汰后，钢制散热器技术比铝制散热器成熟，因此本设计选用森德散热器（属于钢制散热）用于住宅设计部分。为了降低钢制散热器的腐蚀速度，采用钢制散热器的供暖系统应该采用闭式系统，并且在非供暖季节充水保养。此外，该种散热器承压 0. 8MPa。

1.4.2　散热器的布置原则

（1）散热器的布置要确保室内温度分布均匀，并且要满足供暖系统工作压力和系统承压要求。

（2）有外窗房间的散热器宜布置在窗下，这样，沿散热器上升的对流热气流能阻止和改善从玻璃窗下降的冷气流和玻璃冷辐射的影响，使流经室内的空气比较暖和舒适。当安装或布置管道有困难时，也可以靠内墙安装以利于户内管道的布置。

（3）进深较大的房间宜在房间内外侧分别设置散热器。

（4）散热器的布置要与室内设施、家具的布置相协调。

（5）散热器的布置尽可能缩短户内管道的长度。

（6）散热器宜明装。

1.4.3　散热器的计算

1. 计算方法

(1) 计算原理

散热器的计算是确定供暖房间所需散热器的面积和片数。

1) 散热器的散热面积 F 依据下式进行计算：

$$F = \frac{Q}{K(t_{pj} - t_n)}\beta_1\beta_2\beta_3$$

式中 Q——散热器的散热量，它等于该房间的热负荷 Q'（W）；

t_{pj}——散热器内热媒平均温度（℃），

在热水供暖系统中，$t_{pj} = \frac{t_{sg} + t_{sh}}{2}$，对于双管热水供暖系统，$t_{sg}$、$t_{sh}$分别按照系统的设计供、回水温度计算；

t_n——供暖室内计算温度（℃）；

K——散热器的传热系数［W/（m^2·℃）］，K 由实验方法进行确定；

β_1——散热器组装片数修正系数；

β_2——散热器连接形式修正系数；

β_3——散热器安装形式修正系数。

2) 散热器的片数或长度计算

$$n = F/f \quad (片或 m)$$

式中 f——每片或每 1m 长的散热器的散热面积（m^2/片或 m^2/m）。

(2) 按照样本的选择计算方法

1) 散热器的片数计算

$$n = \frac{Q' \times 1.1}{q}$$

式中 n——散热器的片数（片）；

1.1——散热器连接形式修正系数；

q——散热器的单片散热量（W/片），

可由森德散热器的样本查得，依据 $t_{pj} - t_n$ 和散热器的型号可以查得该型号的单片散热量。

2) 散热器的片数取舍

取舍原则：对于双管供暖系统，舍去的散热器片数宜以由此造成的室温偏差不大于 1℃为判定标准。

2. 散热器计算结果

本设计选择样本的计算方法来计算散热器的片数。

1.5 系统方案的选择

1.5.1 各种系统方案的比较

1. 建筑物内供、回水干管的设置

建筑物内供回水水平干管的设置，应该既考虑有利于共用立管的布置，又充分考虑以人为本的设计原则，尽量使其不穿越住宅户内空间。对于无地下室的住宅，水平供回水干管宜敷设在首层楼梯间管沟内；如有地下室，水平供回水干管可以沿地下室顶板下敷设。

2. 主立管形式

根据工程实践，共用主立管的形式可以采用如下四种：上供下回同程式（图 1－10）、上供上回异程式（图 1－11）、下供下回异程式（图 1－12）、下供下回同程式（图 1－13）。

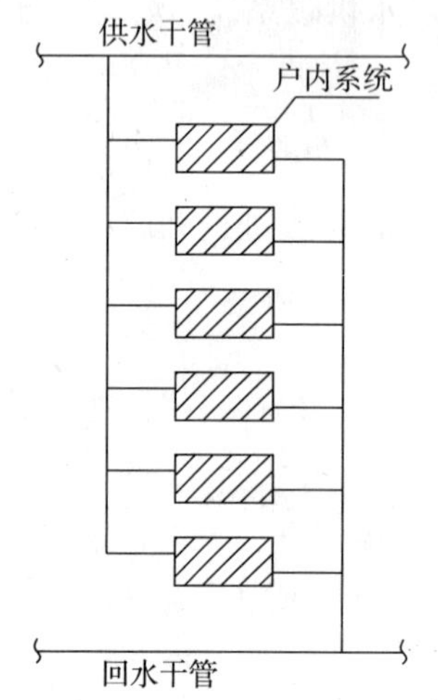

图 1－10　上供下回同程式干管

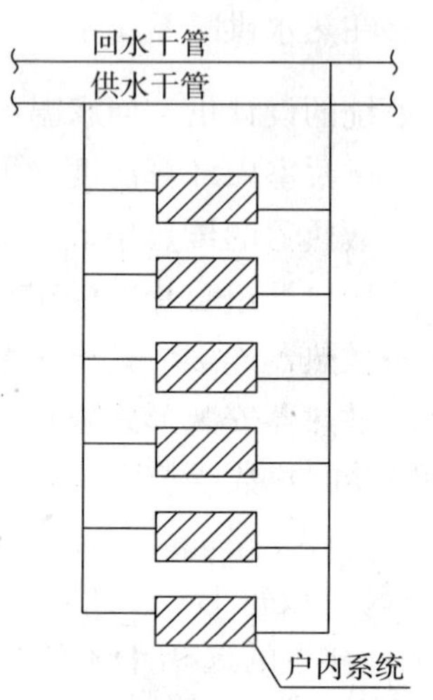

图 1－11　上供上回异程式干管

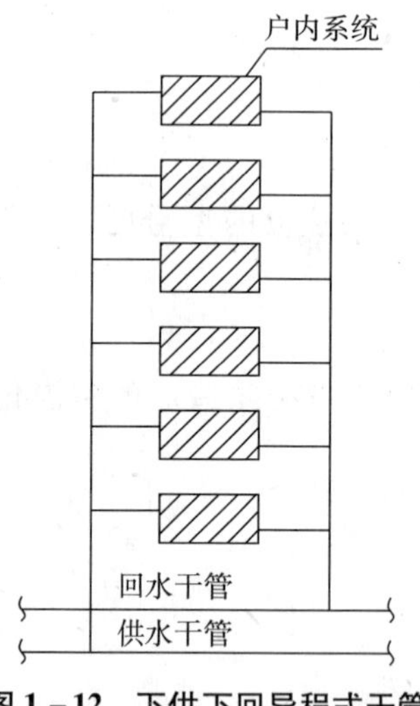

图 1－12　下供下回异程式干管

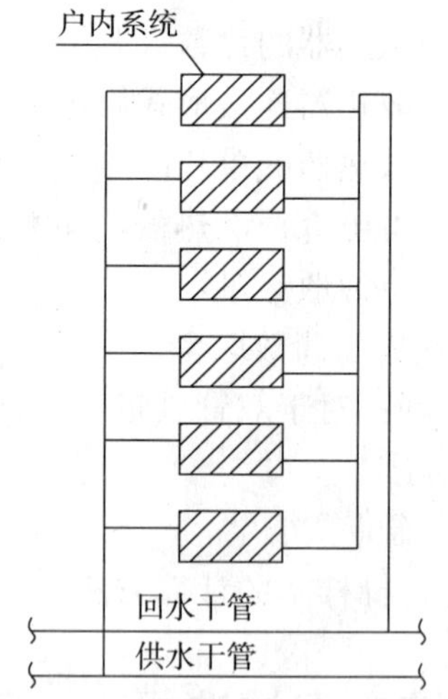

图 1－13　下供下回同程式干管

众所周知，双管系统的最大缺点是垂直失调问题，因此，从垂直失调角度来判断上述四种系统形式的优劣，即在不额外设置阻力平衡元件的情况下，寻求易于克服重力水头影响，能够实现较好水力平衡的系统。定性分析比较如表 1－15 所示。

主立管垂直失调的定性分析　　表 1-15

各种主立管系统形式	对于垂直失调的分析
上供下回同程式	上层户内系统的自然循环作用压力大于下层户内系统的自然循环作用压力，但是上、下层环路阻力相近，会出现由于自然循环作用压力引起的垂直失调
上供上回异程式	上层户内系统的自然循环作用压力大于下层户内系统的自然循环作用压力，但是上层环路短，阻力小，下层环路长，阻力大，会出现由于自然循环作用压力引起的垂直失调，且垂直失调最严重
下供下回异程式	上层户内系统的自然循环作用压力大于下层户内系统的自然循环作用压力，且上层环路长，阻力大，下层环路短，阻力小，有利于减缓垂直失调，垂直失调最轻
下供下回同程式	上层户内系统的自然循环作用压力大于下层户内系统的自然循环作用压力，但是上、下层环路阻力相近，会出现由于自然循环作用压力引起的垂直失调

结论：在同等条件下，下供下回异程式双管系统在水力平衡方面优于其他三种形式。因此，对于楼层较多的系统，为了缓解垂直失调，宜采用下供下回异程式系统。

此外，一般而言，新建建筑物内的共用供、回水立管及户内系统的入口装置可设于住宅共用空间（如楼梯间）的管道井内，管道井可以单独设置，也可以与其他专业合用，但均应设置供抄表及维护检修用的检查门。

3. 垂直分区的设置

从节省建筑空间、简化管道布置、节省投资的角度看，一对主立管所负担的层数越多越好，但其能够负担的层数也不能任意提高，需要受到以下三个因素的制约：

（1）立管的水力平衡状况

垂直系统的划分，应能保证在合理的管径匹配下，各层水平分环系统的压差不平衡率不大于15%。

对于计量供热系统而言，影响主立管水力平衡的因素很多，主要包括以下两点：

第一，供暖热水参数，因为该参数值直接决定了立管各层重力水头的大小。

第二，管段经济比摩阻的取值，从水力平衡的角度，立管在保证抵消重力水头影响的前提下，宜选用较小的比摩阻有利于系统的平衡，各层分环系统宜选用较大的比摩阻，且较大的分环阻力对加强系统的水力稳定性、削弱自然循环作用压力的影响都是有利的。

（2）散热器的承压能力

垂直系统的划分，应当保证底层散热器承受的静水压力不超过其承压能力。我国生产的传统铸铁散热器承压能力一般不超过0.4MPa，但是随着制造工艺的进步，现在其承压能力已提高到不小于0.6MPa；其他类型的散热器，如钢制散热器、铝制散热器、铜铝复合散热器的平均承压能力均不小于0.8MPa。按照最不利的情况去考虑，假定底层散热器的承压能力为0.6MPa，即可以承受60mH_2O静水压力，一般系统定压值取3～5mH_2O富裕量，如按照3mH_2O考虑，满足散热器承压要求的楼高为57m。一般住宅建筑层高为2.8～3.0m，则理论上其所在供暖系统的总层数可在20层左右。

（3）管材与管件的承压能力

由常规金属管材与金属管件组成的户内管道系统的承压能力高于散热器的承压能力，因此当户内供暖系统采用常规金属管材时，一般不会对供暖系统的定压值提出限制性要求，即不会因供暖系统层数的增加而对管材壁厚提出特殊要求，导致投资加大。然而，在计量供热系统中，由于多种原因，户内系统采用塑料管材的情况日渐增多，塑料管材的特性与金属管材有较大区别，其管材规格的确定与供暖热水温度、管材承受的工作压力有密切关系。对于塑料管材，当热水温度确定后，在保证管材使用寿命的前提下，管材承受的工作压力越高，所要求的管材壁厚就越厚，而壁厚越大越不易弯曲，会给施工安装带来不便。因此，当户内系统采用塑料管材时，其管内热水工作压力不宜超过0.6MPa。对应于住宅建筑的供暖系统，这一数值意味着一个立管所负担的水平分环层数约为20层。

同时，考虑到立管的热膨胀会在立管与分支管连接处产生较大的热应力，而且在分支管上又设有较多的阀门、管件及热计量仪表，立管产生的位移会对其产生不利影响，因此立管较长时应设置热补偿装置。

另外，对于每一对共用立管而言，如每层所负担的户数过多，会导致流量分配不均和分户支管布置困难，因此，每一对共用立管每层所负担的户数不宜大于3户，所负担的总的户内系统数，不宜超过40个。

4. 户内系统的热力入口

从兼顾技术、经济及美观的角度出发，入口装置宜设置在住宅公用空间内。户内供暖系统入口装置的基本构成应满足计量供热的需要。计量供热的主要目的之一是对各户的用热量进行计量，因此需要在供水管上设置户用热量表，为了保护热量表及散热器恒温阀不被堵塞，还需在表前设置过滤器。另外，考虑到我国供暖收费难的现状，从便于管理和控制的角度，在供水管上应安装锁闭阀，以便需要时采取强制性措施关闭用户的供暖系统。

计量供热系统户外管道一般采用金属管材，而户内管道通常采取塑料管材，因此必然涉及一个连接问题。目前，常用做法是将二者采用塑钢连接件相连。

5. 户内供暖系统形式

根据试点工程的经验，散热器供暖分户独立系统可以采用上分双管式系统、下分双管式系统、放射双管式系统或水平串联单管跨越式系统。当采用上分双管式系统时，户内供暖管道布置在本层顶板下；当采用下分双管式系统时，户内供暖管道布置在本层地面上或镶嵌在踢脚板内，或布置在本层地面下的垫层内；当采用放射双管式系统时，户内供暖管道布置在本层地面下的垫层内；当采用水平串联单管跨越式系统时，户内供暖管道布置在本层地面上或镶嵌在踢脚板内，或布置在本层地面下的垫层内。

此外，除了散热器供暖之外，分户热量计量系统还可以采用地板辐射供暖系统。

地板辐射供暖与散热器供暖相比，优缺点比较如表1－16所示。

地板辐射供暖与散热器供暖特点比较表　　表1－16

	优点	缺点
散热器供暖	初投资低于地板供暖	没有地板供暖的热舒适性强，散热器易积灰
地板供暖	1. 热舒适性强，室温由下至上逐渐递减，符合人体生理需要，空气洁净度好； 2. 辐射供暖方式较对流供暖方式节能，在相同舒适感的情况下，辐射供暖的室内温度可比对流供暖低2～3℃，减少了供暖热负荷； 3. 可利用热源多	1. 室内地面装饰材料、家具的摆放位置、数量都影响地板供暖的效果，这些在设计阶段是难以考虑周全的； 2. 虽然地板供暖使用寿命长，但是一旦破坏，进行维修几乎不可能； 3. 初投资高于散热器供暖

对于散热器供暖，从水力学意义上讲，户内形式为双管系统和单管跨越式系统时，均可实现分室控温的功能，即每组散热器的散热量可调。但是从变流量特性角度分析，户内系统采用双管形式要优于单管跨越式系统。主要体现在两方面：（1）双管系统具有良好的变流量特性，即户内系统的瞬时流量总是等于各组散热器的瞬时流量之和，系统变流量程度为100%；而对于单管跨越式系统，即使每组散热器的流量均为零时，户内系统仍有一定的流量，而且旁通的流量还很大。（2）双管系统中散热器具有较好的调节特性，进入双管系统中散热器的流量明显小于进入单管跨越式系统中散热器的流量，相对而言，更接近或处于散热器调节敏感区。

各种户内双管系统形式比较如表1－17所示。

户内双管系统形式比较表 **表1－17**

	优点	缺点
下分双管式系统	1. 供回水干管均设置于楼板垫层内，不占用室内空间且美观； 2. 国外已有成熟的地面暗埋布置技术，国内也有成功的试点工程，并且认为暗埋管道是较好的布置方式	1. 供回水干管均设置于楼板垫层内，降低了空间高度； 2. 管道埋设在垫层，难于做出坡度，不利于系统排气和泄水，但可以在散热器上设置手动跑风解决排气问题； 3. 埋地管道采用塑料类管材，初投资增加
上分双管式系统	1. 无需加垫层，可降低楼板荷载，争取较大层高； 2. 管材可以采用金属镀锌管，管材管件便宜，节省初投资； 3. 管道明装，施工安装，检修方便； 4. 可按要求设计管道坡度，系统管道处于高点，户内系统低点可以泄水	供暖水平管和立管均明装，影响户内美观，常在方案比较时被淘汰
放射双管式系统	户内设置小型分、集水器，散热器之间并联，室内管路布置成放射状，管路较长，造价相对较高	采用放射式双管系统较难达到易于排气的流速0.25m/s，因此，放射双管系统的埋地管道宜有一定坡度，而管道埋设在垫层，难于做出坡度

1.5.2 系统方案的确定

本工程设计D51楼和D52楼都有地下室，水平供回水干管从地下一层引入，沿地下一层地下室顶板下敷设，建筑热力入口装置设置在地下一层的热力室，且需要低位安装。

主立管形式采用下供下回异程式系统，以克服竖向垂直失调的影响。

依据规范要求：建筑物的热水供暖系统高度超过50m时宜竖向分区设置。若不进行竖向分区，系统承压过高，系统损坏漏水现象时有发生。本工程D51楼地上有21层，首层商业层高4.65m，其余20层全部为住宅，每层层高2.9m，地下两层，地下一层为物业办公，层高3.5m，地下二层为人民防空地下室，层高3.4m。除人民防空地下室不供暖之外，其余全部供暖。显然，热水供暖系统高度超过50m，因此要进行竖向分区。考虑到各共用立管负荷宜相近，因此以10层为界，地下1～地上10层为低区，11～21层为高区。D51楼高区和低区分别引入，分别计量。本工程D52楼地上有14层，首层商业层高4.65m，其余13层全部为住宅，每层层高2.9m，地下两层，地下一层为物业办公，层高3.5m，地下二层为人民防空地下室，层高3.4m。除人民防空地下室不供暖之外，其余全部供暖。显然，不需进行竖向分区。

本工程D51楼和D52楼共用供回水立管，户内系统的入口装置设于住宅共用空间（如楼梯间）的管道井内，管道井与给水排水专业合用，并设置供抄表及维护检修用的检查门。

住宅建筑户内系统采用共用立管的分户独立系统形式。鉴于地板供暖的初投资高于散热器供暖的初投资，本工程设计均采用散热器供暖。

根据试点工程的经验，散热器供暖分户独立系统可以采用上分双管式系统、下分双管式系统、放射双管式系统或水平串联单管跨越式系统。当采用上分双管式系统时，户内供暖管道布置在本层顶板下；当采用下分双管式系统时，户内供暖管道布置在本层地面上或镶嵌在踢脚板内，或布置在本层地面下的垫层内；当采用放射双管式系统时，户内供暖管道布置在本层地面下的垫层内；当采用水平串联单管跨越式系统时，户内供暖管道布置在本层地面上或镶嵌在踢脚板内，或布置在本层地面下的垫层内。

考虑到双管系统中散热器具有较好的调节特性和变流量特性，因此本工程选用户内系统形式限定在双管系统范围内。上分双管式户内系统由于管道明装敷设，影响美观，很少采用，而放射式双管系统管路较长且需要设置分、集水器，初投资较高。此外，分户热计量后，室内地面的管道增多，给房间面积的有效使用带来诸多的不便，国外已有成熟的地面暗埋布置技术，国内也有成功的试点工程，并且认为暗埋管道是较好的布置方式，但是地面的构造层厚度有所增加。因此，本工程户内供暖管道布置在本层地面下的垫层内，户内采用下分双管同程式系统。但暗埋管道不许有接头，且暗埋管道宜外加塑料套管。除此之外，在管道埋地区域地面设置醒目标志，以防止地面二次装修时破坏管道。

1.6 水力计算

1.6.1 水力计算的方法、原理及特点

水力计算的方法有：等温降法和不等温降法。

1. 等温降法

所谓等温降的水力计算方法，就是在假定各个立管（对双管系统是指各组散热器）的水温降相同的前提下进行水力计算的方法。它的特点是容易产生水平失调。

2. 不等温降法

不等温降的水力计算方法是在各立管温降不相等的前提下进行水力计算的方法。它以并联环路节点压力平衡的基本原理进行水力计算。在热水供暖系统的并联环路中，当其中一个并联支路节点的压力损失确定后，对另一个并联支路，预先给定其管径，然后根据平衡要求的压力损失去计算其流量以及实际温度降，最后确定散热器的数量。与等温降法相比，它的特点是在设计条件下可以避免水平失调，调节后可以减缓水平失调。

1.6.2　水力计算的步骤

由于本工程设计的水平管路不长，水平失调不是很严重，并且在已经知道水温的前提下进行了散热设备的选择和计算，因此所采用的水力计算方法是等温降法。等温降法的水力计算步骤如下。

1. 根据各管段的设计热负荷，确定管段的流量 G

$$G = \frac{0.86Q'}{t'_g - t'_h}$$

式中　Q'——管段的设计热负荷（W）；

t'_g——系统的设计供水温度，$t'_g = t_{sg}$（℃）；

t'_h——系统的设计回水温度，$t'_h = t_{sh}$（℃）；

G——管段的设计流量（kg/h）。

根据传统供暖系统的计算方法，管段的设计热负荷，应为该管段所承担散热器的设计热负荷之和。但是对于计量供热系统而言，散热器的设计热负荷包括两部分，一部分为承担的常规房间热负荷，另一部分为承担的户间传热负荷。对于水力计算是否考虑户间传热负荷的问题，国家规范尚未给出统一规定。北京市地方标准《新建集中供暖住宅分户热计量设计技术规程》规定户间传热量仅作为确定户内供暖设备容量和计算户内管道的依据，不应计入户外供暖干管热负荷和建筑总热负荷之内。也就是说，在计算户内管道时要考虑户间传热负荷，而计算户外干管时不考虑。

2. 确定最不利环路

最不利环路是指从建筑物引入口到最远户。

3. 进行最不利环路的计算

最不利环路的计算包括确定各管段管径及最不利环路的阻力。

所谓经济比摩阻是指既考虑初投资又考虑水泵的运行费用，同时为了各环路易于平衡，最不利环路的经济比摩阻不宜选得过大。目前在设计实践中，最不利环路的经济比摩阻取到 $R_{pj} = 80 \sim 120$Pa/m 为宜。并且从技术角度考虑，为了系统易于平衡，共用立管宜选用较小的比摩阻，各层水平支路宜选用较大的比摩阻。

（1）共用立管计算

依据经济比摩阻 R_{pj} 及各管段的设计流量 G 确定各管段的管径、实际比摩阻 R_{sh} 和实际流速 v。各管段的压力损失 ΔP 依据下式进行计算。

$$\Delta P = \Delta P_y + \Delta P_j = R_{sh}l + \zeta \times P_d = R_{sh}l + \zeta \times \frac{1}{2}\rho v^2$$

式中　ΔP_y——管段的沿程阻力损失（Pa）；

ΔP_j——管段的局部阻力损失（Pa）；

R_{sh}——管段的实际比摩阻（Pa/m）；

l——管段的长度（m）；

ζ——局部阻力系数，可由设计手册查到；

ρ——水的密度（kg/m^3）；

v——流速（m/s）；

$P_d = \frac{1}{2}\rho v^2$——动压（Pa）。

此外，如果查不到管件的局部阻力系数，管件的局部阻力 $\Delta P'_j$ 可以这样计算：

$$\Delta P'_j = R_{sh} l_d$$

式中　l_d——管件的局部阻力当量长度（m）。

（2）最高处户内同程式系统的计算

1）首先计算通过最远散热器所在的环路，确定出供水干管、散热器支管、回水干管的管径和环路的压力损失，计算方法与共用立管的计算方法相同。

2）用同样的方法，计算通过最近散热器所在环路，确定出回水干管、散热器支管的管径及环路的压力损失。

3）求最远散热器与最近散热器并联环路的压力损失不平衡率，使其不平衡率控制在 ±5% 以内。

4）绘制同程式系统的管路压力平衡分析图。

5）依据散热器支管的资用压力 ΔP_z 和散热器支管的设计流量 G，选择其余散热器支管的管径和实际压力损失。

6）求其他散热器支管的不平衡率。依据《采暖通风与空气调节设计规范》GB50019－2003 可知，热水供暖系统的各并联环路之间（不包括共同段）的计算压力损失相对差额，不应大于 15%。根据散热器支管的资用压力和散热器支管的压力损失计算不平衡率 x，公式如下：

$$x = \frac{\Delta P_z - \Delta P}{\Delta P_z} \leqslant 15\%$$

（3）在计算完最不利环路各管段压力损失后，计算总的压力损失

总压力损失应该包括两部分：最高处户内系统的压力损失，从建筑物引入口至该用户的压力损失。为了安全起见，依据北京市地方标准《新建集中供暖住宅分户热计量设计技术规程》规定，该值应该考虑 10% 的富裕量。

依据北京市地方标准《新建集中供暖住宅分户热计量设计技术规程》规定，由于所有明设管道均为热镀锌钢管，而埋在地面垫层内的管道，选择适宜的塑料类管材。因此，在进行户内管道计算时，要查塑料类管材的水力计算表。在进行散热器支管、共用立管及建筑物引入管计算时，要查钢管的水力计算表。

依据北京市地方标准《新建集中供暖住宅分户热计量设计技术规程》规定，在进行户内同程式系统的水力计算时，埋设在垫层内的管道，无坡敷设时，管中的水流流速不宜小于 0.25m/s。考虑到每组散热器上设置放风阀，可以解决放气问题。因此，管中的水流流速也可以小于 0.25m/s。

此外，户内系统包括锁闭调节阀门和户用热量表在内的计算压力损失宜控制在不大于 30kPa 范围内。

4. 进行与最不利环路并联的其他管路的计算

（1）依据并联节点平衡的原理，计算各并联环路的资用压力

引起垂直失调的重要因素，是立管上各接点的自然循环作用压力差值，设计计算应当予以考虑。各并联环路之间的水力平衡，计入垂直共用立管的自然循环作用压力，自然循

环作用压力按设计供回水温条件下重力循环作用压力的2/3计算。这是因为：在整个供暖期内，自然循环作用压力是变量，取设计条件值的2/3，大体上是整个供暖期内的平均值。

（2）由资用压力 ΔP_z 确定估算比摩阻 R_g

$$R_g = \frac{0.5\Delta P_z}{\sum l}$$

式中 0.5——对于机械循环热水供暖系统，沿程损失约占总压力损失的估计百分数；

ΔP_z——资用压力（Pa）；

$\sum l$——与最不利环路并联的管路总长度（m）。

（3）计算各管段的管径及实际比摩阻和实际流速

依据该管段的设计流量 G 和估算比摩阻 R_g 确定各并联管段的实际比摩阻 R_{sh} 和实际流速 v。

（4）确定各并联环路的阻力损失 ΔP

（5）计算各并联环路之间的压降不平衡率

计算方法同前。

1.7 其他设备及附件和管材的选择

1.7.1 管道材质的选择及所需壁厚的计算

1. 管道材质的选择

依据北京市地方标准《新建集中供暖住宅分户热计量设计技术规程》规定，由于所有明设管道均为热镀锌钢管，而埋在地面垫层内的管道，选择适宜的塑料类管材。

这是因为户内系统形式的变化，与传统的供暖系统不同，计量供热系统户内普遍采用塑料管材，以便于户内水平管道安装敷设。布置在地面下垫层内的管道，不论采用何种配管方式，都要求管道有较长的使用寿命、较小的垫层厚度和较为简便的安装方法，并避免在垫层内有连接管件，因此，不宜采用钢管，只能采用塑料类管材。

经工程应用实践证明适合于热管道埋设的塑料类管材有：交联铝塑复合（XPAP）管、聚丁烯（PB）管、交联聚乙烯（PE－X）管、无规共聚聚丙烯（PP－R）管。本设计埋地管道选用PB管。

2. 管道所需壁厚的计算

塑料类管材在选用时，必须注意其蠕变特性。因为塑料类管材与钢管等金属管材的力学特性不同，主要体现在应力变化规律不同。如钢管的使用寿命主要取决于腐蚀速度，使用温度对许用应力影响不大，而塑料类管材的使用温度对其寿命影响极大，冷态下的承压能力不能用以判断在长期使用条件下的耐久性。其使用寿命主要取决于不同使用温度对管材的累积破坏作用，概略地说，温度每提高10℃，使用寿命约缩短2.5倍，热作用使环应力逐步下降即发生管材的蠕变，以至不能满足使用压力而破坏。因此，塑料类管材应按照使用温度确定许用应力，据以计算所需壁厚。

用于供暖系统的塑料类管材，在其全部使用期内，供暖系统的供回水温度存在着时间分布规律，不可能始终处于同一温度下，在非供暖期内，管材的温度近似等于室温，因此采用塑料类管材时，需按不同温度分布规律，确定使用条件分级。国际标准，ISO 10508—1995 推荐了一种方法，当设计寿命周期为 50 年时，不同典型使用条件的管材，划分了使用条件分级，共五级。对于散热器供暖系统，考虑到其水温较高，应按照不低于 5 级的要求选用塑料类管材。

塑料类管材的计算步骤如下：

（1）依据运行水温确定管材的使用条件分级

由于设计散热器供暖的供、回水温为 80℃/60℃。确定使用条件分级为 5 级。

（2）初选管道材质，确定该管材的许用设计环应力 σ_D

初选 PB 管，且使用条件分级为 5 级，则许用设计环应力 $\sigma_D = 4.31$MPa。

（3）计算与管道结构尺寸有关的无量纲数 $S_{CALC,MAX}$

$$S_{CALC,MAX} = \frac{\sigma_D}{P_D}$$

式中 σ_D——许用设计环应力（MPa）；

P_D——系统的工作压力（MPa）。

本工程低区工作压力 0.8MPa，高区工作压力 1.0MPa。

则：$S_{CALC,MAX} = \frac{\sigma_D}{P_D} = \frac{4.31}{0.8} = 5.4$

（4）依据与管道结构尺寸有关的无量纲数 $S < S_{CALC,MAX}$ 的原则，确定管材系列管材系列定为 PB 管 $S5$ 系列。

（5）在所选管材系列中，按照管材的公称外径确定所需最小壁厚

PB 管外径为 16mm 时，对应的最小壁厚为 1.5mm；

PB 管外径为 20mm 时，对应的最小壁厚为 1.9mm；

PB 管外径为 25mm 时，对应的最小壁厚为 2.3mm。

（6）按照壁厚检验初选管材是否合理，否则改用其他材质并验算。

（7）对于散热器供暖，考虑管材在生产和施工过程中可能产生的缺陷，散热器供暖管道壁厚不宜小于 2.0mm。因此，管道的最小壁厚确定为：当 PB 管外径为 16mm 时，对应的最小壁厚为 2.2mm；当 PB 管外径为 20mm 时，对应的最小壁厚为 2.3mm；当 PB 管外径为 25mm 时，对应的最小壁厚为 2.8mm。

1.7.2 补偿器的选择

1. 补偿器的作用、种类和特点

（1）补偿器的作用

为了防止供热管道升温时，由于热伸长或温度应力而引起的管道变形或破坏，需要在管道上设置补偿器，以补偿管道的热伸长，从而减小管壁的应力和作用在阀件或支架结构上的作用力。

（2）补偿器的种类和特点

供热管道上采用的补偿器种类很多，主要有管道的自然补偿、方形补偿器、波纹管补偿器、套筒补偿器和球形补偿器。前三种是利用补偿器的材料变形来吸收热伸长，后两种

是利用管道的位移来吸收热伸长。

各种补偿器的比较如表 1－18 所示。

补偿器特点比较表 **表 1－18**

特点比较	优点	缺点
自然补偿	能够利用管道自身的弯曲来吸收管段的热伸长，不必特设补偿器	管道变形时会产生横向位移，补偿的管段不能很长
方形补偿器	由 4 个 90°弯头构成，靠其弯管的变形吸收管段热伸长。制造方便，不用专门维修，工作可靠	介质流动阻力大，占地多
波纹管补偿器	是用单层或多层薄壁金属管制成的具有轴向波纹的管状补偿设备。工作时，利用波纹变形进行管道热补偿。占地小，不用专门维修，介质流动阻力小	造价贵
套筒补偿器	是由用填料密封的套管和外壳管组成，两者同心套装并可轴向补偿。补偿能力大，占地小，介质流动阻力小，造价低	需要更换填料，维修不便，只能用于直管段
球形补偿器	由球体和外壳组成，球体和外壳可以相对折曲或旋转一定的角度，以此进行热补偿。补偿能力大，寿命较长	适用于架空敷设的供热管道上

2. 补偿器的选择

供暖管道必须计算其热膨胀，当利用管段的自然补偿不能满足要求时，应当设置补偿器。考虑到波纹管补偿器占地小，不用专门维修，介质流动阻力小，适合于狭小空间管井里立管的热补偿。因此，本设计对于立管采用波纹管补偿器来吸收管道的热伸长。考虑到管道安全运行，暗埋管道不允许有接头，且暗埋的管道要求外加塑料软性套管。这样既有利于管道的维修更换，也有利于管道的胀缩。因此，入户管道利用自然补偿，不再设置补偿器。

补偿器两端设置固定支架，固定支架的作用是划分补偿管段，分别进行热补偿，从而保证补偿器的正常工作。固定支架距离波纹管补偿器一端近一端远。

（1）补偿器的选择依据

供热管道安装投入运行后，由于管道被热媒加热引起管道受热伸长。管道受热的自由伸长量，可以按照下式进行计算：

$$\Delta x = \alpha(t_1 - t_2)L \times 1000$$

式中 α——管段的线膨胀系数，不同管材取值不同。一般可取 $\alpha = 12 \times 10^{-6}$ m/(m·℃)；

t_1——管壁最高温度，可取热媒最高温度（℃）；

t_2——管道安装时的温度，温度不确定时可取最冷月平均温度（℃）；

L——管道的计算长度（固定支座间距）（m）；

Δx——管道的热伸长量（mm）。

计算完管道热伸长量后，依据管道热伸长量选择波纹管波数。

（2）选择计算结果（表1－19）

波纹管补偿器计算表　　表1－19

D51楼	低区供水管	$\Delta x=30.0$mm	波节数：3波
	低区回水管	$\Delta x=23.0$mm	波节数：2波
	高区供水管	$\Delta x=33.0$mm	波节数：3波
	高区回水管	$\Delta x=25.0$mm	波节数：2波
D52楼	低区供水管	$\Delta x=38.5$mm	波节数：3波
	低区回水管	$\Delta x=29.4$mm	波节数：3波

1.7.3　热量表的选择

热量计量装置的选用，应符合下列要求：

第一，根据单一供暖还是供暖供冷兼用的不同使用要求，区别选用对应的热量表。

第二，耐温性能应与安装位置热媒的最高工作温度相适应。

第三，承压应不低于安装位置热媒工作压力的1.5倍。

第四，使用和安装条件与产品说明书要求相一致。

1．户用热表的选择

户用热表的选择应按照系统的设计流量对应热表的额定流量，选择确定户用热表的规格型号。且户用热表的流量计宜采用机械式旋翼流量计，也可以采用超声式流量计。户用热表的流量计宜设置在供水管上，防止人为失水。户用热表的温度传感器应采用热表制造厂配套供应的配对传感器。

本设计选择德宝牌热表，型号为HM－15－M/100热表的技术参数如表1－20所示。

热表技术参数　　表1－20

连接管径	最小流量（m^3/h）	常用流量（m^3/h）	最大流量（m^3/h）
*DN*15	0.03	1.5	3
温度测量范围（℃）	温差测量范围（K）	适用介质温度（℃）	适用介质压力（MPa）
4～100	3～60	≤95	1.6

2．建筑供暖入口热表的选择

由于系统的实际流量经常小于设计流量，建筑供暖入口热量表宜按照系统设计流量的80%对应热量表的额定流量选择确定建筑入口热量表的规格型号，这样有利于提高计量精度。

建筑入口热量表的流量计及其设置，应符合下列原则：第一，口径为50～65mm时，宜采用机械式旋翼流量计，口径为80～150mm时，宜采用超声式流量计，也可以采用机械式水平或垂直旋翼流量计。口径不小于200mm时，宜采用超声式流量计。第二，应设置在供水管上。第三，额定流量下的水流阻力，宜不大于20kPa。

依据流量及热表的承压能力，本设计建筑入口热量表选择德国真兰公司生产的沃特曼流量计，型号为：WSI－X，公称流量 25m^3/h，工作压力 16bar，工作温度 120℃/130℃，最高工作温度 150℃，公称口径 DN65，阻力损失约为 200Pa。该热表适用于供热系统，水平安装。

1.7.4　差压控制器的选择

本工程选择 Danfoss 生产的型号为 AFP/VFG 型差压控制器，接口管径 DN65，压差控制范围在 0.15～1.5bar，阻力损失约为 10kPa。

1.7.5　温控阀的选择

由于本设计选用的森德散热器的接管均在散热器的底部，即下进下出式，因此选用下进下出散热器的专用阀门，即 H 形温控泄水阀。它具有以下特点：适用于单、双管系统，具有预调节功能、关断功能、泄水功能、结构紧凑、施工方便。耐温 120℃，耐压 1.0MPa。

1.7.6　自动排气阀的选择

自动排气阀选择 ZP－Ⅰ型，接口管径 DN20，适用于冷热水系统，使用温度不大于 110℃，压力不大于 700kPa。外形尺寸：$L \times B \times H$（mm）$=158 \times 90 \times 125$。

为便于检修，应在连接管上设置一闸阀，系统运行时开启。自动排气阀设置在系统最高处。

1.7.7　水过滤器的选择

由于过滤器接管直径可以取与干管直径相同，因此本工程选择美国沃茨水工业集团生产的水过滤器，型号 YG41－10（Q），技术参数如下：接口管径 DN70（DN65），公称压力 1.0MPa，适用于水、油、气类介质，适用温度 －15～120℃。

2　北京浅山区生态村主动式太阳房测试分析

周振（建筑环境与设备工程，2006届）

指导老师：李德英

简　介

本文介绍昌平区菩萨鹿村示范楼太阳能低温地板辐射供暖系统的相关测试。通过数据的整理和分析，着重新能源利用的可行性和经济性研究及适合新能源系统的北京地区建筑围护结构热工性能的研究。在整个测试中，总结出主动式太阳能低温辐射供暖系统的特点和设计、施工、运行管理中应注意的问题。

2.1 概述

毕业设计课题来源于北京市科技计划重点资助项目（课题编号：D0605050040191）“北京浅山区生态村规划与休闲产业开发关键技术及示范研究”。本次测试的示范楼位于昌平区菩萨鹿村，本人参与搭建测试试验台，并于2006年4月26日起曾先后两次住在当地进行了16天的测试。其间记录数据、维持仪器的正常运行、处理测试过程中出现的各种问题，这加深了我对主动式太阳能地板低温辐射供暖的认识，取得了一定经验。

2.1.1 我国的能源概况

资源短缺、环境污染是当今人类社会所面临的重要问题，社会在发展的同时，造成了不可再生资源的枯竭和生态环境毁灭性的污染，是世界面临着发展与环境之间越来越尖锐的矛盾。在这种背景下，可持续发展思想的提出给个人们带来了新的希望。可持续发展战略是国际社会在20世纪80年代末期提出，并在20世纪90年代得到广泛接受的新的发展思维方式和发展战略，是指满足当前合理需要而又不剥削子孙后代的发展，坚持以人为本，以科技为动力的发展。

保护人类赖以生存的资源和环境是当今世界最重要的课题之一。目前，以节约资源、保护环境和可持续发展为理念的新能源革命正在全球范围内兴起，用新能源和可再生能源代替碳能源是21世纪的必然趋势。

我国是世界能源消费大国，但我国的能源消费结构矛盾十分突出，煤炭比重过大，如图2-1，以煤炭作为主要能源，大量直接燃烧原煤，致使我国的大气环境受到严重污染。世界许多大城市的经验表明，改善大气污染状况的根本途径是改变燃料结构。因而，进行能源结构调整，用天然气等清洁能源和可再生能源代替单一燃煤，是我国节约能源、保护环境，实现可持续发展战略目标的一项重要措施。

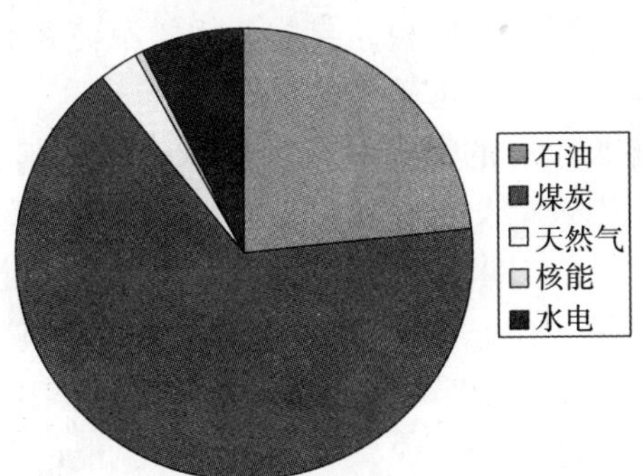

图2-1 2000年我国一次能源消费结构

我国一次能源消费量中，煤炭占66.1%，石油占23.4%，天然气占2.7%，水电占7.1%，核电占0.7%。

全球常规能源的资源量、可采储量和消费量在不同的年份略有不同。根据2000年资料的统计值列于表2-1内。

中国常规能源概况（2000年）　　表2-1

项目	石油（亿t）	天然气（万亿 m^3）	煤炭（亿t）
资源量	188	12	9600
可采储量	33	1.37	1145
年消费量	2.269	303	4.98
使用期限（年）	<20	约45	约230

由表2-1的数据可明显地看到我国煤炭、石油、天然气等常规能源面临重大危机，解决能源枯竭的主要指导思想是可持续发展战略，主要手段是积极研究开发可再生能源，如太阳能、风能、生物质能、水能、海洋能等，它们都是可再生的、储量巨大的，有的甚至是取之不尽、用之不竭的绿色能源。

2.1.2 建筑耗能

随着我国经济的迅速发展和人民生活水平的不断提高，我国建筑能耗日益增长。1999年我国建筑能耗占社会总能耗的比例已达到20%~25%，而发达国家，建筑能耗一般占社会总能耗比例达30%~40%。所以，随着我国经济的不断增长，人们对建筑室内环境舒适程度要求的不断提高，城镇化进程的加快以及住房体制改革的深化，我国的建筑能耗必将进一步增加，面对飞速高涨的建筑能耗，我国的建筑节能将是一个非常严峻的任务。

减少建筑能耗的途径有两种：一方面通过开发利用可再生能源及节能建材等途径降低建筑用能需求；另一方面要提高能耗系统（设备）的效率，从而降低终端能源使用量。由于常规能源的有限性和分布的不均匀性，造成了世界上大部分国家能源供应不足，不能满足其经济发展的需要。从长远来看，全球已探明的石油储量只能用到2020年，天然气资源的总储量也很有限，预测它约比石油晚一二十年开采完毕。即使储量丰富的煤炭资源也只能维持两三百年。矿物燃料还是产生温室气体的主要来源，是导致环境污染和自然灾害的祸首之一。因此，开发利用可再生能源，寻找替代能源势在必行。所以，可再生能源必将会在今后的建筑节能工作中发挥越来越大的作用。

利用可再生能源降低建筑用能的需求，并不意味着限制其发展。正确的建筑节能观，应该以提高建筑物的能量利用效率，用有限的资源和最小的能源消耗代价取得最大的经济和社会效益，以满足日益增长的需求为目标，走可持续发展的道路。为实现这一目标，很多学者做了大量研究，提出了“生态建筑”、“可持续发展建筑”甚至“零能耗建筑”。

在各种可再生能源中，太阳能是最重要的基本能源。太阳能的应用由来已久，应用范围较广，并获得了实用效果。从广义来说，生物质能、风能、波浪能、水能等都来自太阳能，太阳能不仅“取之不尽，用之不竭”，而且不产生温室气体、无污染，是有利于保护环境的洁净能源。太阳能的应用范围非常广泛，在太阳能电池、太阳能热动力、供暖、空调、干燥、蒸馏以及制冷等方面进展很快。

太阳能是一种可持续利用的清洁能源，寻求人类社会持续发展的进程中，利用太阳能供暖日益受到世界各国的重视。早在20世纪30年代，美国麻省理工学院已开始进行太阳房的研究，先后建造了5种主动和被动式试验用太阳房。之后，洛斯阿拉莫斯国家实验室在D·Balcomb博士领导下，对被动太阳房的热工性能进行了系统研究，编写了设计手册，为推动被动太阳房设计奠定了科学基础。由于被动太阳能暖房结构简单，所附加的建材对建筑造价增加不多，而且具有维修量小，节约燃料可观等优点，受到人们的青睐。到1982年，美国已建造了约8万栋各种形式的太阳房，到20世纪90年代增加到25万栋，平均初投资增加10%～15%，而节约燃料50%～80%。

在欧洲，自20世纪70年代中期以来也对利用太阳能实现建筑节能予以关注，根据地理与气候的差异，太阳能节能建筑的形式各有特色。如北欧斯坎迪纳维亚地区气候寒冷，那里的建筑以加强保温为主，发展“零能耗房”。利用太阳能的低能耗建筑的研究已列入国际能源署（IEA）第13项研究攻关任务，由15国科学家联合攻关，以新技术、新材料和新部件开发未来先进的太阳能低能耗建筑。

2.2 太阳能供暖的理论分析

2.2.1 我国太阳能资源及其分布状况

2.2.1.1 太阳能资源的含义

通常所谓的太阳能资源，不仅包括直接投射到地球表面上的太阳能辐射能，而且包括像水能、风能、海洋能、潮汐能等间接的太阳能资源，还应该包括通过绿色植物的光合作用所固定下来的能量，即生物质能。严格地来说，除了地热能和原子核能以外，地球上的所有其他能源全部都来自太阳能，其称为“广义的太阳能”，以便与仅指太阳辐射的“狭义太阳能”相区别。

2.2.1.2 我国太阳能资源及其分布的状况（表2－2）

我国太阳能辐射量分布表 **表2－2**

地区分类	全年日照（h）	太阳辐射年总量［MJ/（m^2·年）］	相当于燃标准煤数（kg）	包括的地区	备注
Ⅰ	2800～3300	≥6700	≥230	宁夏北部、甘肃北部、新疆东南部、青海西部、西藏西部	最丰富地区
Ⅱ	3000～3200	5400～6700	200～300	河北北部、陕西北部、内蒙古和宁夏南部、甘肃中部、新疆南部、青海东部、西藏东南部	较丰富地区
Ⅲ	2200～3000	4200～5400	170～200	山东、河南、河北东南部、山西南部、新疆北部、吉林、辽宁、云南等省以及陕西北部、甘肃东南部、广东和福建的南部、江苏和安徽的北部、北京	中等地区
Ⅳ	1400～2200	<4200	<170	湖北、湖南、江西、浙江、广西等省以及广东北部、陕西、江苏和安徽三省的南部、黑龙江	较差地区

我国地处北半球欧亚大陆的东部，幅员辽阔。在这面积达 $960 \times 10^4 km^2$ 辽阔的土地上，有着十分丰富的太阳能资源。但是，太阳辐射资源受气候、地理等环境条件的影响，因此其分布具有明显的地域性。根据全国近700个气象台站长期观测累计的数据资料表明，我国各地的太阳辐射年总量大约在 $3.3 \times 10^6 \sim 8.4 \times 10^6 kJ/(m^2 \cdot 年)$ 之间，其平均值为 $5.9 \times 10^6 kJ/(m^2 \cdot 年)$。总之，如能充分利用我国丰富的太阳能资源，对节约常规能源，减少环境污染，将具有重大的经济意义和社会意义。

从表2-2可知，Ⅰ、Ⅱ、Ⅲ类地区是我国太阳能资源比较丰富的地区，面积很大，约占全国总面积的2/3以上，具有利用太阳能的优良条件。Ⅳ类地区虽然条件很差，但如能因地制宜，采用适当的方法和装置，仍具有一定的使用意义。

2.2.1.3　太阳能资源的特点

1. 太阳能资源的优点

与常规能源相比较，太阳能资源的优点很多，并且都是一般常规能源所无法比拟的。概括起来可以分为下面四个方面：

（1）数量巨大

每年到达地球表面的太阳辐射能约为130亿吨标准煤，即约为目前全世界所消费的各种能量总和的 2×10^4 倍。

（2）时间长久

根据天文学研究的结果得知太阳系已存在大约有130亿年左右。太阳能的根源是在太阳内部的高温（$\approx 2 \times 10^7 K$）和高压（$\approx 3 \times 10^{16} kPa$）条件下进行的由四个氢原子核聚变为一个氦原子核的热核反应。根据太阳辐射的总功率以及太阳氢的总含量进行估算，尚可继续维持1000亿年之久。对于人类存在的年代来说，确实是可认为是“取之不尽，用之不竭”。

（3）使用方便

太阳辐射能既不需要开采和挖掘，也不需要运输。既无“专利”可言，也不能被垄断，开发和利用都极为方便。

（4）洁净安全

太阳能素有“洁净能源”和“安全能源”之称。它不仅毫无污染，远比常规能源清洁，也毫无危险，远比原子核能安全。

2. 太阳能资源的缺点

太阳能资源虽然具有上叙几方面常规能源无法比拟的优点，但也存在着相当严重的缺点和问题，主要有以下三个方面：

（1）分散性

到达地球表面的太阳辐射能的总量尽管很大，但是能源密度却是很低。平均说来，北回归线附近夏季晴天中午的辐射强度最大，大约为 $1.1 \sim 1.2 kW/m^2$，即投射到地球表面 $1m^2$ 面积上的太阳能功率仅为1kW左右，冬季大约只有其一半，而阴天大约只有其一半，而阴天大约只有其1/5左右。因此，想要得到一定的辐射功率，只有两种可行的办法：一是增大采光面积；二是提高采光面积的集光比（即提高聚焦程度）。但是前者将需占用较大的地面，而后者则会使成本大大提高。

（2）间断性和不稳定性

由于受到昼夜、季节、地理纬度和海拔高度等自然条件的限制以及晴、阴、云、雨等随机因素的影响，太阳辐射既是间断的又是不稳定的。为了使太阳能成为连续、稳定的能源，从而最终成为能够与常规能源向竞争的独立能源，就必须很好地解决蓄热能问题，即把晴朗白天的太阳辐射能尽量储存起来以供夜间或阴雨天使用。尽管有科技人员在蓄能方面进行了大量的工作，但是目前它仍是太阳能利用中的最薄弱的环节之一。

（3）效率低和成本高

就太阳能利用的发展水平来说，有些方面虽然在理论上是可行的，技术上也是成熟的，但是因为效率普遍较低和成本普遍较高，所以经济性较差，目前还不能（至少不容易）与常规能源相竞争。但是，随着我国工农业的大力发展对环境保护的要求日益提高，太阳能利用将会有一个突破性的发展。

2.2.2　太阳能供暖简介

供暖是我国的能耗大户。自1991年起平均每年新建建筑10亿 m^2，至1996年底，共有各类建筑约310亿 m^2。每年城镇建筑仅供暖一项需要的耗能占全国能耗总量的11.5%。化石能源的大量消耗，使我国的能源供应面临巨大的挑战，而且造成了严重的环境污染。因此研究使用清洁的可再生能源——太阳能进行供暖具有重要意义。

利用太阳能辐射供暖的方式可以分为直接利用和间接利用两种。直接利用又分为自动式太阳能供暖（active solar heating）和被动式太阳能供暖（passive solar heating）。而间接利用是通过热泵（heat pump）将低位热能进行有效的利用。

2.2.2.1　主动式太阳能供暖

主动式太阳能供暖系统如图2-2所示。系统由太阳能集热器、供暖管道、散热设备、贮热设备和辅助热源等组成。

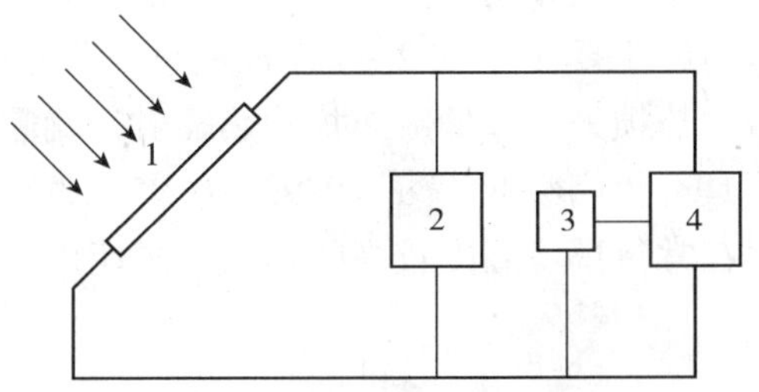

图2-2　主动式太阳能供暖系统图

1—太阳能集热器；2—贮热器；3—辅助热源；4—散热系统

通过太阳能集热器1收集太阳辐射能，使其中的热媒被加热，热水沿供热管道送往热用户的散热设备4。散热设备将热量散给房间。太阳能集热器相当于常规供暖的热源，当集热器的集热量不足时，则有辅助热源3进行补充；当集热器的集热量超过用户的需热量时，则将多余的热量存储在贮热器2中。

由图2-2可知，主动式太阳能供暖系统中实际上包括了两套热源系统，一套是太阳能集热系统，另一是辅助热源系统。因此，根据实践及经济评价表明，如果利用庞大的太阳能集热器只进行太阳能供暖，由于供暖期较短（一般为3~5个月），所以每年设备的利用率低，因而投资的回收年限较长。按目前我国燃料价格便宜、设备价格昂贵的情况，主动式太阳能供暖尚难以和常规的供暖方式相竞争。但是，如能进行综合利用，采取一定措施，是会取得良好的效果的。

2.2.2.2 被动式太阳能供暖

被动式太阳能供暖的特点是不需要专门的太阳能集热器、热交换器、水泵（风机）等主动式太阳能供暖系统所必需的部件，而是通过建筑的朝向和周围环境的合理布置、内部空间和外部形体的巧妙处理，以及建筑材料和结构构造的恰当选择，使建筑物在冬季能充分地收集、存储和分配太阳辐射能，因而建筑物室内可以维持一定的温度，达到取暖的效果。将这种与建筑物相结合、利用太阳辐射能供暖的建筑称为被动式太阳能供暖房（passive solar house，简称太阳房）。由于它可以较一般节能建筑获得更多的太阳辐射热，所以，它能够进一步节约建筑物对常规能源的消耗。

2.2.3 太阳能集热器的分类及特点

太阳能集热器是太阳能利用中最重要的组成部分，其性能及成本对整个系统的成败起着决定性作用。集热器大致可以分为受光面积和吸热体面积相等的平板型集热器、用抛物面或凹面镜等使太阳光聚焦到吸热体上的聚光型集热器两种。

2.2.3.1 平板型太阳集热器

1. 平板型太阳集热器的结构

平板型太阳集热器一般由吸热板、盖板、保温层和外壳4部分组成，其基本结构如图2-3所示。

（1）吸热板（或吸热板芯）

吸热板是吸收太阳辐射能量并向集热器工作介质传递热量的部件。吸热板的涂层材料对吸收太阳辐射能量起非常重要的作用。因为太阳辐射的波长主要集中在0.3~2.5μm的范围内，而吸热板的热辐射则主要集中在2~20μm的波长范围内，要增强吸热板对太阳辐射的吸收能力，又要减少热损失，降低吸热板的热辐射，就需要采用选择性涂料。选择性涂料是对太阳短波辐射具有较高吸收率 $\alpha=0.93\sim0.95$，发射率 $\varepsilon=0.12\sim0.04$，大大提高了产品热性能。但对在常年环境温度较高的华南地区使用的集热器，为降低成本，也

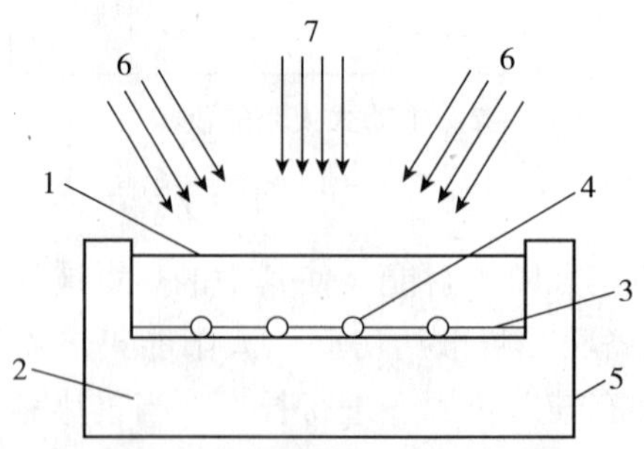

图2-3 平板型太阳集热器的基本结构

1—透明盖层；2—隔热料；3—吸热板；4—排管；
5—外壳；6—散射太阳辐射；7—直射太阳辐射

可选用非选择性涂料——黑镍、黑铬、黑漆等作为吸热板涂层。

对吸热板有如下要求：

1）有一定的承压能力；

2）与工作介质的相容性好；

3）热传递性能好；

4）加工工艺简单。

吸热板有如下几种结构：

1）管板式

加工工艺已从简单的管、板、槽结合，发展到采用铜焊、电阻焊、超声波焊或高频焊工艺及铜铝（全铜）复合。铜铝（全铜）复合工艺是将两片铝带（或铜带）与一根铜管轧扎在一起，达到金相结合，再用高压气体在工装夹具中吹胀。因此，无接触热阻，热效率高，是目前应用最多的一种板芯。

2）扁盒式

采用金属板模压成形后，再将其焊接成一体，各流道间用点焊，吸热器四周用滚焊。材料为铝合金、镀锌板、钢板等。其特点是管子和吸热板为一体，使热性能提高。缺点是对焊接工艺有一定要求，否则易焊穿或未焊住；承压有一定限制，成本也稍高，只适用于小面积及家庭用热水器中。当材料采用镀锌板时，焊点处经一段时间的使用后可能因生锈而穿孔。此外，容水量大时，集热器动态特征有所下降。

3）扁管式

采用模子积压拉伸成形的工艺，使扁管两边有翼片，即吸收条带，然后与上下集管焊接成吸热板，承压能力较好，一般用防锈铝合金。缺点是水质有一定要求，怕腐蚀。由于工艺方法有限，扁管壁及板的厚度相对管板式较厚，用料量大，同时造成集热器热容较大，容水量呈动态热特征性下降。

（2）盖板

盖板的作用是减少热损失。集热器的吸热板将接收到的太阳辐射能量转变成热能传输给工作介质时，也向周围环境散失热量；在吸热板上表面加设能透过可见光而不透过红外热射线的透明盖板，就可有效地减少这部分能量的损失。对盖板有如下技术要求。

1）高全光透过率

阳关透过盖板后照射到吸热板并转变为热能，盖板对太阳光光谱的全光透过率越高，则照射到吸热板的管线越强，所得到的热量越大，集热器效率越高。

2）耐冲击强度高

盖板具有高的耐冲击强度，在使用中受到冰雹、石头等外力碰撞时，不致损坏。

3）良好的耐候性能

集热器通常安装在室外朝阳处，长期遭受冷、热、光、风、雨、雪等侵蚀，如果盖板不具有良好的耐候性，则其透光、强度等性能极具下降，会导致集热器的工作寿命缩短。

4）绝热性能好

集热器工作时的温度较高，必然有一部分热量通过盖板向外传导散热，其散热量大小与盖板热导率成正比：热导率越大，则绝热性能越差，散失热量越大，集热器效率越差。

5）加工性能好

要求裁剪性能好，单向弯曲性能好，便于制造厂家按产品需要加工成型。

（3）保温层

保温层的作用是减少集热器向周围环境的散热，以提高集热器的热效率。

要求保温层材料的保温性能良好，即材料的热导率小，不吸水。这就可以用较薄的保温层达到较好的保温效果，底部保温层一般3~5cm厚，四周保温层的厚度为底部的一半。

常用的保温材料有岩棉、矿棉、聚苯乙烯、聚氨酯等。因聚苯乙烯在温度较高时会收缩（使用温度不高于70℃），适用时，往往在它与吸热板之间先放一薄层岩棉或矿棉，使其在较低的温度下工作，但时间长久后，仍然有一定的收缩率，故使用时，应给与足够重视。目前产品使用较多的是岩棉，最好是使用聚氨酯发泡制品。

（4）外壳

为了将吸热板、盖板、保温材料组成一个整体并保持一定的刚度和强度，便于安装，需要有一个美观的外壳，一般用钢材、彩色钢板、压花铝板、铝板、不锈钢板、塑料、玻璃钢等制成。

2. 平板型太阳集热器的工作原理

平板型太阳集热器的工作原理是让阳光透过盖板照射在表面涂有高太阳能吸收率涂层的吸热板上，吸热板吸收太阳辐射能量后温度升高，一方面将热量传递给集热器内的工质，使工质温度升高，作为载热体输出有用能量；另一方面也向四周散热。盖板则允许可见光线透过，而红外热射线不能透过的作用，也就是所谓温室效应，使工质能带走更多的热量而提高太阳集热器的热效率。

2.2.3.2　真空管型太阳集热器

1. 全玻璃真空管型太阳集热器

全玻璃真空太阳集热器是由多根全玻璃真空太阳集热管插入联箱而组成。

（1）全玻璃真空太阳集热管的结构和工作原理

全玻璃真空太阳集热管有内、外两根同心圆玻璃管构成，具有高吸收率和低发射率的选择性吸收膜沉积在内管外表面上构成吸热体，内外管夹层之间抽成高真空，其形状像一个细长的暖水瓶胆，如图2-4所示。它采用单端开口，将内、外管口予以环形熔封；另一端是密闭半球形圆头，有弹簧卡支撑，可以自由伸缩，以缓冲内管热胀冷缩引起的应力。弹簧卡上装有消气剂，消气剂蒸散后能吸收真空运行时产生的气体，保持管内真空度。

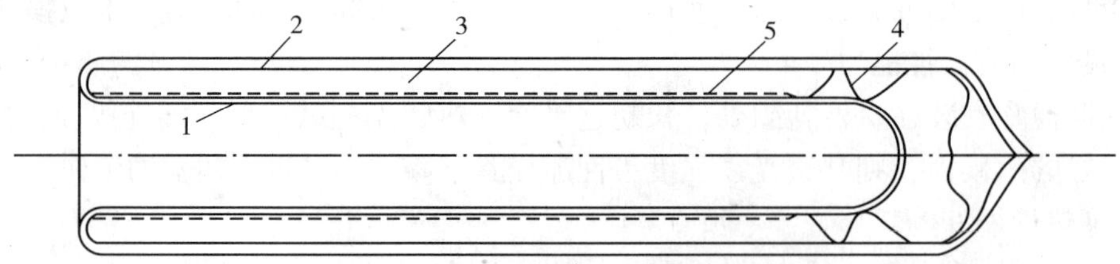

图2-4　全玻璃真空太阳集热管

1—外玻璃管；2—内玻璃管；3—真空；4—有支架的消气剂；5—选择性吸收表面

其工作原理是太阳能透过外玻璃管照射到外表面时，太阳光能透过外玻璃管照射到内管外表面吸热体上转换为热能，然后加热内玻璃管内的传热流体，由于夹层之间被抽真空，有效降低了向周围环境散失的热损失，使集热效率得以提高。

全玻璃真空太阳集热管的产品质量与选用的玻璃材料、真空性能和选择性吸收膜有重要关系。

1）玻璃

国家标准《全玻璃真空太阳集热管》GB/T 17049－2005 规定：生产制造全玻璃真空集热管的玻璃材料应采用硼硅玻璃 3.3。该材料具有很好的透光性能，玻璃中的氧化铁含量为0.5%以下；热稳定性好、热膨胀系数低，为 3.3×10^{-6}/℃；耐热冲击性好、耐热温差大于200℃；有较高的机械强度，有较好的抗化学侵蚀并适合于加工。

2）真空度

确保真空集热管的真空度是提高产品质量，保证产品使用年限的重要指标。根据国家标准规定，集热管的真空度应不大于 5×10^{-2}Pa。

要使集热管内长期保持较高的真空度，在排气台排气时，必须对玻璃真空集热管进行较高温度与较长时间的保温烘烤，以消除管内水蒸气。此外，在真空集热管内还放置了钡－钛吸气剂，它蒸散在抽真空封口一段的管壳内表面上，像镜面一样，能在运行时吸收集热管内释放出的微量气体，以确保管内真空度得以保持。一旦银白色的镜面消失，就说明该真空集热管的真空度受到破坏，管子也就报废了。

3）选择性吸收涂层

采用光谱选择性吸收膜作为光热转换材料是真空集热管的又一重要特点。对于真空集热管的选择性吸收膜需要考虑两个特殊要求：一是真空性能；二是耐温性能。工作时要求不影响管内真空度，其他性能指标也不能下降。

真空集热管选择性吸收膜需使用专门设备进行制备，我国真空集热管选择性吸收膜绝大多数采用磁控溅射工艺。铝－氮/铝选择性吸收膜，它的太阳辐射吸收率 $\alpha>0.93$，红外发射率 ε 约为0.06；而国家标准 $\alpha\geqslant0.86$，$\varepsilon\leqslant0.09$。

（2）国标《全玻璃真空太阳集热管》GB/T 17049－2005 规定了对全玻璃真空太阳集热管的技术要求

1）材料应采用硼硅玻璃 3.3。

2）空晒性能参数 $y\geqslant175\text{m}^2\cdot℃/\text{kW}$（当太阳辐照度 $G\geqslant800\text{W/m}^2$，环境温度 t_a 在8～30℃之间）。

3）闷晒至水温增加35℃所需的太阳曝幅量不大于 3.8MJ/m²（$G\geqslant800\text{W/m}^2$，环境温度 t_a 为8～30℃）。

4）平均热损系数 $U_{CT}\leqslant0.9\text{W/}(\text{m}^2\cdot℃)$。

5）真空夹层内的气体压强 $p\leqslant5\times10^{-2}$Pa。

6）耐热冲击应能承受25℃以下冷水浴90℃以上热水交替反复冲击三遍而不损坏。

7）耐压需求应能承受 0.6MPa 的压力。

8）抗冰雹要求应在径向尺寸不大于 25mm 的冰雹袭击下无损坏。

2. 金属—玻璃结构真空管型太阳能集热器

全玻璃真空太阳集热管的材质为玻璃，放置在室外被损坏的概率较大，在运行过程中，若有一根管损坏，整个系统就要停止工作。为解决此问题，在全玻璃真空太阳集热管的基础上，开发出了两种金属－玻璃结构的真空管，即应用U形金属管吸热板插入真空管内和采用热管直接插入真空管内的两类集热管，如图2－5和图2－6所示。这两种类型的真空集热管，既未改变全玻璃真空太阳集热管的结构，又提高了产品运行的可靠性。

(1) U形管式真空管型太阳集热器

U形管式真空集热管如图2－5所示。按插入管内的吸热板形状不同，有平板翼片与U形管焊接在一起，吸热的翼片表面沉积选择性涂料，管内抽成真空。管子（一般是铜管）与玻璃熔封或U形管采用与保温堵盖的结合方式引出集热管外，作为传热工质（一般为水）的入、出口端。

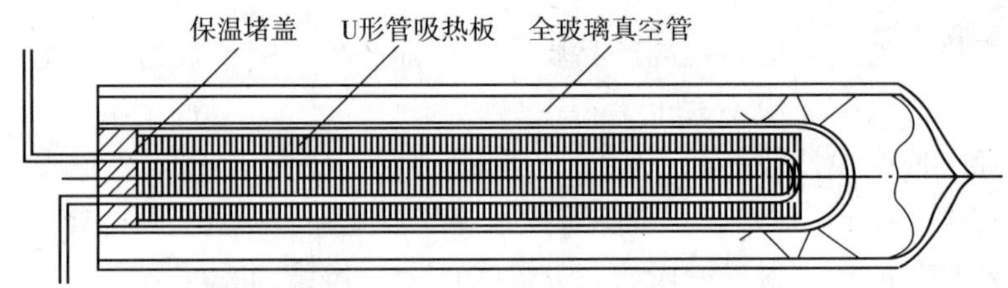

图2－5　全玻璃U形管式真空集热器

(2) 热管式真空管型太阳集热器

热管式真空管集热管如图2－6所示。根据吸热板的不同，热管式真空集热管也有两类：热管－平板翼片结构及热管－圆筒翼片结构。

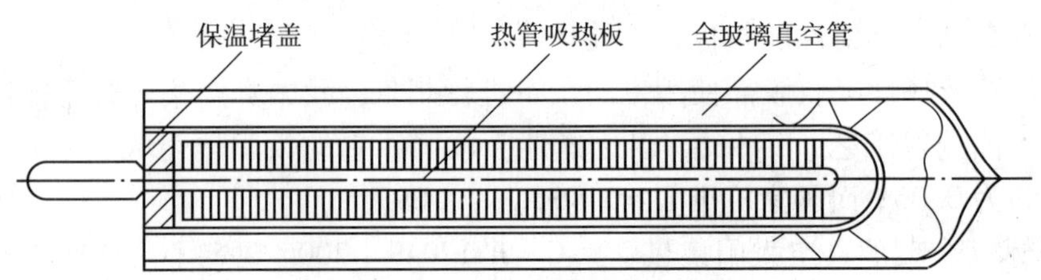

图2－6　全玻璃热管式真空集热器

热管式真空集热管主要是由热管、吸热板、真空玻璃管组成。其工作原理是：太阳光透过玻璃照射到吸热板上，吸热板吸收的热量使热管内的工质汽化，被汽化的工质升到热管冷凝端，放出汽化潜热后冷凝成液体，同时加热水箱或联箱中的水，工质又在重力作用下流回热管的下端，如此重复工作，不断地将吸收的辐射能传递给需要加热的介质（水）。这种单方向传热的特点是热管性能所决定的，为了确保热管的正常工作，热管真空管与地面倾角应大于10°。

3. 真空管太阳集热器的结构

无论是真空管太阳能热水器或真空管太阳能热水工程，一般是把多支真空集热管通过联箱组成集热器单组模块，然后根据需要选择多组模块，组成整个装置或系统，下面以全玻璃真空管集热器为实例介绍其结构。

(1) 全玻璃真空管集热器的两种基本结构

全玻璃真空管集热器一般由集热管、反射板(有时也可不用)联箱、尾座和支架组成。根据集热管的安装走向可分为南北向放置和东西向放置两种结构。

联箱根据承压要求进行设计和制造,承压联箱一般达到的运行压力为0.6MPa,非承压联箱由于运行和系统的需要,也有一定的承压要求,一般按0.05MPa设计。

联箱根据需要可设计成方形或圆管形两者,一面或两面按设计的管间距开孔,联箱两端焊有工质进出的集管,周围应有保温层和外壳,真空管开口端通过硅橡胶密封圈直接插入联箱。管间距的大小应根据需要设计,例如 $\phi 47$ 的标准管比较合理的管间距为75mm左右。

(2) 真空管太阳集热器的反射板

由于真空集热管成本较高,若采用密排,会增加工程造价,为了提高系统热性能,目前各厂家的产品多采用在集热管下设反射板(器)的做法,而且以平面漫反射为最多。

平面漫反射板一般可用铝板或涂白漆的平板制成,结构简单、成本最低,根据光学计算,在垂直入射条件下,两倍外观直径的管间距使用白漆漫反射板,集热管背面半部接受的辐射能是前半部接受辐射的43%左右。图2-7(*b*)为V形反射板,最佳几何参数为 $D/h = 1.6 \sim 1.7$,$\alpha = 90° \sim 103°$;图2-7(*c*)为V形与平底槽形漫反射板,在 D 和 h 相等时效果与平面漫反射板效果差不多;图2-7(*d*)~图2-7(*g*)为聚光反射板,可用于中、高温集热器系统。

反射板长期暴露在空气中,灰尘和污垢将影响反射效果,需经常维护,否则反射板将起不到应有的效果。

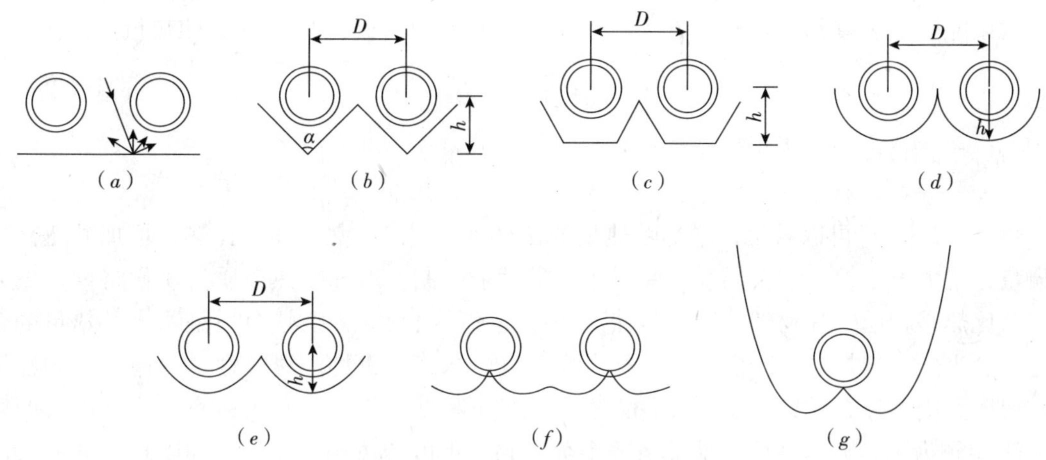

图2-7 各种反射板与集热管的组合

(*a*) 平面漫反射;(*b*) V形反射板;(*c*) V形与平底槽形漫反射板;
(*d*) 圆柱面镜面反射器;(*e*) 圆柱抛物面反射器;
(*f*) 复合镜聚光反射器;(*g*) 复合抛物面反射器

2.2.4 蓄热系统

在太阳能应用上最大的技术困难在于太阳辐射能的分散性和断续性。针对太阳的分散性，人们设法增大接收面积，并提高集热器或其他换热器的能量转换率。为了克服地面上太阳辐射能的断续性带来的不利影响，除了在必要的时候使用备用能源外，现行有效的方法是将太阳能转换为其他形式的能量来贮存。

在太阳能应用工程中，能量的供求关系有时是一致的，例如利用太阳能进行空调或制冷，在炎热的夏天白昼中需求的能量最大，恰好在此时太阳辐射能最强。但能量的供求关系也非常矛盾，太阳能供暖便是如此，冬季要求供暖量最大，而此时的太阳辐射能却是最小。

太阳能贮存可分为短期贮存和长期贮存两类。短期贮存是将能量贮存一天或几天；长期贮存有月贮存，季贮存和年贮存。在目前技术条件下，已经实现的多是短期贮存，太阳能集热器的产水能力与太阳照射强度、连续日照时间及背景气温等密切相关。夏季产水能力强，大约是冬季的4~6倍。而夏季却不需要供暖，洗浴所需的热水也较冬季少。为了克服此矛盾，可以尝试把太阳能夏季生产的热水保温储存下来留在冬季及阴雨季节使用，这就不仅可以发挥太阳能供暖系统的最佳功能，而且还可以减低辅助能源的使用。在目前技术条件下，最佳的方案就是把夏季太阳能加热的热水就地回灌储存于地下含水岩层中。不过该技术还需进一步研究和探讨。

一般说来，蓄热可分为三种类型，一为显热蓄热，二为潜热蓄热，三为化学反应蓄热。

2.2.4.1 显热热贮存

利用物质因温度变化而产生的显热来贮存热能是最简单、最经济的贮热方法。目前大多数太阳能贮热装置都采用这种方法。当物体温度由 t_1 升到 t_2 时，吸收的热量为

$$Q = \int_{t_1}^{t_2} C_p m dt \qquad (2-1)$$

式中 C_p——物体的定压比热；

m——物体质量。

从式（2-1）可以看出，增加贮热量的途径是：提高贮热介质的比热；增加贮热介质的质量；增大温度差。增大温度差受到集热器性能限制，增加贮热介质的质量将导致成本增加。比热是物质的热物理性质，显然选用比热大的材料作为贮热介质是增大贮热量的合理途径。当然，选择贮热介质时还必须考虑密度、黏度、毒性、腐蚀性、热稳定性和经济性。密度大则贮存介质容积小，设备紧凑，使成本降低。常常把比热和密度的乘积（即容积比热）作为平均贮热介质性能的重要参数。黏度大的液体用泵输送较为困难，会使泵功率增加，管道口径也将增大。

各种显热贮热介质中，水的贮热性最佳，而且水的黏度低，无腐蚀性，几乎不需要花费代价，因此使用最多。固体贮热介质用得最多的是砾石，砾石的性能一般，得到广泛应用的主要原因是价格低廉。液体供暖系统的蓄热器一般是水箱，而卵石床是大多数空气系统的蓄热器，两者的蓄热都与蓄热介质的温升成正比。

2.2.4.2 潜热热贮存

潜热贮能是伴随物质的相变过程来进行的。相变可以是溶解、汽化等物理过程，也可以是水化—脱水一类的化学反应。物质的潜热要比显热大的多，因此贮热装置体积可以大为缩小，这意味着降低设备投资费用。物质的相变过程在一定的温度下进行，变化范围极少，这个特征使得相变贮热器能够保持基本恒定的热力效率和供热能力。有些相变物质的成本不高，可以与显热贮能竞争。

使用最多的相变材料是含结晶水的无机盐类（称为水和盐类），此外石蜡和某些有机物，以及一些碱、盐和金属也有可能用做相变贮热材料。

理想的相变材料应当具有下列性质：相变温度适宜；相变潜热高；相变是可逆的；可重复循环多次不发生变质；液相和固相导热系数均较高；比热大；密度大；相变时体积变化小；蒸汽压力低；无毒；无腐蚀性；无过冷现象；如果是混合物，不会沉积或分层；价格低廉。实际上很难找到能满足所有这些条件的相变材料。在应用中最重要的是相变温度合适，相变潜热高和价格便宜。

2.2.5 辅助热源系统

和其他太阳能的利用一样，太阳能集热器的热量输出是随时间变化的，它受气候变化周期的影响，所以，系统中有一个辅助加热器。对于主动式太阳能供暖系统，当太阳能收集较少或水温过低时，需使用辅助热源补充热量。连续坏天气和阳光不足时，就只能依靠辅助热源保证供暖系统的正常运转。

辅助热源的选择取决于实际条件，可以选择燃煤或燃油锅炉，也可以与热力管网相连通，或以热力站的蒸汽或热水作为辅助热源，如有条件最好选择地热或生产废热水，可以节约运行费用，但是采用这些方法的最大缺点是建造成本高。当前，国家为了平衡电力峰谷差，实现峰谷电价（北京地区电供暖用户在每年11月1日至次日7时），鼓励夜间用电。如果可以利用蓄热技术将夜间电能转化热能贮存起来，供热量不足时使用，可以大量节约运行费用。所以，当供暖面积不大时采用电加热做辅助热源是最为简便可行的。

2.2.6 控制系统

目前，国内常用的太阳能热水系统主要有自然循环系统、强迫循环系统、定温放水系统，不同的太阳能热水系统，其控制设计也不同。

控制系统的主要作用是保证收集到最大量的太阳能，以及按照需要满足建筑的供暖负荷。如果控制系统没有使太阳能系统运行在最佳状态，那么集热器和其他的系统改善得到的益处将可能全部失去。在分析太阳能系统时往往假定运行在最佳状态，可实际上这在太阳能系统中是很少见的。

控制器可以控制泵的开启和关闭。开/关控制器由于简单易用，是最常用的一种控制器。当太阳辐射强度足够大，把太阳能集热器加热到启动温度时，集热器循环泵打开，启动温度根据集热器出口热媒温度来确定。

太阳能控制系统有两个基本部分组成：控制器和执行器。

控制太阳能系统有两个基本的方式。第一种，使用控制器或普通定温控制器来分别控制泵、辅助加热装置以及其他装置的运行。这是基于温差控制器和定温控制器完成的。第二种，使用微处理机或微机来控制太阳能系统的运行。微机接收装在系统关键部位的传感器信号，然后控制执行元件调节泵和阀门等使太阳能系统运行在不同的状态。

太阳能系统中最常用的控制器件是温差控制器，它测出两个传感器之间的温差，当温差达到设定值时，是一级电器动作。通常开与关的温差不同，即当温差控制器使继电器动作后，温差降到一个较低的设定值时，继电器才动作，这一设定值就叫关闭温差。温差控制器可用于控制泵的转速，使其随着集热器和蓄热箱底部水之间的温差变化。如果这一温差小，泵的转速低，以节省电能。随着温差增大，泵的转速增加。温差控制器还可以用于蓄热器温度超过一定值时关闭主循环泵，或在集热器温度低于某一值时打开主循环泵，其目的是防止蓄热器过热或其集热器冻坏。

2.2.7 低温辐射供暖

近年来，随着我国经济发展和人们对住宅品质要求的不断提高，冬季以地板供暖方式供热的住宅日渐增多。辐射供暖是一种节能、舒适、环保的新型供暖方式。

2.2.7.1 地板辐射供暖的特点

1. 地板辐射供暖的优点

（1）高效节能

地板辐射供暖较传统的供暖供水温度低，加热水消耗的能量少，热水传送过程中热量的消耗也小。地板辐射供暖主要依靠辐射传热，室内作用温度比采用散热器时要提高1～20℃。再者，由于进水温度低，便于使用热泵、太阳能、地热及低品位热能，可以进一步节省能量。在建立同样舒适条件下，辐射供暖方式较对流换热方式热效率高，设计温度为16℃时可达到20℃的供暖效果，可节能30%。一般认为，地板辐射供暖比传统的供暖方式节能20%～30%，但这还没有计入地暖用塑料管，以塑料替代钢所节省的能量。在目前能耗主要靠煤的情况下，节能20%以上意味着能够减少大量烟尘、有害气体的排放。

（2）舒适和卫生

地板辐射供暖系统的供暖任务由远红外线辐射承担，辐射面表面温度低于常规散热器，水分散失较少，红外线辐射穿过透明的空气，克服了传统散热器供暖方式造成的室内燥热、有异味、皮肤失水、口干舌燥等不适。

对于地板辐射供暖，辐射强度和温度的双重作用减少了四周表面对人体的冷辐射，室内地表温度均匀，室温呈由下而上逐渐递减的“倒梯度”分布，形成独特的微气候条件，给人脚暖头凉的良好感觉，符合中医提倡的“温足而凉顶”的理论，形成了真正符合人体散热要求的热环境，改善人体血液循环，促进新陈代谢。

此外，采用地板辐射供暖，室内空气流速低，不造成污浊空气的对流，大大减少了室内因对流所产生的尘埃飞扬的二次污染，消除了散热设备和管道积尘对室内微气候的影响，达到了良好的卫生效果。

（3）便于控制与调节

地板辐射供暖供回水为双管系统，避免了传统供暖方式无法单户计量的弊端，可适用于分户供暖。只需在每户的分水器前安装热量表，就可实现分户计量。用户各房间温度可通过分、集水器上的环路控制阀门方便地调节，有条件的可采用自动温控，这些都有利于能耗的降低。可以说，地板辐射供暖是建筑节能的又一机会和途径。

(4) 保温隔声

地板辐射供暖有着特殊的地面构造，上、下层不供暖时，中间层的供暖效果几乎不受影响，且热媒体在盘管中流速较低，由于盘管与楼板间设有绝热层，不仅增强了保温效果，也起到了隔声作用，大大减少上层对下层的噪声干扰。目前我国隔层楼板一般选用预制板或现浇板，其隔声效果极差，楼上人走动就影响楼下，采用地板供暖增加了保温层，具有很好的隔声效果。

(5) 使用寿命长，维护方便

地板辐射供暖系统中除分水器连接处外，无任何接口，且完全封闭，基本不需日常维修，大大减少了散热器漏水维修给住户带来的烦恼；不腐蚀，不结垢，如无人为破坏，使用寿命达50年以上，节约了维修和更换费用。

(6) 扩大了房间的有效使用面积

采用散热器供暖，一般100m^2，占有效使用面积达2m^2左右，而且上、下立横管诸多，给用户装修和使用带来不便。采用低温地板辐射供暖，管道全部在地面以下，只用一个分、集水器进行控制，可装在壁橱或暗柜里，自如地装修墙面、地面，摆放家具，解决了传统供暖方式的很多妨碍用户使用问题，建筑实用面积可增加3%左右。

(7) 热源选择宽阔、灵活

在集中供热的场所，可以借助集中供热加装换热器；对于单栋楼房可以设置单独的低温锅炉供热；对有地下水资源的区域，可以直接利用地热水或经过处理之后的地热水供热；此外，由于地板辐射供暖供水温度在40～55℃，可综合地利用太阳能、热电厂余热和城市供热管网的回水等进行供热。

2. 地板辐射供暖的缺点

(1) 对热媒的要求高

水温不大于60℃，流量约为常规供暖的2.5倍，并要求有独立热源，不能与其他方式做混合系统，管道断面积和输送耗能为常规的1.5倍。

(2) 初投资较高

地暖管材（交联管、塑料管）国产过程中存在国产原料供应量不足、生产设备投资大及目前市场占有率较小的原因，导致短期内地暖管材等主要部件尚需依赖进口，因而价位较高，以至初投资较高。如果采取一系列技术措施，优化设计方案后，可以将工程项目的主材费减少30%以上，从而形成一种经济型的地暖模式。

(3) 层高及荷载增加

地板辐射供暖管敷设于地板上需占用60～100mm的层高，包括2～3cm找平层，3cm管道，2cm保护层。为保证建筑物的净高，必须提高层高，从而导致结构荷载增大，楼板荷载约增120kg/m^2。

(4) 土建费用增加

地板辐射供暖管敷设于地板内，增加了地板厚度60～100mm，致使楼板荷载增加多达

2.4kg/m^2，相应的建筑物层高增加，梁柱截面和结构荷载增大，地基处理复杂，使土建费用提高。

（5）可维修性较差

地板辐射供暖属隐藏性工程，一旦加热盘管渗漏或堵塞，维修相当麻烦。对地面二次装修受限制，不允许在地面上钉木龙骨，否则很容易对管子造成破坏。但可采取如隐蔽加热盘管，不允许有接头，管网中加过滤器等措施克服这一缺点。

2.2.7.2 太阳能与地板辐射供暖的结合

目前我国太阳能集热器发展很快，新的全玻璃真空管集热器的集热效率达到了很高的水平，为利用热密度较小的太阳能提供了一个有利的保证。而低温地板辐射供暖的优势也在于其供水温度低，一般在60℃以下，不但热舒适性好，而且比传统的供暖方式节能20%左右，可以说太阳能与地板辐射供暖相结合是利用太阳能这种低品位能供暖的最佳方式。当然，由于太阳能的不稳定性，必须有辅助热源与之相匹配。总之，利用就地可取的太阳能，配合低温地板供暖的形式，为建筑供暖的节能开辟新的途径，不但节约了有限的化石燃料，而且减少了对环境的污染，其经济、社会效益都是不可低估的，而且为我国的可持续发展提供了有力的支持，为我国的可再生资源的充分利用提供了有益的尝试。

2.3 主动式太阳能供暖系统的设计

主动式太阳能供暖系统的设计与常规供暖系统的设计计算的不同之处主要包括太阳能集热器的选择计算、贮热水箱体积的确定、热交换器的选择计算和电加热器功率计算等几方面。本次测试的示范楼的太阳能系统包括低温地板辐射供暖系统和生活热水系统，因为供暖热负荷远远大于生活热水热负荷，因此设计计算过程中以供暖系统的计算为主，兼顾生活热水系统的设计。

2.3.1 设计参数的确定

低温地板辐射供暖系统的地板表面平均温度要求：经常有人停留的地面24～26℃，短时间有人停留的地面28～32℃，无人停留的地面35～40℃，游泳池及浴池地面40～50℃，就目前我国北方的太阳能集热器的利用情况来讲，热媒温度最高为50℃左右。

2.3.2 热负荷的确定

2.3.2.1 供暖热负荷的确定

由建筑物的地理位置、方位、围护结构热工性能等决定的基本热负荷以及附加热负荷两部分之和就得到建筑物的供暖设计热负荷 Q_n（W）。

在工程中，建筑物的设计辐射供暖热负荷可近似按下式计算：

$$Q_f = \varphi Q_n \tag{2-2}$$

式中 Q_f——全面辐射供暖的设计耗热量（W）；

φ——修正系数，取值范围为0.9～0.95。

即建筑物一天的最大供暖热负荷为：$Q_f \times 24 \times 3600 \times 10^{-6}$MJ。

2.3.2.2 热水供应平均热负荷

热水供应平均热负荷为日常生活中用于洗脸、洗澡、洗衣服以及洗刷器皿所消耗的热量。热水供应平均小时热负荷按下式计算：

$$Q_{rp} = cm\rho\nu(T_r - T_l)/T \tag{2-3}$$

式中 Q_{rp}——热水供应平均每小时热负荷（kW）；

m——用热水单位数（住宅为人数）；

ν——每天的热水用量（L/d）；

T_r——生活热水温度（℃）；

T_l——冷水计算温度（℃）；

T——每天供水小时（h/d）；

ρ——水的密度（kg/m^3）；

c——水的热容量［kJ/（kg·℃）］。

2.3.2.3 建筑物总负荷

建筑物的总负荷为建筑物的供暖设计热负荷 Q_n 与热水供应平均每小时热负荷之和为

$$Q_z = Q_n + Q_{rp} \tag{2-4}$$

2.3.3 太阳能集热系统

2.3.3.1 太阳能集热器的热工计算

1. 太阳能集热器的瞬时效率

太阳能集热器的瞬时效率定义为：

$$\eta = Q_u/(A_s I) \tag{2-5}$$

式中 η——太阳能集热器的瞬时效率；

Q_u——单位时间内集热器得到的有用能量（W）；

I——投射在集热器上的太阳辐射（W/m^2）；

A_s——真空管材光面积（m^2）。

2. 集热器的太阳能利用系数

集热器的太阳利用系数是指一定时期内，集热器所获得的有效能量与集热器表面所接受的太阳辐射量的比值。集热器的太阳能利用系数就是集热器的平均效率，利用该系数可对一定时期内太阳能集热器的性能进行评价。

由定义可知，月（季）太阳能利用系数是指一定时期内，集热器所获得的有效能量与集热器表面所接受的太阳辐射量的比值。

由定义，月（季）太阳能利用系数 ψ 的计算式为：

$$\psi = \frac{\sum_{i=1}^{n} Q_{ui}}{\sum_{i=1}^{n} H_i} \tag{2-6}$$

$$Q_{ui} = \int_0^N \eta(\tau) I(\tau) \mathrm{d}\tau \tag{2-7}$$

$$H_i = \int_0^N I(\tau)\mathrm{d}\tau \tag{2-8}$$

式中 Q_{ui}——第 i 天单位面积太阳能集热器获得的有用能量［MJ/（m^2 · d）］；

H_i——第 i 天单位面积太阳能集热器的太阳辐照量［MJ/（m^2 · d）］；

n——月（或季）的天数；

N——日照时间（s）；

η（τ）——集热器瞬时效率；

I（τ）——集热器表面太阳辐照度（W/m^2）；

τ——计算时刻。

3. 太阳能集热器效率方程

不同类型太阳能集热器的构造各异，因此效率方程的计算方法有所不同。本文以热管式真空集热器为例来讨论太阳能集热器效率方程的确立。

根据能量守恒定律，单位时间内集热器得到的有用能量等于集热器吸收的太阳辐射能量减去集热器向周围环境散失的能量，即：

$$Q_u = A_P I(\tau\alpha)_e - A_P U_L (T_P - T_a) \tag{2-9}$$

式中 A_P——吸热板面积（m^2）；

T_P——吸热板平均温度（℃）；

T_a——环境温度（℃）；

U_L——真空管总热损失系数；

$(\tau\alpha)_e$——有效透过率与吸收率的乘积，由下式求出：

$$(\tau\alpha)_e = \frac{\tau\alpha}{1-(1-\alpha)\rho_d} \tag{2-10}$$

式中 α——黑色吸热表面的吸收率；

ρ_d——该板的漫反射率，可以通过计算 60°投射角的反射率加以计算；

τ——盖板透光率。

将（2-9）代入（2-5）就得到热管式真空集热器的瞬时效率方程：

$$\eta = \frac{A_P}{A_S}\left[(\tau\alpha)_e - U_L\frac{T_P - T_a}{I}\right] \tag{2-11}$$

4. 效率因子 F'

在某些情况下，热管式真空集热器的瞬时效率方程需要热管温度 T_h 表示：

$$\eta = \left(\frac{A_P}{A_S}\right)F'\left[(\tau\alpha)_e - U_L\frac{T_h - T_a}{I}\right] \tag{2-12}$$

式中，F'称为集热器效率因子，其物理意义是集热器实际的有用能量与假想吸热板温度为热管温度时的有用能量之比。

5. 热转移因子 F_R

如果用集热器热管工质进口温度 T_i 表示热管式真空集热器的瞬时效率方程，则有：

$$\eta = \left(\frac{A_P}{A_S}\right)F_R\left[(\tau\alpha)_e - U_L\frac{T_i - T_a}{I}\right] \tag{2-13}$$

式中，F_R 称为集热器热转移因子，其物理意义是集热器实际的有用能量与假想吸收热板温度为工质进口温度时的有用能量之比。

2.3.3.2　太阳能集热器面积的确定

集热器是太阳能供热系统中重要的部分，其性能和成本对整个供热系统成本起主要作用。

1. 太阳能负担供暖小时数的确定

太阳能负担供暖小时数指系统收集的太阳能可以独立满足供暖要求的小时数。太阳能负担供暖小时数的确定需要考虑建造成本、运行费用和施工条件等多方面的因素。如果太阳能集热器的集热面积足够大，可以收集足够的热量保证房间24小时的供热，这样做的运行费用无疑是最低的，但在目前的市场条件下，这样做的成本将是十分巨大的，因此应根据实际条件权衡运行费用和建造成本之间的关系。

2. 太阳能集热器的确定

根据选定的厂家提供集热器各种参数，然后由公式（2-12）或（2-13）可以计算出太阳能集热器的平均集热效率 η。

主动式太阳能供热系统集热器单位面积的集热量为：

$$Q_u = I_P \cdot \eta \tag{2-14}$$

式中　I_P——供暖季节平均太阳幅照度（W/m^2）；

η——太阳能集热器的平均集热效率。

即所需的集热器采光面积为：

$$A = \frac{Q_z}{Q_u} \tag{2-15}$$

根据计算结果，可以确定某品牌的太阳能集热器面积。工程中使用的集热器数量一般很多，一般若干集热器先连接成一个集热器组，集热器组直接再通过一定的方式连接成一个集热器系统。一般来说，集热器连接成集热器组的方式有三种：串联、并联和串并联。根据集热器面积可以确定集热器的连接方式。

2.3.4　贮热水箱的设计

贮热水箱的作用有：(1) 储存太阳能集热器加热的热水。(2) 电加热器加热循环水和换热器加热生活用水。(3) 储存电加热器在夜间利用低谷电价加热的循环水。根据不同的系统，设计贮热水箱的方法也不同，经济合理的贮热箱的体积由贮热材料的特性、贮热量利用时段、成本和系统的运行费用等因素共同决定。在设计时要综合考虑各种因素，确定合理的贮热箱体积，以取得最佳效果。

2.3.5　辅助热源的选择

由于太阳能是一种不稳定的热源，受当地气候因素的影响很大，雨、雪天则几乎不能利用。所以，必须和其他能源的水加热设备联合使用，才能保证稳定的热水供应，这种水加热设备常被称之为“辅助热源”，其作用是当太阳能不足时作为太阳能热水系统的热能补充。

(1) 太阳能热水系统配置的其他能源水加热设备所使用热源的种类应根据当地普通使

用的常规能源种类、价格、对环境的影响、使用的方便性等多项因素，作技术经济比较后评定选择，优先考虑环保和节能因素。

（2）对已设有集中供热、空调系统的建筑，其太阳能热水系统配置的其他能源水加热设备辅助热源宜与供热、空调系统热源相同或匹配；宜重视废热、余热的利用。

（3）其他能源水加热设备的容量，宜按最不利条件，即太阳能的热量为零的情况确定。对经济、生活水平偏低的欠发达地区和用热水要求较低的民用建筑，可适当放宽要求，降低其他能源水加热设备的容量，以减少太阳能热水系统的初始投资。

2.3.6 间接式系统水加热器选择

间接系统的水加热器实际上就是我们通常采用的热交换器，只不过热源为太阳能热水而已。间接式热水系统采用的热交换器主要有三种，通常中小型太阳能热水系统采用容积式或半容积式水加热器；大型系统采用独立于水箱的板式换热器或半即热式水加热器、快速式水加热器等。

太阳能热水系统的水加热器的换热面积可按式（2－16）计算：

$$A_{hx} = \frac{C_r Q_z}{\varepsilon U_{hx} \Delta t_j} \qquad (2-16)$$

式中 A_{hx}——水加热器换热面积（m^2）；

Q_z——太阳能集热系统提供的热量（W）；

U_{hx}——传热系数［W/（m^2·K）］；

ε——结垢影响系数，$\varepsilon = 0.6 \sim 0.8$；

Δt_j——换热温差一般可根据集热器的性能确定，可取5～10℃，若集热器性能好，温差取高值，否则取低值；

C_r——热水系统的热损失系数，$C_r = 1.1 \sim 1.2$。

通常情况下，间接系统水加热器的换热面积越大，越有利于充分利用太阳能。但是面积加大，初投资会增加，所以，间接系统的水加热器面积最好通过技术经济比较确定。

2.4 示范楼的测试

本次测试的示范楼位于昌平区菩萨鹿村，本人参与搭建测试试验台，并于2006年4月26日起曾先后两次住在当地进行了16天的测试。其间记录数据、维持仪器的正常运行、处理测试过程中出现的各种问题，这加深了我对主动式太阳能地板低温辐射供暖的认识，取得了一定经验。

2.4.1 课题来源

本课题来源于北京市科技计划重点资助项目（课题编号：D0605050040191）“北京浅山区生态村规划与休闲产业开发关键技术及示范研究”。

2.4.2　测试的总体目标

对生态村示范项目的能源利用、太阳能利用、建筑节能效果情况等进行跟踪检测，即生态村节能建筑能源综合利用最优方案及最佳建筑围护结构热工性能指标的研究。包括：常规能源与新能源利用的可行性和经济性研究，适合新能源系统的北京地区建筑围护结构热工性能及其评价方法和评价体系指标的研究。对建筑能耗和室内热湿环境及空气质量进行监测控制，优化系统运行，并进行全年能耗分析评价。

2.4.3　示范工程基本情况

如图 2－8 所示为昌平区流村镇菩萨鹿村示范楼。它方位坐北朝南，共三层，一层建筑面积为 96.68m^2，二层建筑面积为 68.88m^2，三层阁楼的建筑面积为 30.80m^2，总建筑面积为 196.36m^2。示范楼主体采用轻型钢结构，外围护结构采用保温材料。供暖系统采用太阳能低温地板辐射供暖。

2.4.3.1　外围护结构

示范楼采用北京××公司研制的“轻型钢结构 ASA 板镶嵌式”集成，该公司宣传这种建筑体系的主要特点：

1. 高效节能

ASA 板材料是由内泡沫混凝土组成这种闭孔结构。它的热阻比相同厚度的普通砖墙的热阻要大，即传热系数也小于相同尺寸的普通砖墙，故这种建筑具有良好的保温、隔热性能。

2. 节地

该建筑体系实现了“建房不用砖”。用 ASA 板镶嵌而成，ASA 板主要原材料是水泥、粉煤灰、外加剂、空气。在施工过程中，因钢结构、维护板都是工厂化生产、现场安装，

图 2－8　测试的示范楼

施工不破坏植被、占地小。

3. 节材

该建筑体系维护板材料按用户需要定尺加工，没有边余料；这种建筑体系与传统钢结构住宅比较，节省钢材30%～40%。

4. 工期短

建筑速度快，建设周期仅为同等建筑面积（砖混结构）的1/6。钢结构、维护板材都在工厂加工完成，现场施工快捷、方便、节省劳动力。

2.4.3.2 太阳能供暖系统

1. 地板供暖系统

该地板供暖系统由清华阳光集团设计、施工并维护正常运行；如图2－9～图2－13所示。

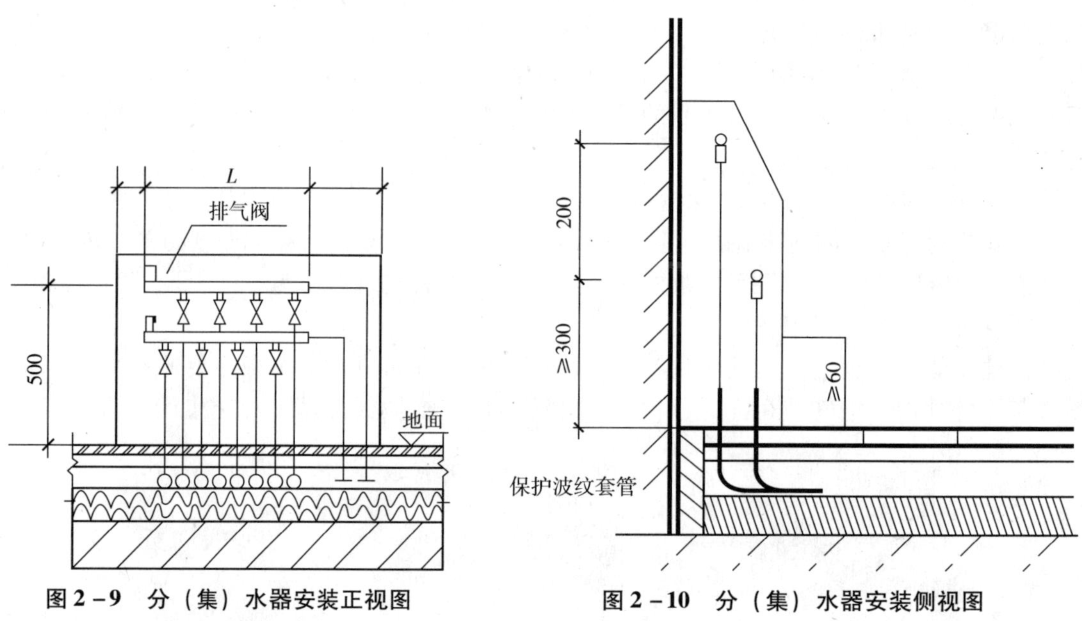

图2－9 分（集）水器安装正视图

图2－10 分（集）水器安装侧视图

图2－11 地暖结构层剖面图

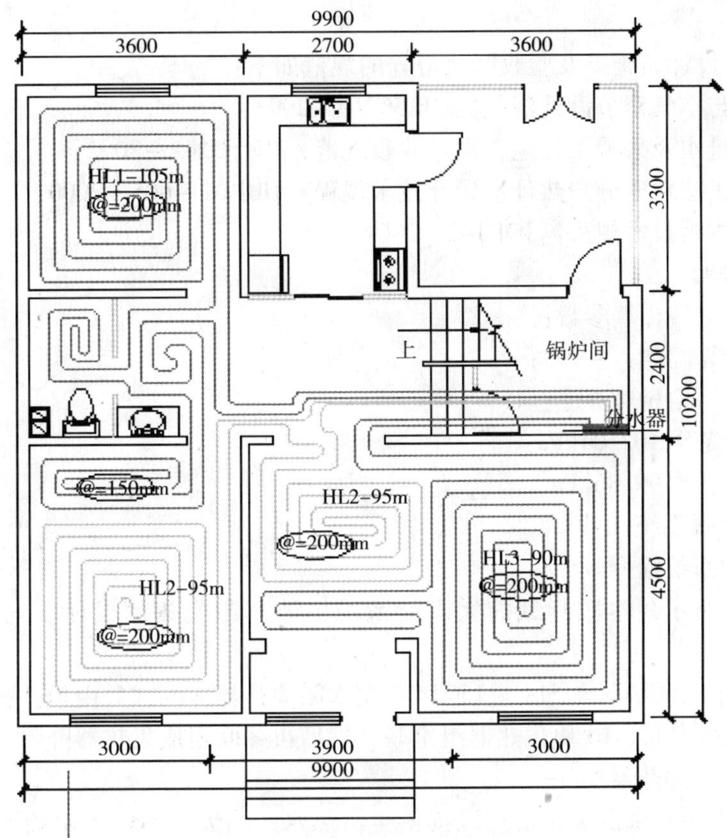

图 2-12 一层环路平面图

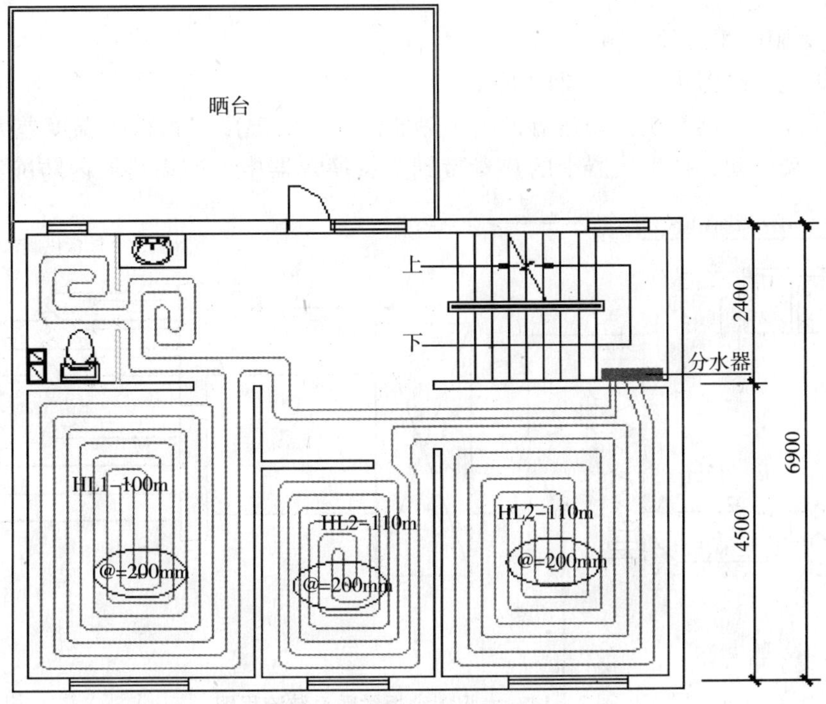

图 2-13 地板供暖系统结构

(1) 总则

该地板供暖设计、施工及验收时所遵守的规范如下：

《采暖通风与空气调节设计规范》GB 50019－2003；

《建筑给水排水及采暖工程施工质量验收规范》GB 50242－2002；

《新建集中供暖住宅分户热计量设计技术规程》DBJ 01－605－2000；

《地面辐射供暖技术规程》JGJ 142－2004。

(2) 设计说明

北京市室外空气计算参数：

供暖室外计算温度：－9℃；

冬季最冷月平均相对湿度：45%；

大气压力：冬季102.04kPa；

夏季99.86kPa。

2. 太阳能供暖系统

(1) 该太阳系统简介

如图2－14所示，本次测试的太阳能系统由清华阳光集团设计、施工并维护正常运行。

1) 集热器采用清华阳光SLU－1500/16型太阳集热器阵列，共由16块集热器组构成。其中6块集热器组串联，10块集热器组串联，然后再并联组成集热器阵列。集热器采用全玻璃U形管式真空集热器。

2) 该系统主要用来供暖，也可以提供生活热水，当天气不好太阳能不够的时候，可以启动辅助电加热。

3) 地板供暖采用PEX管。

(2) 该太阳能系统的说明

1) 太阳能集热器中的工质是防冻液。

2) 太阳能集热器系统自动运行，当集热器内防冻液温度与水箱内温度差大于7℃时，循环泵P1自动启动，把集热器中的热量带到盘管换热器中。当集热器内防冻液温度与水

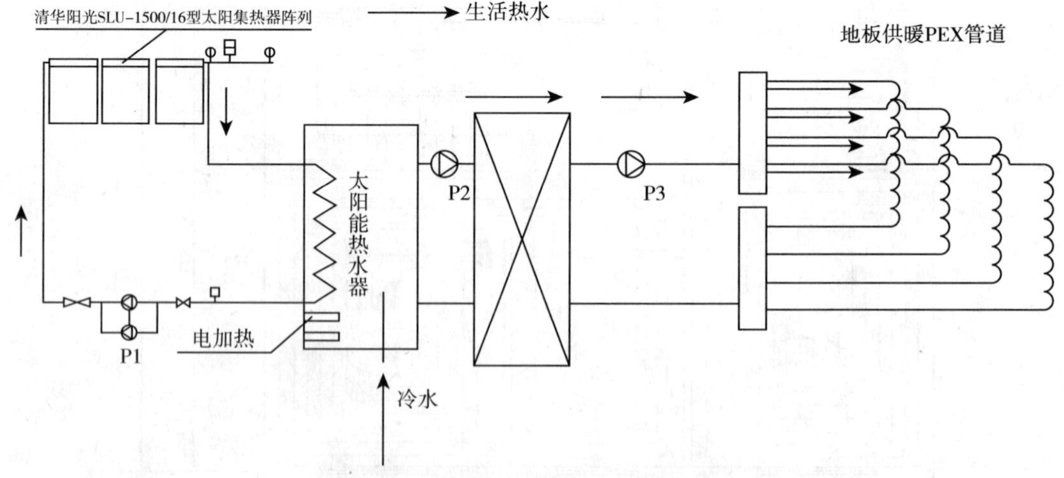

图2－14 太阳能地板供暖系统流程图

箱内温度差小于3℃时，循环泵自动停止。

3）当系统出现故障，工质压力过大时，安全阀自动打开，工质排放到膨胀罐中，当压力降低系统正常时，膨胀罐把工质重新加入到集热器中。

4）太阳能水箱与供暖管回路间设置板式换热器，以保证供暖回路的热水为封闭回路，不影响生活热水的水质，其内部的热水通过循环泵P2、板式换热器、供暖循环泵P3及分水器给地板系统加热，循环泵P2、P3联动并由智能控制器控制，当室内温度高于设定值时自动停止，低于设定温度时自动启动。

（3）太阳能供暖系统的工作流程

1）如图2－15所示，坡屋顶上的太阳能集热器吸收太阳辐射能并转化为热能，集热器里的水（防冻液）吸收热量，经循环立管流入太阳能水箱中与水箱的低温水发生热交换，从而获得热水的一种系统，这种循环系统称为一级循环系统。

2）如图2－16所示，太阳能水箱中的热水温度达到某一设定值就可以循环流进板式换热器进行换热，也可以提供生活热水，这种循环系统称为二级循环系统。

3）如图2－17所示，地板供暖系统里的水经板式换热器与二级循环系统里的热水发生热交换，地板供暖系统里的水温升高并用于地板辐射供暖，这种系统称为三级循环系统。

这三个系统相对独立，都是闭式系统，互不混合。

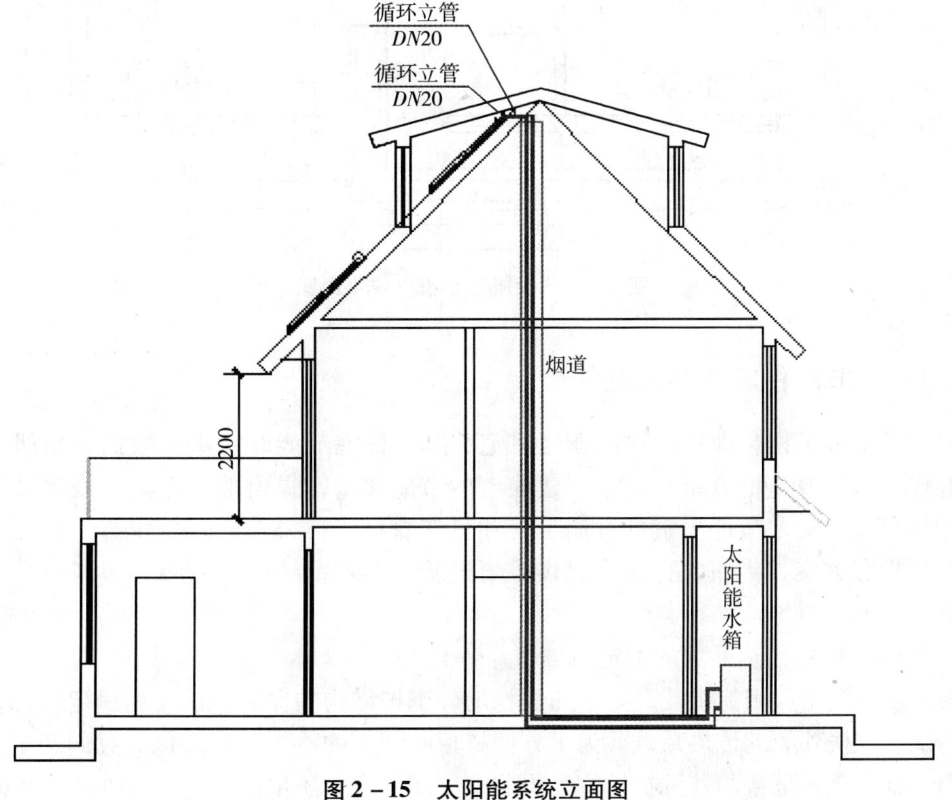

图2－15 太阳能系统立面图

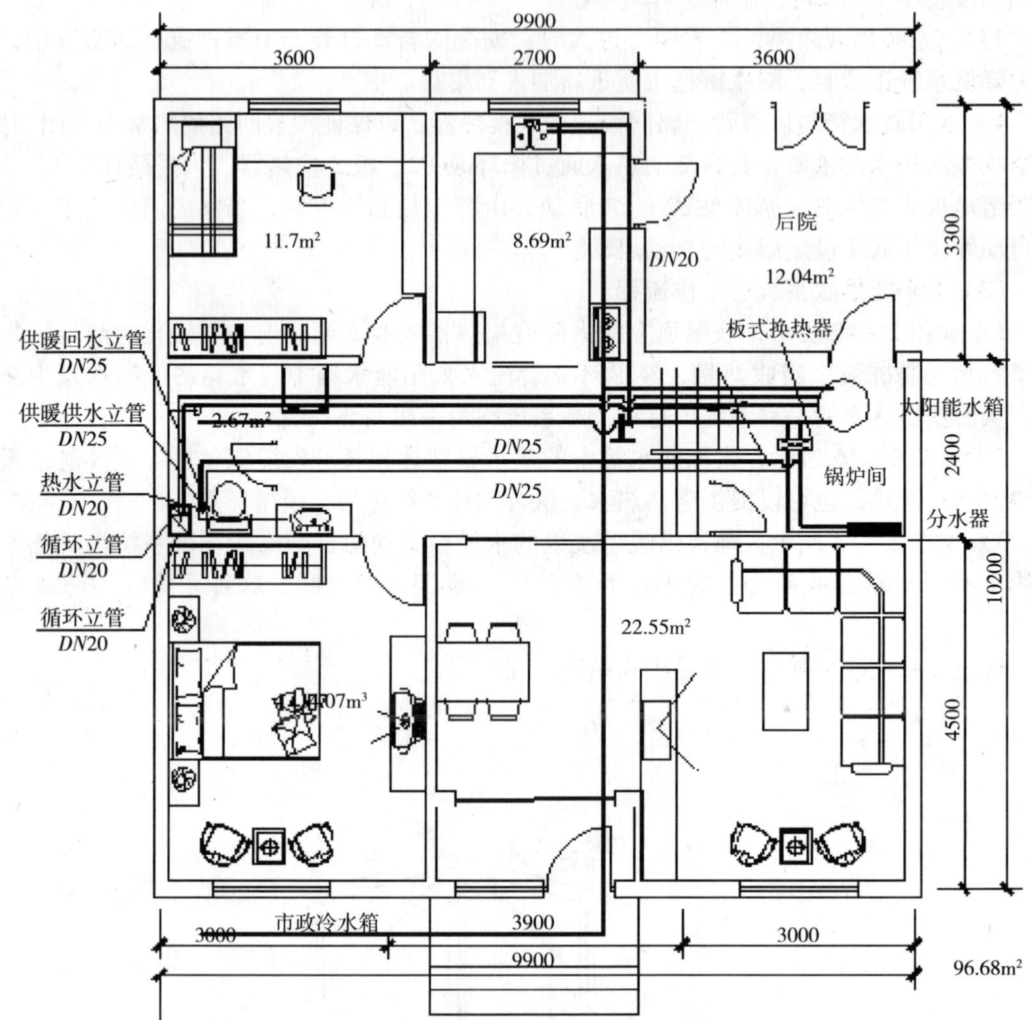

图 2-16　太阳能系统一层平面图

2.4.4　节能住宅能耗检测

为了对示范工程，即生态村的新建住宅和既有住宅节能改造进行数据分析研究，评估既有住宅节能改造的效果，评估新建住宅的节能效果，提出推广方案，该项目研究将运用评估和选择住宅节能投资的方法，使项目在农村获得经济和社会效益，找出最合适的技术与投资方案，为新农村技术提供重要经验。对示范楼进行检测，检测内容包括以下几点。

1. 外围护结构传热系数的测定

为了充分利用太阳能供暖，要求建筑物的外围护结构的保温性能达到一定指标，于是需要测试示范楼外墙的传热系数。为了方便搭建测试用的冷、热箱，最后我们选定北外墙作为测试点，该示范楼的外围护结构是由北京华丽联合集团生产的 ASA 板，厚 160mm。

由于在非供暖季节不能直接用热流仪来测外墙的传热系数，我们利用热箱人工模拟冬

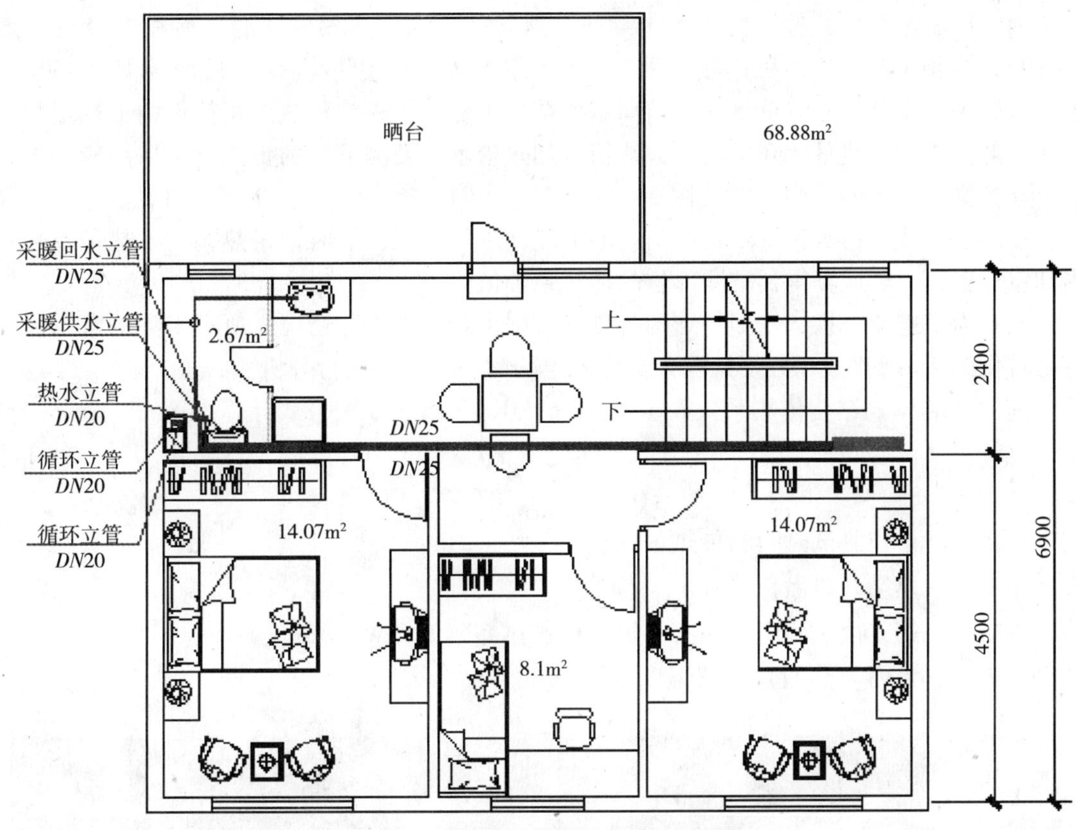

图 2－17　太阳能系统二层平面图

季内外墙表的温差来测传热系数，并且与多点热流仪一同测试，最后比较得出较准确的传热系数值。

(1) 利用热箱法测定

如图 2－18、图 2－19 所示，冷热箱紧贴墙表面，用海绵填充缝隙并用透明胶布封住。冷、热箱扣着的墙表都贴有温度传感器，以测试内外墙表的温度。

1) RX－ⅡB 型传热系数检测仪简介

测试仪器采用北京中建建筑科学技术研究院研制生产的 RX－ⅡB 型传热系数检测仪，传热系数检测是建筑节能测试的重要重要内容，通过测量单位面积围护结构的传热功率和热箱内外的空气温差，求得被测部分的传热系数。RX－ⅡB 型传热系数检测仪以单片机控制外部各种输入、输出器件，最大限度地利用了主控机及外部器件的资源；应用软硬件看门狗，数字滤波技术提高了系统的可靠性；检测过程无需值守，自动保存全过程测量结果；另有通信接口可以将测量结果上传至计算机，以便数据处理、保存。

本仪器适用于北京市《民用建筑节能现场检验标准（采暖居住建筑部分）》DB11/T 555－2008 中热箱法的检测。

2) 测试原理

热箱法检测围护结构传热系数是基于“一维传热”的基本假定，即围护结构被测部位具有基本平行的两平面，其长度和宽度远远大于其厚度，视为无限大平板。人工制造一个一维传热环境，被测部位的内侧用热箱（图 2－18）模拟供暖建筑室内条件，并使热箱内和室内空气温度保持一致，另一侧为室外自然条件或在被测部外墙的外面扣上冷箱（图 2－19），冷箱与制冷压缩机连接（图 2－20）维持热箱内温度高于室外冷箱温度 10K 以上，这样被测部分的热流总是从室内向室外传递，形成了一维传热，当热箱内加热量与通过被测部位传递的热量达到平衡时，热箱的加热量就是被测部位的传热量。采用应用先进的 PID 控制运算法的控制装置（图 2－21）实时控制热箱内空气温度和室内温度，采用高分辨率的变送装置精确测量热箱内消耗的电能并进行积累，定时记录热箱的发热量及热箱内和室外温度，经运算得到被测部位的传热系数值。

同时为了避免干扰，使围护结构的测试数据更趋近于实际情况，所有采集的数据最后都可转化为 Excel 格式，方便检测人员借助电脑对被测数据进行分析。

围护（墙体）结构传热系数 K［W/（m^2·K）］通过下列公式计算：

$$K=\sum K_n/n \tag{2-17}$$

$$K_n=Q_n/[A_1\cdot(T_i-T_e)] \tag{2-18}$$

式中 Q_n——单位测试时间的传热量（W）；

A_1——热箱开口面积（m^2）；

K_n——第 n 次试验所测得的围护结构传热系数值［W/（m^2·K）］；

T_i——室内（热箱）空气温度（℃）；

图 2－18 热箱的安装

图 2－19 冷箱的安装

图 2－20 制冷水浴的安装

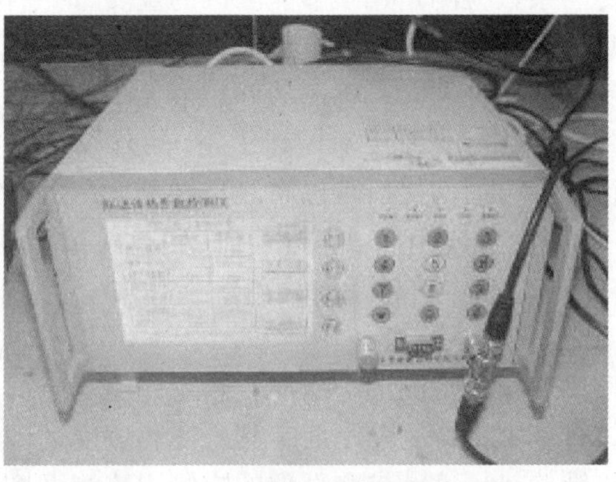

图 2－21 传热系数检测仪的安装

T_e——室外空气温度（℃）；

n——连续测试次数。

（2）利用热流法测定

1）HFM-215 型多点式热流仪简介

测试仪器采用日本 KEM 公司研制生产的 HFM-215 型多点式热流仪（图 2-22），用于测量热流和温度，因为带有绝对标准装置而使其具有高精度高准确性。本机最多可接 5 个传感器，采用 5.5 英寸大屏幕广角彩色液晶显示器，使用 16 种颜色显示趋势图或条形图，在每秒存储 1 组数据的情况下可连续存储 27 小时，同时配有 3.5 英寸软盘驱动器（热流范围：10～3000W/m²；温度：-40～150℃）。

2）测试原理

内墙热箱 4 个点（图 2-23），外墙有一个点，热流仪每 2 分钟自动计一次数，数据有 5 个点的瞬时温度，瞬时热流密度，于是可算出外墙的导热热阻，即可求出外墙的传热系数。围护（墙体）结构传热系数 K［W/（m²·K）］通过下列公式计算：

$$R_{\lambda}=\Delta T/q \tag{2-19}$$

$$K=1/(R_{\lambda}+0.11+0.04) \tag{2-20}$$

式中 ΔT——内外墙温差（℃）；

R_{λ}——外墙的导热热阻（K·m²/W）；

K——外墙传热系数［W/（m²·K）］。

2. 外围护结构气密性测试

（1）测试仪器

为了了解外围护结构的气密性，采用二氧化碳示踪气体法（自然通风）测试气密性。采用二氧化碳浓度测试仪（图 2-24）进行测试。二氧化碳浓度测试仪自动记录测试房内二氧化碳浓度数值并自动保存。

（2）测试原理

用海绵填充房门的缝隙并用透明胶布封住，使房门的气体渗透可以忽略不计。然后向房间加二氧化碳到一定浓度，启动二氧化碳浓度测试仪，一段时间后，取出测试仪，与电脑连接读取数据，根据浓度变化分析计算换气次数。

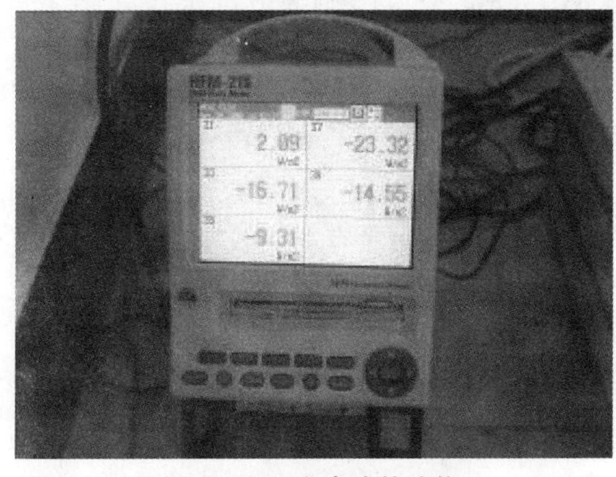

图 2-22 多点式热流仪

图 2-23 传感器的分布

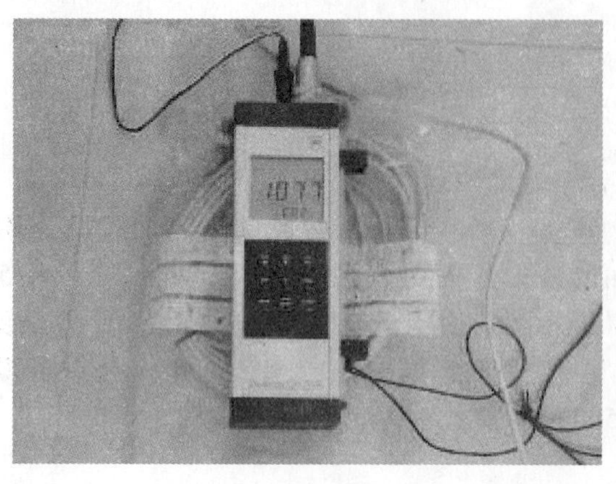

图 2－24　气密性测试

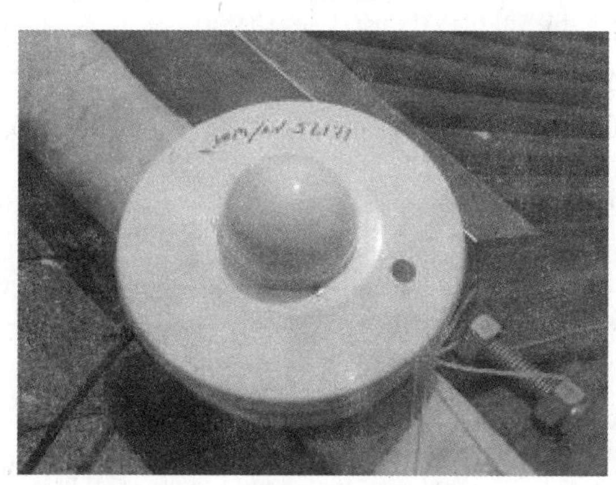

图 2－25　太阳能辐射记录仪安装示意图

3. 太阳能供暖系统的测试

(1) 太阳辐射强度的测试

1) PC－2 型太阳能辐射记录仪简介

测试仪器采用锦州三二二研究所研制生产的 PC－2 型太阳能辐射记录仪（图 2－25）是新一代的太阳辐射记录仪，它与通用的 PC 电脑配合适用，外接各种辐射传感器，用于观测记录太阳的总辐射、散射、直辐射、反射和净辐射等各种辐射量，具有测试精度高、人机界面友好、人工干预少、交直流电共用等特点。

2) 测试原理

该表的感应元件采用了绕线电镀式多接点热点堆，其表面涂有高吸收率的黑色图层，感应元件的热接点在感应面上，而冷接点位于仪器内，以便直接取环境温度。当有光照时，冷热接点产生温差即产生电势值，也就是将光信号转换为电信号输出，在线性误差范围内，输出信号与太阳辐照度成正比。

(2) 集热器效率的测试

1) MULTICAL COMPACT 热量表简介

测试仪器采用丹麦卡姆鲁普公司研制生产的 MULTICAL COMPACT 热量表（图

2－26），安装在进水管和回水管的一对温度传感器记录热源的温度变化。可以依次显示累计热量（GJ）、累计水量（m^3）、小时读数（HRS）、当前供水温度（℃）、当前回水温度（℃）、当前温差（℃）、当前热功率（kW）、当前峰值功率（kW）、当前水流量（L/h）和信息码。

2）测试原理

图 2－26 中的表 1、表 2 分别就是图 2－27 中的热表 1、热表 2。由图 2－27 测试原理图可知：热表 1 被安装在供暖系统的供回水干管上，可以测试供暖系统的累积热量、累积水量、当前供水温度、当前回水温度、当前温差、当前消耗热功率、当前水流量等；热表 2 被安装在冷水进口和热水出口的干管上，可以测试生活热水消耗的累积热量、累积水量、冷水进口温度、热水出口温度、温差、当前消耗的热功率、当前用水量等。

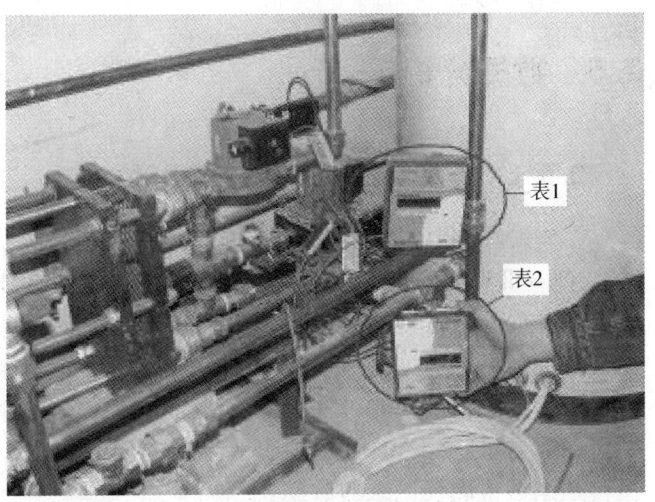

图 2－26　卡姆鲁普热量表

由表 1 和表 2 的读数可以很容易得知：集热器瞬时集热量、累积集热量、地板供暖系统的供回水温差、地板供暖系统所消耗累积热量、累积流量和生活用热水的累积流量，从而可以求出集热器的瞬时效率、某个时段的平均效率、平均每天用热水量、平均每天地板供暖所消耗的热量。从而可以进行常规能源与新能源利用的可行性和经济性研究，适合新能源系统的北京地区建筑围护结构热工性能及其评价方法和评价体系指标的研究。优化系统运行，并进行全年能耗分析评价。

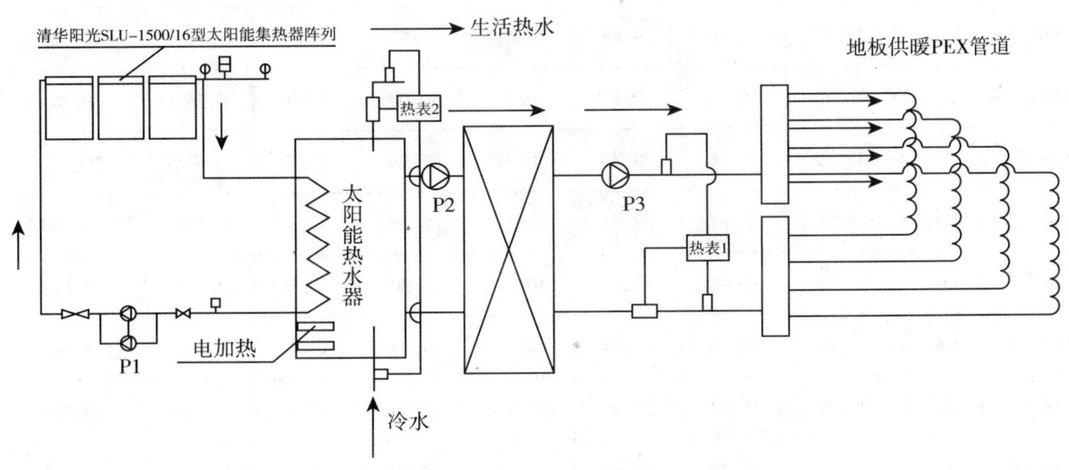

图 2－27　测试原理图

2.5 数据分析

2.5.1 外围护结构的传热系数的确定

2.5.1.1 利用热箱法测定

RX－ⅡB 型传热系数检测仪要求室内热箱温度高于室外冷箱温度 10K 以上，由于测试期间在四月底五月初，白天气温较高，温差很难达到 10K 以上；但晚上气温较低，温差容易达到 10K 以上。仪器记录的结果也反映了这种情况，白天记录的结果极不正常，所以，在后期数据处理的过程中，我们舍去白天那段时间，只取每天晚上八点到第二天早上八点的数据进行分析，最后得出较准确的结果。表 2－3 为 2006 年 5 月 2～3 日 RX－ⅡB 型传热系数检测仪记录的数据。

2006 年 5 月 2～3 日 RX－ⅡB 型传热系数检测仪数据记录表　　表 2－3

记录数据时间	A 箱室外墙表温度（℃）	A 箱室外空气温度（℃）	A 箱室内墙表温度（℃）	A 箱热箱空气温度（℃）	室内空气温度（℃）	A 箱平均功率（W）	由检测仪测出的传热系数 [W/ (m^2·K)]	由内外墙表温差计算的传热系数 [W/ (m^2·K)]
2006－5－2　20：00	18.94	17.90	29.81	30.38	30.09	12.3	0.821	0.826
2006－5－2　20：30	18.64	17.55	29.78	30.11	29.99	11.6	0.769	0.768
2006－5－2　21：00	18.36	17.28	29.82	30.11	29.96	12.6	0.818	0.806
2006－5－2　21：30	18.07	17.00	29.79	30.04	30	12.2	0.779	0.768
2006－5－2　22：00	17.85	16.71	29.84	30.12	29.98	13.9	0.863	0.844
2006－5－2　22：30	17.63	16.49	29.85	30.41	29.97	11.9	0.712	0.723
2006－5－2　23：00	17.40	16.22	29.87	30.49	30.00	12.9	0.753	0.763
2006－5－2　23：30	17.19	15.96	29.83	30.34	29.96	11.7	0.678	0.691
2006－5－3　00：00	16.92	15.67	29.84	30.51	30.06	13.3	0.746	0.760
2006－5－3　00：30	16.67	15.43	29.73	30.11	30.00	10.5	0.596	0.609
2006－5－3　01：00	16.47	15.21	29.84	30.30	29.97	13.4	0.740	0.742
2006－5－3　01：30	16.27	15.02	29.83	30.37	30.03	12.3	0.667	0.679
2006－5－3　02：00	16.08	14.78	29.85	30.27	29.97	12.4	0.667	0.674
2006－5－3　02：30	15.87	14.6	29.75	30.12	29.94	12.8	0.687	0.689

续表

记录数据时间	A箱室外墙表温度（℃）	A箱室外空气温度（℃）	A箱室内墙表温度（℃）	A箱热箱空气温度（℃）	室内空气温度（℃）	A箱平均功率（W）	由检测仪测出的传热系数[W/(m²·K)]	由内外墙表温差计算的传热系数[W/(m²·K)]
2006-5-3 03：00	15.71	14.41	29.84	30.18	29.97	13.6	0.718	0.716
2006-5-3 03：30	15.54	14.24	29.81	29.93	29.99	13.0	0.69	0.682
2006-5-3 04：00	15.41	14.10	29.84	30.35	29.95	13.3	0.682	0.689
2006-5-3 04：30	15.24	13.91	29.83	30.42	29.97	14.0	0.700	0.714
2006-5-3 05：00	15.12	13.76	29.82	30.07	29.93	11.7	0.597	0.603
2006-5-3 05：30	14.98	13.64	29.80	30.01	30.05	14.4	0.733	0.722
2006-5-3 06：00	14.87	13.57	29.82	30.39	29.97	15.3	0.758	0.756
2006-5-3 06：30	14.87	13.60	29.78	30.44	29.96	13.4	0.663	0.673
2006-5-3 07：00	14.97	13.79	29.79	30.09	29.92	12.5	0.639	0.636
2006-5-3 07：30	15.14	14.02	29.73	30.58	29.96	15.9	0.800	0.799
2006-5-3 08：00	15.41	14.33	29.76	30.02	30.00	11.5	0.610	0.607

由表2-3可以看出RX-ⅡB型传热系数检测仪每半小时记录一次数据，对表中的传热系数取平均值得出这段时间的外墙平均传热系数为0.715W/（m^2·K），并作出这段时间传热系数变化曲线，如图2-28所示。

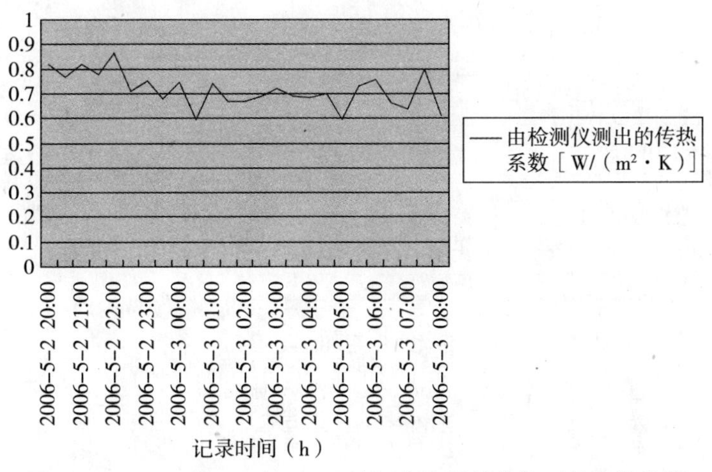

图2-28 2006年5月2~3日检测仪记录的传热系数变化曲线

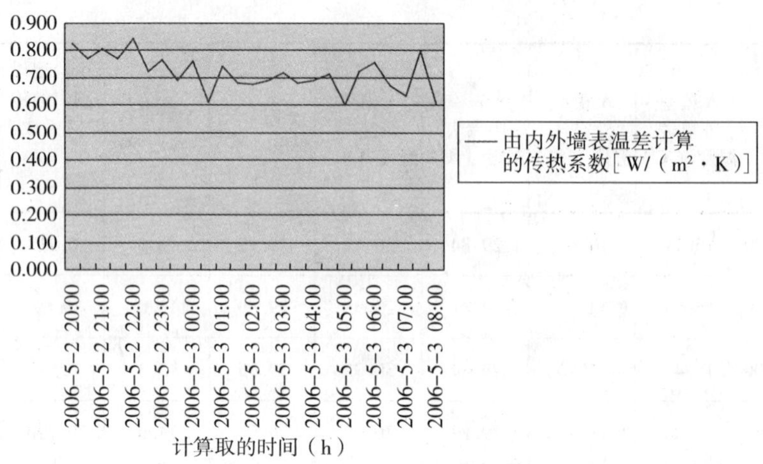

图 2-29　2006 年 5 月 2~3 日由内外墙表温差计算的传热系数变化曲线

由表 2-3 中由内外墙表温差计算的传热系数的数据求出这段时间外墙平均传热系数为 0.718W/（m^2·K），并作出这段时间传热系数变化曲线，如图 2-29 所示。

热箱法传热系数检测仪记录数据非常多，不能在此全部列出。根据附表 2 中由检测仪测出的传热系数的数据作出整个测试期间传热系数变化曲线如图 2-30 所示，由图可以看出，刚开始传热系数不稳定，但从 5 月 2 号以后就趋于稳定。并求出外墙平均传热系数为 0.729W/（m^2·K）。

由内外墙表温差计算的传热系数数据作出整个测试期间传热系数变化曲线如图 2-31 所示，可以看出，刚开始传热系数不稳定，但从 5 月 2 号以后就趋于稳定，这与图 2-30 相似，比较这两个图可知各个时间点的传热系数和波动情况相近。并求出外墙平均传热系数为 0.741W/（m^2·K）。

2.5.1.2　利用热流法测定

HFM-215 型多点式热流仪每 4 分钟自动记录一次数据，为了与热箱法比较，取数据的时间段与热箱法一致，处理数据时求出每小时的平均传热系数，并作出整个测试期间传热系数变化曲线如图 2-32 所示，并求出外墙平均传热系数为 0.769W/（m^2·K）。

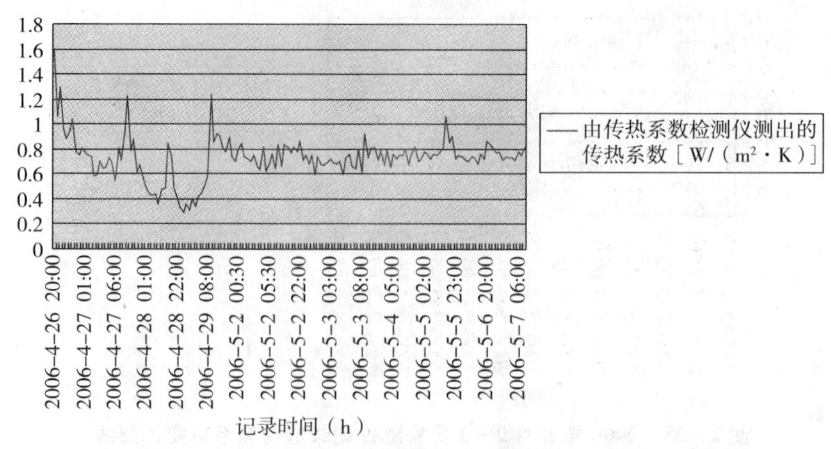

图 2-30　整个测试期间检测仪记录的传热系数变化曲线

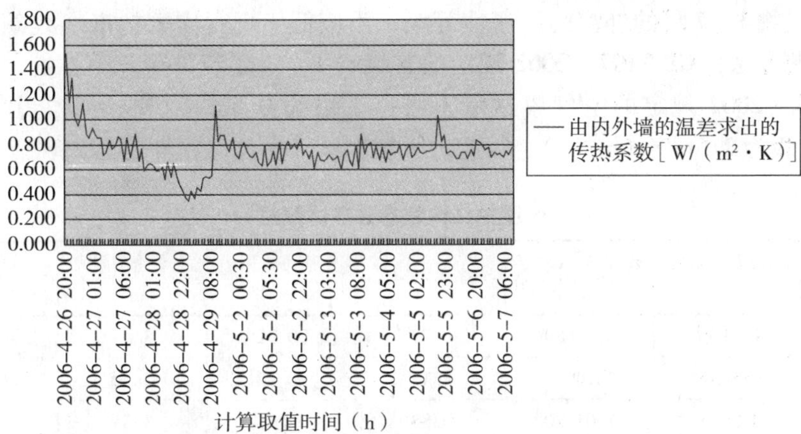

图 2－31　整个测试期间由内外墙表温差计算的传热系数变化曲线

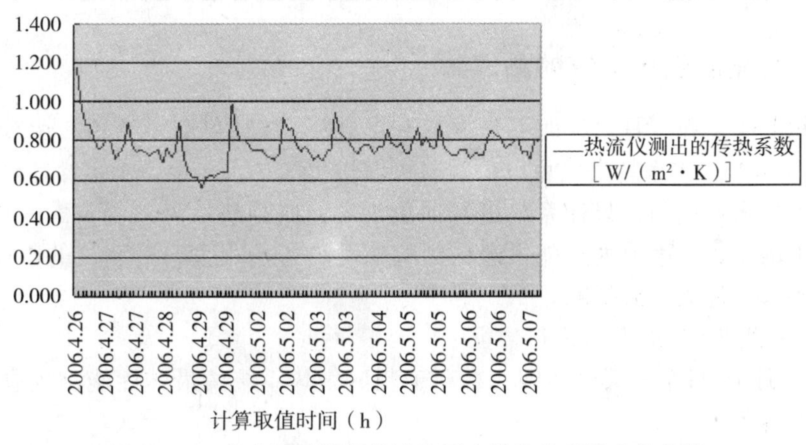

图 2－32　整个测试期间热流仪测出的传热系数变化曲线

热箱法测出的外墙平均传热系数分别为 0.729W/（m^2·K）、0.741W/（m^2·K），而热流法测出的平均传热系数为 0.769W/（m^2·K）。对这三个值再取平均值为 0.746W/（m^2·K），于是通过两种方法测出较为准确传热系数为 0.746W/（m^2·K），进而用 Excel 表格计算出外围护结构设计热负荷为 6180W，即外围护结构设计热指标为 32W/m^2，外围护结构耗热量热指标为 23.1W/m^2，而示范楼的体形系数为 0.479。

北京二步节能标准《既有采暖居住建筑节能改造技术规程》JGJ 129—2000：体形系数大于 0.3，外墙传热系数为 0.55～0.82W/（m^2·K），外围护结构耗热量热指标为 20.6W/m^2。可以看出，该示范楼外墙传热系数达到二步节能标准，外围护结构耗热量热指标还没达到二步节能标准。

2.5.2　外围护结构气密性测试

气密性测试的房间尺寸为：3.18m×2.58m×2.55m，门的尺寸为：0.9m×2.1m，窗的尺寸为 1.48m×1.19m，窗缝尺寸为 1.42m×0.55m，窗缝长为 3.94m，由表 2－4 可知自然通风下房间的换气次数为 0.50 次/h，单位长度窗缝的单位时间渗透量为 2.63m^3/

(h·m)。建筑物1~7层的外窗的气密性等级，不应低于现行国家标准《建筑外窗气密性能分级及检测方法》GB 7107-2002规定的Ⅲ级水平。《建筑外窗气密性能分级及检测方法》GB 7107-2002规定的空气渗透量下限：Ⅰ级为0.5m^3/(h·m)、Ⅱ级为1.5m^3/(h·m)、Ⅲ级为2.5m^3/(h·m)。因此，所被测试外窗的气密性已达到现行国家标准。

外围护结构气密性测试数据　　表2-4

室外浓度(ppm)	起始室内浓度(ppm)	终了室内浓度(ppm)	下降小时(h)	房间体积(m^3)	渗透总量(m^3)	单位时间渗透量(m^3/h)
470.00	4183.00	2999.00	0.77	20.92	8.03	10.48
470.00	2999.00	2014.00	1.13	20.92	10.32	9.11
470.00	2014.00	1505.80	0.80	20.92	8.35	10.44
470.00	1505.80	998.50	1.23	20.92	14.08	11.41
470.00	998.50	503.90	2.53	20.92	57.46	22.68

2.5.3 太阳能供暖系统的测试

由于测试期间是在五月份，而不是供暖季节，为了能让供暖系统正常运转，因此设定房间的温度为30℃。本系统是既可以供暖又可以供生活热水，但是示范楼还没人居住，于是关闭供生活热水的阀门，只让系统进行地板供暖，所以热量表只有表1的读数有意义，我们记录表1的读数。因为太阳能供暖受天气情况的影响很大，故测试的数据选取晴天、阴天和阴转雨这几种天气来说明。

2.5.3.1 晴朗天气时系统运行数据

2006年5月16日全天天气晴朗，有利于测试集热系统的最佳性能，故取该天的试验数据作为研究对象。

2006年5月16日太阳能供暖系统运行数据记录表　　表2-5

太阳能供暖系统运行测试数据

2006年05月16日　　天气情况：晴

时间	累积集热量(GJ)	累计流量(m^3)	室内温度/室内设定温度(℃)	供暖地板供水温度(℃)	供暖地板回水温度(℃)	温差(℃)	累计太阳辐照量(MJ/m^2)
05:50	2.23	111.08	27.8/30	30.18	26.57	3.61	0.00
07:30	2.23	111.13	28.2/30	29.55	26.27	3.28	6.23
08:00	2.23	111.23	27.9/30	30.43	26.53	3.9	1.03
09:00	2.25	111.83	28.5/30	31.75	27.65	4.10	2.29
10:00	2.26	112.66	28.7/30	33.68	28.62	5.06	4.14
11:00	2.28	113.46	28.9/30	34.76	29.47	5.29	6.02
12:00	2.3	114.24	28.9/30	34.93	30.03	4.90	7.71
14:20	2.34	116.23	29.8/30	35.83	31.27	4.56	11.52

续表

太阳能供暖系统运行测试数据							
2006年05月16日　天气情况：晴							
时间	累积集热量（GJ）	累计流量（m^3）	室内温度/室内设定温度（℃）	供暖地板供水温度（℃）	供暖地板回水温度（℃）	温差（℃）	累计太阳辐照量（MJ/m^2）
15：00	2.35	116.82	30.0/30	35.24	31.31	3.90	12.49
16：00	2.36	117.35	30.0/30	34.72	30.82	3.90	13.33
17：00	2.36	117.38	30.4/30	34.61	27.31	2.30	13.96
18：00	2.36	117.38	30.5/30	35.72	27.09	8.63	14.29
19：00	2.36	117.38	30.6/30	35.04	26.62	8.42	14.34

由表2-5可知，2006年5月16日这一天的累积集热量为0.13GJ，供暖系统累计流量为6.3m^3，室内的温度能达到30℃左右，太阳辐照仪测得的累计太阳辐照量为14.34MJ/m^2。

2006年5月17日太阳能供暖系统运行数据记录表　　表2-6

太阳能供暖系统运行测试数据							
2006年05月17日　天气情况：晴							
时间	累积集热量（GJ）	累计流量（m^3）	室内温度/室内设定温度（℃）	供暖地板供水温度（℃）	供暖地板回水温度（℃）	温差（℃）	累计太阳辐照量（MJ/m^2）
06：30	2.37	118.00	28.9/30	29.63	25.60	3.71	0.13
07：30	2.37	118.00	28.9/30	28.62	26.43	2.19	0.53
08：00	2.37	118.00	29.0/30	29.57	26.34	3.23	0.85
09：00	2.37	118.35	28.8/30	32.07	27.84	4.25	2.00
10：00	2.39	119.06	29.1/30	33.88	28.67	5.21	3.79
11：00	2.40	119.77	29.5/30	36.10	29.66	6.44	6.11
12：00	2.43	120.65	29.7/30	38.20	31.11	7.09	8.80
12：30	2.44	120.85	30.0/31	38.65	31.32	7.33	10.02
13：15	2.45	121.42	30.0/31	39.47	31.86	7.61	11.38
14：00	2.46	121.75	30.2/30	42.59	30.33	12.26	13.66
15：00	2.48	122.27	30.3/31	40.20	32.92	7.28	15.23
16：00	2.50	123.07	30.5/31	37.90	32.91	4.99	16.39
17：00	2.52	123.82	30.8/31	36.10	32.42	3.68	17.08
18：00	2.52	124.22	30.8/31	34.54	31.06	3.48	17.41
19：00	2.53	124.28	30.8/31	33.90	30.26	3.64	17.51

由表2-6可知，2006年5月17日这一天的累积集热量为0.16GJ，供暖系统累计流量为6.28m^3，室内的温度能达到30℃左右，由太阳辐照仪测得的累计太阳辐照量为

17.51MJ/m^2。

2.5.3.2 多云和阴天时系统运行数据

2006 年 5 月 18 日太阳能供暖系统运行数据记录表 **表 2-7**

太阳能供暖系统运行测试数据							
2006 年 05 月 18 日 天气情况：晴转多云							
时间	累积集热量（GJ）	累计流量（m^3）	室内温度/室内设定温度（℃）	供暖地板供水温度（℃）	供暖地板回水温度（℃）	温差（℃）	累计太阳辐照量（MJ/m^2）
06：30	2.53	124.46	28.5/31	30.18	26.57	3.61	0.05
08：00	2.53	124.46	28.1/31	26.70	26.10	0.60	0.54
09：00	2.53	124.63	28.3/31	31.00	27.37	3.67	1.33
10：00	2.54	125.26	28.6/31	32.32	28.33	3.99	2.77
11：00	2.55	126.07	28.7/31	34.13	29.23	4.90	4.68
12：00	2.57	126.90	29.0/31	35.60	30.16	5.44	6.80
13：30	2.60	128.24	29.4/31	36.47	31.13	5.34	9.89
14：00	2.61	128.78	29.5/31	36.25	31.40	4.85	10.43
15：00	2.62	129.32	29.7/31	35.24	31.27	3.87	11.30
16：00	2.63	129.99	29.9/31	34.35	30.74	3.61	12.02
17：00	2.64	130.25	30.2/31	33.78	30.17	3.61	12.30
18：00	2.64	130.44	30.0/31	33.03	27.84	5.19	12.53
19：00	2.64	130.53	30.2/31	32.93	27.84	5.09	12.62

由表 2-7 可知，2006 年 5 月 18 日这一天的累积集热量为 0.11GJ，供暖系统累计流量为 6.07m^3，室内的温度能达到 30℃ 左右，由太阳辐照仪测得的累计太阳辐照量为 12.62MJ/m^2。

2.5.3.3 阴转雨时系统运行数据

2006 年 5 月 19 日太阳能供暖系统运行数据记录表 **表 2-8**

太阳能供暖系统运行测试数据							
2006 年 05 月 19 日 天气情况：阴转雨							
时间	累积集热量（GJ）	累计流量（m^3）	室内温度/室内设定温度（℃）	供暖地板供水温度（℃）	供暖地板回水温度（℃）	温差（℃）	累计太阳辐照量（MJ/m^2）
06：30	2.64	130.74	28.8/31	28.71	26.83	1.88	0.13
08：00	2.64	130.74	29.0/31	30.30	27.00	3.30	0.61
09：00	2.65	130.96	28.9/31	30.35	26.94	3.41	1.11
10：00	2.66	131.39	29.0/31	31.80	27.36	4.44	1.87
11：00	2.66	131.54	28.1/31	30.80	26.14	4.66	2.00
12：00	2.66	131.59	28.7/31	29.66	26.50	3.16	2.02

续表

太阳能供暖系统运行测试数据							
2006 年 05 月 19 日　　天气情况：阴转雨							
时间	累积集热量（GJ）	累计流量（m^3）	室内温度/室内设定温度（℃）	供暖地板供水温度（℃）	供暖地板回水温度（℃）	温差（℃）	累计太阳辐照量（MJ/m^2）
13：30	2.66	131.64	28.8/31	29.29	26.60	2.69	2.18
14：00	2.66	131.68	2.5/31	29.16	26.40	2.76	2.32
15：00	2.66	131.70	28.4/31	28.78	26.08	2.70	2.42
16：00	2.66	131.70	28.5/31	28.69	25.63	3.06	2.48
17：00	2.66	131.73	28.4/31	28.53	25.87	2.66	2.52
18：00	2.66	131.74	28.3/31	28.61	25.68	2.93	2.52

由表 2－8 可知，2006 年 5 月 19 日这一天的累积集热量为 0.02GJ，供暖系统累计流量为 $1m^3$，室内的温度能达到 30℃ 左右，由太阳辐照仪测得的累计太阳辐照量为 $2.52MJ/m^2$。

由这几天测试的数据综合分析，求出每天太阳能集热器效率如表 2－9 所示，得出太阳能集热器效率与太阳辐射强度的关系。

太阳能集热系统效率分析表　　**表 2－9**

时间	集热系统日累计集热量（GJ）	太阳辐照仪日累计值（GJ）	日集热效率（%）
5 月 6 日	0.10	0.19	52.63
5 月 16 日	0.13	0.25	52.00
5 月 17 日	0.16	0.31	51.91
5 月 18 日	0.11	0.22	51.61
5 月 19 日	0.02	0.044	45.45
5 月 22 日	0.20	0.39	51.28
5 月 23 日	0.18	0.33	54.54
5 月 24 日	0.09	0.20	45.00
总平均			50.55

由表 2－9 中日集热效率可以作出集热器日集热效率变化曲线如图 2－33 所示，同时作出太阳辐射强度变化趋势图如图 2－34 所示。

由图 2－33、图 2－34 大致可以看出太阳辐照日累计量越大，该天的集热器日集热效率越高；晴天状况下，太阳能集热器的日集热效率都在 50% 以上；在晴间多云的天气状况下，太阳能集热器的日集热效率在 40%～50%，总的平均日集热效率为 51%。

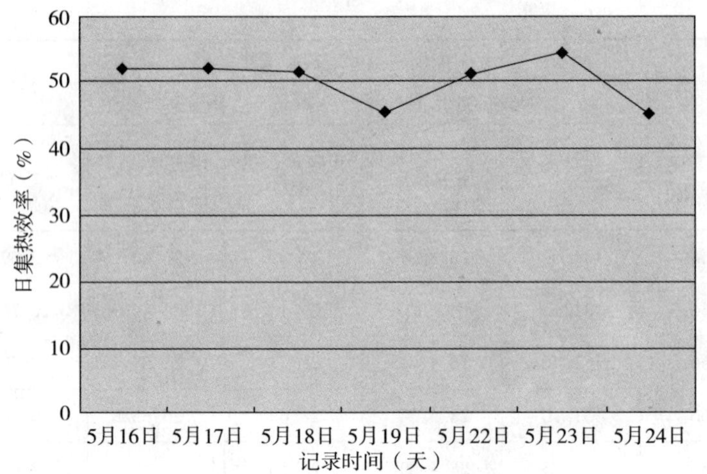

图 2－33 集热器日集热效率变化曲线

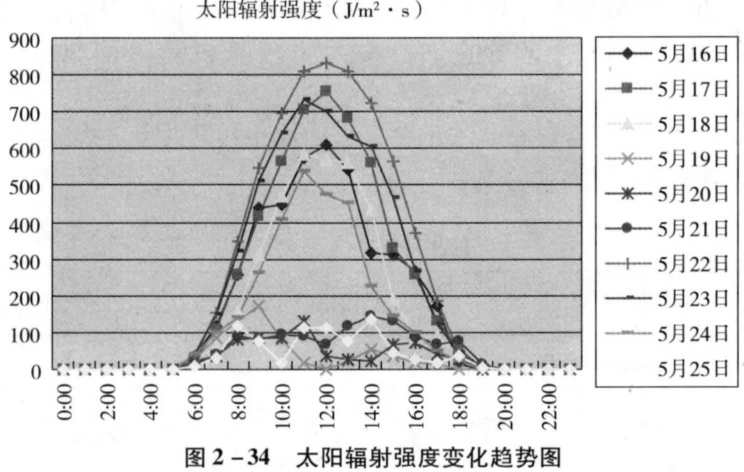

图 2－34 太阳辐射强度变化趋势图

2.6 太阳能供暖的经济分析

2.6.1 经济性的评价方法

经济效益评价是投资项目评价的核心内容。项目方案的决策结构是多种多样的，种类指标的适用范围和应用方法也是不同的。根据是否考虑时间因素，投资项目的评价方法可分为两大类：静态评价和动态评价。

静态评价，是指在对项目和方案效益和费用的计算时，不考虑资金的时间价值，不进行复利计算。因此，一般地讲，静态评价比较简单、直观、使用方便，但不够精确。经常应用于可行性研究初始阶段的粗略分析和评价，以及方案的初始阶段。

动态评价，是指在对项目和方案效益和费用的计算时，充分考虑资金的时间价值，要采用复利计算方法，把不同时间点的效益流入和费用流出折算为同一时间点的等值价值，为项目和方案的技术经济比较确立相同的时间基础，并能反映未来时期的发展变化趋势。动态评价主要用于项目最后决策前的可行性研究阶段。动态评价是经济效益评价的主要评价方法。常用的动态方法主要有：净现值法、费用年值法、净现值率法、动态投资和回收期法、内部收益率法等。本文采用“费用年值法”进行方案的经济效益评价。

技术方案费用一般包括工程投资和年经营（运行）费用两部分，而初投资和经营费用是两项性质不同的费用，因此不能将两者的费用简单相加来计算技术方案费用。我们所采用的费用年值法，就是对参与比较的各个技术方案，利用投资效果系数（或资金回收系数）这个折算比率，将投资费用折算成与年经营费相类似的费用，然后再与经营费用相加，得出费用年值。依据各种技术方案的费用年值进行综合比较，得出费用年值。依据各种技术方案的费用年值进行综合比较，得出一个或几个最佳方案。

费用年值是将方案计算期内不同时点发生的所有支出费用，按基准收益率折算成与其等值的等额支付序列年费用。

费用年费用的计算公式为：

$$AC = \left[\sum_{t=0}^{n} CO_{t}(P/F, i_0, t)\right](A/P, i_0, n)$$
$$= \left[\sum_{t=0}^{n}(K + C' - S_{v} - W)_{t}(P/F, i_0, t)\right](A/P, i_0, n) \tag{2-21}$$

式中 AC——费用年值；

CO_t——第 t 年的现金流出量；

K——投资总额，包括固定投资和流动资金等；

C'——年经营成本；

S_v——计算期末回收的固定资金余值；

W——计算期末回收的流动资金；

P——现值或称本金；

F——n 年末的终值或称本利和；

i_0——基准投资收益率；

t——第 t 年；

A——年值；

n——计算期。

其中已知值 F，求现值 P 的等值公式为：$P = F\left[\frac{1}{(1+i)^n}\right]$，式中$\frac{1}{(1+i)^n}$称为整付现值系数，计为（$P/F$，$i_0$，$t$），斜线右边字表示的是已知的参数，左边表示的是待求的年值。

2.6.2 太阳能系统的费用

本次测试的太阳能供暖系统由清华阳光集团设计并施工，系统的 16 块集热器都是用的清华阳光集团研制生产的全玻璃 U 形管式真空集热器。目前该集热器在国内是比较先进的，价格也高于其他厂家生产的集热器；贮热水箱也是清华阳光研制生产的。目前，整个系统的报价为 10 万元。

北京市采用不同供暖方式的经济性比较　　表 2-10

不同的供暖方式	运行费		初投资		使用年限（a）	标准收益率（%）	费用年限（$m^2 \cdot a$）
	运行能耗（$m^2 \cdot a$）	管理费（$m^2 \cdot a$）	公共部分（$m^2 \cdot a$）	建筑内部分（$m^2 \cdot a$）			
热电联产集中供热	10.6	2	60	50	15	10	27.06
燃煤锅炉房集中供热	10.1	2	50	50	15	10	25.25
天然气锅炉房集中供热（不蓄热）	27.3	1	45	50	15	10	40.79
电锅炉集中供热（不蓄热）	63	1	45	50	15	10	76.49
电锅炉集中供热、蓄热	35	1.5	80	50	15	10	53.59
家庭燃气小型锅炉	18.7	0	0	110	15	4	28.59
家庭电热膜或电暖器	43.3	0	0	40	15	4	46.9
主动式太阳能供热	17.35	0	0	520	15	4	64.12

由表 2-10 可以看出，主动式太阳能供热系统的初投资和运行费用均比热电联产集中供热和燃煤锅炉房集中供热两种供热形式的初投资和运行费用高，也就是说，与这两种主要的供热形式相比较，主动式太阳能供热系统的初投资回收难度较大，即使是与费用年值较大的电锅炉房集中供热（不蓄热）的供暖形式相比，其投资回收期为 9.1 年。

以上分析可见，太阳能主动式供暖系统的经济性是无法和传统的热点联产集中供热和燃煤锅炉房集中供热相比较的。这主要是由于系统的初投资过高，为了实现系统的功能，必须安装循环泵、贮热水箱、集热器支架和一些管件以及为了保证系统安全合理运行的自动控制系统，这些部件的安装极大地增加了系统的初投资。其中又以太阳能集热器的购置费用最多，这次测试的太阳能系统的集热器市场价为 2000 元/块，共 16 块集热器，购置集热器的费用为 32000 元左右。

2.6.3 社会效益和环境效益

虽然本次测试的主动式太阳能低温地板辐射供暖系统的费用年值较高，但是，由于其可以节约一定量的常规能源，故具有较大的社会效益和环境效益。

北京 1961～1970 年平均日照时数　　表 2-11

月份	11	12	1	2	3
日照（h）	193.0	193.4	209.2	201.8	1046.0

根据表2－11北京1961～1970年平均日照时数值推算：平均每个晴天有10个小时的日照，则每年的11月至次年3月的供暖期约有105个晴天。而该主动式太阳能供暖系统在晴朗天气下平均每天至少可提供50MJ的有效热能，则一个供暖期内系统至少可以提供5250MJ的热量。如果按燃煤锅炉的热效率为80%计算，则相当于节约223kg标准煤，如果系统使用寿命为15年，则可以节约3345kg标准煤，相当于减少了NO_x、SO_x、CO_2的排放量。这样可以带来较好的社会效益和环境效益，节约一定量的环境治理费用。

2.7　结论与建议

2.7.1　结论

通过对示范楼15天的现场测试和后期的数据处理分析，得出以下结论：

(1) 地板辐射供暖系统与太阳能集热系统的结合，具有良好的使用效果，舒适性较好，而且具有一定的环保性。

(2) 地板辐射供暖系统结合太阳能集热系统减少了两个系统分设时的初投资、运行费用和能耗，能够达到较好的性价比，经济上较为合算，节能效果明显。采用自动控制系统也可更加有效地减少运行费用，取得较好的经济效益。

(3) 主动式太阳能地板辐射供暖在技术上是可行的，应用范围比较广泛，我国除南方区和西南区之外，其余地区，均可实现太阳能地板供暖系统的运行。

(4) 主动式太阳能地板辐射供暖系统，在目前集热器价格及技术条件下，尚不能与采用常规能源的供暖系统系统竞争。

(5) 太阳能地板供暖系统特别适合应用在没有集中供暖的别墅和多层的公共建筑上，尤其适合该示范楼所在的菩萨鹿风景区等禁止使用有污染供暖方式的地区。

2.7.2　建议

(1) 影响主动式太阳能地板辐射供暖系统经济性的主要因素是集热器的价格过高，应争取提高集热器的效率和降低其价格，以便能普及这种供暖方式。

(2) 对主动式太阳能地板辐射供暖系统“冬季不够用，夏季又有余”的缺点，应充分提高系统的利用率，以便能创造更大的经济效益。

(3) 针对主动式太阳能地板辐射供暖系统的特点，应加大该系统与建筑一体化的进程，以便能更好地促进这种供暖系统的发展。

参考文献

[1] 朱梅，韩姝红．中国能源状况及分析．辽宁广播电视大学学报，2005，96 (3)：75－77

[2] 王璋保．对我国能源发展战略问题的思考．工业加热，2003，(2)：1－5

[3] 付祥钊．夏热冬冷地区零能建筑空调技术的基本原理．暖通空调，2004，34 (7)：40－42

[4] 王光荣，沈天行．可再生能源利用与建筑节能．北京：机械工业出版社，2004，1

[5] 郑瑞澄主编．民用建筑太阳能热水系统工程技术手册．北京：化学工业出版社，2006，2
[6] 师奇威，胡连森，王兵．低温地板辐射采暖之我见．制冷空调，2005，104（26）：63－66
[7]《采暖通风与空气调节设计规范》GB50019－2003. 中国计划出版社
[8] 何梓年等．热管式真空管集热器的热性能研究．太阳能学报，1994，15（1）：73－82
[9] J. 理查德，威廉斯著．赵玉文等译．太阳能采暖和热水系统的设计与安装．北京：新时代出版社，1990
[10] 付祥钊．夏热冬冷地区建筑节能技术．北京：中国建筑工业出版社，2002
[11] 木村建一著．陆龙波译．太阳房．北京：新时代出版社，1986
[12] 方荣生等．太阳能应用技术．北京：中国农业机械出版社，1985
[13] 赖鹏程．太阳能系统分析与设计．北京：全华科技图书股份有限公司，1971
[14] 付林．热电（冷）联产系统电力调峰运行研究．北京：清华大学，2000
[15] 于国清．建筑物太阳能供热与空调的技术经济分析．长沙：湖南大学，2003
[16] 李军，家用太阳能热水器的经济性分析．太阳能学报，2002，23（5）：564－570
[17] 宋玉森，李敏．低温地板辐射采暖的节能效果．低温建筑技术，1999
[18]（美）R. H. 蒙哥马利著．方铎荣译．家庭太阳能利用惯例．北京：北京新时代出版社，1987
[19] 中国建筑科学研究院建筑设计研究所等．民用建筑采暖通风设计技术措施．北京：中国建筑工业出版社，1983
[20] 邵家骧．实用太阳能热水器．上海：上海科学技术出版社，1983
[21] 那艳冷，涂光备．一种新的采暖方式——太阳能地板辐射采暖．2002年全国暖通空调制冷学术年会论文集．北京：中国制冷协会，2002，2，19－222
[22] 宋秋，孙波．太阳能低温热水地板辐射供暖系统的研究．能源工程，2002，（1）：19－21
[23] 徐邦裕，陆亚俊，马最良．热泵．北京：中国建筑工业出版社，1996
[24] 旷玉辉，王如竹，于立强．太阳能热泵供热系统的实验研究．太阳能学报，2002，23（4）：408－413
[25] 旷玉辉．太阳能热泵供热系统的研究与开发．青岛：青岛建筑工程学院，2001
[26] 卢春萍，郭全花．关于低温地板辐射供暖工程设计中存在的问题探讨．建筑热能通风空调，2003，4，66－67
[27] 王长贵，郑瑞澄．新能源在建筑中的应用．北京：中国电力出版社，2003
[28]《地面辐射采暖交联聚乙烯管道工程技术规程》DB23/T 695－2000
[29] 中国建筑业协会建筑节能专业委员会编著．建筑节能技术，北京：中国计划出版社，1996
[30]《低温热水地板辐射供暖应用技术规程》DBJ/T 01－49－2000
[31]《平板型太阳集热器热性能试验方法》GB/T 4271－2000. 中国标准出版社
[32]《家用太阳热水系统技术条件》GB/T 19141－2003. 中国标准出版社
[33]《家用太阳热水系统热性能试验方法》GB/T 18708－2002. 中国标准出版社
[34]《太阳集热器热性能室内试验方法》GB/T 18974－2003. 中国标准出版社
[35]《太阳热水系统设计、安装及工程验收技术规范》GB/T 18713－2002. 中国标准出版社
[36] 史蒂夫·维·索克莱 著，太阳能与建筑．北京：中国建筑工业出版社，1980
[37] A. A. M. 赛义夫．太阳能工程．北京：科学出版社，1984
[38] 李德英、蒋东翔．太阳能集热供暖系统成套设备设计方案：2003
[39] 太阳能的热利用：项立成，赵玉文，罗运俊．北京：宇航出版社，1990
[40] 郭廷玮，刘鉴民．M·DAGUENET. 太阳能的利用．北京：科学技术文献出版社出版，1987
[41] 卜一德．地板采暖与分户热计量技术．北京：中国建筑工业出版社，2003

[42] 梁晶，贾靳民，高山．太阳能在低温热水地板辐射采暖中的应用．建设科技，2003，16：32－34
[43] 江亿，华北地区大中型城市供暖方式分析．暖通空调，2000，4：30－32
[44] 卜广林，李海琦，供热工程．北京：中国建筑工业出版社，1993
[45] 李南．工程经济学．北京：科学出版社，2000

3　上海某民用建筑大楼空调工程设计

王晓磊（建筑环境与设备工程，2006届）

指导老师：解国珍

简　介

本工程为上海一民用空调工程。该工程为总设计面积27100平方米的民宅。户型和房间结构形式多样。工程除楼道外所有房间都需要布置空调，其所需冷负荷、热负荷、湿负荷要求各不相同。结合工程特点和民用建筑规范要求，选用VRV（Varied Refrigerant Volume）空调方案。VRV空调的基本特点是通过变冷媒流量进行冷量输配。VRV空调系统是由一台变频压缩机（或一台变频压缩机和多台定速压缩机组合）和多台室内机相连的冷剂式空调系统。其中，各室内机的运行模式、风速、冷热负荷等可由用户自由设定，或由机组自适应调节。

3.1　工程概况

本设计是一幢民用住宅楼的空调设计，建筑 27 层，共 188 套房源，每套面积在 80 ~ 225m^2之间，总建筑面积约 27100m^2。详细内容：大楼分为 A、B、C 三个单元，每层建筑高度 2.93m，每户 150 ~ 225m^2——28 套，110 ~ 150m^2——132 套，小于 110m^2——28 套。A 单元：四室两厅（225m^2）和三室两厅（140m^2）；B 单元：三室两厅（140m^2）和两室两厅（110m^2）；C 单元：三室两厅（140m^2）和四室一厅（150m^2）。

3.2　方案论证

本工程属于高级公寓住宅，以节能和高档为主旨，对空调舒适性要求较高。所以结合房间结构特点对户式中央空调较多使用的是风管式系统、冷热水系统，多联机系统进行了比较和分析。

3.2.1　风管式空调系统

风管式空调系统是以空气为输送载体，其原理与全空气式空调类型相似。它利用冷热源，将从室内的回风（回风与新风的混合）集中进行处理，如冷却或加热，再送入室内。但由于本项目为高层建筑，所以每套户型都会有剪力墙和承重梁。如果采用风管式系统，则其繁复而较大界面的送回风管就不可能得到合理的复制，即使勉强从梁底通过，也将严重影响房间的层高，并会造成部分房间的通风不畅，而且室内机发出的高分贝噪声也会影响到人们的生活质量。

3.2.2　冷热水空调系统

冷热水空调系统输送介质通常为水，属空气 - 水热泵。通过室外主机产生出空调冷热水，由管路系统输送到室内的各末端装置，在末端装置内冷热水与室内空气进行热量交换，产生冷热风，从而消除房间空调负荷。它是一种集中产生冷热量，但分散处理各房间负荷的系统形式。系统的室内末端装置通常为风机盘管。冷热水系统，它不仅运用广泛，而且具有可靠性高，舒适性好的优点。但是它对安装要求高，一旦出现问题会严重影响到设备使用效果，而且一旦发生水泄漏，会影响家庭装修。家庭没有专职的维修管理人员，这样会造成整个系统因缺乏有效的保养而降低运行寿命。

3.2.3　多联机系统

多联机系统（VRV）是一种分体式空气源热泵。它以制冷剂为输送介质，属空气 - 空气热泵。室外机由制冷压缩机、室外空气侧换热气和其他制冷附件组成。室内机由风机和室内换热器组成。一台室外机通过制冷剂管路向若干个室内机输送制冷剂。

鉴于多联机的构造与传统的分体壁式空调相似，但壁挂式，顶棚嵌入式或暗装增加了室内外机的连接距离，还提高了装修档次，相对来说还能令整栋大楼的外观保持美观。由于每个房间都基本布置了一台室内机，所以可以根据需要自由控制空调开关和调节室内环境温度。这样既可满足室内人的舒适性要求，还能显著降低能耗。运行费用低，是性价比优良的家用中央空调。所以选用该空调系统。

3.3 VRV 空调系统简介

3.3.1 什么是 VRV 空调系统

VRV 空调系统也叫多联机空调系统，是目前空调领域应用于商用建筑、别墅、高档民用建筑的一种节能型空调装置。它的系统结构如图 3－1 所示。系统由压缩机、冷凝器、膨胀阀、蒸发器组成。

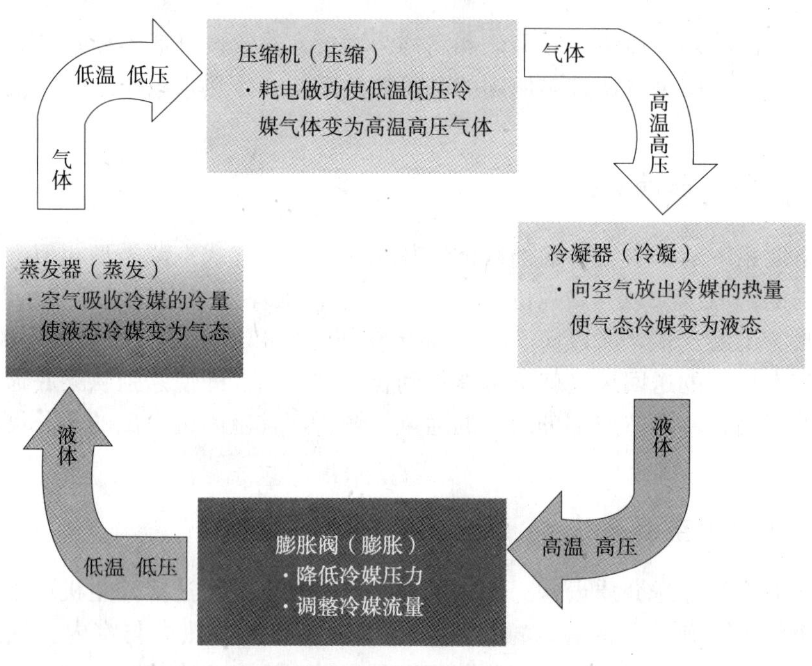

图 3－1 VRV 空调系统流程图

3.3.2 VRV 空调系统的工作原理

VRV 空调系统工作原理是：利用冷媒在气化或液化时产生的热量进行制冷、制热。当液体变成气体时，需要吸收周围的热量（周围变冷）；反之，气体变成液体时则放出热量（周围变热）。

3.3.3 VRV 空调系统的特点

VRV 空调系统的特点如下：

（1）VRV 空调系统是在电力空调系统中，通过控制压缩机的制冷剂循环量和进入室内换热器的制冷剂流量，适时地满足室内冷热负荷要求的高效率冷剂空调系统。室外机则通过降低频率、减少制冷剂流量，使功率消耗自动减少。

（2）VRV 采用全封闭蜗旋式变频压缩机，可在5%～100%之间变频调节，也就是说，室外机消耗的功率与室内机开启的数量成正比。当所有的室内机均开启时，室外机消耗的功率最大；当只有部分室内机开启时，室外机则通过降低频率、减少制冷剂流量，使功率消耗自动减少；室内机开启的数量越少，室外机消耗的功率则相应越少。

（3）VRV 空调系统需采用变频压缩机、多极压缩机、卸载压缩机或多台压缩机组合来实现压缩机容量控制。

（4）在制冷系统中需设置电子膨胀阀或其他辅助回路，以调节进入室内机的制冷剂流量。

（5）通过控制室内外换热器的风扇转速值，调节换热器的能力。

（6）可实现智能型控制和人性化控制。其工作原理是：由控制系统采集室内舒适性参数、室外环境参数和表征制冷系统运行状况的状态参数，根据系统运行优化准则和人体舒适性准则，通过变频等手段调节压缩机输气量，并控制空调系统的风扇、电子膨胀阀等一切可控部件，保证室内环境的舒适性，并使空调系统在最佳工作状态下稳定工作。

（7）VRV 为氟利昂直接蒸发式，因而热交换效率高。VRV 运行稳定、控制方便，无须专人操作、值班和管理，节省运行费用。室外机与任何一台室内机之间的冷媒连接管最长可达 100 米，而两者间的垂直高度差可达 50 米，因此，室外机可统一放置在楼顶、地面等处，也可依据业主要求分层或分区布置，无须机房。

3.4 VRV 空调系统的选择

略。

3.5 设计参数确定

3.5.1 围护结构热工特性

简明空调设计手册查的维护结构的传热系数

1. 屋顶

构造预制细石混凝土板 25mm，表面喷白色水泥浆；

通风层 200mm；

卷材防水层；

水泥砂浆找平层 20mm；

保温层，沥青膨胀珍珠岩 125mm；隔气层；

现浇钢筋混凝土板

内粉刷

属于Ⅱ型，传热系数 =0.48W/（m^2·℃）

2. 外墙

构造	（1）水泥砂浆抹灰加浅色喷浆	20mm
	（2）砖墙	240mm
	（3）沥青膨胀珍珠岩	70mm

（4）内粉刷加油漆 20mm

传热系数 =1.07W/（m^2·℃）

类型 Ⅱ

3. 内墙

构造 粉煤灰气块隔砖 250mm

传热系数 =1.88W/（m^2·℃）

4. 窗户

双层金属窗

传热系数 =3.01W/（m^2·℃）

3.5.2 室外气象条件

根据上海地区家用中央空调设计规范，得到室内外计算参数，见表3－1。

室外设计参数 **表3－1**

名称	项目	参数
经纬度	经度	东经121°26′
	纬度	北纬31°10′
大气压力（kPa）	夏季	1005.3
	冬季	1025.1
冬季室外计算温度（℃）	供暖	－2
	空调	－4
	通风	3
冬季空调室外计算相对湿度	最冷月	75%
夏季室外计算温度（℃）	空调	34
	通风	32
夏季室外空调计算湿球温度（℃）	夏季	28.2
室外风速（m/s）	冬季平均	3.1
	夏季平均	3.2

3.5.3 室内气象条件（表3－2）

室内设计参数 **表3－2**

房间名称	夏季		冬季		新风量[m^3/（h·人）]	排风量或新风小时换气次数
	温度（℃）	相对湿度（%）	温度（℃）	相对湿度（%）		
居室	26	65	18			1
起居室	26		18			1
厨房	26		16			
住宅卫生间	26		25			

3.5.4 住宅围护结构传热系数限值（表3－3）

住宅围护结构传热系数限值［W/（m²·℃）］ 表3－3

屋顶	外墙	外窗（含阳台门透明部分）	户门	分户墙和楼板	底部自然通风的架空楼板
$K≤1.0$，$D≥3.0$	$K≤1.5$，$D≥3.0$	$2.5≤K≤4.7$	$K≤3.0$	$K≤2.0$	$K≤1.5$

注：表中 K 为传热系数，D 为热惰性指标。

3.6 冷、热负荷计算

3.6.1 冷负荷计算

冷负荷计算是空调设计及合理选用空调设备的主要依据。

空调房间冷负荷主要由以下几部分组成：

（1）围护结构冷负荷；

（2）人体冷负荷；

（3）照明冷负荷；

（4）设备冷负荷；

（5）食品和物料的散热引起的冷负荷。

在民用建筑中，尤其是住宅、空调房间内人员数量、照明功率、家用电器类型和功率，以及房间的使用时间均难以确定，这些原始数据在计算时一般根据经验进行选取，因而存在一定的误差。

3.6.2 外墙和屋顶传热形成的逐时冷负荷计算

在日射和室外气温综合作用下，外墙和屋面瞬变传热引起的逐时冷负荷可按公式（3－1）计算：

$$Q_{c(\tau)}=AK\left(t_{c(\tau)}-t_R\right) \tag{3-1}$$

式中 $Q_{c(\tau)}$——外墙和屋面瞬变传热引起的逐时冷负荷（W）；

A——外墙和屋面的面积（m^2）；

K——外墙和屋面的传热系数［W/（m^2·℃）］；

$t_{c(\tau)}$——外墙和屋面冷负荷计算温度的逐时值（℃）；

t_R——室内计算温度（℃）。

必须指出：

（1）各围护结构的冷负荷温度值都是以北京地区气象参数为依据计算出来的，因此，对于不同设计地点，应对冷负荷计算温度的逐时值加以修正。

（2）当外表面放热系数不等于18.6W/（m^2·℃）时，应将修正后的冷负荷计算温度的逐时值乘以表3－4中的修正值。

外表面放热系数修正值 k　　表 3-4

α_w [W/ (m^2·℃)]	14.2	16.3	18.6	20.9	23.3	25.6	27.9	30.2
k	1.06	1.03	1.0	0.98	0.97	0.95	0.94	0.93

（3）内表面放热系数变化时，可以不加修正。

（4）考虑到城市大气污染和中浅色的耐久性差，建议吸收系数一律采用0.90，即对 $t_{c(\tau)}$ 不加修正。但如确有把握经久保持建筑围护结构表面的中、浅色时，则可以将表中的数值乘以表3-5中所列的吸收系数修正值。

吸收系数修正值 k'　　表 3-5

	外墙	屋面
浅色	0.94	0.88
中色	0.97	0.94

综上所述，外墙和屋面的冷负荷计算温度为：$t'_{c(\tau)}=(t_{c(\tau)}+t_d)\ kk'$

则冷负荷计算式应改为：$Q_{c(\tau)}=AK\ (t'_{c(\tau)}-t_R)$

3.6.3 外窗温差传热形成的逐时冷负荷

在室内外温差作用下，通过外玻璃窗瞬变传热引起的冷负荷可按公式（3-2）计算：

$$Q_{c(\tau)w}=A_wK_w\ (t_{c(\tau)w}-t_R) \tag{3-2}$$

式中 $Q_{c(\tau)w}$——外玻璃窗瞬变传热引起的冷负荷（W）；

A_w——窗口的面积（m^2）；

K_w——外玻璃窗的传热系数 [W/ (m^2·℃)]；

$t_{c(\tau)w}$——外玻璃窗的冷负荷计算温度的逐时值（℃）；

t_R——室内计算温度（℃）。

3.6.4 透过玻璃窗进入空调房间或区域的太阳辐射热形成的逐时冷负荷计算

1. 日射得热因数的概念

透过玻璃窗进入室内的日射得热分为两部分，即透过玻璃窗直接进入室内的太阳辐射热量 q_1 和窗玻璃吸收太阳辐射后传入室内的热量 q_a。由于窗的类型、遮阳设施、太阳入射角及太阳辐射强度等因素的各种组合太多，无法建立太阳辐射得热与太阳辐射强度之间的函数关系，于是采用一种对比的计算方法。

采用了3mm厚的普通平板玻璃作为“标准玻璃”，在 $\alpha_i=8.7$W/ (m^2·K) 和 $\alpha_0=18.6$W/ (m^2·K) 条件下，得出夏季（以七月份为代表）通过“标准玻璃”的日射得热量 q_t 和 q_a 值，$D_j=q_t+q_a$，称 D_j 为日射得热因数。

考虑到在非标准玻璃情况下，以及不同窗类型和遮阳设施对得热的影响，可以对日射得热因数加以修正，通常乘以窗玻璃的综合遮挡系数 C_{cs}。

$$C_{cs}=C_sC_i \tag{3-3}$$

式中 C_s——窗玻璃的遮阳系数，定义为 C_s = 实际玻璃的日射得热/标准玻璃的日射得热；

C_i——窗内遮阳设施的遮阳系数。

2. 透过玻璃窗的日射得热引起冷负荷的计算方法

透过玻璃窗进入室内的日射得热形成的冷负荷按公式（3－4）计算：

$$Q_{c(\tau)b} = C_a A_{wb} C_s C_i D_{j\max} C_{LQ} \tag{3-4}$$

式中 $Q_{c(\tau)b}$——透过玻璃进入室内日射热量形成的逐时冷负荷（W）；

A_w——窗口面积（m^2）；

C_a——有效面积系数；

C_{LQ}——窗玻璃冷负荷系数；

C_s——窗玻璃的遮阳系数，定义为 C_s = 实际玻璃的日射得热/标准玻璃的日射得热；

C_i——窗内遮阳设施的遮阳系数。

必须指出：C_{LQ}值按南北区的划分而不同。南北区划分标准为：建筑地点在北纬27°30′以南的地区为南区，以北的地区为北区。本设计地点为北区，取内遮阳窗玻璃冷负荷系数。

3.6.5 人体散热形成的冷负荷和散湿量计算

人体散热与性别、年龄、衣着、劳动强度及周围环境条件（温、湿度等）等多种因素有关。人体散发的潜热量和对流热直接形成瞬时冷负荷，而辐射散发的热量将会形成滞后冷负荷。因此，应采用相应的冷负荷系数进行计算。

为了设计计算方便，计算以成年男子散热量为计算基础。而对于不同功能的建筑物中有各类人员（成年男子、女子、儿童等）不同的组成进行修正，为此，引入群集系数 ψ，下表给出了一些数据，可作参考见表3－6。

某些空调建筑物内的群集系数 **表3－6**

工作场所	影剧院	百货商店	旅店	体育馆	图书阅览室	工厂轻劳动	银行	工厂重劳动
群集系数 ψ	0.89	0.89	0.93	0.92	0.96	0.90	1.0	1.0

人体显热散热引起的冷负荷计算式为：

$$Q_{c(\tau)r} = q_s n \psi C_{LQ} \tag{3-5}$$

式中 $Q_{c(\tau)r}$——人体显热散热形成的冷负荷（W）；

q_s——不同室温和劳动性质的成年男子显热散热量（W）；

n——室内全部人数；

C_{LQ}——人体显热散热冷负荷系数。

但应注意：对于人员密集的场所（如电影院、剧院、会堂等），由于人体对维护结构和室内物品的辐射换热量相应减少，可取 $C_{LQ}=1.0$。

人体潜热散热引起的冷负荷计算式为：

$$Q_c = q_1 n \psi \tag{3-6}$$

式中 Q_c——人体潜热形成的冷负荷（W）；

q_1——不同室温和劳动性质的成年男子潜热散热量（W）；

n，ψ——同上式。

本节各公式、系数引自《暖通空调》教材。

3.6.6 照明散热形成的冷负荷

当电压一定时，室内照明散热量是不随时间变化的稳定散热量，但是照明散热方式仍以对流与辐射两种方式进行散热，因此，照明散热形式的冷负荷计算仍采用相应的冷负荷系数。

根据照明灯具的类型和安装方式不同，其冷负荷计算式分别为：

白炽灯
$$Q_{c(\tau)z}=1000NC_{LQ} \tag{3-7}$$

荧光灯
$$Q_{c(\tau)z}=1000n_1n_2NC_{LQ} \tag{3-8}$$

式中 $Q_{c(\tau)z}$——灯具散热形成的冷负荷（W）；

N——照明灯具所需功率（kW）；

n_1——镇流器消耗功率系数，当明装荧光灯的镇流器装在空调房间内时，取 $n_1=1.2$；当暗装荧光灯镇流器装设在顶棚时，可取 $n_1=1.0$；

n_2——灯罩隔热系数，当荧光灯罩上部穿有小孔（下部为玻璃板），可利用自然通风散热于顶棚内时，取 $n_2=0.5\sim0.6$。而荧光灯罩无通风孔时 $n_2=0.6\sim0.8$；

C_{LQ}——照明散热冷负荷系数。

3.6.7 内墙传热形成的负荷计算

当邻室为通风良好的非空调房间时，通过内墙和楼板的温差传热而产生的冷负荷可以按下式计算：

$$Q_{c(\tau)n}=A_nK_n\ (t_{c(\tau)n}-t_R) \tag{3-9}$$

式中 $Q_{c(\tau)n}$——通过内墙和楼板的温差传热引起的逐时冷负荷（W）；

A_n——内墙和楼板的面积（m^2）；

K_n——内墙和楼板的传热系数［W/（$m^2\cdot$℃）］；

$t_{c(\tau)n}$——内墙和楼板的冷负荷计算温度的逐时值（℃）；

t_R——室内计算温度（℃）。

当临室有一定的发热量时，通过空调房间隔墙、楼板、内窗、内门等内围护结构的温差传热而产生的冷负荷，可视作稳定传热，不随时间而变化，可按公式：

$$Q_{c(\tau)n}=A_iK_i\ (t_{om}+\Delta t_a-t_R) \tag{3-10}$$

式中 K_i——内围护结构（如内墙、楼板等）的传热系数［W/（$m^2\cdot$℃）］；

A_i——内围护结构的面积（m^2）；

t_{om}——夏季空调室外计算日平均温度（℃）；

Δt_a——附加温升。

地面冷负荷，对于一般的舒适性空调来说，按空调设计规范规定，夏季可不计算通过传热引起的冷负荷。对于一般的工艺性空调，有外墙时，以计算据外墙 2m 范围以内的地面传热引起的冷负荷，或做以下概算：

有一外墙时，小房间（深小于 5m）的地面传热量，按 12.55kJ/（$m^2\cdot h$）计算；大房间（深 5～15m），按 8.37kJ/（$m^2\cdot h$）计算。有两面外墙时，小房间按 20.93

kJ/（$m^2 \cdot h$）计算，大房间按 12.55kJ/（$m^2 \cdot h$）计算。

3.6.8 风速变化对建筑的影响

风速随着建筑高度的增加，会直接影响外围户结构的传热系数，如高层建筑上层房间窗的面积很大时，则计算空调冷热负荷时应考虑风速对 K 值的影响。但是一般在工程计算时，当建筑高度在 100m 以下时，风速对 K 值的影响可忽略不记。本建筑层高 2.93m，共 27 层，建筑高度 80m，可不考虑。

3.6.9 热负荷计算

上海属于冬暖夏热地区，所以对于冬季也使用空调设备的冬暖夏热地区，温和地区，应该进行冬季空调热负荷计算。由于上述地区夏季冷负荷一般大于冬季热负荷，冬季热负荷计算结果在空调设备选用时作校核用。

1. 通过围护物的温差传热量

$$Q_j = KF\ (t_n - t_w)\ \alpha \tag{3-11}$$

式中 Q_j——通过空气调节房间某一面围护物的温差传热量（或称基本耗热量）（W）；

K——该面围护物的传热系数［W/（$m^2 \cdot$ ℃）］；

F——该面围护物的散热面积（m^2）；

t_n——室内空气计算温度（℃）；

t_w——室外空气调节计算温度（℃）；

α——温差修正系数。

当围护物是贴土的非保温地面时，气温差传热量为 $Q_{j \cdot d}$（W），用下式计算：

$$Q_{j \cdot d} = K_{pj,d} F_d\ (t_n - t_w) \tag{3-12}$$

式中 $K_{pj,d}$——房间非保温贴土地面的平均传热系数［W/（$m^2 \cdot$ ℃）］；

F_d——房间地面面积（m^2）。

2. 围护结构的附加耗热量

朝向修正：

不同朝向的围护结构，受到的太阳辐射热量是不同的；同时，不同的朝向，风的速度和频率也不同。因此，对不同的垂直外围护结构进行修正，其修正率见表 3-7。

朝向修正率 **表 3-7**

朝　向	修正率
北、东北、西北朝向	0
东、西朝向	-5%
东南、西南朝向	-10% ~ -15%
南向	-15% ~ -25%

选用修正率时应考虑当地冬季日照率及辐射强度的大小。冬季日照率小于 35% 的地区，东南、西南和南向的修正率宜采用 0 ~ 10%，其他朝向可不修正。

3. 通过门窗缝隙的冷风渗透耗热量 Q_2（W）

由于缝隙宽度不一，风向、风速和频率不一，因此由门窗缝隙渗入的冷空气量很难准确计算，规范规定冷空气的耗热量按公式：

$$Q_z = 0.278 L_l \rho_{ao} c_p \ (t_R - t_{ow}) \ m \tag{3-13}$$

式中 Q_z——加热门窗缝隙渗入的冷空气耗热量（W）；

L——经每米门窗缝隙渗入室内的冷空气量［m^2/（h · m）］；

l——门窗缝隙长度（m）；

ρ_{ao}——室外空气密度（kg/m^3）；

c_p——空气定压比热，c_p = 1kJ/（kg · ℃）；

m——冷风渗透量的朝向修正系数。

本节各公式、系数引自《暖通空调》教材。

3.7 工况分析

无论是在空调系统设计计算中，还是在空调系统运行调试与管理中，我们都离不开焓湿图，归纳起来，i—d 的应用如下。

3.7.1 空气的状态参数

当已知湿空气的任意两个参数时，利用 i—d 图可立即确定出其他参数。也可在 i—d 图上找到一个状态点的露点温度 t_1 和湿球温度 t_s。

3.7.2 露点温度

所谓露点温度，即在 i—d 图上一点沿等 d 线向下与 φ = 100% 的温度；湿球温度 t_s，在空调设计中，通常在 i—d 图上，由一个状态点沿 i = 常数（ε = 0）线找到与 φ = 100% 线交点，此交点温度即为该状态点的湿球温度 t_s。

1. 湿空气状态变化过程

在 i—d 图上可用一条线表示湿空气状态变化的方向和特征，常用状态变化前后焓差 Δi 和焓湿量 Δd 的比值来表示，称为热湿比 ε，即：

$$\varepsilon = \frac{\Delta i}{\frac{\Delta d}{1000}} = \frac{Q}{\frac{W}{1000}} \tag{3-14}$$

式中 Q——总空气量在处理过程中所得到（或失去）的热量（kW）；

W——总空气量在处理过程中所得到（或失去）的水蒸气量（g/s）。

2. 求得两种或多种湿空气的混合状态

确定空调系统的送风状态点及送风焓

利用 i—d 图分析空调系统设计与运行工况。表示：湿空气的加热过程、湿空气的干冷却过程、等焓加湿过程和等焓减湿过程。

几种典型的湿空气状态变化过程如图 3-2 所示。

热湿比过程 $\varepsilon = \pm\infty$ 及 ε = 0 两条线，将 i—d 图分成四个象限。在各象限内实现的湿空气状态变化过程可统称为多变过程，不同象限内湿空气状态变化过程的特征如表 3-8 所示。

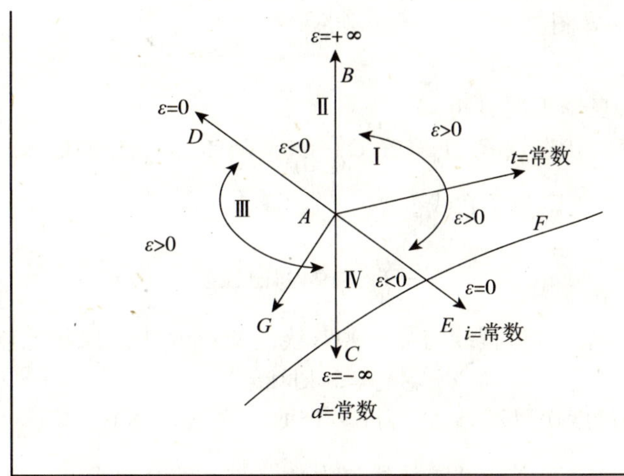

图 3－2　典型湿空气状态变化

***i*—*d* 图上各象限内湿空气状态变化的特征**　　　　表 3－8

象限	热湿比 ε	状态参数变化趋势			过程特征
		i	*d*	*t*	
Ⅰ	ε>0	+	+	±	增湿、增焓、等温
Ⅱ	ε<0	+	−	+	增焓、减湿、升温
Ⅲ	ε<0	−	−	±	减焓、减湿
Ⅳ	ε<0	−	+	−	减焓、增湿、降温

3.7.3　典型房间分析

A 首 1 户型起居室

1. 全系统的冬、夏季工况分析

（1）确定夏季室内状态点 R：$t_R=26℃$，$\Phi_R=65\% \Rightarrow h_R 61.63\mathrm{kJ/kg}$

（2）计算 $\varepsilon=\dfrac{Q}{W}$并确定角系数线

$$\varepsilon=\frac{Q}{W}=24666.7\mathrm{kJ/kg} \tag{3-15}$$

（3）采用露点送风，取过程线与 $\Phi=90\%$ 线的交点 D 为送风状态点 S。$h_s=55.04\mathrm{kJ/kg}$ 依据舒适性空调精度送风温差 Δt_s 为 6～15℃，取 $\Delta t_s=6℃$。

（4）确定送风量 $M=\dfrac{Q}{h_R-h_s}$并校核换气次数 n 是否符合要求

$$M=\frac{Q}{h_R-h_s}=1347.5\mathrm{m^3/h} \tag{3-16}$$

$$n=\frac{M}{V}=12\ 次/\mathrm{h}>5\ 次/\mathrm{h}，合适 \tag{3-17}$$

依据舒适性空调精度要求，换气次数不能小于 5 次/h。

（5）绘制夏季 $h-d$ 图。

A 首 1 户型卧室

2. 全系统的冬、夏季工况分析

（1）确定夏季室内状态点 R：$t_R=26℃$，$\Phi_R=65\% \Rightarrow h_R 61.63\mathrm{kJ/kg}$

（2）计算 $\varepsilon=\frac{Q}{W}$并确定角系数线

$$\varepsilon=\frac{Q}{W}=19494\mathrm{kJ/kg}$$

（3）采用露点送风，取过程线与 $\Phi=90\%$ 线的交点 D 为送风状态点 S。

$$h_s=56\mathrm{kJ/kg}$$

依据舒适性空调精度送风温差 Δt_s 为 6～15℃，取 $\Delta t_s=6℃$。

（4）确定送风量 $M=\frac{Q}{h_R-h_s}$并校核换气次数 n 是否符合要求

$$M=\frac{Q}{h_R-h_s}=903.73\mathrm{m^3/h}$$

$$n=\frac{M}{V}=9\text{ 次/h}>5\text{ 次/h，合适}$$

因为舒适性空调精度要求，换气次数不能小于 5 次/h。

（5）绘制夏季 $h-d$ 图。

A 首 1 户型 A－3 主卫

3. 全系统的冬、夏季工况分析

（1）确定夏季室内状态点 R：$t_R=26℃$，$\Phi_R=65\% \Rightarrow h_R 61.63\mathrm{kJ/kg}$

（2）计算 $\varepsilon=\frac{Q}{W}$并确定角系数线

$$\varepsilon=\frac{Q}{W}=15862.1\mathrm{kJ/kg}$$

（3）采用露点送风，取过程线与 $\Phi=90\%$ 线的交点 D 为送风状态点 S。

$$h_s=54.31\mathrm{kJ/kg}$$

依据舒适性空调精度送风温差 Δt_s 为 6～15℃，取 $\Delta t_s=6℃$。

（4）确定送风量 $M=\frac{Q}{h_R-h_s}$并校核换气次数 n 是否符合要求

$$M=\frac{Q}{h_R-h_s}=188.5\mathrm{m^3/h}$$

$$n=\frac{M}{V}=7\text{ 次/h}>5\text{ 次/h，合适}$$

因为舒适性空调精度要求，换气次数不能小于 5 次/h。

（5）绘制夏季 $h-d$ 图。

A 首 1 户型 A－3 中厨

4. 全系统的冬、夏季工况分析

（1）确定夏季室内状态点 R：$t_R=26℃$，$\Phi_R=65\% \Rightarrow h_R 61.63\mathrm{kJ/kg}$

（2）计算 $\varepsilon=\frac{Q}{W}$并确定角系数线

$$\varepsilon = \frac{Q}{W} = 22206.9\text{kJ/kg}$$

（3）采用露点送风，取过程线与 $\Phi = 90\%$ 线的交点 D 为送风状态点 S。

$$h_s = 54.9\text{kJ/kg}$$

依据舒适性空调精度送风温差 Δt_s 为 6 ~ 15℃，取 $\Delta t_s = 6℃$。

（4）确定送风量 $M = \frac{Q}{h_R - h_s}$ 并校核换气次数 n 是否符合要求

$$M = \frac{Q}{h_R - h_s} = 287.1\text{m}^3/\text{h}$$

$$n = \frac{M}{V} = 12 \text{ 次/h} > 5 \text{ 次/h，合适}$$

因为舒适性空调精度要求，换气次数不能小于 5 次/h。

（5）绘制夏季 $h - d$ 图。

3.8 气流组织分析

3.8.1 顶棚嵌入式（四侧气流）

为了准确进行气流组织计算，设想将四出风室内机所有吹风的区域进行划分，既将四出风室内机看成四个向不同方向送风的侧送风口。

具体示意图如图 3 -3 所示。

将四出风室内机的四个出风口所对应区域划分成 1、2、3、4 四区，当做四个侧送风的风口计算。

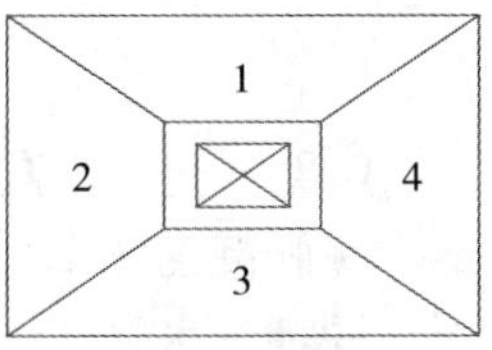

图 3 -3 四出风室内机示意图

典型房间分析

已知区域 1 尺寸长 $A = 2.3\text{m}$，宽 $B = 6.49\text{m}$，高 $H = 2.73\text{m}$，单位面积冷负荷 $q_o = 0.067\text{kW/m}^2$，室温要求是 26 ±1℃，需要风量 $1347.5\text{m}^2/\text{H}$。

（1）求射流的实际射程

$$x = 2.3 - 0.5 - 0.23 = 1.57\text{m}$$

（2）$\Delta t_x = 1℃$

$$\frac{\Delta t_x}{\Delta t_s} = \frac{1}{6} = 0.167, \quad \text{得} \frac{x}{d_s} = 16.6$$

式中 Δt_x——射流进入工作区轴心与室内温度之差（℃）；

$\frac{x}{d_s}$——相对射程。

（3）风口尺寸 470mm × 80mm（根据某空调公司家用 VRV 技术资料）

$$f_s = 0.47 \times 0.08 = 0.038\text{m}^2$$

$$f_s = \frac{\pi}{4} d_s^2 = 0.038\text{m}^2$$

$$d_s = 0.22\text{m}$$

$$V_o=\frac{v}{\varphi f_s n}=3.07\text{m/s}$$

$$v_s=3.07\text{m/s}$$

（4）校核帖附长度，用公式计算 A_r

$$A_r=\frac{g\Delta t_s d_s}{v_s^2 T_n}=\frac{9.81\times6\times0.22}{3.07^2\times299}=0.0046$$

式中　A_r——阿基米得数；

g——重力加速度，$g=9.81$（m/s^2）；

d_s——送风口当量直径（m）；

v_s——送风速度（m/s）；

T_n——工作区的绝对温度（℃），$T_n=273+t_n$。

查得：$\frac{x}{d_s}=31$　$x=30\times0.22=6.6\text{m}$

要求贴附长度为1.57m，实际可达6.6m，满足要求。

（5）校核房间高度

$$H=h+s+0.07x+0.3=1.8+0.3+0.07\times1.57+0.3=2.5\text{m}$$

式中　h——工艺要求的工作高度（m）；

s——送风口下缘到顶棚的距离（m）；

x——贴附长度；

0.3——安全系数。

房间高度为2.73m，能满足要求。

同理，区域2、3、4的计算方法一样，结果其帖附长度都满足要求，用房间高度校核也满足要求。

3.8.2　卧室气流组织计算

个别房间采用的是侧送风形式。因为工程要求中说明室温允许波动范围是±1℃，所以此计算都应用室温波动范围不小于±1℃的空调侧送方式计算。

1. 侧送风计算步骤

（1）选取送风温差 Δt_s，一般可选取6～10℃。根据已知室内冷负荷，确定总送风量 L_s；

（2）根据要求的室温允许波动范围查图求出 x/d；

（3）选取送风速度 v_s，计算每个送风口得到送风量 l_s，除高大厂房外，一般取2～5m/s；

（4）根据总送风量 L_s 和每个送风口送风量 l_s，计算送风口个数；

（5）帖附长度校核计算。按公式计算 A_r 数，求得射程 x，使其不小于帖附长度。如果不符合，则重新假设 Δt_s、v_s 进行计算，直至满足要求为止。

2. 典型房间分析

已知房间尺寸长 $A=2.8\text{m}$，宽 $B=3.8\text{m}$，高 $H=2.73\text{m}$，单位面积冷负荷 $q_o=0.08\text{kW/m}^2$，室温要求是26±1℃。选取送风温差为 $\Delta t_s=6℃$，确定总送风量 L_s。

$$L_s=\frac{3600Q}{1.2\times1.01\Delta t_s}=\frac{3600\times3.8\times2.8\times0.08}{1.2\times1.01\times6}=421\text{m}^2/\text{h}$$

式中 L_s——总送风量（m^2/h）；

Δt_s——送风温差（℃）；

Q——冷负荷（kW）。

$$l_s = 7.5 \times 60 = 450 m^2/h$$

计算送风口个数 n

$$n = \frac{L_s}{l_s} = \frac{421}{450} = 0.94，取 1 个$$

$$v_s = \frac{263/5}{3600 \times \frac{3.14}{4} \times 0.95 \times 0.18^2} = 0.96 m/s$$

校核帖附长度，计算 A_r

$$A_r = \frac{g \Delta t_s d_s}{v_s^2 T_n} = \frac{9.81 \times 6 \times 0.55}{0.96^2 \times 299} = 0.117$$

式中 A_r——阿基米得数；

g——重力加速度，$g = 9.81$（m/s^2）；

d_s——送风口当量直径（m）；

v_s——送风速度（m/s）；

T_n——工作区的绝对温度（℃），$T_n = 273 + t_n$。

得：$\frac{x}{d_s} = 17.5 \quad x = 17.5 \times 0.55 = 9.625 m$

要求贴附长度为9m，实际可达9.625m，满足要求。

校核房间高度

$$H = h + s + 0.07x + 0.3 = 2 + 0.3 + 0.07 \times 9.625 + 0.3 = 3.27 m$$

式中 h——工艺要求的工作高度（m）；

s——送风口下缘到顶棚的距离（m）；

x——贴附长度；

0.3——安全系数。

房间高度为3.9m，能满足要求。

3.9 设备选取

3.9.1 室内机选择

根据空调房间的冷负荷、室内干球温度、室内湿球温度和夏季空调室外机计算干球温度，查找室内机制冷容量表，从中选择大于房间冷负荷的室内机。

3.9.2 室外机的选择

根据室内机的容量选择室外机、室内机和室外机组合时，室内机容量系数的总值应根据系统同时使用系数的大小与室外机相应组合率时的容量系数相配。

3.9.3 某空调公司的民用 VRV 空调系统室外机型号

ϖ RMX112CMV2C 额定容量：制冷 11.2kW，制热 12.5kW，ϖ RMX160CMV2C 额定容量：制冷 15.5kW，制热 18.0kW。

根据前面所做的负荷来进行设备的选择；

具体冷媒管及室内机和室外机设备性能参数如表 3－9～表 3－14 所示。

N FXA20LMVEC 型号室内机 **表 3－9**

机型			N FXA20LMVEC
电源			单相 220V 50Hz
制冷容量		kW	2.2
制热容量		kW	2.5
尺寸（$H \times W \times D$）		mm	200×793×230
配管连接	液管	mm	6.4（扩口连接）
	气管	mm	12.7（扩口连接）
	排水管	mm	PVC32（外径 18，内径 13）
机器重量		kg	11
冷媒控制			电子膨胀阀

N FXD20NV2C 型号室内机 **表 3－10**

机型			N FXD20NV2C
电源			单相 220V 50Hz
制冷容量		kW	2.2
制热容量		kW	2.5
尺寸（$H \times W \times D$）		mm	200×700×620
配管连接	液管	mm	6.4（扩口连接）
	气管	mm	12.7（扩口连接）
	排水管	mm	PVC26（外径 26，内径 20）
机器重量		kg	24
冷媒控制			电子膨胀阀

N FXYF25KBMVL9 型号室内机 **表 3－11**

机型			N FXYF25KBMVL9
电源			单相 220V 50Hz
制冷容量		kW	7.1
制热容量		kW	8.0
尺寸（$H \times W \times D$）		mm	200×1100×620
配管连接	液管	mm	9.5（扩口连接）
	气管	mm	15.9（扩口连接）
	排水管	mm	PVC32（外径 26，内径 20）
机器重量		kg	30
冷媒控制			电子膨胀阀

ϖRMX112CMV2C 型号室外机 **表 3-12**

型号			ϖ RMX112CMV2C
制冷容量		kW	11.2
制热容量		kW	12.5
尺寸（$H \times W \times D$）		mm	1345×900×350
热交换器			交叉翘片盘管
压缩机	类型		密封涡流型
	电机输出	kW	2.5
	启动方法		直接启动
风扇	类型		轴流风扇
	电机输出	kW	70
	风量	m^3/min	106
	传动		直接传动
连接配管	液管	mm	9.5
	气管	mm	19.1
机重		kg	135
除霜方法			反向循环除霜
容量控制		%	24～100
冷媒	冷媒名称		R22
	充填量	kg	8.7
	控制		电子膨胀阀

ϖRMX140CMV2C 型号室外机 **表 3-13**

型号			ϖ RMX140CMV2C
制冷容量		kW	14.0
制热容量		kW	16.0
尺寸（$H \times W \times D$）		mm	1345×900×350
热交换器			交叉翘片盘管
压缩机	类型		密封涡流型
	电机输出	kW	3.0
	启动方法		直接启动
风扇	类型		轴流风扇
	电机输出	kW	70
	风量	m^3/min	106
	传动		直接传动
连接配管	液管	mm	9.5
	气管	mm	19.1
机重		kg	135
除霜方法			反向循环除霜
容量控制		%	24～100
冷媒	冷媒名称		R22
	充填量	kg	8.7
	控制		电子膨胀阀

ϖRMX160CMV2C 型号室外机 **表 3－14**

型号			ϖ RMX160CMV2C
制冷容量		kW	15.5
制热容量		kW	18.0
尺寸（$H \times W \times D$）		mm	1345×900×350
热交换器			交叉翘片盘管
压缩机	类型		密封涡流型
	电机输出	kW	3.5
	启动方法		直接启动
风扇	类型		轴流风扇
	电机输出	kW	70
	风量	m^3/min	106
	传动		直接传动
连接配管	液管	mm	9.5
	气管	mm	19.1
机重		kg	135
除霜方法			反向循环除霜
容量控制		%	24～100
冷媒	冷媒名称		R22
	充填量	kg	8.7
	控制		电子膨胀阀

3.10 容量修正

对 A 首 1 户型容量修正数据见表 3－15。

容量修正数据 **表 3－15**

	房屋名	冷负荷	热负荷							
A首1户型	A0102	2684.164	1247.5	3086.789	1434.58	N FXYF25KBMVL9		顶棚嵌入式	25	2.8
	A0103 厨房	1104.392	453.6	1270.051	521.64	N FXD20NV2C		顶棚那藏	20	2.2
	A0104 卫生间	460.3075	573.8	529.3536	659.874	N FXA20LMVEC		挂壁式	20	2.2
	A0104 主卧室	1696.738	1212.6	1951.249	1394.47	N FXA20LMVEC		挂壁式	20	2.2
	A0105	494.9458	450.26	569.1877	517.794	N FXA20LMVEC		挂壁式	20	2.2
	A0106	882.8516	1108.9	1015.279	1275.2	N FXA20LMVEC		挂壁式	20	2.2
	A0106wei	654.4957	649.69	752.6701	747.141	N FXA20LMVEC		挂壁式	20	2.2
	A-7 次卫	309.9018	431.16	356.3871	495.834	N FXA20LMVEC		挂壁式	20	2.2
		8287.796	6127.4	9530.966	7046.52				165	18
	ϖ RMX160CM					110%	TC 13.9	PI 4.46		

3.11 管径的选取

室内机和室外机的制冷量是在一定的状况下测定的，当实际安装与测定情况不符时，制冷量就会与给定值不同，这部分包括室外机与室内机的匹配情况、不同温度工况对室外机的影响、配管长度的影响和除霜运行时制热量影响见表 3－16。

配管尺寸的选择 **表 3－16**

最大允许长度	实际配管长度	室外机和室内机之间的配管长度 <120m
	等价长度	室内机和室内机之间的等价配管长度 <150m
	总延伸长度	从室外机连接到所有室内机的总配管长度 >10m
允许高低差	高低差	室外机和室内机之间高低差（H_1） <50m
	高低差	相邻室内机之间高低差（H_2） <15m
分支后允许长度	实际配管长度	从第一个制冷剂分支组件（REFNET 接头）到室内机之间的配管长度 <40m
制冷剂分支组件		REFNET 连接件：请使用 KURJ26KC18T

举例 A 首 1 户型 29.449m 负荷要求。

根据所有连接于此下方的室内机的总容量，从表 3－17 中选择。

配管尺寸选择 **表 3－17**

室内机容量指数	配管尺寸（外径）	
	气侧配管	液侧配管
不满 100	*DN*15.9	*DN*9.5
100 以上	*DN*19.1	*DN*9.5

制冷剂分支组件与室内机之间的管径确定。

直接连接在室内机上的配管管径，必须与室内机配管接头直径相同。

$$R = DN9.5 \times a + \cdots + DN9.5 \times b + DN6.4 \times c \cdots + DN6.4 \times d$$

$$L = (a + b) \times 1 + (c + d)\ 0.5 \leqslant 70$$

3.12 冷媒系统冷凝管的设计

因为 VRV 空调系统在运行过程中室内机会产生冷凝水，故室内机必须有冷凝水管将其连接，最后将冷凝水送入卫生间内。

冷凝水管安装必须有 1% ~2% 的坡度来满足其排水需要；冷凝水管可采用厚度为 10mm 的难燃型泡橡塑材料进行保温。

为了防止冷凝水管过长后由于坡度过大穿出顶棚，所以需要对冷凝水管作一个校验。

公式： 长度 L ×坡度 < 冷凝水管扬程

某一空调公司的室内机配有冷凝水提升泵，冷凝水扬程可提升最大 750mm，如图3－4所示。

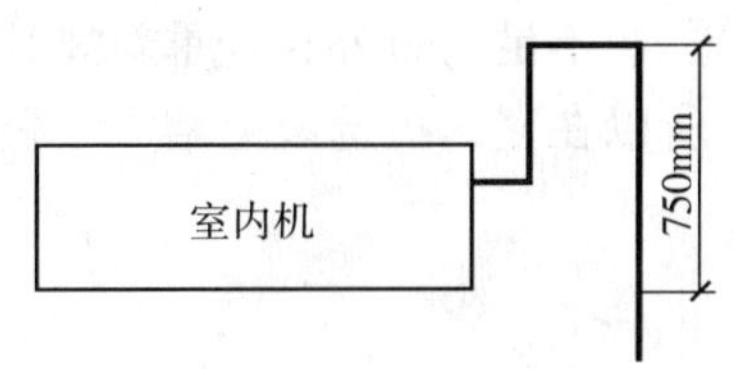

图 3－4 室内机冷凝水扬程

3.13 冷媒填充量的校核

3.13.1 无充填配管长度

L=管径为 Φ9.5 的液侧配管的总长度+管径为 Φ6.4 的液侧配管的总长度 (3-18)

机器为不需要追加制冷剂的类型，加接的配管不超过规定的长度，就不需要追加制冷剂。如按液侧配管尺寸为 Φ9.5 计算，70mm 以内不需要追加制冷剂。

3.13.2 追加充填量

$$L_A = L70 \tag{3-19}$$

$$R = L_A \times 0.05 \tag{3-20}$$

本项目用液侧配管量总长最大的是 A 单元一层一户型。

3.14 配管隔热

配管的隔热材料厚 20mm 以上，隔热材料的表面有结霜的可能。连接配管和制冷剂分支组件必须隔热，若不隔热，有可能滴水。暖气运行时，气侧配管的最高温度可达 120℃左右，所以，应使用具有高热性能的隔热材料。

3.15 新风的处理

相对于传统的中央空调系统，VRV 系统更接近单元式空调器或房间空调器，新风处理不如常规中央空调系统容易做到。室内机自吸新风方式：通过选用室内机专用换新风组件，将新风引入机组，采用室内机自吸的方式送入室内。由于这需要把软性风管就近引到室外，影响了建筑整体的美观。采用专用新风处理装置，需要布置风道，降低房间的空间，使在空调房间的人员感到压抑，所以不予以考虑。自然通风：对于不设有组织新风系统，仅靠门窗缝隙渗透，甚至开窗引入新风的做法，不是严格意义上的新风供应方式，但是实际工程采用这种做法较多。本项目受建筑条件影响，屋内新风靠自然进风提供。它的不足是由于建筑物的风压、热压作用，不同朝向、不同楼层的房间其渗入室内的空气量是不同的，有些房间甚至打开外窗都不能有效引进新风。所引入的新风无论是其品质（主要是洁净度）还是针对每人所必需的新风量都无法保证，直接从室外引入未经处理的新风，增大了室内空调负荷，对于一般按夏季负荷选择的室内机型号，冬季严寒季节可能造成供热量不足。另外，夏季新风的含湿量较高，室内机除湿量增大，室内相对湿度无法保证，所以在室内机选取上增大了负荷量。

4　空气源热泵热水器工质充灌工艺方案优化研究

杨森（建筑环境与设备工程，2006届）

指导老师：王瑞祥

简　介

本论文对 ASHPWH 工质充灌工艺方案及充灌量的优化问题进行了研究。通过实验，分别考察真空度和工质充灌量对 ASHPWH 的性能，如加热时间及耗电量、压缩机壳温、压缩机输入功率和制热系数的影响，为确定出最优真空度和工质充灌量奠定基础。

4.1 绪论

4.1.1 论文的研究背景及意义

随着经济的发展，人民生活水平的提高和住宅条件的改善，人们生活品质的不断提高，热水成为生活中的依赖品，除了洗浴以外，人们还希望用热水来清洁、洗涤。现代家庭使用热水的终端在不断地增加，人们希望水管所到之处就可以用到热水，卫生热水能耗在建筑能耗中的比例越来越大。

据统计，城市各类商业建筑卫生热水能耗占这些建筑总能耗的比例达到10%～40%，城市民用建筑热水能耗约为城市民用总能耗比重的20%～30%，卫生热水的节能日益受到人们的重视。这就造成了电力供应的不断增长，面对我国能源紧缺的状况，对改变能源结构及大力实施节能，提出了更高的要求，因此，合理利用资源，大力开发环保、节能、舒适的新技术是目前人们共同关注的问题。所以，热泵技术便得到了充分的发展。

热泵的热源往往是低品位的，因为它是以大自然中蕴藏着的大量的较低温度的低品位热源为热源的，可分为空气、地表水、地下水、土壤、太阳能和废热等。它利用了自然能源，节约了煤、电等高品位热源，大大降低了一次能源的消耗，同时，也减轻了大气污染问题，节能和环保效果突出。

因为热泵不是热能的转换设备，而是实现了热能的搬运，所以热泵的能效比 *COP* 值可达到3～6，即当驱动压缩机的功率为1kW时，可在高温热源处得到3～6kW的热能，所以，如此高效、节能、环保的热泵技术在国内外都得到大规模的推广和应用。

4.1.2 国内外研究现状

热泵最早在欧洲应用于20世纪初，相对制冷机器，热泵技术的应用和发展进度很缓慢，直到20世纪二三十年代，社会上出现热泵的需求，热泵技术才有了较快的发展。我国对空气源热泵技术的研究起步于20世纪中叶，由于一些因素的影响，发展也不是很快。进入20世纪80年代，面对我国能源紧缺的状况，大力倡导节能和环保，相关单位都非常重视热泵技术的研究、开发与应用。一些国际组织，如国际制冷学会（IIR）经常举办有关热泵的展览和会议，加强国际间的合作与交流，促进热泵技术的迅速发展。

热泵是世界可再生能源利用中增长最快的产业之一。在过去的10年中，大约30个国家的热泵年增长率达到了10%，热泵发展最快的是欧洲和美国，其他国家如日本和土耳其也正在积极发展地源热泵产业，由于热泵既可以用于夏季供冷又可以冬季供热，且具有高效、节能和环保等优点，因而近年来其在暖通空调工程中的应用日益增多。从20世纪90年代开始，我国热泵发展呈现出欣欣向荣的景象。但与发达国家相比，我国在热泵方面研究和使用的历史还比较短，还面临着许多有待解决的问题。

1. 热水器的发展状况

节能是热水器发展的永恒主题。由于人民生活水平的提高及建筑业的迅速发展，家庭、公共场所及商业用热水的需求量越来越大。目前热水器的类型繁多，商业建筑热水供应主要是燃煤、燃油、燃气、电锅炉等方式，民用建筑热水供应主要采取电热水器、燃气热水器形式，还有一部分太阳能产品，但其普及率不高，都或多或少地存在不尽如人意的地方。

电热水器、燃气热水器的技术已趋于完善，并朝着方便、安全、智能、小型、综合、中央化的方向深化发展，但从能源消耗的角度来看，常规电热水器、燃气热水器从根本上只是“热水壶的高档化”。

热泵热水器（HPWH 即 Heat Pump Water Heater）最早出现在 20 世纪 50 年代，70 年代能源危机之后，家用热泵热水系统得到了较大发展，形成了一定的市场规模。与其他类型的热水装置相比，热泵热水器的设备初投资费用较高，这是影响其市场普及的主要因素。

但高能耗是常规热水器无法克服的缺憾，从节约能源和环保的观点来看，热泵热水器具有其独特的优点和市场前景。开发可再生能源以及提高能源效率是维持可持续发展的关键之一，对于中国尤其紧迫，而深化开发热泵热水器是解决热水高能耗问题的有效途径之一。

2. 热泵技术的研究现状

近年来由于能源利用造成的环境问题使高效节能的热泵技术受到了人们的重视，热泵技术是 21 世纪的一个能源技术，通过热泵的形式，可以提高能效的利用，能效的利用有两个方面的含义，从环境角度来讲，可以减少温室气体的排放，减少对环境有害的因素，从另外一个方面来说，是解决电力高峰负荷的一项技术。

热泵是一种能够将空气中的热能转换为加热水的能量，其效率高达 300% 左右，是一项理想的节能技术。所以，热泵热水器在欧美高能耗国家已很普及，在南非的热水器市场已经占有 16% 的份额；在国内，家用压缩式热泵热水器目前已经有市场产品报道，我国已加入 WTO 并成功申办 2008 年奥运会，绿色奥运、科技奥运作为我们的基本方针已得到国际奥委会的认可。在未来几年的建设中，热泵在热水系统上将会得到普遍的应用，热泵技术作为大型热水供应系统研究有待深化和完善。

热泵作为环保的冷热源，仅利用了空气、土壤和地下水等热源，避免了燃料燃烧产生的污染，具有良好的节能环保效果，所以大力发展热泵技术很有必要。按照热泵汲取低品位能源的对象不同，热泵可分为空气源热泵、水源热泵、地源热泵和多种汲取能源方式组合的复合式热泵。热泵技术作为新生的产业，有着很大的发展潜力，但也存在着很多缺陷。

地源热泵技术是利用地下的土壤、地表水、地下水温相对稳定的特性，通过消耗一部分电能，在冬天把低位热源中的热量转移到需要供热或加温的地方，在夏天可以将室内的余热转移到低位热源中，达到降温或制冷的目的。

但地下水热泵系统需要有丰富和稳定的地下水资源作为先决条件。在理论上抽取的地下水可以回灌到地下，但目前国内地下水回灌技术还不成熟，在很多地质条件下回灌的速度低于抽水的速度，从地下抽出来的水经换热器后很难被全部回灌到地下含水层内，造成地下水资源的流失。即使能够把抽取的地下水全部回灌，保证地下水如何不受污染也是一个难题。

地源热泵热水系统的其他情况也比较复杂一些，因为各地的土壤钻探条件、传热性能等地质因素差别较大，不同地区这种系统的投资与运行费用相对其他系统差别也较大。应用中还会有许多问题有待于去发现和研究。

因空气是自然界存在的最普遍的物质之一，所以以环境空气作为热泵的低位热源，是热泵系统中最常见的选择。空气源热泵无论在什么条件下均可运用，对环境也不会产生有害影响，且系统运行和维护方便，因此，在热泵的应用中以空气源热泵最为普遍。

3. 空气源热泵热水器（ASHPWH）

空气源热泵热水器（Air Source Heat Pump Water Heater）简称ASHPWH，空气中蕴藏着无限的热能，空气源热泵是以空气为热源的热泵，利用少量的电能通过制冷工质的热力循环将空气中的低温热提升为高温热，以热水的形式出现时便构成空气源热泵热水器。空气源热泵热水器没有环境污染，既符合我国的能源和环境保护政策，又适应能源价格调整的变化和用户的消费需求，是高效节能、环保安全、经济可靠的新概念节能热水器。

（1）ASHPWH的系统组成及特点

ASHPWH系统的循环简图如图4－1所示。

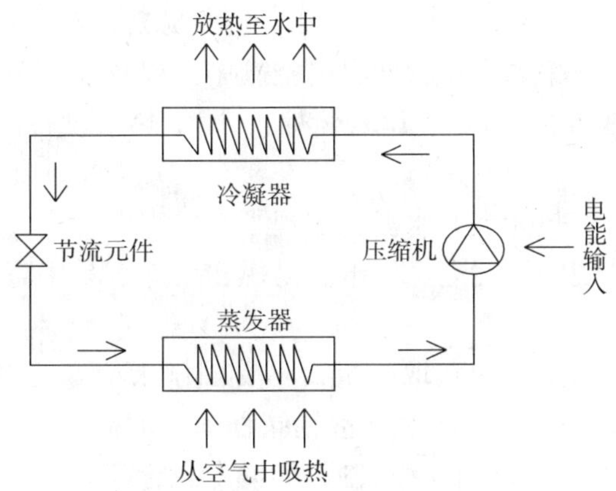

图4－1　ASHPWH系统的循环简图

ASHPWH系统由压缩机、冷凝器、节流元件、蒸发器、水箱几大部分组成，以制冷剂为媒介，在蒸发器中吸收空气中的热量而汽化，产生的低压蒸汽被压缩机吸入，再经压缩制热后以高压排出，此过程需要消耗电能，高温高压的气体工质被冷凝器中的冷却介质（水）冷却，将热量传递给水，而制冷剂工质经节流阀节流后以低温低压蒸汽进入蒸发器，如此周而复始地循环。

它只耗用少量的电能供风机和压缩机工作，而水温的升高主要靠空气中的热。通过空气蓄热获取低温热源，经系统工质循环后成转变为高温热源，用来加热、供应热水，整个系统集热效率相当高。

表4－1是几种家用热水器的性能比较：城市煤气的热值3500kcal/m^3，天然气8000kcal/m^3，LPG为12000kcal/kg，电为860kcal/kW·h；运行费用和投资按把120L、15℃的水加热到55℃估算。

几种家用热水器的性能比较　　表 4－1

热水器类型	煤气	天然气	LPG	电蓄热	太阳能	空气源热泵
热效率（%）	80	80	80	95	250	350
一次能源效率（%）	64	80	80	28.5	75	105
初投资（千元）	0.8～1.5	1.0～1.5	1.0～1.5	1.0～1.5	2.5～5.0	5.0～5.5
安装条件要求	无	无	无	较少位置要求	要有无遮挡 $2m^2$ 以上朝南安装场地	较少位置要求
运行费（元）	1.74	1.26	1.40	3.60	1.48	1.10
安全性	有中毒、爆炸风险	有爆炸风险	有爆炸风险	有漏、触电风险	有漏、触电风险	水、电分离，无漏、触电风险
寿命（年）	10～12	10～12	10～12	5～10	10～12	12～15
备　注				能享受分时电价	不完全享受分时电价	能享受分时电价

从表 4－1 中可以看出，与其他热水器相比，空气源热泵热水器主要有以下五大优点：

一是经济节能，集热效率高，从自然界的空气中获得热能，节能效果显著，且运行成本低，运行成本约为电热水器的 1/4～1/3，燃油、燃气热水设备的 1/2，电辅助太阳热水器的 2/3；

二是安全可靠，用空气热能提升水温，实现了水电完全分离，不存在电热水器、燃气热水器使用过程中可能出现的易漏电、触电、易燃、易爆、易中毒等安全隐患，安全问题得到彻底的解决；

三是安装使用方便，从空气中获取能量，不受阴雨天或寒冷冬季的影响，均能 24 小时全天候供应热水，可安装于阳台、地下室、储物间、庭院、室内、过道、外墙等地方，随意安装，无须直面阳光，实现全自动控制，无需专人管理；

四是环保，使用过程中没有废气、废物排放，清洁干净，可以减少温室气体排放，有利于环境保护；

五是耐用实惠，空气源热泵热水器的使用寿命一般可达 10～15 年。

可以看出，虽然空气源热泵热水器的初投资相对较高，但从安全性、热效率和能源效率的利用来看，空气源热泵热水器明显高于其他形式的热水器。

（2）应用现状及主要技术问题分析

尽管空气源热泵具有很多优点，且空气源热泵已在空调领域得到了较广泛的应用，但空气的热容量小，为获得一定的热量必须加大风机风量或增加温降，但会给整个系统带来一定的影响，前者使风机容量增加，增大耗电量和噪声；后者导致蒸发温度降低，使热泵制热能力下降。

而且由于其性能受室外气象条件的影响较大，制冷量和制热量难以满足建筑物的冷热负荷，以及冬季室外换热器等结霜问题使其应用的领域和范围受到很大程度上的限制。这也是空气源热泵目前仅在我国黄河以南地区得到广泛应用的主要原因。而在黄河以北地区，应用空气源热泵则要根据所处地区不同有其特殊的要求。

空气源热泵的性能受室外气候条件变化的影响较大，随室外空气环境参数的改变而变化，不可避免地要遇到两方面的问题：

一是随着室外气温的降低，压缩机吸排气压差增大，压缩机吸入的制冷剂的密度减小，热泵系统内部制冷剂的循环流量减小，导致热泵系统向室内提供的热量减少的问题。例如冬季，随着空气温度的降低，供热负荷增大，而蒸发温度随之降低，热泵温差增大，导致整体效率降低。

二是当室外气温较低时，空气源热泵系统的室外换热器翅片表面会结霜，需要采取除霜措施的问题。

因为空气源热泵在冬季运行时，当室外侧蒸发器的表面温度低于露点温度，同时又低于0℃时，蒸发器表面就会开始结霜，随着霜层厚度的增加，逐渐堵塞了蒸发器，空气流通面积会减小，蒸发器表面与空气的接触面积随之减小，空气的流动阻力增大，导致蒸发盘管的传热效率逐渐降低，严重时盘管冻结，热泵无法运行。

所以，空气源热泵一个突出的问题就是蒸发器冬季结霜的问题。这不但导致系统性能的急剧下降，还将对压缩机等重要部件产生不良的影响（如冰堵），如果除霜不彻底，进入制热后，未除掉的霜层和除霜水将会冻结成密度较大的霜或冰，很难再在下一次融化掉，影响制热效果，造成低压保护，排气温度过高，严重时将损坏压缩机，使系统不能正常的运转，同时，结霜还将增加运行的费用。

目前，有部分的论文文献讨论了有关热泵蒸发器结霜过程的研究、分析等问题，研究者通过建立了热泵蒸发器结霜过程的数学模型，研究入口空气的相对湿度、温度以及翅片间距等参数对蒸发器结霜量和空气侧压降的变化规律。

深入了解结霜对系统的影响及结霜的机理，对于优化蒸发器的设计和除霜的控制方式是非常重要的。如何防止和减轻室外蒸发器的结霜及研究出有效、可行的除霜方式是解决问题的关键所在。尽管我国在这方面已经做了很多研究工作，但关于结霜的控制措施及除霜技术的研究方面，还需要进行进一步深入研究和实验论证。

（3）工质替换及工质充灌工艺的研究

1）工质替换的研究

近几年全世界共同面临着能源紧张和环境污染的问题，迫使我们必须要在节约能源的同时，采用对环境无污染的环保工质，所以，寻找新型的环保替代能源，以维持人类社会的可持续发展以及促进社会和谐进步。

目前空气源热泵机组中大都采用的是一些含 CFCs 或 HCFCs 等具有臭氧层破坏潜能（ODP）或地球变暖潜能（GWP）的制冷剂，对环境有较大的负面影响。根据蒙特利尔议定书，各国将限制具有 ODP 和 GWP 的卤代烃 CFCs、HCFCs 的使用，并规定了到 2030 年完全禁止使用。《京都议定书》也可以称为世界环保宣言，也指出了限定和最终取消 R22 为工质的产品的生产及使用期限。

目前我国热泵系统所使用的制冷剂主要是 R22 和 R134a，而 R22 氢氯氟烃类（HCFCs）工质属于要逐步被淘汰的制冷工质。R134a 为氢氟烃类工质（HFCs），由于其 GWP 较高，属于被控制使用的温室效应气体。

所以，近年来各国根据关于保护臭氧层物质的蒙特利尔议定书，在制冷新工质研究上下了不少功夫。总的来说，在选择新工质时应该从多方面考虑，如：对臭氧层的破坏潜能、地球变暖潜能、毒性、可燃性、润滑油的兼容性等方面。而且，由此看来，对新型环保替代工质（如：R410A，R744 等）的特性的研究很有必要，相应的，采用新工质后系统的优化匹配问题也应进行大量详细的实验和研究工作。

2）工质充灌工艺的研究

制冷剂充灌量的优化是热泵系统整体得到优化的重点。无论充灌量是增加还是减少，制冷系数都要下降。

原因是制冷剂充灌量过少，蒸发器的换热面积不能充分利用，蒸发器出口过热度和压缩机吸气压力增大，系统循环流量以及制冷量则都显著下降；充灌量过多，则会造成冷凝器的积液，减小了有效的换热面积，冷凝温度升高，导致压缩机功耗增加，制冷系数下降。

只有充灌量适当时，系统中各部件才能实现最佳匹配，获得高效率。因此，确定好系统的充灌量是提高整体性能的关键。

4.1.3 论文的主要研究内容

通过实验，分别考察真空度和工质充灌量对 ASHPWH 加热时间和制热系数的影响；以最大制热系数为优化目标，以加热时间为约束条件，通过理论分析和实验验证，确定最优真空度和工质充灌量；真空度参数由特定环境条件下，抽真空时间和压力参数表征；充灌量由重量表征并与特定环境条件下，ASHPWH 运行时间和压力参数进行对比。制热系数通过特定环境条件下，加热一箱水至特定温度所需要的电量表示。

主要研究内容：

（1）研究抽真空工艺参数对 ASHPWH 的性能的影响，进而对真空度进行优化。

1）通过试验，重新评估 ASHPWH 系统内的不凝性气体对制热性能的影响；

2）通过试验，考察“环境温度”、“抽真空时间”与 ASHPWH 系统内“不凝性气体含量”之间的对应关系，进而确定不同环境温度下，最优真空度所需的抽真空时间及其他参数。

（2）研究充灌工艺参数对 ASHPWH 性能的影响，进而对充灌量进行优化。

1）通过试验，研究充灌量对 ASHPWH 的制热性能及制热系数的影响；

2）通过试验，考察并进而确定不同环境温度下最优充灌量所对应的其他参数。

4.1.4 本章小结

分析了热泵技术及热水器在国内外的研究现状，重点叙述了空气源热泵热水器（ASHPWH）的系统组成及特点、应用现状及主要技术问题的分析，了解了一些有关工质替换及工质充灌工艺的研究。

最后，介绍了本论文的主要研究内容：分别研究了抽真空工艺参数及充灌工艺参数对 ASHPWH 性能的影响，进而对真空度进行优化。

节能是热水器发展的永恒主题，空气源作为一种最直接、最方便的能源被广泛地应用。空气源热泵热水器（简称 ASHPWH 即 Air Source Heat Pump Water Heater）以其节能、洁净等特点，在全球市场得到了越来越广泛的欢迎，相关技术研究受到了普遍的重视，用空气烧热水时代已经来临。

4.2 ASHPWH 的工作原理及主要影响因素

4.2.1 ASHPWH 的工作原理

空气源热泵是以制冷剂为媒介，制冷剂在蒸发器中吸收空气中的能量，再经压缩机压缩制热后，通过冷凝器将热量传递给水，来制取热水，热水通过水循环系统送入用户散热器进行供暖或直接用于热水供应。

空气源热泵热水器是利用热泵原理，以消耗一部分电能为补偿，通过热力循环，从周围环境的低品位能源（低温空气源）取得热量，通过压缩机将其输送至冷凝器释放给高温热源，用来生产热水。

它的工作原理与热泵空调器的工作原理相同，只是热泵空调是从自然环境中吸取热量，供给室内空气，而热泵热水器是以这部分热量加热卫生热水。

热泵热水器利用逆卡诺循环原理，以制冷剂为媒介，在蒸发器中吸收空气中的热量而汽化，产生的低压蒸汽被压缩机吸入，再经压缩制热后以高压排出，过程需要消耗电能，高温高压的气体工质与冷凝器中的冷却介质（水）进行热量交换，将热量传递给水，而被冷却的制冷剂工质经节流阀节流后以低温低压蒸汽进入蒸发器，如此周而复始的循环（图 4－2）。

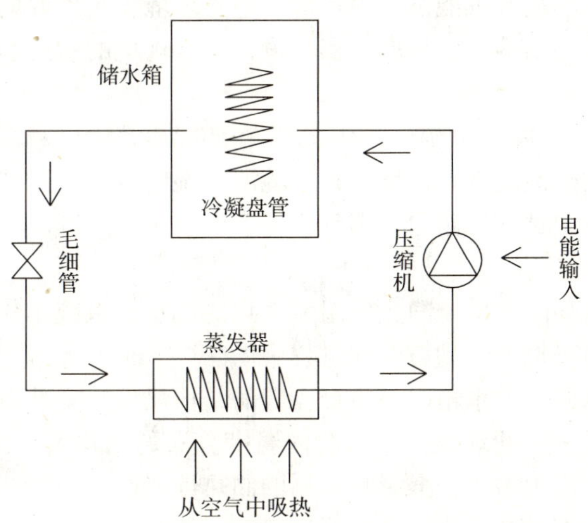

图 4－2 ASHPWH 的工作原理图

通过工质汽化吸收空气或其他低温热源中无法直接利用的太阳能潜热、生活及工业排放的低品位热能，采用少量电能驱动压缩机形成高温气体（高品位热源）进入冷凝器让热能释放到水中将水加热，得到 50～70℃ 高温热水。空气源热泵热水器在加热热水过程中没有环境污染，符合我国的节约能源和环境保护的政策，是高效节能、环保安全、经济可靠的新概念节能热水器。

4.2.2 热泵热水器运行经济性指标

性能系数 *COP* 是衡量热泵性能的最主要参数，ASHPWH 的经济性能以消耗单位电功量 W_0（压缩机电耗 + 风机电耗）所得到的热量 Q_1（用于加热卫生热水）来衡量，称为制热系数，用 *COP* 来表示：

$$COP=\frac{Q_1}{W_0}=\frac{\rho_w c_w V_w\ (t_{w2}-t_{w1})}{\Delta t\Delta P}$$

式中 ρ_w——热水的密度（kg/m^3）；

c_w——热水的定压比热［kJ/（kg·℃）］；

V_w——储水箱的容积（m^3）；

t_{w2}、t_{w1}——单位时间间隔内，加热前、后的水温（℃）；

Δt——单位时间间隔（s）；

ΔP——单位时间间隔内的平均功率（kW）。

4.2.3 影响 ASHPWH 性能的主要因素

ASHPWH 的性能会受到很多因素的影响，而它们之间的影响是互相耦合的。在此，从理论上讨论了一些主要的影响因素，除此之外还有很多其他影响性能的因素。

1. 环境温、湿度的影响

空气源热泵所处的环境有可能是室内环境、室外环境、热回收的废热环境等，又由于它的工作原理是利用空气中的低位热能取得热量，所以环境的状态是影响空气源热泵热水器的主要因素。

空气源热泵热水器的性能受季节性影响较大，环境温、湿度越高，从环境空气中可提取利用的热能越多，制热性能越好；反之，环境温、湿度越低，制热性能越差。这也就是空气源热泵目前仅在我国黄河以南地区得到广泛应用的主要原因。

2. 热水温度分层的影响

热水换热器冷凝管外的介质是静止但温度变化的热水，系统工作后水温逐渐升高，进而使整个热泵系统的工况也处于动态变化过程中。

由于储水箱的形状构造、水箱内部冷凝盘管的结构尺寸、安装位置及其他各部件特性的不同，导致水箱水温分层的现象，储水箱内温度分布的不均匀，在加热热水的过程中，水箱上下层的制热量会产生差别，会影响水箱的制热性能。

3. 储水箱外壁散热的影响

储水箱壳体外面都会加一层保温材料，来减少在加热热水过程中水箱向外散失的热量，但保温层并不能起到绝对的保温绝热的作用，壳体会与外界环境进行热量交换，会消耗一部分加热热水的热量，降低了系统的制热效率。

4. 制冷剂充灌量的影响

空气源热泵热水器制冷剂充灌量的多少直接影响其运行的效率，冰箱、空调器厂家一般在产品出厂前都要对充灌量反复进行实验和调整，以得到能耗最低的匹配充灌量。

对于一个给定的系统，在同一工况下，存在一个最佳充灌量，在此充灌量下运行，系统的制热量和制热系数 *COP* 值为最高。

制冷剂充灌量过少，蒸发器的传热面积不能充分利用，容易产生霜层，蒸发器出口过热度和压缩机吸气压力增大，系统制冷剂循环流量减少，制热量下降；充灌量过多，则会造成冷凝器的积液，减小有效换热面积，冷凝温度升高，压比增大，导致压缩机功耗增加，制热系数下降。

5. 毛细管节流的影响

实验研究的系统是以毛细管作为节流元件，由于毛细管对流量的调节能力差，难以实现对过热度的控制，对系统会产生一定的影响。

在一定的实验系统条件下，随着毛细管长度的改变，蒸发器过热度、冷凝器过冷度、压缩机吸气和排气压力、消耗的电功率等参数都会有所变化。所以，热泵系统也存在着一个最佳毛细长度与系统的匹配关系。

6. 不凝性气体的影响

制冷系统中的不凝性气体主要由空气组成，不凝性气体的存在严重影响制冷剂气体的凝结，使压缩机排气压力过高。由于空气的热阻很高，阻碍了制冷剂与环境空气、水之间传热的进行，使冷凝器的换热效率降低，导致冷凝面积不足，使制冷剂的冷凝温度和冷凝压力升高，这样就会使压缩机的电力消耗增加。

7. 真空度的影响

抽真空的目的就是把系统内的空气抽净，以免残留空气形成不凝性气体，影响热水器的性能。但由于抽真空的方法、条件等因素的限制，导致系统真空度不太精确，所以对系统会造成一定的影响。

一般抽真空时，多采用真空泵法，通过三通修理阀上的制冷剂表压力来确定其真空度是否已达到规定要求。由于压力表的精度低，误差大，所以，在判断真空度是否达到要求时，只能通过抽真空时间的长短和压力表上的压力大小来判断。无法确切地知道真空度是否已达到规定的要求。为了确保真空精度，只能大大延长抽真空的时间。

4.3 ASHPWH 的实验系统

4.3.1 实验系统的设计

在搭建好的空气源热泵热水器的系统实验台上进行实验研究，需要做很多实验前的准备工作，例如：系统的检漏、测点的布置、系统的试运行、数据采集软件的操作等。

1. 实验装置（图 4-3）

实验系统的主要组成部分及参数见表 4-2。

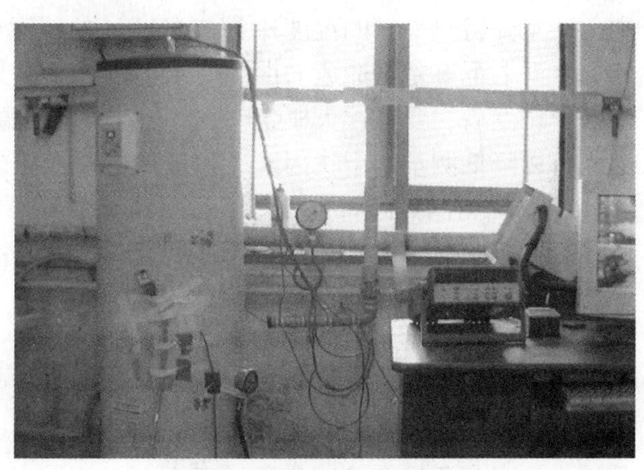

图 4-3 实验装置图

实验装置的名称及主要参数 表 4－2

装置名称	主要参数	备注
活塞式压缩机	型号 QD－57，220V，50Hz，134W	温州华威电器公司
储水箱	不锈钢内胆，50mm 厚的聚氨酯发泡保温层，净容积 80L，直径 380mm，高度 1500mm	承压式结构
冷凝盘管	规格 $\Phi 8\times 750$	材料为紫铜
蒸发盘管		材料为紫铜
毛细管	直径 2mm，长度 500mm	材料为铜管

2. 测点的布置

根据实验的需要，也为了后面所处理的数据更具有比较性，从而正确的得出结论，所以在实验装置上布置了 22 个测试点。

（1）温度测点的布置

18 个测温点，分别布置在：压缩机出口、入口，压缩机壳体，水箱水位的下层、中层、上层，储水箱壳体，蒸发器侧空气的出口、入口，蒸发器盘管进口、中部、出口，毛细管的进、出口。

（2）温度测试

采用 0.15mm 的铜—康铜热电偶进行温度测试，铜—康铜热电偶的测量的温度范围很广，一般为－200～400℃，热稳定性好，测量精度高。其中一端置于被测物体上，称为热端；另一端称为冷端，与主机里的模块接线柱相连。

测量外壳和盘管的温度时，利用铝箔胶带将热端粘贴在管壁上，以增大测量端与管壁的接触面积，使感温元件能够比较真实地反应被测温度值。

实验中使用测试温度的热电偶均作过校正。

校正方法：采用水浴法。

使用仪器：恒温水浴槽，精度为 0.2℃的标准温度计。

校正过程：把热电偶的一端连接在数据采集仪的端口上，另一端和温度计放入水槽中，注意要将热电偶的温度探头与温度计的感温包沉浸在水中，并且处于同一水平高度，避免水温上下有差别造成的误差。水槽内的温度是可调节的，测量时可每隔几摄氏度调整一次，调温后，要等候大概 30～40min，待水浴温度稳定后，再进行热电偶温度值的读取，这样可以降低测量的干扰因素，保证热电偶校正的准确性。

（3）压力测点的布置

2 块压力表，分别放置在毛细管的进、出口；2 个压力传感器，分别放置在压缩机的进、出口。

实验测试点布置简图如图 4－4 所示。

为了能够清晰、详细的了解到整个实验过程中关键处的温度分布情况，以方便数据的统计与计算，最终得到相关的结论，具体布置了以上测试点，其中 T 表示温度测点，P 表示压力测点，角标的具体含义见表 4－3。

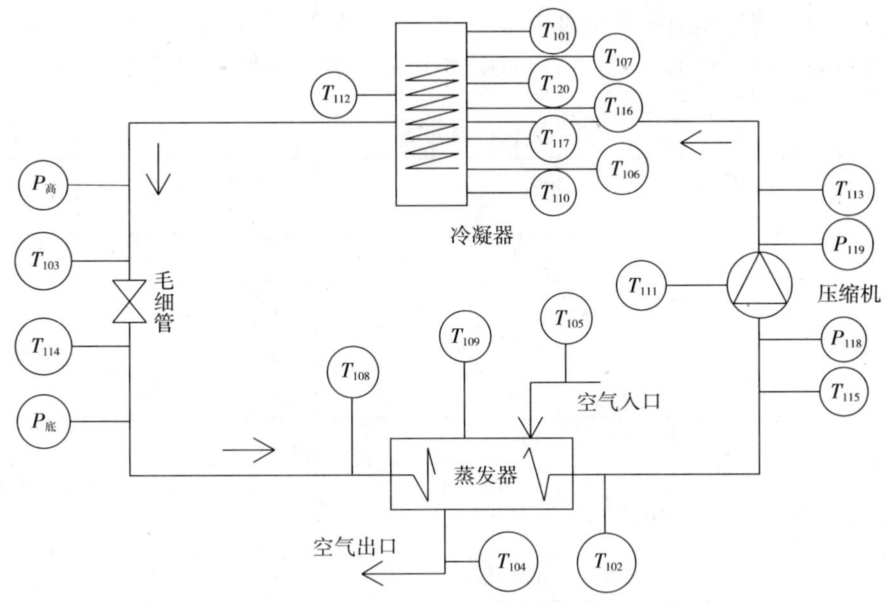

图 4－4　测试点布置简图

测试点布置简图中角标的含义　　表 4－3

101	水 7	106	水 2	111	压机壳体	116	水 4
102	蒸出	107	水 6	112	水箱壳体	117	水 3
103	毛入	108	蒸入	113	压出	118	低压
104	空出	109	蒸中	114	毛出	119	高压
105	空入	110	水 1	115	压入	120	水 5
$P_{低}$	毛细管进口	$P_{高}$	毛细管出口				

3. 实验数据的采集

（1）数据采集仪

实验中采用 HP34970A 数据采集/开关单元进行数据的采集，将精确的测量能力与灵活的信号连接起来，可以执行数据存储、数据简化、数学运算，并定标成工程单位，可以利用 PC 机提供方便的配置和数据显示。插入式的模块有螺旋端子连接器，因此很容易连接系统电缆，模块与信号、敏感元件和传感器连接时所采用的电缆类型对测量成功与否起决定作用。

HP34970A 数据采集/开关单元可以直接测量热电偶，热敏电阻，直流电压、电流，交流电压、电流等，接收热电偶和压力传感器的输出信号，通过 HP Bench Link Data Logger 程序将 HP34970A 与计算机相连，可以对数据进行收集、分析和存储。

（2）压力测量

在毛细管的进、出口处各放置了一个压力表，来测量进、出毛细管的压力，可随时读取数据。在压缩机的进、出口处各连接了 1 个压力传感器，输出信号可由 HP34970A 数据采集/开关单元采集，然后进行数据的读取。

其中，压力传感器是航天航空部七零一所生产的PTV型压力传感器，输入信号为辽宁朝阳市电源有限公司生产的4NIC－X12型线性电源，其他参数列在表4－4中。

压力传感器的基本参数　　表4－4

参数＼名称	高压传感器	低压传感器
非线性	≤±0.06%	≤±0.06%
迟滞	≤±0.06%	≤±0.06%
重复性	≤±0.06%	≤±0.06%
精度	≤±0.3%	≤±0.3%
供桥电压	120VD－C	120VD－C
绝缘电阻	>100MΩ	>100MΩ
满量程输出	0～5V	0～5V
压力范围	0～2MPa	0～0.4MPa

传感器的校正：由生产单位提供的校正曲线可以看出输出电流与压力之间的线性关系良好。

（3）功率测量

实验中采用LEM钳形功率表（AC/DC Clamp Power Meters），如表4－5所示。

功率表的基本参数　　表4－5

型号	LH1060
功率测量范围	0～600kW DC或425kW AC
测量精度	$W_1 \Phi \leqslant 0.5 \pm 0.015$W
电压测量范围	0～600V自动量程识别，交、直流自动识别

4.3.2　实验目的

在已搭建好的空气源热泵热水器的实验台上，进行其性能优化的实验，结合已学的知识，锻炼动手实践的能力，实验的主要目的为：

（1）改变工质的充灌量，通过对实验数据进行分析、处理，对空气源热泵热水器的性能进行比较，进而对充灌量进行优化；

（2）研究抽真空工艺参数对空气源热泵热水器的性能的影响，进而对真空度进行优化。

4.3.3　实验方案

在一定的系统和工况条件下，改变工质的充灌量，比较加热一水箱的水到60℃所需要的耗电量，同时，系统的真空度对系统也会造成一定的影响，在充灌量一定的前提下，以抽真空时间和压力参数来表征真空度，在不同的抽真空时间下，通过实验，分析真空度对系统性能的影响，最终分析出系统性能得到优化的匹配充灌量和真空度。

1. 抽真空实验

条件：工质为R12；充灌量一定。

实验：抽真空时间分别为20min、30min、50min时进行性能比较。

2. 工质充灌实验

条件：工质为R12；抽真空时间一定。

实验：充灌量为595g、640g、660g、680g、730g、780g时进行性能比较。

（1）充灌工质前，首先要进行气密性检查。向系统中充入氮气，充气至0.4MPa，保压24小时，系统压力（由压力传感器测得）下降的幅度小于1%，为气密性良好。

（2）将加氟软管两端连接在真空泵及系统注液阀上，利用真空泵抽系统的空气，抽气时间为20min，压力表显示在一个负压左右，然后先关闭注液阀，再关闭真空泵。

（3）然后将加氟软管的一端与制冷剂钢瓶连接，打开制冷剂瓶阀门，以制冷剂冲洗软管，排净管内的空气，迅速把软管的另一端与注液阀连接，向系统充灌制冷剂。通过电子秤（ACS型电子计数秤）来对充灌量进行控制，记录制冷剂钢瓶的初始重量，观察读数的变化，当加注到充灌量后，关闭阀门，每次总是多充5g以抵消管内残留制冷剂的重量。

4.4　抽真空实验结果及分析

在已搭建好的空气源热泵热水器的系统实验台上，通过控制抽真空时间的长短分别进行实验，进一步进行系统性能的比较，使系统最终得到优化。

4.4.1　实验过程

首次抽真空时间为20min，第二组是30min，第三组是50min，由于实验室条件有限，原则是在尽量短的时间（2d）内完成实验，以减少其他因素带来的影响。忽略环境变化、人为等因素的影响，即在其他条件一定的情况下，只改变系统的抽真空时间，通过3组实验来进行比较、分析。

4.4.2　实验结果及分析

结合具体的运行工况，对空气源热泵热水器的性能进行分析，运行工况参数如下：充灌工质为R12，工质充灌量为780g，环境温度为26℃，相对湿度35%，初始水温22℃。

1. 水温的变化

共做了3组关于抽真空的实验，抽真空时间分别为20min、30min、50min。与上面的分析方法一样，下面讨论的水温是指平均水温，3种不同抽真空时间情况下水温随加热时间的变化情况如图4-5所示。

从图4-5中可以看出，水温是随着加热时间的增加而逐渐升高的。不同的是，在初始水温基本相同的情况下，抽真空时间为20min的系统温度上升幅度高于抽真空

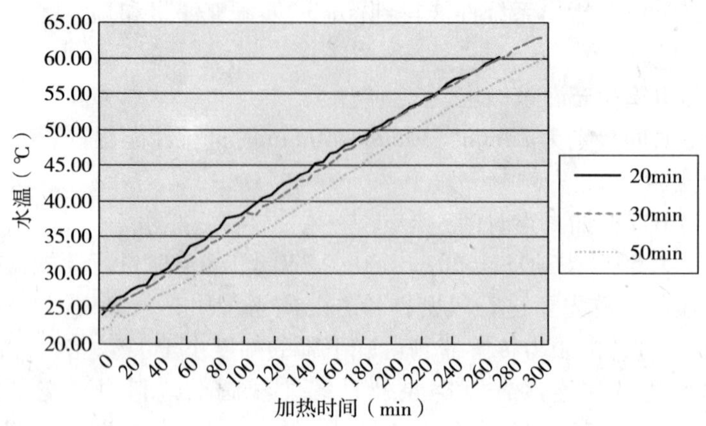

图 4-5　水温随时间变化的曲线

时间为 30min、50min 的系统。当水温加热到 45℃时，3 种抽真空时间对应的加热时间分别为 145min、155min、180min。可以看出，抽真空时间为 20min 的系统制热速度高于其他两个系统，且在随后的加热时间内，保持一定的温升幅度，均呈线性变化。

2. 蒸发器出口及入口温度的变化

制冷剂在蒸发器出口的温度是个很重要的参数，从图 4-6 可以看出，3 组实验的蒸发器出口温度都是先下降，然后随着加热时间的变化而逐渐上升，抽真空 20min 的系统转折点出现在 50min 左右，其他两组转折点出现在 3h 处，之后蒸发器出口温度随着加热时间的变化逐渐升高。

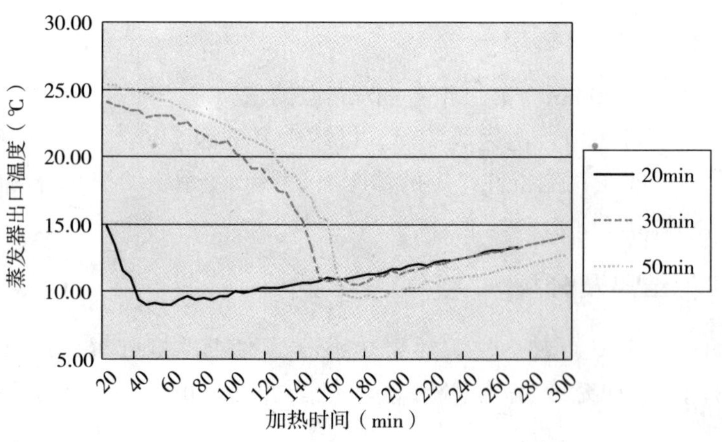

图 4-6　蒸发器出口温度随时间变化的曲线

如图 4-7 所示，为蒸发器入口处制冷剂的温度随时间变化的曲线，蒸发器入口温度随加热时间呈上升趋势，抽真空 50min 时温度的变化幅度最大，为 -5 ~ 13℃；抽真空 20min 时温度的变化幅度最小，为 4 ~ 11℃。

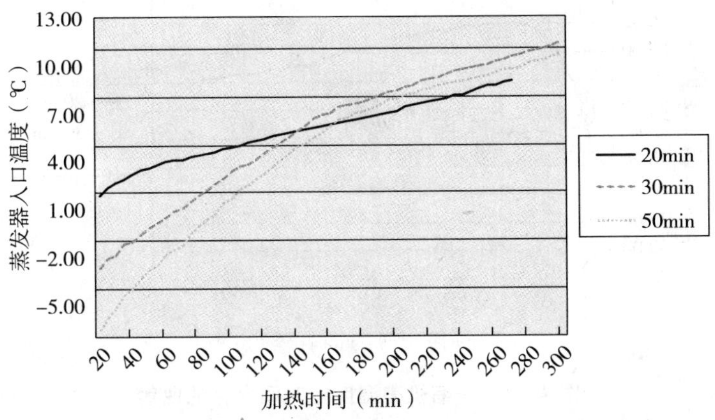

图 4－7　蒸发器入口温度随时间变化的曲线

3. 压缩机排气温度的变化

系统中混有空气后，压缩机的排气温度会明显升高，如图 4－8 所示。抽真空 20min 时，压缩机的排气温度在 50min 时上升到 100℃，在随后的时间内一直在 95℃以上。抽真空 30min 时，压缩机相对缓慢上升到 100℃左右随即呈下降趋势。抽真空 50min 时的排气温度较抽真空 30min 均有 5℃左右的降低。

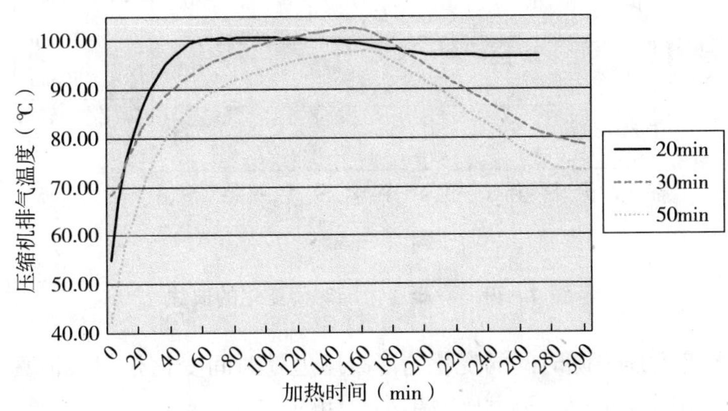

图 4－8　压缩机排气温度随时间变化的曲线

4. 压缩机壳温度的变化

压缩机壳温度与压缩机排气温度随时间变化曲线大致相似，如图 4－9 所示。抽真空 20min 时，压缩机的排气温度在 50min 时上升到 70℃，在随后的时间内一直下将，最终温度下降到 60℃；抽真空 30min 时，压缩机的排气温度在 3h 处上升到 75℃左右随即呈下降趋势，最终温度下降到 47℃；抽真空 50min 时的排气温度较抽真空 30min 均有所降低。

5. 冷凝压力和蒸发压力的变化

当系统中存有空气时，它会随着制冷剂气体一起由压缩机排至冷凝器，在冷凝器中制

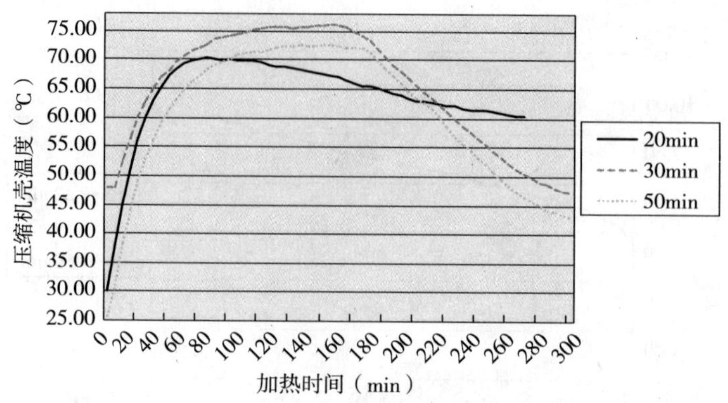

图 4-9　压缩机壳温度随时间变化的曲线

冷剂液化、气体流速降低，空气便聚集在制冷剂侧的换热管表面上。由于空气的热阻较高、阻碍了传热的进行，故冷凝器换热效率降低、冷凝面积不足，故冷凝压力升高。如图 4-10 所示，3 组实验冷凝压力相差明显。

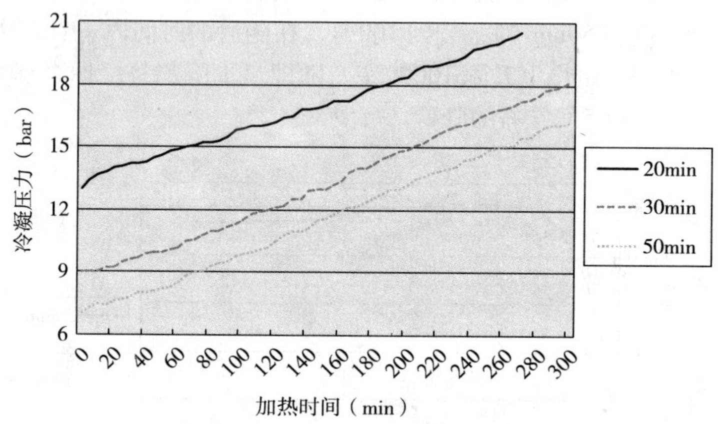

图 4-10　冷凝压力随时间变化的曲线

同样的道理，蒸发压力随时间的变化与冷凝压力随时间变化相似，抽真空时间越短，蒸发压力越大；抽真空时间越长，蒸发压力越小，如图 4-11 所示。

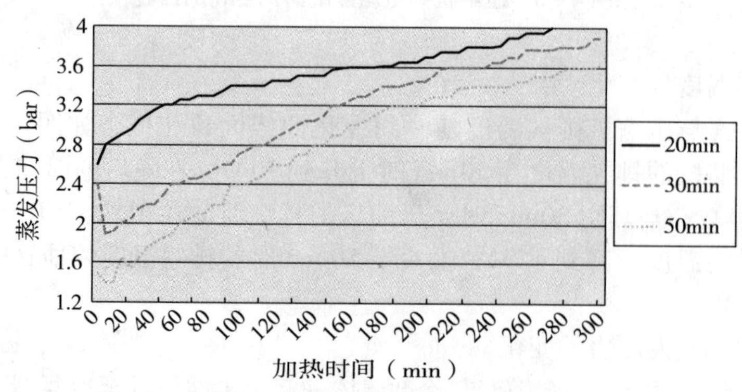

图 4-11　蒸发压力随时间变化的曲线

6. 吸排气压比及压差的变化

如图 4－12 所示，吸排气压比随着时间的变化先下降而后上升，抽真空时间越长，系统内残存的空气越少，吸排气压比越小；反之，抽真空时间越短，系统内残存的空气就越多，吸排气压比越大。

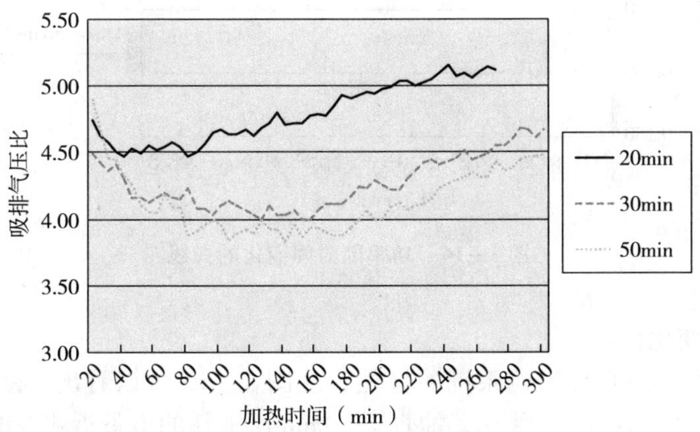

图 4－12　吸排气压比随时间变化的曲线

如图 4－13 所示，吸排气压差随着时间的变化逐渐上升，抽真空时间越长，吸排气压差越小；反之，抽真空时间越短，吸排气压差越大。

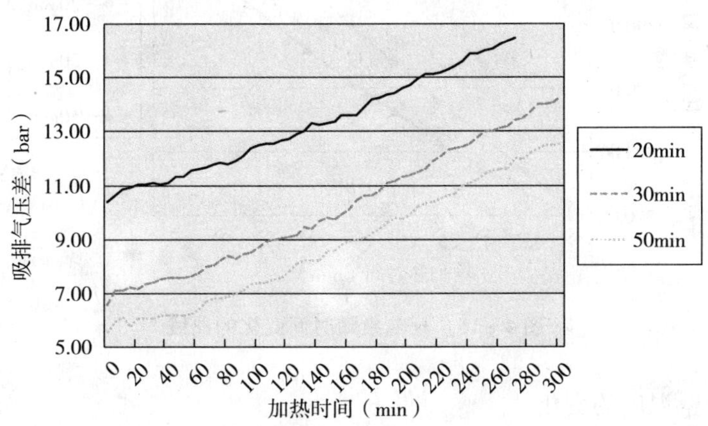

图 4－13　吸排气压差随时间变化的曲线

7. 功率的变化

如图 4－14 所示，可以看出，随着加热时间的增加，功率变化的曲线是呈上升趋势的，空气源热泵热水器系统中所消耗的功率是指压缩机消耗的功率与蒸发器风扇消耗的功率两部分之和。抽真空时间最长的即 50min 的系统消耗的功率最低，而抽真空时间最短的即 20min 的系统消耗的功率最高。

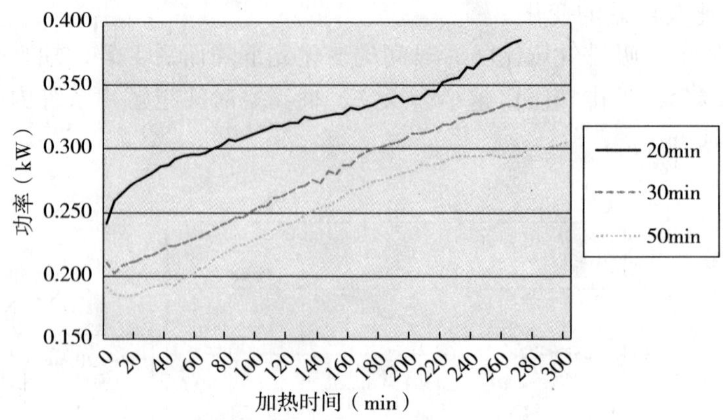

图 4 - 14　功率随时间变化的曲线

8. 耗电量的变化

抽真空时间的长短直接影响系统的性能，从图 4 - 15 可以看出，随着抽真空时间越长，耗电量越低，例如：加热到 3h，抽真空 20min 所消耗的电量近 4700kJ，抽真空 50min 所消耗的电量为 3400kJ 左右。可以看出，耗电量差很大。

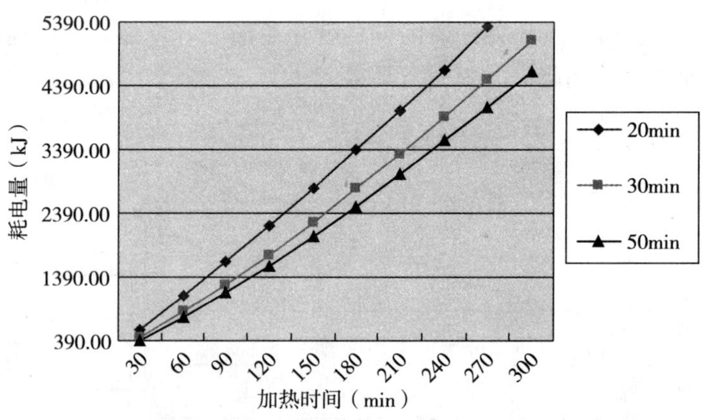

图 4 - 15　耗电量随时间变化的曲线

9. 储水箱外壁温度的变化

储水箱外虽然有保温层，但保温层并不能起到绝对的保温绝热的作用，壳体会与外界环境进行热量交换，会消耗一部分加热热水的热量，从图 4 - 16 可以看出，储水箱外壁温度随时间的变化而逐渐上升，抽真空 20min 时外壁温度上升幅度最小，抽真空 30min 时外壁温度上升幅度最大。

10. 制热量的变化

如图 4 - 17 所示是制热量随加热时间的变化曲线，可以看出，抽真空 50min 的系统制热量最低，对于另外两个抽真空系统，加热 3h 前，抽真空 20min 的系统制热量比较高，之后，抽真空 30min 的系统制热量逐渐增高。

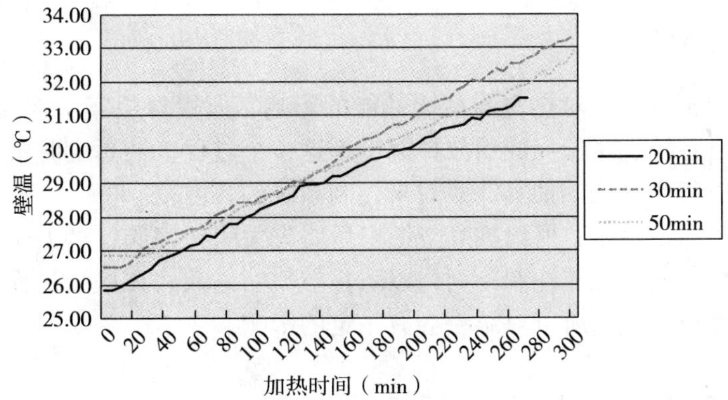

图 4－16　储水箱外壁温度随时间变化的曲线

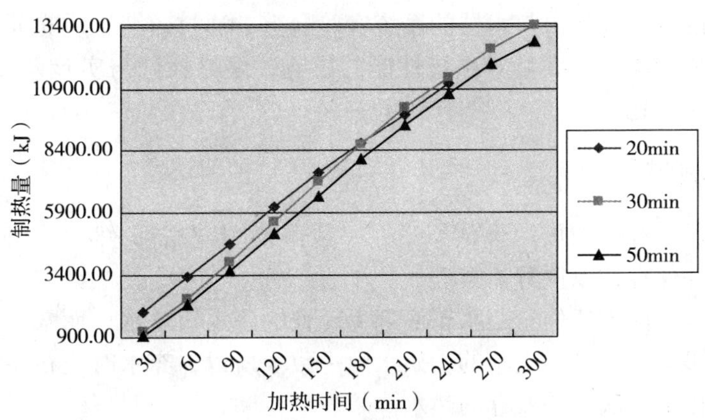

图 4－17　制热量随时间变化的曲线

11. *COP* 的变化

如图 4－18 所示，3 组实验中，随着抽气时间的延长、系统中真空度提高，系统的运行性能有着明显的提高，而抽气时间最短，空气残留量较多的系统 *COP* 值相对较低，这是因为残留的空气影响着系统中冷凝器的换热性能，使冷凝压力和冷凝温度上升，导致压缩机功耗增加，系统 *COP* 值随之降低。

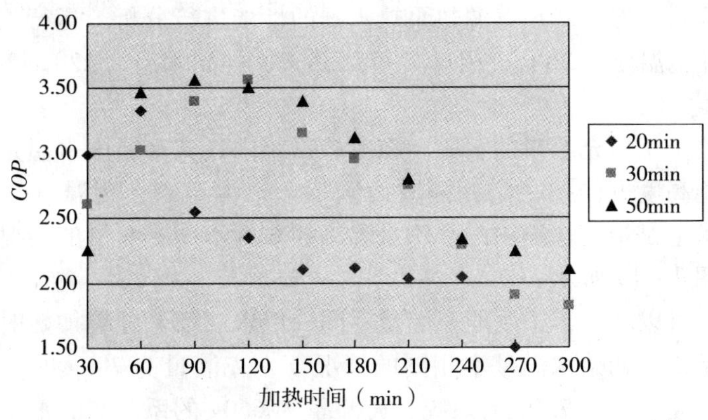

图 4－18　*COP* 随时间变化的曲线

4.4.3 误差分析

此组实验是分析真空度对热水器系统性能的影响，所以每组实验都需要经过抽真空、充注制冷剂、运行系统、实验完成后放掉制冷剂这4个过程，抽真空时由于压力表显示的值变化不大，所以每次只能用抽真空时间来控制系统的真空度。

抽真空后系统内是负压，所以抽真空结束后要先关闭注液阀，再关闭真空泵，并且要在尽量短的时间内，向系统充注制冷剂，以防止空气的进入。在这个过程中，并不能保证每一步都连贯的进行下来，所以对结果会有一定的影响。

4.5 工质充灌实验结果及分析

在已搭建好的空气源热泵热水器的系统实验台上，通过改变工质充灌量的多少来进行多组实验，进而比较不同充灌量对系统性能的影响，最终找到与实验系统匹配的充灌量，使系统的性能得到优化。

4.5.1 实验过程

系统充灌好后，开机加热水至60℃后，一般需要5h左右，然后关闭系统，从数据采集仪中读取数据并保存，以便分析整理。

然后放掉热水，由于从位于距水箱底部1/5处的注水口放水，而水箱内的初始水温对系统的性能亦有影响，以确保实验的初始水温一致。所以，充水时应在注满水箱后继续冲一会儿水，以顶出上一次实验残存的热水。

由于实验室的条件有限，无法对环境的温度、湿度、初始水温等条件进行严格的控制，原则上是在尽量短的时间内完成实验，尽最大努力来减少这些因素带来的影响。忽略环境变化、人为等因素的影响，即在其他条件一定的情况下，只改变系统的工质充灌量，先后做了充灌量为595g、640g、660g、680g、730g、780g这6组实验，并作了如下的分析比较。

4.5.2 实验结果及分析

结合具体的运行工况，对空气源热泵热水器的性能进行分析，运行工况参数如下：充灌工质为R12，环境温度为26℃，相对湿度为35%，初始水温为22℃。

1. 水温的变化

共做了6组关于工质充灌量的实验，在实验系统内，储水箱内水温是沿高度方向分层的，实验中沿水箱高度方向按一定间隔共设置了7个测温点，测温点位于水箱的轴心线上。下面讨论的水温是指储水箱内的平均水温，在6种不同充灌量的情况下水温随加热时间的变化情况如图4-19所示。

从图4-19中可以看出，工质的充灌量不同，但水温都是随着加热时间的增加而逐渐升高的。不同的是，在初始水温基本相同的情况下，充灌量为780g的系统温度上升幅度最高，然后依次是充灌量为730g的系统、充灌量为660g的系统、充灌量为680g的系统、充灌量为640g的系统、充灌量为595g的系统。

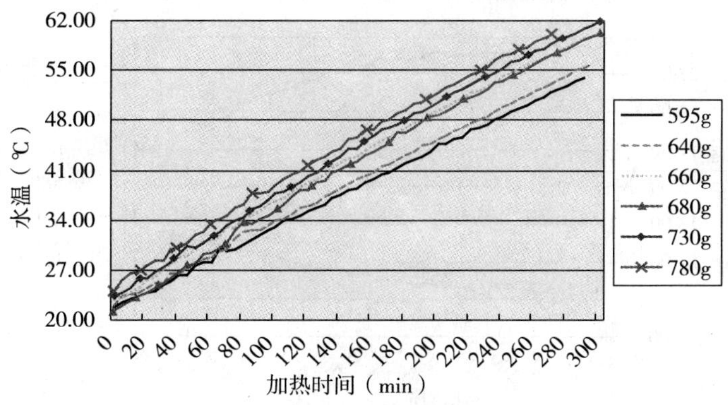

图4－19　水温随时间变化的曲线

当水温加热到35℃时，6种充灌量对应的加热时间分别为75min、85min、90min、100min、115min、120min，可以看出，充灌量为780g的系统制热速度明显高于其他几个系统，在随后的加热时间内，保持一定的温升幅度，且均呈线性变化。

另外还分析了水温随工质充灌量的变化曲线，如图4－20所示，同一颜色的曲线表示在同一时刻下，水温随充灌量的变化情况，选择了4组不同时刻的数据进行分析，可以看出，每个时刻的曲线走势相似，但充灌量为780g时系统水温上升的速度最快，明显高于其他几个系统。

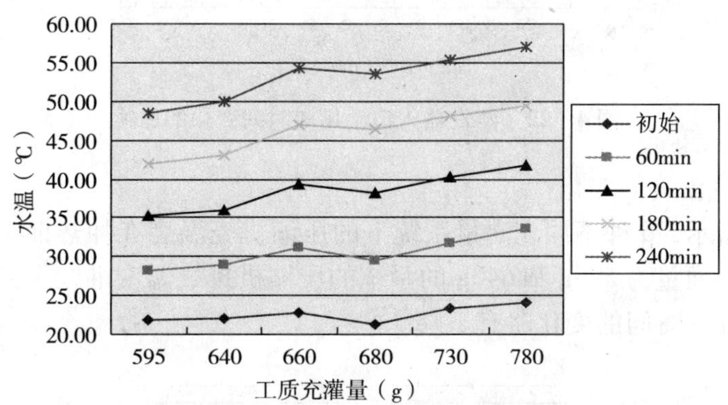

图4－20　水温随充灌量变化的曲线

2. 蒸发器出口和入口温度的变化

制冷剂在蒸发器出口的温度是个很重要的参数，从图4－21可以看出，充灌量为595g和640g的系统蒸发器出口温度随着加热时间逐渐下降。其余几种充灌量，蒸发器出口温度随着加热时间先是下降然后又升高。

图4－22为蒸发器入口处制冷剂的温度随时间变化的曲线，充灌量为595g和660g的系统蒸发器入口温度随着加热时间缓慢上升，线形比较曲折，温度在23～28℃之间变化；其余几种充灌量系统，蒸发器入口温度也随时间逐渐上升，线形平直，温度变化范围为－5～12℃。

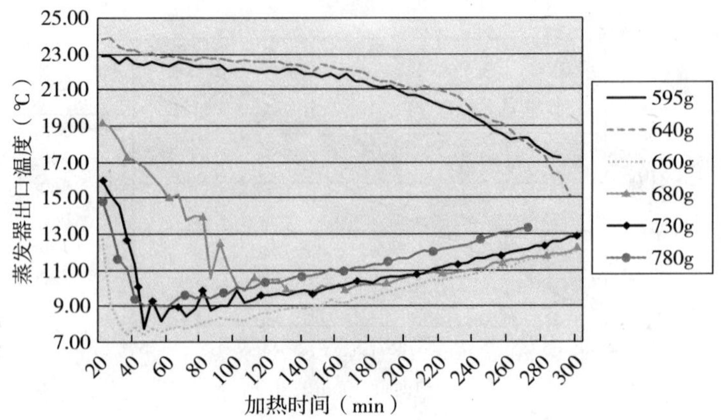

图 4－21　蒸发器出口温度随时间变化的曲线

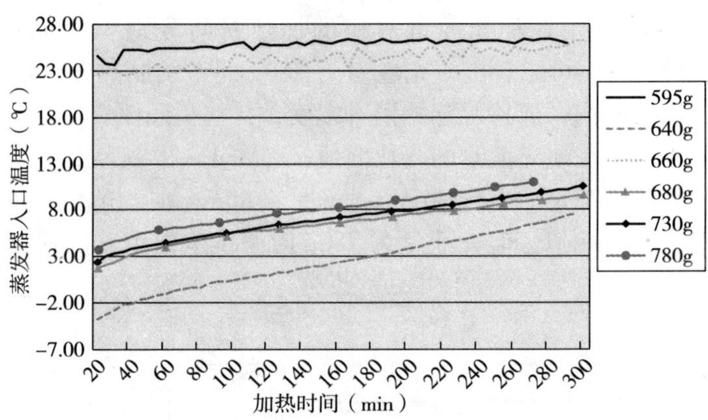

图 4－22　蒸发器入口温度随时间变化的曲线

3. 压缩机排气温度的变化

如图 4－23 所示，6 种不同充灌量系统下的压缩机壳温度在加热前 100 分钟都是直线上升的，之后，充灌量为 595g 和 640g 的系统的压缩机排气温度继续上升。其他 4 种充灌量，排气温度随加热时间的变化略有下降。

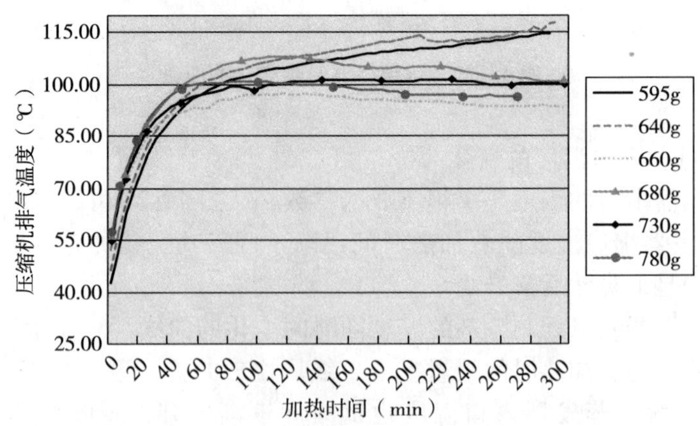

图 4－23　压缩机排气温度随时间变化的曲线

4. 压缩机壳温度的变化

如图 4－24 所示，6 种不同充灌量系统下的压缩机壳温度在加热前 1 个小时，都是直线上升的，之后，充灌量为 595g 和 640g 的系统的压机壳温继续上升。而其他 4 种充灌量，壳温随时间下降，下降的原因可能是充灌量过多造成的，制冷剂充灌量过多，导致在蒸发器内蒸发不完全，有一部分液态工质进入压缩机壳体中，使压缩机壳温度下降。

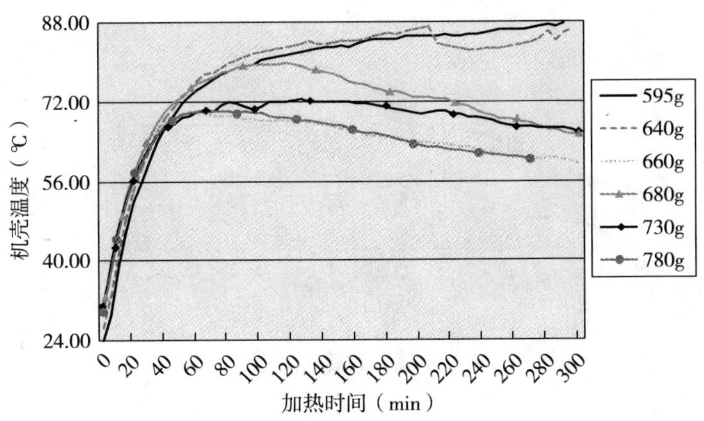

图 4－24　压缩机壳温度随时间变化的曲线

如图 4－25 所示，可以明显地看出压缩机壳温度随工质充灌量的变化规律，即在不同时刻下不同的充灌量所对应的壳体温度，可以看出加热到 1 个小时后，充灌量为 595g 的系统压缩机壳温度是一直上升的，充灌量为 660g 及 780g 的系统压机壳温度是一直下降的，而充灌量为 640g、680g、730g 的系统压机壳温度是先增后减的，但转折点不同。

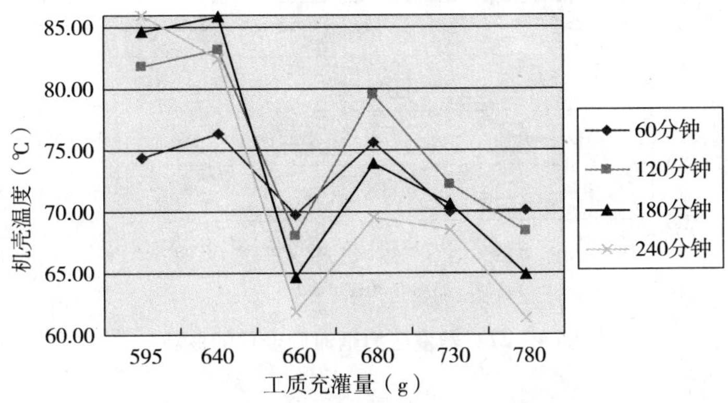

图 4－25　压缩机壳温度随充灌量变化的曲线

5. 冷凝压力和蒸发压力的变化

实验台是空气源热泵热水器，所以冷凝盘管是以沉浸式盘管置于储水箱内，盘管外的介质是温度不断变化的水，随着加热时间的上升，水温也不断升高，使整个热泵热水器系统的工况处于动态变化过程中。

冷凝压力所对应的冷凝温度比水温高 5℃，蒸发压力所对应的蒸发温度比环境温度低 15℃。

从图 4 - 26 可以看出，不同的工质充灌量，冷凝压力都是随加热时间的变化逐渐上升的，其中，充灌量为 595g 的系统冷凝压力最低，充灌量为 780g 的系统冷凝压力最高。冷凝压力随加热时间升高是由于储水箱内水温的上升，使冷凝压力也随之上升。

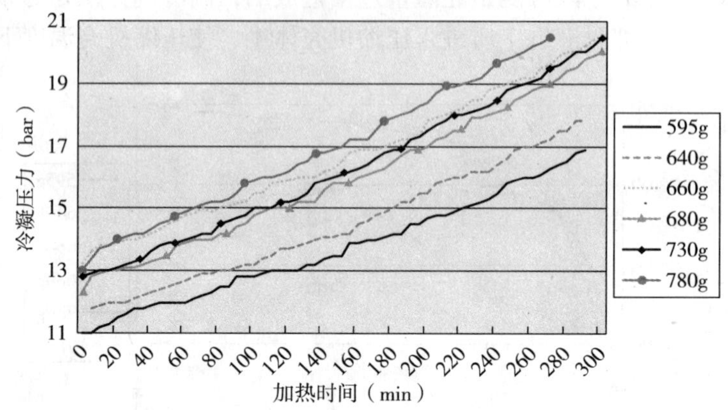

图 4 - 26 冷凝压力随时间变化的曲线

如图 4 - 27 所示，在不同工质充灌量的系统中，蒸发压力也是随加热时间的变化而上升，其中，充灌量为 595g 的系统蒸发压力最低，充灌量为 780g 的系统蒸发压力最高。蒸发压力随加热时间升高是由于冷凝压力的不断升高，从而导致蒸发压力也随之升高。

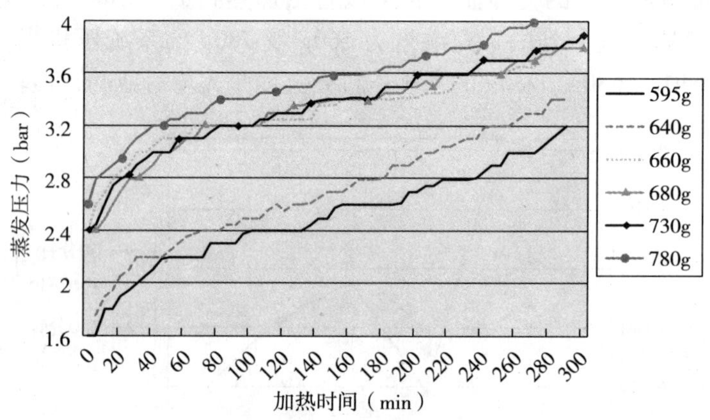

图 4 - 27 蒸发压力随时间变化的曲线

6. 吸排气压比及压差的变化

从图 4 - 28 可以看出，充灌量为 595g 和 640g 的系统随时间的变化吸排气压比逐渐降低。其他几种充灌量的系统，吸排气压比随时间的变化先下降然后逐渐上升，充灌量少会造成吸排气压比减小，而充灌量多会使吸排气压比逐渐增大。

如图 4 - 29 所示，不同充灌量对应的吸排气压差随时间逐渐升高，其中，充灌量为 595g 的系统吸排气压差随时间的上升幅度最小，充灌量为 780g 的系统随时间的变化吸排气压差上升幅度最大。其他几种充灌量的系统，吸排气压差随时间在两者之间变化，充灌量少会造成吸排气压差小，而充灌量多会使吸排气压差大。

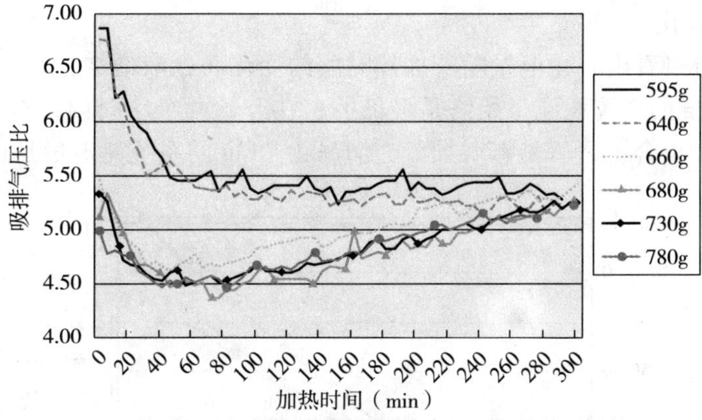

图 4-28 吸排气压比随时间变化的曲线

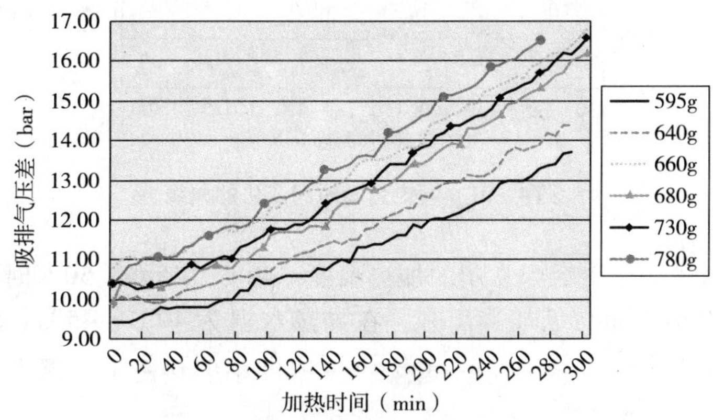

图 4-29 吸排气压差随时间变化的曲线

7. 功率的变化

空气源热泵热水器系统中所消耗的功率是指压缩机消耗的功率与蒸发器风扇消耗的功率之和。

如图 4-30 所示，可以看出，随着加热时间的增加，功率变化的曲线是呈上升趋势的，充灌量为 595g 的系统运行的功率最低，其次是充灌量为 640g 的系统，其他几种充灌量的系统运行的功率都很高，其中充灌量为 780g 系统运行功率最高。

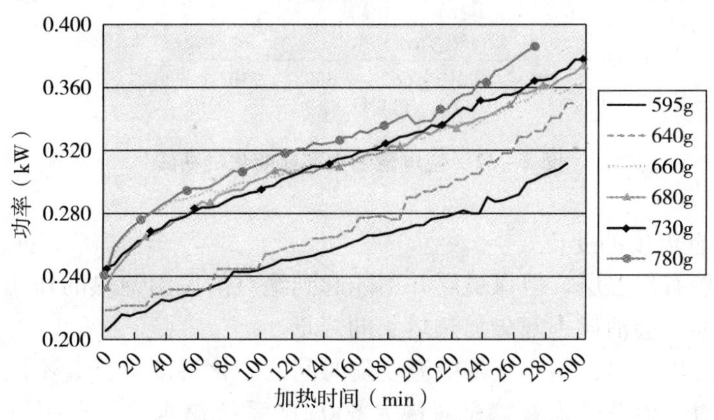

图 4-30 功率随时间变化的曲线

8. 耗电量的变化

从图 4－31 可以看出，耗电量随着加热时间的变化而逐渐增加，在加热时间的任一时刻，充灌量为 595g 的系统耗电量始终是最低的，在开始两个小时内，充灌量为 640g 的系统与其耗电量曲线重合，之后稍有增加。充灌量为 780g 的系统耗电量是最高的。

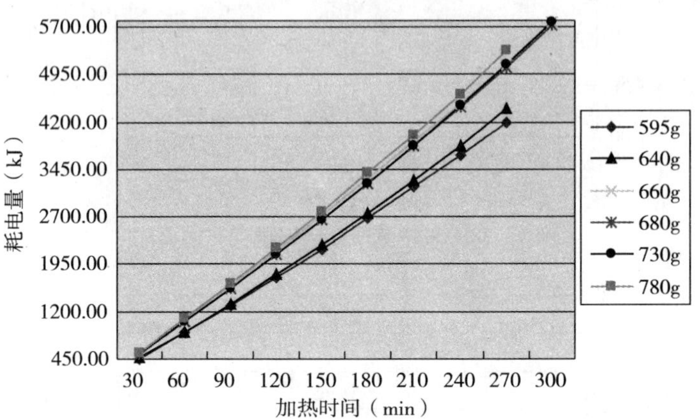

图 4－31　耗电量随时间变化的曲线

图 4－32 选取了三个生活中常用的加热温度，40℃、45℃、50℃时耗电量随工质充灌量的变化，可以很显而易见地看出来，在加热水温为 40℃、45℃、50℃时，耗电量随着充灌量的增加而下降，其中充灌量为 780g 时的系统在 3 个温度下的耗电量均是最低的。

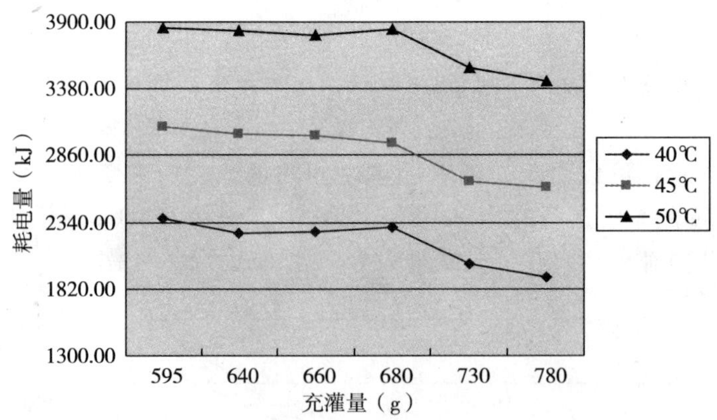

图 4－32　耗电量随充灌量变化的曲线

9. 储水箱外壁温度的变化

储水箱外虽然有保温层，但保温层并不能起到绝对的保温绝热的作用，壳体会与外界环境进行热量交换，会消耗一部分加热热水的热量。

从图 4－33 可以看出，储水箱外壁温度随时间的变化逐渐上升，不同充灌量随时间的曲线有所交叉重叠，但总的来看，充灌量为 660g 的系统储水箱外壁温度较低，充灌量为

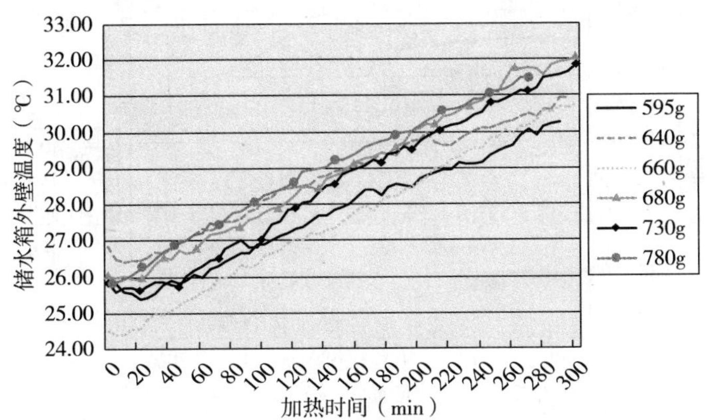

图 4－33　储水箱外壁温度随时间变化的曲线

780g 的系统储水箱外壁温度较高。

10. 制热量的变化

热水器工作过程中，制冷剂冷凝放热，将热量传递给需要加热的水，制热量也是描述热水器性能的重要参数。如图 4－34 所示，在加热初始阶段，制热量很大，但随着时间的变化，制热量逐渐减少。这是由于加热最初，水温低，制冷剂与水的温差较大，换热较强，吸收的热量就比较多，所以制热量大。随着加热时间的加长，水温上升到一定值时，换热温差减小，而且储水箱外壁温度逐渐升高，向环境散失的热量增加，导致制热量降低。

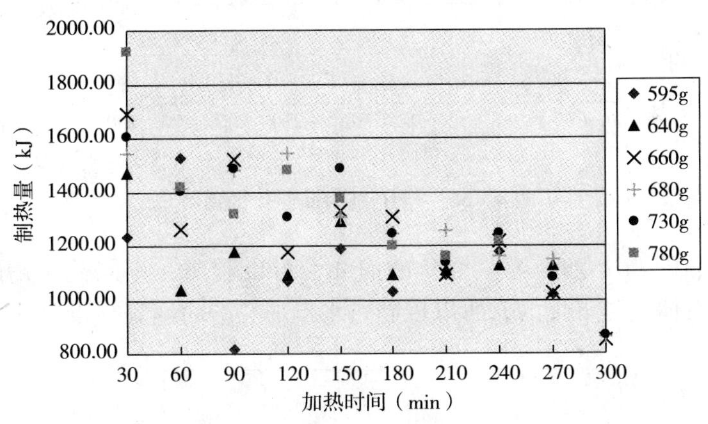

图 4－34　制热量随时间变化的曲线

图 4－35 同样选取了三个生活中常用的加热温度，40℃、45℃、50℃时制热量随工质充灌量的变化，可以看出，在加热水温为 40℃、45℃、50℃时，充灌量为 680g 时的系统的制热量是最高的，其他不同的充灌量下，制热量随着充灌量的增加而下降。充灌量少，吸气比增大，制冷剂循环流量和制热量都显著下降。反之，蒸发器和冷凝器中的积液增加，换热面积减少，压比增加，导致系统能耗增加，制热量下降。

11. *COP* 的变化

从图 4－36 可以看出，随加热时间的增加，*COP* 经过短时间的上升之后即呈下降趋

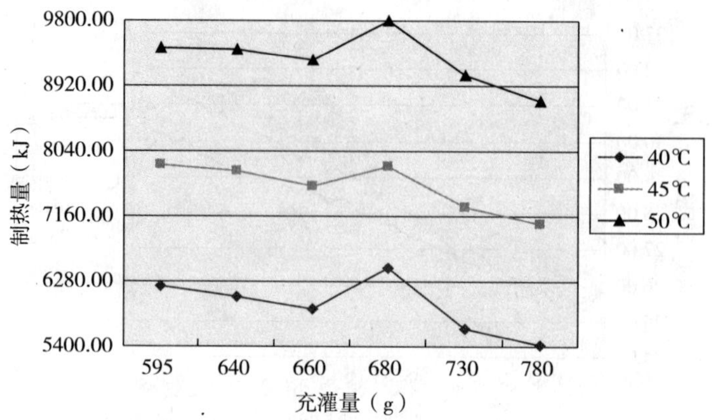

图 4－35　制热量随充灌量变化的曲线

势，这是因为在加热初始阶段，制热量较大，如图 4－34 所示。而随着加热时间的增加，耗电量逐渐增加，制热量减少，如图 4－31 所示，所以加热时间后期 *COP* 逐渐下降。

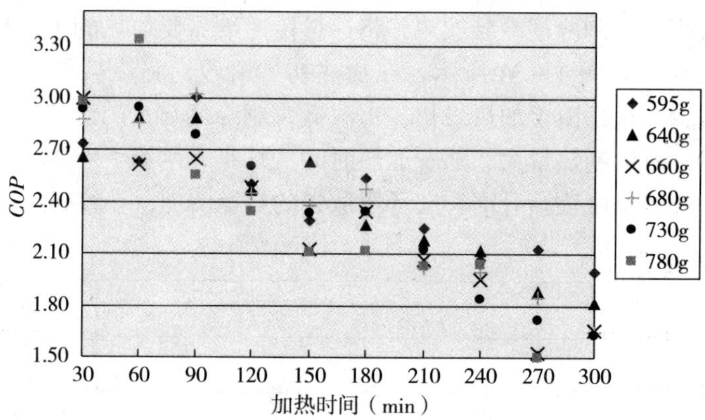

图 4－36　*COP* 随时间变化的曲线

图 4－37 是分析 *COP* 随充灌量变化的曲线，可以看出，不同充灌量的系统下，*COP* 随充灌量的变化总体上是下降的，所以控制热水器加热的时间是很重要的。

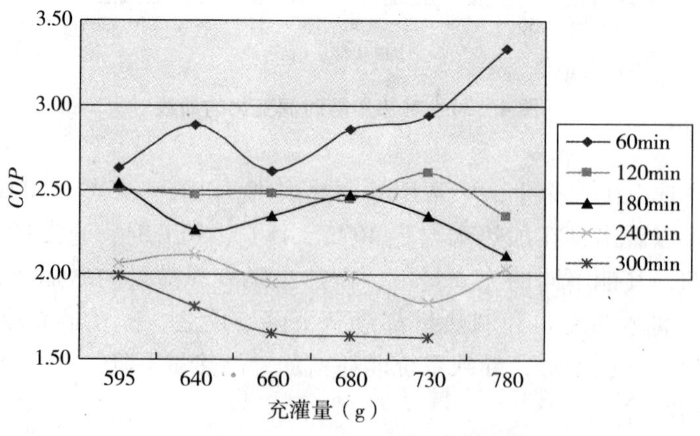

图 4－37　*COP* 随充灌量变化的曲线

4.5.3 误差分析

此组实验是分析工质充灌量对热水器系统性能的影响，所以每组实验都需要改变系统的充灌量，由于实验条件的制约，每次用气球和电子秤来控制排放出的制冷剂质量，以使系统内的剩余充灌量达到实验要求。

在这个过程中，系统内制冷剂减少的质量，并不等于气球中的制冷剂的质量，因为在安、拔软管时会泄漏一部分，而且连接管内会残留一部分，虽然每次计算系统内剩余充灌量时都会把这些因素考虑进去，但这样累计下来，充灌量的误差就会很大，给实验结果的分析带来了一定的影响。

4.6 结论

1. 实验总结

由于很多原因，前面耽误了一些时间，所以实验时间有些紧张，完成了 3 组抽真空实验和 6 组工质的充灌量实验，得出了部分结论。

（1）抽真空实验：

抽气 50 分钟的系统内残存的空气相对较少，不凝性气体的影响也较小，所以性能较抽真空 20 分钟、30 分钟的系统要好一些。

（2）工质充灌量实验：

工质充灌量实验的结果不是很理想，目前还确定不了系统的最佳充灌量，需要进一步实验得出，但通过现象可以做出以下分析：

压缩机壳温度随加热时间可能上升抑或下降，可以反映出充灌量的过少或过多，例如下降的原因可能是充灌量过多造成的，制冷剂充灌量过多，导致在蒸发器内蒸发不完全，有一部分液态工质进入压缩机壳体中，使压缩机壳温度下降。

冷凝压力随加热时间而逐渐升高，是由于储水箱内水温的上升，冷凝压力随之上升。装置中节流装置为毛细管，调节能力有限，所以蒸发压力也逐渐升高。

随着加热时间的变化，制热量在加热初始阶段很大，之后逐渐减少；*COP* 经过短时间的上升之后即呈下降趋势。

2. 发现的新问题

在实验过程中逐渐会发现不断有新的问题出现，深刻体会到了“实践出真知”，而且有很多现象还需要做实验进行进一步的探究。

水箱内温度分层现象对系统的影响很大，所以应针对此现象进行进一步实验研究。

压力传感器测得的压缩机出口压力与压力表读取的毛细管入口压力值不相等，有待分析解决这个问题。

从节能角度出发，蒸发器与环境进行热量交换后，产生出一部分低温的气体，这部分气体可以进行利用，这样可以一举两得。

3. 其他方面的优化设想

空气源热泵热水器的性能几乎受到每一个环节的影响，如冷凝盘管在水箱内的位置、水箱的尺寸、蒸发器与风机的匹配等，都会影响整个系统，所以，这些都可以考虑到优化当中去。

参考文献

[1] 黄文胜，罗青海，汤广发. 热水器未来发展的一个主题与两个方向［J］. 建筑热能通风空调，2004，23（6）：35－39

[2] 马重芳，吴玉庭，热泵技术——自然能源规模利用的有效途径［J］. 建设科技，2005，（13）：40－41

[3] 蒋能照，姚国琦，周启瑾等，空调用热泵技术及应用，第一版. 北京机械工业出版社，1999

[4] 黄文胜，罗青海，汤广发. 热水器技术发展展望［J］. 节能与环保，2004. No. 10：26－28

[5] Rousseau P G，Greyvenstenin G P. Enhancing the impact of heat pump water in thr South Africea commercial sector［J］

[6] 闫泽生，张丽，舒卫华. 热泵热水系统在我国东北地区应用的经济性分析［J］. 哈尔滨工业大学学报（自然科学版），2002，（6）：675－677

[7] 邵宗义，杨少彤. 热泵的市场研究. 市场与财商［J］，2005，（5）：94－95

[8] 叶瑞芳. 地源热泵供应生活热水的经济性［J］. 给水排水，2001，Vol. 27（2）：71－73

[9] 王宇航，陈友明，伍佳鸿，彭建国，地源热泵的研究与应用［J］，建筑热能通风空调. 2004，Aug. Vol，23，No. 4：30－35

[10] 廉翔，地源热泵空调系统对地下水资源的影响及对策［J］. 华北水利水电学院学报，2004Mar. Vol，25，No. 25：41－43

[11] 倪德良，俞善庆. 新型节能热水器——空气源热泵热水器机组［J］. 上海节能，2004. No.（4）29－31

[12] 倪德良，俞善庆，杜云庆. 家用热水器的能效、应用及发展对策［J］，能源技术，2004，Vol. 25 No. 4 Aug：171－173

[13] 王彦国，刘光军. 空气源热泵存在的问题及探讨［J］. 林业科技情报，1999，（2）：10

[14] 王芳，范晓伟. 我国空气源热泵的技术进展［J］. 能源工程，2004，04

[15] 王瑞祥，空气源热泵及其用于寒冷地区的建筑采暖研究［J］. 家电科技，2004，（2）

[16] 唐黎明，董志明. 热泵机组制冷剂充注量补偿对化霜的改进［J］. 制冷空调与电力机械，2003，No. 5：19－22

[17] 李红兰，热泵蒸发器结霜过程的研究与分析［J］. 制冷空调，2003，No3：15－17

[18] 李红兰，热泵蒸发器结霜过程的理论研究［J］. 低温与特气，2003，Apr. Vol. 21，No2：25－27

[19] 王康迪，王怀信，系统仿真确定制冷剂充灌量［J］. 制冷学报

[20] 付明星，黄虎，曾琦，鱼剑琳，王宜义. 制冷剂充灌量对制冷系统变工况性能影响的分析方法［J］. 制冷. No. 4，1998，Vol.（65）：70－73

[21] 董晓俊，张华俊，袁秀玲，杨建新. 空调器毛细管与充灌量匹配实验研究［J］. 西安交通大学，制冷研究所. 技术专题：32－36

[22] 肖彬，权田，谭海龙. 不凝性气体对制冷系统的危害及其对策［J］. 制冷与空调，2005，Oct. Vol. 5，No. 5：96－99

[23] 王文斌，李廷永，余晓明，何如，徐亮，杨帅. 小型风冷热泵机组制冷机最佳充注量实验研究［J］. 制冷与空调，2005，Dec. Vol. 5，No. 6：77－79

[24] 王德明，董刚. 制冷剂充注量对小型制冷设备的影响及对策的研究［J］. 甘肃科技. 2002. 5：13

5　某建筑空调工程设计

宋平（建筑环境与设备工程，2008届）
指导老师：杨晖

简　介

某大厦为正在筹建的大型商业公共建筑，共六座主楼及附带相关裙楼。本设计主要为五号楼（共22层）的地下一层、首层及二层做空调工程设计，该三层主要包括酒店式商场、公寓、公寓式酒店、餐饮，总建筑面积为：19494m^2。

根据整个项目的综合情况和甲方要求，此工程空调系统选用风机盘管加新风系统，解决了全水—风机盘管系统室内无组织供应新风的问题。其风量仅为全空气系统风量的15%～30%，减小了机房使用面积。

本设计的内容包括：冷、热负荷计算，设备选型，分析空气处理过程，气流组织分析，风道的设计，空调水路设计及防排烟设计等。

5.1 设计参数及初设方案

5.1.1 工程概况

本大厦为正在筹建的大型商业公共建筑，共六座主楼及附带相关裙楼。本设计主要负责五号楼（共22层）的地下一层、首层及二层的空调工程设计，该三层主要包括酒店式商场、公寓、公寓式酒店、餐饮，总建筑面积为：19494m^2。数据统计如表5－1所示。

数据统计 **表5－1**

楼层	层高（m）	面积（m^2）	功能
地下一层	4.9	6020m^2	公寓物业办公区和商业
首层	4.7	7169m^2	公寓大厅和商业区域
地上二层	4.9	6305m^2	全部为商业区域

本设计为方便起见，现将下列常用书刊及规范简称如下：

1. 《采暖通风与空气调节设计规范》GB 50019－2003——《采暖空调规范》；
2. 《建筑设备专业技术措施》北京市建筑设计研究院——《北京院措施》；
3. 《全国民用建筑工程设计技术措施·暖通空调动力》中国建筑标准设计研究院——《全国措施》；
4. 《实用供热空调设计手册》陆耀庆——《设计手册》。

5.1.2 设计基本参数

1. 围护结构

(1) 屋顶

主要构造：

1) #200水泥面砖　30mm
2) 水泥砂浆　20mm
3) 水泥砂浆找平层　20mm
4) 保温层：
挤塑聚苯板　110mm
5) 现浇钢筋屋面板　70mm

导热热阻　=3.221m^2·℃/W
传热系数　=0.35W/（m^2·℃）
类型　Ⅲ

(2) 外墙

主要构造：

第一种：

1) 混凝土　400mm
2) 岩绵　90mm

3）石材　　20mm

导热热阻　　$=1.903m^2\cdot℃/W$

传热系数　　$=0.49W/(m^2\cdot℃)$

类型　　Ⅱ

第二种：

1）混凝土　　400mm

2）岩绵　　90mm

3）玻璃　　20mm

导热热阻　　$=1.92m^2\cdot℃/W$

传热系数　　$=0.49W/(m^2\cdot℃)$

类型　　Ⅱ

（3）内墙及楼板

传热系数　　$=1.5W/(m^2\cdot℃)$

（依据技术措施及节能规范要求查得）

（4）窗户：此建筑外表均为玻璃幕。

2. 室外气象条件

（1）北纬40°，东经116.47°；

（2）大气压力：夏季998.6kPa，冬季1020.4kPa；

（3）室外计算参数（表5－2）

室外计算参数　　**表5－2**

空调设计参数	干球温度（℃）	湿球温度（℃）	空调室外日平均温度（℃）
夏季	33.2	26.4	29
冬季	－12		

3. 室内计算参数

室内计算参数　　**表5－3**

	冬季		夏季	
	室内温度（℃）	相对湿度（%）	室内温度（℃）	相对湿度（%）
商业大堂	20	40	26	60
商业	20	40	25	60
西餐厅	20	40	25	60
物业管理用房	20	40	25	60
走道	18	40	25	60
卫生间（10次/h）	25	40	26	60

注：室内外设计参数均由《建筑设备专业技术措施》表14.2.1－1和表14.2.1－2查得。

5.1.3　空调系统初步设计方案

本工程特点：大多数空调房间为商铺，房间温湿度要求不太严格，各房间要求单独调节，对噪声的要求不高。初步选用风机盘管加新风系统。

风机盘管加新风系统的选择设计原则：

（1）空调房间较多、各个房间的居留人员密度不大，房间温湿度要求不太严格且各个房间要求单独调节时，宜采用风机盘管加新风系统。

（2）厨房等空气中含有较多油烟的房间，以及空气质量和温湿度波动范围要求严格的房间，不宜采用风机盘管。

（3）宜按下列原则分配风机盘管和新风系统所负担的室内冷负荷：

1）一般房间夏季新风宜处理到与室内等湿状态，负担新风冷负荷和湿负荷，以及少量室内冷负荷。

2）医院门诊、病房等卫生标准较高的空调区，新风宜在空调冷水供水温度可能的条件下，负担新风冷负荷和湿负荷，以及部分室内冷负荷和湿负荷。

3）新风负担部分室内冷负荷和湿负荷，是为了减少风机盘管凝水量，改善卫生条件。

（4）风机盘管机组宜按中档转速下的冷却（加热）量选用。

（5）新风宜直接送入室内。

5.2 负荷计算

为了保持建筑物的热湿环境，在某一时刻需向房间供应的冷量称为冷负荷。相反，为了补偿房间失热需向房间供应的热量称为热负荷。热负荷、冷负荷是暖通空调工程设计的基本依据，暖通空调设备容量的大小主要取决于热负荷、冷负荷的大小。

5.2.1 冷负荷计算

1. 本设计室内空调冷负荷的构成及基本计算思路

通过对空气调节房间的冷、热负荷的构成进行分析，我们知道夏季计算得热量包括：

（1）通过围护结构传入得热量；

（2）透过外窗进入的太阳辐射热量；

（3）人体散热量；

（4）照明散热量；

（5）设备、器具、管道及其他内部热源的散热量；

（6）食品或物料的散热量；

（7）渗透空气带入的散热量；

（8）伴随各种散湿过程产生的潜热量。

经分析，将负荷计算方法统计如表5－4所示。

负荷计算方法　　表5－4

	冬季	夏季
外墙负荷	稳态传热计算，再修正	按逐时冷负荷计算
外窗负荷	稳态传热计算，再修正	按逐时冷负荷计算
透过玻璃日射引起的负荷	暂不考虑	按逐时冷负荷计算
屋面负荷	稳态传热计算，再修正	按逐时冷负荷计算

续表

	冬季	夏季
地面负荷	按划分地带或地面平均传热系数法	按划分地带或地面平均传热系数法
内墙传热负荷	$\Delta t>5$℃时，才需计算，温差修正法	$\Delta t>3$℃时，需计算，温差修正法
照明引起的逐时负荷	暂不考虑	计算
人体散热负荷	暂不考虑	计算
冷风渗透与侵入	为了维持房间内正压，冬季空调房间在一般情况下不计算	维持正压暂不考虑
设备散热	商场暂不考虑	商场暂不考虑
户间传热负荷	分户计量按 10W/m^2 计算，商场暂不考虑	暂不考虑

2. 室外计算温度的确定

夏季计算经建筑维护结构传入室内的热量时，应按不稳定传热过程计算，因此，必须已知夏季空调设计日的平均温度和逐时温度。

计算围护结构传热量时，室外计算温度宜按下列情况分别确定：

（1）夏季空调室外空气设计日的逐时温度按下式确定：

$$t_{\tau}=t_{o.m}+\beta\Delta t_{d}$$

$$\Delta t_{d}=\frac{t_{o.s}-t_{o.m}}{0.52}$$

式中 t_{τ}——室外计算逐时温度（℃）；

$t_{o.m}$——夏季空气调节室外计算日平均温度（℃）；

β——室外温度逐时变化系数（表 5－5）；

Δt_{d}——夏季室外计算平均日较差（℃）；

$t_{o.s}$——夏季空气调节室外计算干球温度（℃）。

室外温度逐时变化系数 **表 5－5**

时刻	1	2	3	4	5	6	7	8	9	10	11	12
β	-0.35	-0.38	-0.42	-0.45	-0.47	-0.41	-0.28	-0.12	0.03	0.16	0.29	0.40
时刻	13	14	15	16	17	18	19	20	21	22	23	24
β	0.48	0.52	0.51	0.43	0.39	0.28	0.14	0.00	-0.10	-0.17	-0.23	-0.26

（2）对于外墙和屋顶，采用室外计算逐时综合温度，按下式计算：

$$t_{c(\tau)}=t_{\tau}+\frac{\rho J}{\alpha_{w}}$$

式中 $t_{c(\tau)}$——夏季空调室外计算逐时综合温度（℃）；

t_{τ}——夏季空调室外计算逐时温度（℃）；

ρ——围护结构外表面对于太阳辐射的吸收系数；

J——围护结构所在朝向的逐时太阳总辐射照度（W/m^2）；

α_w——围护结构外表面换热系数 [W/ (m^2 · ℃)]，一般取 18.6W/ (m^2 · ℃)，不同室外平均风速下的外表面换热系数可查设计手册。

3. 屋面和墙体传热形成的逐时冷负荷计算

$$\dot{Q} = AK\ (t'_{c(\tau)} - t_R)$$

式中 $\dot{Q}$——外墙和屋顶传热形成的逐时冷负荷 (W)；

A——外墙和屋顶的面积 (m^2)；

t_R——室内设计温度 (℃)；

$t'_{c(\tau)}$——外墙和屋顶的综合冷负荷计算温度的逐时值 (℃)；

k_α——外表面放热系数修正值；

k_ρ——围护结构外表面日射吸收系数修正值；

K——外墙和屋面的传热系数 [W/ (m^2 · ℃)]，可根据外墙和屋面的不同构造和厚度在《全国措施》表 3.2.8－1 和表 3.2.8－2 中查取，由书中查取；如没有一样的墙体结构，可通过各层结构类型计算取得，方法如下：

补充注明：

$$K = \frac{1}{\frac{1}{\alpha_n} + \sum \frac{\delta}{b \cdot \lambda} + R_k + \frac{1}{\alpha_w}}$$

α_n——围护结构内表面传热系数 [W/ (m^2 · ℃)]，见表 2.1.4－4，围护结构表面平整或有肋状突出物的顶棚，当 $h/s \leqslant 0.2$ 时，取 8.7W/ (m^2 · ℃)；

α_w——围护结构外表面传热系数 [W/ (m^2 · ℃)]，见表 2.1.7－1，外墙和屋面取 23 W/ (m^2 · ℃)，

δ——围护结构各层材料厚度 (m)；

b——导热系数修正系数，见表 2.1.7－2；

R_k——封闭空气层的热阻，m^2℃/W；

t_R——室内计算温度 (℃)；

$t'_{c(\tau)}$——外墙和屋面冷负荷计算温度的逐时值 (℃)，根据外墙和屋面的不同类型，由书中查取。以下是具体计算方法。

补充注明：

外墙和屋面的冷负荷计算温度为：

$$t'_{c(\tau)} = (t_\tau + t_d)\ k_\alpha k_\rho$$

k_α——外表面放热系数修正值，表 3.2.8－8，取 1.0；

k_ρ——吸收系数修正值，表 3.2.8－9，取 1.0；

t_d——地点修正值，北京为 0；

t_τ——外墙和屋顶的冷负荷计算逐时温度值。根据外墙和屋顶的不同类型可在《全国措施》表 3.2.8－3 和表 3.2.8－4 中查得。由表中可见，在不同时刻，由于屋面和墙体类型的不同，逐时温度是不同的。所以首先要确定外墙和屋面类型。而屋面和墙体的类型与哪些因素有关呢？经对相关书籍的查阅和总结，得到围护结构类型与热惰性指标 D 值有如表 5－6 所示。

热惰性指标 D 值 **表 5－6**

围护结构类型	热惰性指标 D 值
Ⅰ	>6.0
Ⅱ	4.1～6.0
Ⅲ	1.6～4.0
Ⅳ	≤1.5

（摘自《采暖空调规范》表 4.1.10）

我们知道：热惰性指标是指围护结构对温度波衰减快慢程度的无量纲指标。

热惰性指标是目前居住建筑节能设计标准中评价外墙和屋面隔热性能的一个设计指标，它是表征在夏季周期传热条件下，外围护结构抵抗室外温度波和热流波动能力的一个无量纲指标，以符号 D 表示，D 值越大，温度波与热流波的衰减程度也越大，热稳定性越好。

（1）单一材料围护结构或单一材料层的 D 值：

$$D = RS$$

式中 R——材料层的热阻（$m^2 \cdot K/W$）；

S——材料的蓄热系数（$W/m^2 \cdot K$）。

（2）多层围护结构的 D 值：

$$D = D_1 + D_2 + \cdots\cdots + D_n = R_1 S_1 + R_2 S_2 + \cdots\cdots + R_n S_n$$

式中 D_1、$D_2 \cdots\cdots D_n$——各层材料的热随性指标；

R_1、$R_2 \cdots\cdots R_n$——各层材料的热阻；

S_1、$S_2 \cdots\cdots S_n$——各层材料的蓄热系数。

求出 D 值后，便可知围护结构为何类型了。

4. 外窗温差传热形成的逐时冷负荷计算

$$\dot{Q}_{c(\tau)} = C_w K_w A_w \ (t_{c(\tau)} + t_d - t_R)$$

式中 $\dot{Q}_{c(\tau)}$——外窗温差传热形成的逐时冷负荷（W）；

A_w——外窗窗口面积（m^2）；

K_w——外窗传热系数［$W/(m^2 \cdot ℃)$］，根据窗框等情况不同加以修正，修正值为 C_w；

$t_{c(\tau)}$——外窗的逐时冷负荷计算温度（℃）（此表以北京的气象参数数据编制）；

t_d——外窗逐时冷负荷计算温度的地点修正值（℃）；

t_R——室内设计温度（℃）。

5. 透过玻璃窗进入空调房间或区域的太阳辐射热形成的逐时冷负荷计算

$$\dot{Q}_{c(\tau)} = C_a A_w C_s C_i D_{j\max} C_{LQ}$$

式中 A_w——窗口面积；

C_a——有效面积系数；

C_s——窗玻璃的遮阳系数，查《通风与空气调节工程》表 3－11；

C_i——窗内遮阳设施的遮阳系数；

$D_{j\max}$——日射得热最大值（W/m^2），查《通风与空气调节工程》；

C_{LQ}——窗玻璃冷负荷系数。

6. 内维护结构的传热冷负荷计算

由《设计手册》上所提到的，如下：

（1）当邻室为通风良好的非空调房间时，通过内窗的温差传热负荷，可按下式计算：

$$Q_\tau = KF\Delta t_\tau$$

式中 F——计算面积（m^2）；

Δt_τ——计算时刻下的负荷温差（℃）；

K——传热系数［$W/(m^2 \cdot ℃)$］。

（2）当邻室为通风良好的非空调房间时，通过内墙和楼板的温差传热负荷，可按下式计算：

$$Q_\tau = KF\Delta t_{\tau-\xi}$$

$\Delta t_{\tau-\xi}$——作用时刻下，通过外墙或屋面的冷负荷计算温差，简称负荷温差（℃）。

（3）当邻室有一定发热量时，通过空调房间内窗、隔墙、楼板或内门等内围护结构的温差传热负荷，可按下式计算：

$$Q_\tau = KF(t_{wp} + \Delta t_{ls} - t_n)$$

式中 Q_τ——稳态冷负荷（W）；

t_{wp}——夏季空调室外计算日平均温度（℃）；

t_n——夏季空调室内计算温度（℃）；

Δt_{ls}——邻室温升（℃）。

温差 Δt_{ls} 值如表 5－7 所示。

温差 Δt_{ls} 值　　　　**表 5－7**

邻室散热量	Δt_{ls}
很少（如办公室和走廊等）	0～2
$<23W/m^3$	3
$23\sim116W/m^3$	5

目前，在大多实际情况中，当空调房间或区域与邻室的夏季温差大于3℃时，宜采用第（3）种方法进行计算，即附加温升法。

7. 因室外空气渗入形成的显热负荷、全热负荷及湿量计算

$$CL_{x,sh} = 0.279Gc_p(t_w - t_n)$$

$$CL_{q,sh} = 0.279G'(I_w - I_n)$$

$$W_{q,sh} = 0.001G'(d_w - d_n)$$

式中 $CL_{x,sh}$——渗入空气形成的显热负荷（W）；

$CL_{q,sh}$——渗入空气形成的全热负荷（W）；

$W_{q,sh}$——渗入空气的湿量；

G——渗入空气的质量（kg/h）；

G'——渗入空气中干空气的质量（kg/h），一般近似取 G；

t_w、t_n——室内、外空气温度（℃）；

I_w、I_n——室内、外空气的焓（kJ/kg）；

d_w、d_n——室内、外空气含湿量（g/kg）；

c_p——干空气的定压质量比热，一般取 $c_p = 1.0056$kJ/（kg·℃）。

8. 通过外门开启及围护结构缝隙渗入室内的空气量计算

（1）由于外门开启而深入的空气量 G_1 按下式计算：

$$G_1 = nV_m\gamma_w$$

式中 G_1——由于外门开启而渗入的空气量（kg/h）；

n——每小时的人流量（人/h）；

V_m——外门开启一次（包括出入各一次）的空气渗入量［m^3/（人·h)］；

γ_w——室外空气密度（kg/m^3）。

（2）通过围护结构、门、窗缝隙渗入室内的空气量 G_2 可按换气次数估算：

$$G_2 = V\phi\gamma_w$$

式中 G_2——围护结构、门、窗缝隙渗入室内的空气量（kg/h）；

ϕ——每小时的换气次数，与房间容积和门、窗的多少有关，可估算；

γ_w——室外空气密度（kg/m^3）。

9. 照明散热形成的冷负荷可根据照明器材的类型及安装方式的不同计算

$$\dot{Q}_{c(\tau)} = 1000n_1n_2NC_{LQ}$$

式中 N——照明灯具所需功率（kW）；

n_1——镇流器消耗功率系数，当明装荧光灯的镇流器装在空调房间内时，取 $n_1 = 1.2$；当暗装荧光灯镇流器装设在顶棚内时，可取 $n_1 = 1.0$；

n_2——灯罩隔热系数，当荧光灯罩上部穿有小孔（下部为玻璃板）时，可利用自然通风散热于顶棚内时，取 $n_2 = 0.5 \sim 0.6$；而荧光灯罩无通风孔时，$n_2 = 0.6 \sim 0.8$；

C_{LQ}——照明散热冷负荷系数。

10. 人体散热形成的冷负荷和散湿量计算

（1）人体显热散热引起的冷负荷

$$\dot{Q}_{c(\tau)} = q_s n\varphi C_{LQ}$$

式中 $\dot{Q}_{c(\tau)}$——人体显热散热形成的冷负荷（W）

q_s——不同室温和劳动性质成年男子显热散热量（W），见《通风与空气调节工程》表3－14；

n——室内全部人数；

φ——群集系数，见《通风与空气调节工程》表3－15；

C_{LQ}——人体显热散热冷负荷系数。

（2）人体潜热散热引起的冷负荷

$$\dot{Q}_c = q_l n\varphi$$

式中 $\dot{Q}_c$——人体潜热形成的冷负荷（W）；

q_l——不同室温和劳动性质成年男子潜热散热量（W），见《通风与空气调节工程》表 3－14；

n——室内全部人数；

φ——群集系数，见《通风与空气调节工程》表 3－15。

5.2.2 热负荷计算

1. 本设计室内热负荷的组成（表 5－4）

2. 热负荷计算方法

空调热负荷的计算在原理上与供暖热负荷的计算是相同的，即采用稳定传热的方法。但应注意的是：由于空调建筑通常是保持室内正压，因而在一般情况下，可以不计算冷风渗透和冷风侵入引起的热负荷。

3. 通过围护物的温差传热量

$$Q_j = KF\ (t_n - t_w)\ \alpha$$

式中 Q_j——通过空气调节房间某一面围护物的温差传热量（或称基本耗热量）（W）；

K——该面围护物的传热系数［W/（m^2·℃）］；

F——该面围护物的散热面积（m^2）；

t_n——室内空气计算温度（℃）；

t_w——室外空气调节计算温度（℃）；

α——温差修正系数。

当围护物是贴土的非保温地面时，其温差传热量为 $Q_{j \cdot d}$（W），用下式计算：

$$Q_{j,d} = K_{j,d} F_d\ (t_n - t_w)$$

式中 $K_{j,d}$——房间非保温贴土地面的平均传热系数［W/（m^2·℃）］；

F_d——房间地面面积（m^2）。

4. 附加耗热量

附加耗热量按基本耗热量的百分率计算。考虑了各项附加以后，某面围护物的耗热量 Q_1（W）：

$$Q_1 = Q_j\ (1 + \beta_{ch} + \beta_f + \beta_q)\ (1 + \beta_{f,g})$$

式中 β——附加率（或称修正率）。

围护结构的附加耗热量：

（1）朝向修正耗热量 β_{ch}：均为正朝向，东西向的修正率为 －5%，南向的为 －15%，北向不需要修正。

（2）风力附加 β_f：由于该建筑位于市中心有相邻建筑，且比较密集，所以不增加风力耗热。

（3）高度附加 $\beta_{f,g}$：该层层高为 4.8m。只有超过 5m 以上才进行高度附加，所以不需要。

（4）其他修正 β_q：当房间具有两面以及两面以上外墙时，外墙、门窗基本耗热量增加 5%。

注意：在空调供暖，由于认为是房间保持正压，不存在冷风渗透耗热量。

5. 内围护间的传热量

同 3 中公式。

5.2.3 新风负荷计算

根据空调系统的形式、建筑使用功能及甲方要求，应单独设立在各层独立的新风设备，向建筑物内各房间供给新风。

1. 新风量的确定依据

空气调节系统的新风量不应小于总送风量的10%，且应不小于下列两项风量中的较大值：

（1）补偿排风和保持室内正压所需的新风量见表3.3.13（《全国民用建筑工程设计技术措施—暖通空调·动力》第115页）；

（2）保证各房间每人每小时所需的新风量见表3.3.14（《全国民用建筑工程设计技术措施—暖通空调·动力》第116页）。

2. 新风量的确定

空气调节系统的新风量不应小于总送风量的10%，且应不小于下列两项风量中的较大值：

（1）补偿排风和保持室内正压所需的新风量（10Pa 正压）（表5－8）

房间保持正压所需新风量 **表5－8**

房间体积	换气次数	新风量
m^3	次/小时	m^3/h
92.2	1.50	138.3

（2）保证各房间每人每小时所需的新风量（表5－9）

保证每人每小时所需新风量 **表5－9**

房间人数	每人的最小新风量	新风量
	m^3/h·人	m^3/h
6（.36）	30.00	191

比较上面两表，新风量初步定为191m^3/h。

（3）校核

房间的总送风量为552m^3/h

新风量为191m^3/h ＞552×10%＝55.2m^3/h，满足条件。

3. 新风冷负荷的计算（表5－10）

计算公式同空气渗入形成的显热负荷的计算。

新风 **表5－10**

房间名称	新风量	室外空气密度	新风量	室外空气的焓值	室内空气的焓值	新风冷负荷
	G	ρ_w	M	h_o	h_r	$Q_{C,O}$
	m^3/h	kg/m^3	kg/s	kJ/kg	kJ/kg	kW
1层10号商铺	191	1.20	0.064	82.20	48.5	1.79
－1层2号商铺	700	1.20	0.230	82.20	48.5	7.86
2层22号商铺	4788	1.20	1.596	82.20	48.5	53.8
1层11大堂	597	1.20	0.199	82.20	48.5	5.59

4. 新风热负荷的计算（表5-11）

计算公式同空气渗入形成的显热负荷的计算。

新风热负荷的计算 表5-11

房间名称	新风量	空气的定压比热	新风量	室外空气的温度	室外空气的温度	新风热负荷
	G	c_p	M	t_o	t_r	$Q_{C,O}$
	m^3/h	kJ/（kg·℃）	kg/s	℃	℃	kW
1层10号商铺	191	1.20	0.064	-12.00	18.00	-2.30
-1层2号商铺	700	1.20	0.230	-12.00	18.00	-8.28
2层22号商铺	4788	1.20	1.596	-12.00	18.00	-57.00
1层11大堂	597	1.20	0.199	-12.00	18.00	-7.16

5.2.4 湿负荷的计算

略。

5.3 确定空气调节的方式和方法

5.3.1 空调系统分析

空调系统一般可按承担室内热湿负荷所用的介质分为全空气系统、全水系统、空气—水系统和冷剂系统。按照空气处理设备的集中程度分为集中式空调系统、半集中式空调系统和分散式空调系统。按被处理空气的来源可分为封闭式系统、直流式系统和混合式系统。

5.3.2 空气处理方式分析

1. 集中式空调机组

集中式空调机组的空调送回风管系统复杂，布置困难；支风管和风口较多，不宜均衡调节风量；空调与制冷设备占用机房面积较大，层高要求较高。但它可以根据室外气象参数的变化和室内负荷变化实现全年多工况节能运行调节，充分利用室外新风，减少与避免冷热抵消，减少冷冻机运行时间，并且使用寿命长。它适用于建筑空间大，可布置风道，室内温湿度、洁净度控制要求严格的生产车间，还适用于空间很大的公共建筑中。

集中式系统按送风量是否变化，又可细分为定风量系统、变风量系统。定风量系统风量不随室内热湿负荷变化而变化，送入各房间的风量保持一定；变风量系统风量随室内热湿负荷变化而变化，当热湿负荷大时，送入较多风量，热湿负荷较小时，送入较小的风量。

二者相比，变风量系统的初投资大，但对于房间的室温控制方便，并且节省能耗，避免了再加热造成的冷热抵消。定风量系统的优点在于对室内的温湿度控制准确，初投资小。出于对系统投资问题的考虑，在本设计中选用定风量空调系统。

集中式系统按送入每个房间的送风管的数量，又分为单风管系统、双风管系统。单风管系统：仅一个送风管，夏天送冷风，冬天送热风；双风管系统：空气经处理后分别用两个风管送出，其中一个冷风，一个热风，在末端装置混合，根据房间需要，选择两种风量比例。

2. 分散式空调机组（也称局部系统）

将整体组装的空调器直接放在空调房间内或放在空调房间附近，每个机组只供一个或几个小房间，或者一个房间内放几个机组的系统。

3. 半集中式系统

半集中式系统是集中处理部分或全部风量，然后送往各房间，在各房间再进行处理的系统。放在室内时，不接送、回风管，当与新风系统联合使用时，新风管较小；只需要新风空调机房，机房面积小，风机盘管可以安设在空调房间内；分散布置，敷设各种管线较麻烦，对室内温湿度要求较严时，难于满足；在节能与经济性这方面，节能效果好，可根据各室负荷情况自行调节灵活性大。适用于室内温湿度控制要求一般，多层或高层建筑而层高较低的场合。

5.3.3 空调系统选择应遵循的基本原则

（1）对于使用时间不同、空气洁净度要求不同、温湿度基数不同、空气中含有易燃易爆物质、负荷特性相差较大的房间，以及同时分别需要供热和供冷的房间和区域，宜分别设置空调系统。

（2）空间较大、人员较多的房间，以及房间温湿度允许波动范围小、噪声和洁净度要求较高工艺性空调区，宜采用全空气定风量空气调节系统。在一般情况下，全空气空气调节系统应用单风管式。

（3）当各房间热湿负荷变化情况相似，采用集中控制，各房间温湿度波动范围不超过允许范围时，可集中设置公用的全空气定风量空气调节系统；若采用集中控制，某些房间不能达到室温参数要求，而采用变风量或风机盘管等空调系统能满足要求时，不宜采用末端再热的全空气定风量空气调节系统。

（4）当房间允许采用较大送风温差或室内散湿量较大时，应采用具有一次回风的全空气定风量空调系统。但要求具有较小送风温差，且室内散湿量较小，相对湿度允许波动范围较大时，可采用二次回风系统。

（5）当负荷较大，多个房间合用一个空调系统，且各房间需要分别调节室内温度，尤其是需全年送冷的内区空调房间，在经济、技术条件允许时，宜采用全空气变风量空调系统。当房间允许温湿度波动范围小或噪声要求严格时，不宜采用变风量空气调节系统。若采用变风量空气调节系统时，风机宜采用变速调节，应采取保证最小新风量要求的措施。当采用变风量末端装置时，应采用扩散性能好的风口。

（6）空调房间较多、各房间要求单独调节，且建筑层高较低的建筑物，宜采用风机盘管加新风系统，经处理的新风宜直接送入室内。当房间空气质量和温湿度波动范围要求严格或空气中含有较多油烟时，不宜采用风机盘管。

（7）中小型空调系统，可采用变制冷剂流量分体式空调系统。该系统不宜用于振动较大、产生大量油污蒸汽，以及产生电磁波和高频波的场所。全年运行时，宜采用热回收式机组。

(8) 全年进行空气调节，且房间区域负荷特性相差较大，长时间同时需分别供热和供冷的建筑物，经技术经济比较后，可采用水环热泵空调系统。冬季不需供热或供热量很小的地区，不宜采用水环热泵空调系统。

(9) 当采用冰蓄冷空调冷源或有低温冷媒可利用时，宜采用低温送风空调系统；对要求保持较高空气湿度或要求较大换气量的房间，不应采用低温送风方式。

舒适性空调和条件允许的工艺性空调，可采用新风作冷源，全空气空调系统应最大限度地使用新风。

5.3.4 空调系统方案的确定

由上述各方面的分析衡量，仍然采取初设方案时定的系统：风机盘管加新风。其特点是：解决了全水风机盘管系统室内无组织供应新风的问题。其风量仅为全空气系统风量的15%~30%，因此，机房占地面积相对减小了。

5.3.5 新风系统的划分原则

(1) 按房间功能和使用时间划分系统，即相同功能和使用时间基本一致的可合为一个新风系统；

(2) 有条件时，分楼层设置新风系统；

(3) 高层建筑中，可若干楼层合用一个新风系统，但切忌系统太大、否则各个房间的风量分配很困难。

因此，在系统划分时，将商业部分与公寓部分分开设置，采用新风直接送入室内的方法。根据《公共建筑节能设计标准》GB 50189—2005 中的 5.3.12 条之规定：设计风机盘管系统加新风系统时，新风宜直接送入各空气调节区，不宜经过风机盘管机组后再送出。

5.4 焓湿图分析

采用风机盘管加新风的系统，其具体处理方式有多种，如：新风被处理到室内等焓线上，此时新风只承担自己那部分负荷，室内的湿负荷不仅需要新风盘管来承担，新风的部分负荷也要承担，因此，风机盘管需要大量的温度更低的冷冻水承担负荷，容易结露，我们知道，结露而产生霉菌是风机盘管的一处“硬伤”，因此该法不宜采用。

在此基础上，新风被处理到室内的等湿线上，则将上述弊病得到了改进。此时，风机盘管只需承担房间的湿负荷，而新风帮助其承担了部分冷负荷，此工况下，湿负荷由风机盘管和新风分别来承担，这样，风机盘管的所需冷量便降下来了，减少了由于温度低而结露的情况。

通过典型房间计算冷负荷、湿量、新风量、室内和室外状态点的参数、房间面积及空调房间换气次数等已知条件，经焓湿图分析，确定新风总负荷、新风承担的室内负荷、风机盘管承担的室内冷负荷和风量等。

5.5 设备的选型

5.5.1 风机盘管的选择

依照风量和冷量，选择样本上的中档风量，进行选择，各房间选用的风机盘管已于平面图上标出。进出水温度：7℃/12℃，进风机盘管气温为25℃选择。

以首层的10号房间为例：

经焓湿图分析，风机盘管承担的冷负荷为2.34kW，风量为286m^3/h，则选用表5－12中的FP－03型风机盘管，风量为450m^3/h，冷量为2.41kW。

风机盘管的选择 **表5－12**

设备编号	名　称	型号、规格/性能要求
FP－02	风机盘管	风量：270m^3/h，静压：50Pa，冷量：1.72kW，热量：2.68kW，水量：0.34m^3/h，噪声≤45dB（A）
FP－03	风机盘管	风量：450m^3/h，静压：50Pa，冷量：2.41kW，热量：3.70kW，水量：0.46m^3/h，噪声≤45dB（A）
FP－04	风机盘管	风量：560m^3/h，静压：50Pa，冷量：3.06kW，热量：5.35kW，水量：0.61m^3/h，噪声≤45dB（A）
FP－05	风机盘管	风量：670m^3/h，静压：50Pa，冷量：3.80kW，热量：6.49kW，水量：0.75m^3/h，噪声≤45dB（A）
FP－06	风机盘管	风量：780m^3/h，静压：50Pa，冷量：4.22kW，热量：7.00kW，水量：0.88m^3/h，噪声≤45dB（A）
FP－07	风机盘管	风量：980m^3/h，静压：50Pa，冷量：5.52kW，热量：9.50kW，水量：1.04m^3/h，噪声≤45dB（A）
FP－08	风机盘管	风量：1080m^3/h，静压：50Pa，冷量：6.16kW，热量：10.45kW，水量：1.22m^3/h，噪声≤45dB（A）
FP－10	风机盘管	风量：1290m^3/h，静压：50Pa，冷量：7.28kW，热量：12.84kW，水量：1.36m^3/h，噪声≤45dB（A）
FP－12	风机盘管	风量：1590m^3/h，静压：50Pa，冷量：8.89kW，热量：16.15kW，水量：1.66m^3/h，噪声≤45dB（A）
FP－14	风机盘管	风量：1820m^3/h，静压：50Pa，冷量：11.04kW，热量：19.93kW，水量：2.06m^3/h，噪声≤45dB（A）

5.5.2 新风机组的选择

由《公共建筑节能设计标准》GB 50189—2005的5.3.14条之规定：建筑物内设有集中排风系统且符合下列条件之一时，宜设置排风热回收装置。排风热回收装置（全热和显热）的额定热回收效率不应低于60%。

（1）送风量不小于 3000m^3/h 的直流式空气调节系统，且新风与排风的温度差不小于8℃；

（2）设计新风量不小于 4000m^3/h 的空气调节系统，且新风与排风的温度差不小于8℃；

（3）设有独立新风和排风的系统。

该新风机组为带热回收式机组，热回收率均为57%，由焓湿图分析，室外状态点发生了变化，制冷量按回收后的冷量进行选择，并依照风量选择合适的机组。如六区新风负荷为53kW，新风量为4908m^3/h，热回收率为57%，需要的制冷量为23kW。所以选用 WHC－05A2 型机组，风量为5000m^3/h，制冷量为32kW，其他区域选择机组见表5－13。

新风机组选型 **表5－13**

竖井位置	新风量（m^3/h）	焓差（kJ/kg）	新风负荷（kW）	新风机组型号	尺寸（L·W·H）
1区	4788	33.7	51.7	WHC－05A2	3790（3190）×1900×990
2区	5884	33.7	63.6	WHC－06A2	3890（3290）×2190×1020
3区	13057	33.7	141.1	WHC－15A2	4190（3590）×3400×1330
4区	5097	33.7	55.1	WHC－05A2	3790（3190）×1900×990
5区	11586	33.7	125.2	WHC－12A2	3890（3290）×2930×1290
6区	4908	33.7	53.0	WHC－05A2	3790（3190）×1900×990

5.6 风机盘管水管水力计算

1. 画出水力计算草图

2. 确定和计算最不利环路

以该设计二层二区为例，顺序的经过管段1－2－3－4－5－6进入二区立管。

3. 管径的确定

水管管径 d 由下式确定：

$$d=\sqrt{\frac{4G}{\pi v}}$$

式中 G——水流量（m^3/s）；

v——水流速（m/s）。

4. 水流量的确定

根据各管段的热负荷，求出各管段的流量，计算公式如下：

$$G=\frac{3600Q}{4.187\times10^3\ (tg'-th')}=\frac{0.86Q}{tg'-th'}$$

式中 Q——管段的热负荷（冷负荷）；

tg'——系统的设计供热温度（℃）；

th'——系统的设计回水温度（℃）。

5. 水流动阻力的确定

（1）沿程阻力

水在管道内的沿程阻力：

$$H_f=\lambda\frac{1}{d}\frac{\rho v^2}{2}=Rl$$

式中 λ——摩擦阻力系数，无因次量，按《民用建筑空调设计》中图 8－1 查取；
l——直管段长度（m）；
d——管道内径（m）；
ρ——水的密度（$1000kg/m^3$）；
v——水流速（m/s）；
R——单位长度沿程阻力，又称比摩阻（Pa/m）。

$$R=\frac{\lambda}{d}\frac{\rho v^2}{2}$$

冷水管采用钢管或镀锌管时，比摩阻 R 一般为 100～400Pa/m，最常用的为 200Pa/m 左右。

（2）局部阻力

水流动时遇到弯头、三通及其他配件时，因摩擦及涡流耗能而产生的局部阻力计算公式为：

$$H_d=\xi\frac{\rho v^2}{2}$$

式中 ξ——局部阻力系数，见《民用建筑空调设计》中表 8－5 及表 8－6；
v——水流速（m/s）。

（3）水管总阻力

水流动总阻力 H 包括沿程阻力 H_f 和局部阻力 H_d 即：

$$H=H_f+H_d=R_1+\xi\frac{v^2\rho}{2}$$

5.7 新风管道水力计算

风机盘管加新风系统中的新风管道需要进行水力计算（表 5－14），以二层 22 号房间为例，计算如下：

1. 新风量：$4788m^3/h$，4 个风口，均匀送风，每个风口风量为 $1197m^3/h$。

2. 计算：

（1）对于 1－2 管段：摩擦阻力计算

取管内流速 $v_{1-2}=4.0m/s$，则管道断面应为：

$$F_{1-2}=\frac{1197}{4.0\times3600}=0.083m^2$$

取断面尺寸为 400mm×320mm，则实际面积为 $0.128m^2$，故实际流速 $v_{1-2}=2.7m/s$，按流速当量直径 $D_v=356mm$ 及实际流速 $v_{1-2}=2.7m/s$，可算得单位长度摩擦阻力 $R_{m1-2}=0.228Pa/m$，故该管段的摩擦阻力为 $\Delta P_{m1-2}=R_{m1-2}\times l_{1-2}=0.959Pa$

局部阻力计算：

风量调节用多叶阀：按 0℃全开时四叶阀查表得 $\xi=0.83$。

渐缩管：$\xi=0.1$

90°弯头：$R/b=1.0$，$b/h=0.8$，$\xi=0.32$，1个。

（2）2-3管段：摩擦阻力计算

取管内流速4m/s，则管道断面应为：

$$F_{2-3}=\frac{2394}{4.0\times3600}=0.166\text{m}^2$$

取断面尺寸为500mm×320mm，则实际面积为0.16m²，故实际流速$v_{2-3}=4.16$m/s。

按流速当量直径$D_V=390.2$mm及实际流速$v_{2-3}=4.16$m/s，可算得单位长度摩擦阻力$R_{m2-3}=0.473$Pa/m，故该管段的摩擦阻力为$\Delta P_{m2-3}=R_{m2-3}\times l_{2-3}=1.988$Pa

局部阻力计算：

矩形分叉分流三通：经查表得$\xi=0.1$。

渐缩管：$\xi=0.1$

（3）3-4管段：摩擦阻力计算

取管内流速$v_{3-4}=4.0$m/s，则管道断面应为：

$$F_{3-4}=\frac{3591}{4.0\times3600}=0.25\text{m}^2$$

取断面尺寸为500mm×500mm，则实际面积为0.25m²，故实际流速$v_{3-4}=3.99$m/s，按流速当量直径$D_v=250$mm及实际流速$v_{3-4}=3.99$m/s，可算得单位长度摩擦阻力$R_{m3-4}=0.326$Pa/m，故该管段的摩擦阻力为$\Delta P_{m3-4}=R_{m3-4}\times l_{3-4}=1.305$Pa

局部阻力计算：

矩形分流三通：经查表得$\xi=0.02$。

风量调节用多叶阀：按0℃全开时四叶阀查表得$\xi=0.83$

（4）4-5管段：摩擦阻力计算

取管内流速$v_{4-5}=4.0$m/s，则管道断面应为：

$$F_{4-5}=\frac{4788}{4\times3600}=0.3325\text{m}^2$$

取断面尺寸为700mm×500mm，则实际面积为0.35m²，故实际流速$v_{4-5}=3.8$m/s，按流速当量直径$D_v=583.3$mm及实际流速$v_{4-5}=3.8$m/s，可算得单位长度摩擦阻力$R_{m4-5}=0.248$Pa/m，故该管段的摩擦阻力为$\Delta P_{m4-5}=R_{m4-5}\times l_{4-5}=1.563$Pa

局部阻力计算：

90°弯头：$R/b=1.0$，$b/h=0.14$，$\xi=0.25$。

风管水力计算表 **表5-14**

序号	风量（m³/h）	管宽（mm）	管高（mm）	管长（m）	v（m/s）	R（Pa/m）	ΔP_y（Pa）	ξ	动压（Pa）	ΔP_j（Pa）	$\Delta P_y+\Delta P_j$（Pa）
1	1197	400	320	4.2	2.598	0.228	0.959	1.25	4.041	5.052	6.011
2	2394	500	320	4.2	4.156	0.473	1.988	0.2	10.346	2.069	4.057
3	3591	500	500	4	3.99	0.326	1.305	0.85	9.535	8.104	9.409
4	4788	700	500	6.3	3.8	0.248	1.563	0.75	8.648	6.486	8.049
小计	11970			18.7			5.815	3.05		21.711	27.526

5.8 气流组织计算

气流组织计算的任务是在于选择气流分布的形式。确定送风口的形式，数目和尺寸，使工作区的风速和温差满足设计要求。

以二层22号房间为例，计算如下：

下送风的出口风速一般控制在2～5m/s。

（1）布置4个散流器。每个散流器的送风面积为 $F_n=106m^3$，水平射程为2m，平均射程1～2m。

垂直射程 $h_x=3.2-2=1.2m$，$1/h_x=1/1.2=0.833$，$0.5<0.833<1.5$，符合散流器布置的要求。

（2）计算单位面积送风量并校核换气次数 n

总的送风量为4788m³/h，单位面积的送风量为16.3m³/h

$$n=\frac{L_s}{H}=\frac{16.3}{3.2}=5.09\ 次/h$$

按表3.5－6（全国勘测设计注册公用设备工程师暖通复习教材335页）舒适性空调换气次数不宜小于5次，现在9.75＞5，满足换气次数要求。

（3）选取喉部风速 $v_o=3m/s$，计算喉部面积 F_o 为 $0.1108m^2$，则尺寸为320mm×320mm，$d_0=0.22$。

（4）确定修正系数 k

$$0.1\frac{l}{\sqrt{F_o}}=0.1\times\frac{2}{\sqrt{0.1108}}=0.602$$

根据 $0.1\frac{l}{\sqrt{F}}$ 和 $\frac{l}{h_x}$ 值，查图3.3－24（全国勘测设计注册公用设备工程师暖通复习教材363页）得 $k=0.54$。

（5）由式（3.5－21）（全国勘测设计注册公用设备工程师暖通复习教材363页）计算轴心温差 Δt_x：

$$\Delta t_x=\Delta t_o=\frac{1.1\sqrt{F_o}}{K(h_x+l)}=9\times\frac{1.1\sqrt{0.1108}}{0.54\times(1.5+2)}=1.7$$

由于是舒适性空调满足要求。

（6）复核工作区风速，根据式（3.5－20）（全国勘测设计注册公用设备工程师暖通复习教材363页）得

$$v_x=v_o\times1.2\times K\times\frac{\sqrt{F_o}}{h_x+l}=3\times1.2\times0.54\times\frac{\sqrt{0.1108}}{(1.5+2)}=0.184m/s$$

能满足工作区的风速要求。

（7）按式（3.5－22）、式（3.5－23）校核贴附长度：

$$Ar=11.1\times\frac{\Delta t_0\sqrt{F_o}}{v_o^2\cdot T_n}=11.1\times\frac{9\times\sqrt{0.1108}}{3^2\times(273+26)}=0.012$$

$$Ar_x = 0.06Ar\left(\frac{h_x + l}{\sqrt{F_o}}\right)^2 = 0.06 \times 0.008 \times \frac{3.5^2}{0.1108} = 0.05$$

$$l_x = 0.54\sqrt{\frac{F_o}{Ar}} = 0.54\sqrt{\frac{0.1108}{0.012}} = 1.64\text{m}$$

Ar_x 值为0.05 <0.18，但 l_x 值为1.64m <2m，因为房间高度为3.5m，选用的是散流器下送，因此，满足要求。

其他房间方法类似，不再列举。

5.9 防火排烟管道设计

由于本设计中新风系统采用带热回收式的新风机组，所以，具备排风管道。由于满足如下规定，因此本设计要进行防火排烟管道设计。

由《高层民用建筑防火规范》中的规定：

8.1.3 一类高层建筑和建筑高度超过32m的二类高层建筑的下列部位应设排烟设施：

8.1.3.1 长度超过20m的内走道。

8.1.3.2 面积超过100m²，且经常有人停留或可燃物较多的房间。

8.1.3.3 高层建筑的中庭和经常有人停留或可燃物较多的地下室。

5.9.1 防烟分区要求

（1）设置排烟设施的走道、净高不超过6.00m的房间，应采用挡烟垂壁、隔墙或从顶棚下突出不小于0.50m的梁划分防烟分区。

（2）每个防烟分区的建筑面积不宜超过500m²，且防烟分区不应跨越防火分区。

（3）机械排烟的风速，采用金属风道时，不应大于20m/s；采用内表面光滑的混凝土等非金属材料风道时，不应大于15m/s；送风口的风速不宜大于7m/s；排烟口的风速不宜大于10m/s。

（4）设置机械排烟设施的部位，其排烟风机的风量应符合下列规定：

1）担负一个防烟分区排烟或净空高度大于6.00m的不划防烟分区的房间时，应按每平方米面积不小于60m³/h计算（单台风机最小排烟量不应小于7200m³/h）。

2）担负两个或两个以上防烟分区排烟时，应按最大防烟分区面积每平方米不小于120m³/h计算。

（5）中庭体积不大于17000m³时，其排烟量按其体积的6次/h换气计算；中庭体积大于17000m³时，其排烟量按其体积的4次/h换气计算，但最小排烟量不应小于102000m³/h。

（6）防烟分区内的排烟口距最远点的水平距离不应超过30m。在排烟支管上应设有当烟气温度超过280℃时能自行关闭的排烟防火阀。

（7）排烟风机可采用离心风机或采用排烟轴流风机，并应在其机房入口处设有当烟气温度超过280℃时能自动关闭的排烟防火阀。排烟风机应保证在280℃时能连续工作30min。

(8) 机械排烟系统与通风、空气调节系统宜分开设置。若合用时，必须采取可靠的防火安全措施，并应符合排烟系统要求。

(9) 设置机械排烟的地下室，应同时设置送风系统，且送风量不宜小于排烟量的50%。

(10) 排烟风机的全压应按排烟系统最不利管路进行计算，其排烟量应增加漏风系数。

(11) 当平时排风与火灾排烟合用风口时，风口设置为常开型，排烟风机应设置手动和自动开启装置。

5.9.2 排烟措施

本工程属于一类高层建筑，对于内走廊长度超过20m和面积超过100m^2，且经常有人停留或可燃物较多的房间，由于吊顶空间有限，采用平时排风和紧急时排烟公用风道，并划分了防烟分区。并按照上述几点规定进行了防排烟设计，具体方法如下：

如六区设置了一个机械排烟系统（PY－1），吊顶设一个排烟口，利用新风机WHC－05A2进行补风。火灾发生时，由消防中心远距离打开排烟口，同时联动排烟风机进行排烟和新风机进行补风。当火灾房间温度达到280℃时，该房间排烟防火阀关闭，将火势控制在该房间内（表5－15）。

排烟系统PY－1特点 **表5－15**

编号	风量	风压	服务对象	风口设置	设备安装地点
PY－1	4200m^3/h	500Pa	二层、首层、地下一层所对应的防烟分区	吊顶设电动排烟阀	地下三层

5.9.3 排烟量计算

【例5－1】 二层22号房间为西餐厅，面积为318.2m^2，为该层最大面积房间，所以主风道及风机风量为$318.2\times60=19092$m^3/h。

6　A 市天然气供应规划

肖潇（建筑环境与设备工程，2008 届）

指导老师：詹淑慧

简　　介

本设计为山东省A市的天然气管网规划设计和计算。天然气规划气源来自位于该市西南方向的门站，采用中压A级天然气管线供气，供气压力为0.25MPa。天然气用户包括居民生活用气、居民区配套商业用户用气、住宅及公共建筑物的供暖用气和大型商业及工业用户用气。

6.1　A 市天然气规划基本信息

6.1.1　A 市天然气规划范围

本设计天然气规划城市是山东省 A 市。城市中心区和工业区建设用地面积约 $48km^2$。天然气用户包括居民生活用气、居民区配套商业用户用气、住宅及公共建筑物的供暖用气和大型商业及工业用户用气。冬季冻土深度为地表下 0.80m，地下平均水位为地表下 4.0m。

6.1.2　城市基本概况

A 市为省政治、经济、文化、科技、教育和金融中心，南依泰山，北跨黄河，地势南高北低，处于鲁中山地与鲁北平原的过渡地带。

A 市地处中纬度地带，由于受太阳辐射、大气环流和地理环境的影响，属暖温带大陆性季风气候，地理位置优越，交通发达，随着经济的不断发展，A 市城市建设加快推进。近年，拟引进天然气作为城市能源。

6.2　气源基本性质

由《毕业设计任务书》所给出的天然气成分（表 6－1），经查《燃气供应》附录，得出各组分的基本参数值，再由以下计算公式计算出混合天然气的各项基本参数值。

燃气的容积成分（%）　　表 6－1

CH_4	C_2H_6	C_3H_6	C_3H_8	CO	O_2	CO_2	N_2
87.4	1.6	4.5	5.4				1.1

6.2.1　燃气的物理化学性质

（1）燃气的组成（表 6－1）

（2）平均分子量

燃气是多组分的混合物，不能用一个分子式来表示。通常将燃气的总质量与燃气的摩尔数之比称为燃气的平均分子量。

混合气体的平均分子量可按下式计算：

$$M=\frac{1}{100}\times(y_1M_1+y_2M_2+\cdots\cdots+y_nM_n)$$

$$=\frac{1}{100}\times(87.4\times16.043+1.6\times30.070+4.5\times42.081+5.4\times44.097+1.1\times28.013)$$

$$=19.086$$

式中　M——混合气体平均分子量；

y_1、y_2、……y_n——各单一气体容积成分（%）；

M_1、M_2、……M_n——各单一气体分子量。

（3）燃气的平均密度和相对密度

单位体积的物质所具有的质量，叫做这种物质的密度。单位体积的燃气所具有的质量称为燃气的平均密度。密度的单位为 kg/m^3。

1）混合气体的平均密度：

$$\rho = \frac{1}{100}\sum y_i \rho_i$$

$$= \frac{1}{100}\times(87.4\times0.7174+1.6\times1.3553+4.5\times1.9136+5.4\times2.0102+1.1\times1.2504)$$

$$=0.8571$$

式中 ρ——混合气体的平均密度（kg/m^3）；

y_i——燃气中各组分的容积比（%）；

ρ_i——燃气中各组分在标准状态时的密度（kg/m^3）。

2）相对密度：气体的相对密度是指气体的密度与相同状态的空气密度的比值。混合气体的相对密度可按下式计算：

$$s = \frac{\rho}{1.293} = \frac{0.8571}{1.293} = 0.6629$$

式中 s——混合气体相对密度，空气为 1；

ρ——混合气体的平均密度（kg/m^3）；

1.293——标准状态下空气的密度（kg/m^3）。

（4）临界参数

气体的临界参数：当温度不超过某一数值时，对气体进行加压可以使气体液化。而在该温度以上，无论加多大的压力也不能使气体液化，这一温度就称为该气体的临界温度。在临界温度下，使气体液化所需要的压力称为临界压力，此时气体的各项参数称为临界参数。

1）混合气体的平均临界温度

$$T_{mc} = \frac{1}{100}\times(y_1 T_{c1} + y_2 T_{c2} + \cdots\cdots + y_n T_{cn})$$

$$= \frac{1}{100}\times(87.4\times190.7+1.6\times305.4+4.5\times365.1+5.4\times369.9+1.1\times126.2)$$

$$=209.35$$

式中 T_{mc}——混合气体平均临界温度（K）；

y_1、y_2、$\cdots y_n$——各单一气体的容积比（%）；

T_{c1}、T_{c2}、$\cdots T_{cn}$——各单一气体临界温度（K）。

2）混合气体的平均临界压力

$$P_{mc} = \frac{1}{100}\times(y_1 P_{c1} + y_2 P_{c2} + \cdots\cdots + y_n P_{cn})$$

$$= \frac{1}{100}\times(87.4\times4.641+1.6\times4.884+4.5\times4.600+5.4\times4.256+1.1\times3.394)$$

$$=4.609$$

式中 P_{mc}——混合气体平均临界压力（MPa）；

y_1、y_2、$\cdots\cdots y_n$——各单一气体的容积比（%）；

P_{c1}、P_{c2}、……P_{cn}——各单一气体临界压力（MPa）。

（5）黏度

物质的黏滞性用黏度来表示。黏度可用动力黏度和运动黏度表示。一般情况下，气体的黏度随温度的升高而增加，混合气体的动力黏度随压力的升高而增大，而运动黏度随压力的升高而减小。

1）混合气体的动力黏度可按下式近似计算：

$$\mu = \frac{100}{\sum\left(\frac{g_i}{\mu_i}\right)}$$

式中 μ——混合气体的动力黏度（Pa·s）；

g_i——混合气体中各组分的质量成分（%）；

μ_i——混合气体中各组分的动力黏度（Pa·s）。

质量成分与容积成分之间的换算如下：

$$g_i = r_i \cdot \frac{M_i}{M}$$

式中 g_i——混合气体中各组分的质量成分（%）；

r_i——混合气体中各组分的容积成分（%）；

M_i——混合气体中某组分气体的摩尔质量；

M——混合气体的摩尔质量（平均分子量）。

燃气各组分质量成分计算如下（%）（表6-2）：

CH_4：$g_i = r_i \cdot \frac{M_i}{M} = 87.4 \times \frac{16.043}{19.086} = 73.5$

C_2H_6：$g_i = r_i \cdot \frac{M_i}{M} = 1.6 \times \frac{30.070}{19.086} = 2.5$

C_3H_6：$g_i = r_i \cdot \frac{M_i}{M} = 4.5 \times \frac{42.081}{19.086} = 9.9$

C_3H_8：$g_i = r_i \cdot \frac{M_i}{M} = 5.4 \times \frac{44.097}{19.086} = 12.5$

N_2：$g_i = r_i \cdot \frac{M_i}{M} = 1.1 \times \frac{28.013}{19.086} = 1.6$

燃气各组分质量成分（%） **表6-2**

CH_4	C_2H_6	C_3H_6	C_3H_8	CO	O_2	CO_2	N_2
73.5	2.5	9.9	12.5				1.6

$$\mu = \frac{100}{\sum\left(\frac{g_i}{\mu_i}\right)}$$

$$= \frac{100}{\frac{73.5}{10.60\times10^{-6}} + \frac{2.5}{8.77\times10^{-6}} + \frac{9.9}{7.80\times10^{-6}} + \frac{12.5}{7.65\times10^{-6}} + \frac{1.6}{17.00\times10^{-6}}}$$

$$= 9.788\times10^{-6}$$

2）混合气体的运动黏度可按下式近似计算：

$$v=\frac{\mu}{\rho}=\frac{9.788\times10^{-6}}{0.8571}=11.42\times10^{-6}$$

式中 v——流体的运动黏度（m^2/s）；

μ——相应流体的动力黏度（Pa·s）；

ρ——流体的密度（kg/m^3）。

6.2.2 燃气的热力与燃烧特性

1. 燃气的热值

燃气的热值是指单位数量的燃气完全燃烧时所放出的全部热量。

燃气的热值分为高热值和低热值。高热值是指单位数量的燃气完全燃烧后，其燃烧产物与周围环境恢复到燃烧前的原始温度，烟气中的水蒸气凝结成同温度的水后所放出的全部热量。低热值则是指在上述条件下，烟气中的水蒸气仍以蒸汽状态存在时，所获得的全部热量。

干燃气的发热值为：

$$\begin{aligned}H_h&=\frac{1}{100}\times(y_1H_{h1}+y_2H_{h2}+\cdots\cdots+y_nH_{hn})\\&=\frac{1}{100}\times(87.4\times39.842+1.6\times70.351+4.5\times93.667+5.4\times101.266)\\&=45.631\end{aligned}$$

$$\begin{aligned}H_l&=\frac{1}{100}\times(y_1H_{l1}+y_2H_{l2}+\cdots\cdots+y_nH_{ln})\\&=\frac{1}{100}\times(87.4\times35.902+1.6\times64.397+4.5\times87.667+5.4\times93.240)\\&=41.389\end{aligned}$$

式中 H_h——干燃气的高发热值（MJ/m^3）；

H_l——干燃气的低发热值（MJ/m^3）；

y_1、y_2、……y_n——各单一气体容积成分（%）；

H_{h1}、H_{h2}、……H_{hn}——各单一气体的高发热值（MJ/m^3）；

H_{l1}、H_{l2}、……H_{ln}——各单一气体的低发热值（MJ/m^3）。

2. 爆炸极限

$$L_d=L\frac{\left(1+\frac{0.01B_i}{1-0.01B_i}\right)100}{100+L\left(\frac{0.01B_i}{1-0.01B_i}\right)}$$

式中 L_d——含有惰性气体的燃气爆炸上（下）限（%）；

L——不含惰性气体的燃气爆炸上（下）限（%）；

B_i——惰性气体的容积成分（%）。

$$L=\frac{100}{\sum\left(\frac{y_i}{L_i}\right)}$$

式中　L——不含氧及惰性气体的燃气爆炸上（下）限（%）；

y_i——燃气中各组分的容积成分（%）；

L_i——燃气中各组分的燃气爆炸上（下）限（%）。

$$L_l=\frac{100}{\frac{87.4/(100\%-1.1\%)}{5.0}+\frac{1.6/(100\%-1.1\%)}{2.9}+\frac{4.5/(100\%-1.1\%)}{2.0}+\frac{5.4/(100\%-1.1\%)}{2.2}}$$

$$=4.33$$

$$L_h=\frac{100}{\frac{87.4/(100\%-1.1\%)}{15.0}+\frac{1.6/(100\%-1.1\%)}{13.0}+\frac{4.5/(100\%-1.1\%)}{11.7}+\frac{5.4/(100\%-1.1\%)}{9.5}}$$

$$=14.33$$

$$L_{dl}=L_l\frac{\left(1+\frac{0.01B_i}{1-0.01B_i}\right)100}{100+L_l\left(\frac{0.01B_i}{1-0.01B_i}\right)}=4.33\times\frac{\left(1+\frac{0.01\times1.1}{1-0.01\times1.1}\right)100}{100+4.38\times\left(\frac{0.01\times1.1}{1-0.01\times1.1}\right)}=4.38$$

$$L_{dh}=L_h\frac{\left(1+\frac{0.01B_i}{1-0.01B_i}\right)100}{100+L_h\left(\frac{0.01B_i}{1-0.01B_i}\right)}=14.33\times\frac{\left(1+\frac{0.01\times1.1}{1-0.01\times1.1}\right)100}{100+14.49\times\left(\frac{0.01\times1.1}{1-0.01\times1.1}\right)}=14.47$$

因此，爆炸极限为4.38%～14.47%。

3. 理论空气量

标准状态下1m^3气体燃料完全燃烧又无过剩氧时所需的空气量，称为气体燃料的燃烧所需空气量。当已知气体燃料中各单一可燃气体的体积分数时，按下式计算其燃烧所需理论空气量：

$$V_0=\frac{1}{21}\left[\sum\left(m+\frac{n}{4}\right)C_mH_n\right]$$

式中　C_mH_n——燃气中所含碳氢化合物的体积分数（%）；

V_0——燃气的理论空气量（m^3/m^3）。

因此　$V_0=\frac{1}{21}\,[2\times87.4+3.5\times1.6+4.5\times4.5+5\times5.4]=10.84m^3/m^3$

4. 理论烟气量

燃料燃烧后生成烟气，如供给燃料以理论空气量V_k^0，燃料又达到完全燃烧，这时烟气所具有的体积称为理论烟气量。

$$V_f^0=\frac{0.239H_l}{1000}+2$$

式中　H_l——燃气的低热值（MJ/m^3）；

V_f^0——燃气的理论烟气量（m^3/m^3）。

因此　$V_f^0=\frac{0.239\times41.389}{1000}+2=2.01m^3/m^3$

5. 华白数

表示燃气性质对燃具热负荷影响的一个重要参数。

$$W=\frac{H_l}{\sqrt{S}}$$

式中 H_l——燃气的低热值（MJ/m³）；

S——燃气的相对密度；

W——燃气的华白数（MJ/m³）。

因此 $W=\dfrac{41.389}{\sqrt{0.6629}}=50.83\mathrm{MJ/m^3}$

以上公式选自《燃气供应》，燃气各项基本参数计算结果见表 6－3。

燃气基本性质汇总列表 表 6－3

平均分子量	19.086
平均密度（kg/m³）	0.8571
相对密度	0.6629
临界温度（K）	209.35
临界压力（MPa）	4.609
动力黏度（Pa·s）	9.788×10^{-6}
运动黏度（m²/s）	11.42×10^{-6}
高热值（MJ/m³）	45.631
低热值（MJ/m³）	41.389
爆炸极限（%）	4.38－14.47
理论空气量（m³/m³）	10.84
理论烟气量（m³/m³）	2.01
华白数（MJ/m³）	50.83

6.3 年用气量的确定及储气容积的计算

6.3.1 供气原则及供气对象

1. 供气原则

本设计采用以民用为主的供气原则。

（1）优先满足城镇居民炊事和生活用热水的用气。

（2）尽量满足幼托、医院、学校、旅馆、食堂和科研等公共建筑的用气。

（3）天然气气量充足，可发展燃气供暖，但要拥有调节季节不均匀用气的手段。

以上资料参照《燃气工程技术手册》（同济大学出版社）第 503 页的相关内容。

2. 供气对象

对于 A 市，城市用户供气对象分为 4 种：居民生活用气、居民区配套商业用户用气（公共建筑用气）、住宅及公共建筑的供暖用气、需用燃气的大型用户。

（1）居民生活用气的管道供气占 94%，其余为瓶装液化石油气（LPG）供应。

（2）居民区配套商业用户用气的管道供气占 95%，其余为瓶装液化石油气（LPG）供应。

（3）住宅及公共建筑物供暖用气。

（4）大型用户用气，其中分为公共建筑用气和工业企业用气：

公共建筑：旅游饭店；

体育中心；

省中心医院。

工业企业：粮食加工厂；

日化厂；

机床厂。

6.3.2 各类用户年用气量的计算

在运行城市燃气管网系统设计时，首先要确定燃气需要量，即年用气量。年用气量是确定气源、管网和设备燃气通过能力的依据。

1. 居民生活年用气量的计算

（1）用气指标的确定

通常根据实际统计资料，经分析和计算得到用气定额。当缺乏用气量的实际统计资料时，可根据当地的实际燃气消耗量、生活习惯、气候条件等具体条件，可参照相似城市用气定额（按低热值计算）。

参照《燃气供应》（中国建筑工业出版社），城镇居民生活年用气指标取2800MJ/人·a（有集中供暖），因为济南市属于北方城市。

（2）年用气量的计算

根据已确定的居民生活用气量指标、居民人数、燃气低热值以及城镇居民汽化率（指在计算居民用户生活用气量时，需要确定的用气人数，即城镇居民使用燃气的人数占城镇人口总数的百分数）计算出居民生活年用气量。

参照《燃气工程设计手册》（同济大学出版社）第506页式（4－3－1）：

$$Q_a = \frac{NKq}{H_l}$$

式中 Q_a——居民生活年用气量（m^3/a）；

N——居民人数（人）；

q——居民生活用气量指标（MJ/人·a）；

K——城镇居民汽化率（%）；

H_l——燃气低热值（MJ/m^3）。

因此有 $Q_a = \frac{50\times10^4\times94\%\times2800}{41.389} = 31795887.8m^3/a = 3.2\times10^7m^3/a$

2. 公共建筑年用气量的计算

（1）影响公共建筑用气量的因素（参照《煤气规划设计手册》第42页相关说明）

1）城市燃气供应状况，燃气管网布置与公共建筑的分布状况；

2）居民使用公共服务设施的普及程度、设施标准；

3）用气设备的性能、效率、运行管理水平和使用均衡程度；

4）地区的气候条件等。

（2）各类公共建筑用户用气指标及用气量的计算

1）用气指标参照《深圳市规划标准与准则》以及《煤气规划设计手册》

2）公共建筑年用气量的计算

① 计算方法

A. 按公共建筑拥有的各类用气设备数量和各类用气设备的定额热负荷计算；

B. 按公共建筑用户性质用途的用气指标及服务人数计算。

综合考虑：本设计采用的是方法B，即首先要确定各类用户的用气定额和各类用户用气人数占总人口的比例以及汽化率。对于公共建筑，用气人数取决于城镇居民人口数和公共建筑的设施标准。

② 年用气量的计算

参照《燃气工程设计手册》第506页式（4-3-2）：

$$Q_a=\frac{MNq}{H_1}$$

式中 Q_a——居民生活年用气量（m^3/a）；

N——居民人数（人）；

q——居民商业用户的用气量指标（MJ/人·a）；

M——各类用户用气人数占总人口的比例数；

H_1——燃气低热值（MJ/m^3）。

各类公共建筑用户年用气量的计算如下：

A. 托儿所

a. 设施标准：参照《深圳市规划标准与准则》，收0.5~3岁儿童，适龄儿童占总人口的3.4%，其中50%入托，其中30%全托，70%半托，即均为17座/千人。

b. 用气指标：参照《煤气规划设计手册》

全托：2500MJ/人·a

半托：1600MJ/人·a

c. 用气量：

全托：$Q_a=\frac{MNq}{H_1}=\frac{0.017\times50\times10^4\times2500\times0.3}{41.389}=154026.43m^3/a=1.6\times10^5m^3/a$

半托：$Q_a=\frac{MNq}{H_1}=\frac{0.017\times50\times10^4\times1600\times0.7}{41.389}=230012.81m^3/a=2.4\times10^5m^3/a$

B. 幼儿园

a. 设施标准：参照《深圳市规划标准与准则》，收3~6岁儿童，适龄儿童占总人口的4%，其中90%入园，即36座/千人。

b. 用气指标：参照《煤气规划设计手册》，为1500MJ/（人·a）。

c. 用气量：

$$Q_a=\frac{MNq}{H_1}=\frac{0.036\times50\times10^4\times1500}{41.389}=652347.24m^3/a=6.6\times10^5m^3/a$$

C. 小学

a. 设施标准：80座/千人。

b. 用气指标：5.02MJ/（人·日）。

c. 用气量：除寒假30天，暑假50天及双休日，定用气日为210天，则

$$Q_a=\frac{MNq}{H_1}=\frac{0.080\times50\times10^4\times5.02\times210}{41.389}=1018821.43\text{m}^3/\text{a}=1.1\times10^6\text{m}^3/\text{a}$$

D. 中学

a. 设施标准：70 座/千人。

b. 用气指标：5.02MJ/（人·日）。

c. 用气量：定用气日为210 天。

$$Q_a=\frac{MNq}{H_1}=\frac{0.070\times50\times10^4\times5.02\times210}{41.389}=891468.75\text{m}^3/\text{a}=9.0\times10^5\text{m}^3/\text{a}$$

E. 大学

a. 设施标准：30 座/千人。

b. 用气指标：8.37MJ/（人·日）。

c. 用气量：由于大学寒假暑假也有在校生等因素，因此定用气日为330 天。

$$Q_a=\frac{MNq}{H_1}=\frac{0.030\times50\times10^4\times5.02\times330}{41.389}=1001026.84\text{m}^3/\text{a}=1.1\times10^6\text{m}^3/\text{a}$$

F. 医院

a. 设施标准：一般两个居住区设一所医院，5 床/千人。

b. 用气指标：3600MJ/（床·年）。

c. 用气量：

$$Q_a=\frac{MNq}{H_1}=\frac{0.005\times50\times10^4\times3600}{41.389}=217449.08\text{m}^3/\text{a}=2.2\times10^5\text{m}^3/\text{a}$$

G. 职工食堂

a. 用气标准：24MJ/kg 粮食。

b. 用气量：A 市有35%的人口为职工，其中30%在食堂就餐，每人每天0.4kg 粮食，定工作日为260 天，即42kg/（千人·天）。

$$Q_a=\frac{MNq}{H_1}=\frac{24\times50\times10^4\times0.042\times260}{41.389}=3166058.62\text{m}^3/\text{a}=3.2\times10^6\text{m}^3/\text{a}$$

H. 饮食业

a. 设施标准：6 座/千人。

b. 用气指标：11000MJ/（座·年）。

c. 用气量：

$$Q_a=\frac{MNq}{H_1}=\frac{0.006\times50\times10^4\times11000}{41.389}=797313.30\text{m}^3/\text{a}=8.0\times10^5\text{m}^3/\text{a}$$

I. 宾馆

a. 设施标准：3 床/千人。

b. 用气指标：9000MJ/（床·年）。

c. 用气量：

$$Q_a=\frac{MNq}{H_1}=\frac{0.003\times50\times10^4\times9000}{41.389}=326173.62\text{m}^3/\text{a}=3.3\times10^5\text{m}^3/\text{a}$$

J. 招待所、旅馆

a. 设施标准：2 床/千人。

b. 用气指标：4000MJ/（床·年）。

c. 用气量：

$$Q_a=\frac{MNq}{H_1}=\frac{0.002\times50\times10^4\times4000}{41.389}=96644.04m^3/a=9.7\times10^4m^3/a$$

K. 副食店、商品店

a. 设施标准：经营副食、调料、糕点、糖、烟酒、日用杂货等，定为1处/4000人。

b. 用气指标：11500MJ/（处·年）。

c. 用气量：

$$Q_a=\frac{MNq}{H_1}=\frac{\frac{1}{4000}\times50\times10^4\times11500}{41.389}=34761.45m^3/a=3.5\times10^4m^3/a$$

L. 理发店

a. 设施标准：无统一标准。

b. 用气指标：5MJ/（人·次）。

c. 用气量：定每人每年8次理发。

$$Q_a=\frac{MNq}{H_1}=\frac{5\times8\times50\times10^4}{41.389}=483220.18m^3/a=4.9\times10^5m^3/a$$

将以上12项分类用户的年用气量加在一起，得公共建筑的年用气量：

$$Q=1.6\times10^5+2.4\times10^5+6.6\times10^5+1.1\times10^6+9.0\times10^5+1.1\times10^6+2.2\times10^5+3.2\times10^6+8.0\times10^5+3.3\times10^5+9.7\times10^4+3.5\times10^4+4.9\times10^5=9332000m^3/a=9.4\times10^6m^3/a$$

由任务书可知：公共建筑的汽化率为95%，因此公共建筑年用气量为 $9.4\times10^{-6}\times95\%=8.9\times10^6m^3/a$

以上内容详见表6-4。

公共建筑各类用户用气指标及用气量表 **表6-4**

序号	项目	设施标准	用气指标	用气天数	年用气量（m^3/a）
1	托儿所（全托） （半托）	17座/千人 17座/千人	2500MJ/（人·年） 1600MJ/（人·年）		160000 240000
2	幼儿园	36座/千人	1500MJ/（人·年）		660000
3	小学	80座/千人	5.02MJ/（人·日）	210	1100000
4	中学	70座/千人	5.02MJ/（人·日）	210	900000
5	大学	30座/千人	8.37MJ/（人·日）	330	1100000
6	医院	5床/千人	3600MJ/（床·年）		220000
7	职工食堂		24MJ/kg粮食		3200000
8	饮食业	6座/千人	11000MJ/（座·年）		800000
9	宾馆	3床/千人	9000MJ/（床·年）		330000
10	招待所、旅馆	2床/千人	4000MJ/（床·年）		97000

续表

序号	项目	设施标准	用气指标	用气天数	年用气量（m^3/a）
11	副食店、食品店	1处/4千人	11500MJ/（处·年）		35000
12	理发店		5MJ/（人·次）		490000
总计					9400000
公共建筑汽化率					95%
公共建筑年用气量					8900000

$$\frac{公共建筑年用气量}{居民生活年用气量}=\frac{8.9\times10^{6}}{3.2\times10^{7}}=27.81\%$$

其余公共建筑用户为非燃气管道供气，而用瓶装液化石油气。

3. 大型用户年用气量的计算

本设计中需用燃气的大型用户分为公共建筑和工业企业两大类。

（1）公共建筑

1）旅游饭店

根据实际情况，每年工作日为365天，每天用气24小时，用气热指标为65.4×10^{3}MJ/h，因此旅游饭店年用气量为：

$$Q_{a}=\frac{65.4\times10^{3}\times365\times24}{41.389}=1.4\times10^{7}m^{3}/a\text{（折合约为}1600m^{3}/h\text{）}$$

2）体育中心

根据实际情况，每年工作日为365天，每天用气12小时，用气热指标为47.6×10^{3}MJ/h，因此体育中心年用气量为：

$$Q_{a}=\frac{47.6\times10^{3}\times365\times12}{41.389}=5.1\times10^{6}m^{3}/a\text{（折合约为}1200m^{3}/h\text{）}$$

3）省中心医院

根据实际情况，每年工作日为365天，每天用气24小时，用气热指标为56.6×10^{3}MJ/h，因此省中心医院年用气量为：

$$Q_{a}=\frac{56.6\times10^{3}\times365\times24}{41.389}=1.2\times10^{7}m^{3}/a\text{（折合约为}1380m^{3}/h\text{）}$$

（2）工业企业

1）粮食加工厂

根据实际情况，每年工作日为360天，每天用气16个小时（二班制），用气热指标为8.0×10^{3}MJ/h，因此粮食加工厂年用气量为：

$$Q_{a}=\frac{8.0\times10^{3}\times360\times16}{41.389}=1.1\times10^{6}m^{3}/a\text{（折合约为}200m^{3}/h\text{）}$$

2）日化厂

根据实际情况，每年工作日为360天，每天用气16个小时（二班制），用气热指标为9.8×10^{3}MJ/h，因此日化厂年用气量为：

$$Q_a=\frac{9.8\times10^3\times360\times16}{41.389}=1.3\times10^6\mathrm{m^3/a}$$（折合约为$240\mathrm{m^3/h}$）

3）机床厂

根据实际情况，每年工作日为360天，每天用气16个小时（二班制），用气热指标为12.6×10^3MJ/h，因此机床厂年用气量为：

$$Q_a=\frac{12.6\times10^3\times360\times16}{41.389}=1.7\times10^6\mathrm{m^3/a}$$（折合约为$310\mathrm{m^3/h}$）

说明：以上各个计算式中的$41.389\mathrm{MJ/m^3}$为燃气的低热值。

因此，大型用户年用气量为以上各项之和，即：

$$Q=1.4\times10^7+5.1\times10^6+1.2\times10^7+1.1\times10^6+1.3\times10^6+1.7\times10^6=3.5\times10^7\mathrm{m^3/a}$$

4. 住宅及公共建筑物供暖年用气量的计算

建筑物的供暖用气与建筑面积、耗热指标和供暖期的长短有关，因此参照《燃气工程设计手册》第507页式（4-3-4）：

$$Q_a=\frac{Fq_hn}{H_l\eta}$$

式中 Q_a——供暖的年用气量（$\mathrm{m^3/a}$）；

F——使用燃气供暖的建筑面积（$\mathrm{m^2}$）；

q_h——建筑物的耗热指标［kJ/（$\mathrm{m^2}\cdot$h）］［住宅取220kJ/（$\mathrm{m^2}\cdot$h），公共建筑取400kJ/（$\mathrm{m^2}\cdot$h）］；

n——年供暖小时数（h）；

H_l——燃气低热值（$\mathrm{MJ/m^3}$）；

η——燃气供暖系统热效率（管网和锅炉的热效率）（本设计依实际情况取0.9）。

A市总人口为50万人，住宅及公共建筑物的供暖计划30万人用燃气，随着今后燃气的不断发展，将逐步提高供暖用燃气的比例。

（1）A市集中供暖建筑面积F的计算

1）$F_{住宅}=\dfrac{25\times30\times10^4}{3.0}=2500000\mathrm{m^2}$

式中 25——居民住宅建筑平均容积（$\mathrm{m^3}$/人）；

3.0——住宅建筑的平均层高（m）；

30×10^4——燃气供暖人数。

2）$F_{公共建筑}=\dfrac{(25\times30\times10^4)\times23\%}{4.0}=431250$（$\mathrm{m^2}$）

式中 23——公共建筑物占住宅建筑物体积的百分比（%）；

4.0——公共建筑的平均层高（m）。

（2）住宅及公共建筑供暖用气量的计算

A市供暖日为105天。住宅每天供气18h，公共建筑每天供气12h，参照《煤气规划设计手册》，取

住宅耗热指标：$220\mathrm{kJ/m^2\cdot h}$

公共建筑耗热指标：$400\mathrm{kJ/m^2\cdot h}$

住宅：$Q_a=\frac{Fq_hn}{H_1\eta}=\frac{2500000\times220\times105\times18}{41.389\times10^3\times0.9}=2.8\times10^7 m^3/a$

公共建筑：$Q_a=\frac{Fq_hn}{H_1\eta}=\frac{431250\times400\times105\times12}{41.389\times10^3\times0.9}=5.8\times10^6 m^3/a$

以上两项求和即为供暖用气量总和：$2.8\times10^7+5.8\times10^6=3.4\times10^7 m^3/a$

5. 未预见量的计算

未预见量主要指管网的煤气漏损量和发展过程中出现没有预见的新情况而超出了原计算的设计供气量，一般未预见量按总用气量的3%～5%计算。考虑A市的实际发展状况，本设计中取5%。

由以上的计算可以得到：居民生活用气量 $=3.2\times10^7 m^3/a$

公共建筑用气量 $=8.9\times10^6 m^3/a$

大型用户用气量 $=3.5\times10^7 m^3/a$

供暖用户用气量 $=3.4\times10^7 m^3/a$

因此，以上四项之和即总用气量：$(3.2+0.89+3.5+3.4)\times10^7=10.99\times10^7 m^3/a$

考虑未预见量 $=10.99\times10^7\times5\%=0.55\times10^7 m^3/a$

因此，管网实际总用气量为：$10.99\times10^7+0.55\times10^7=11.54\times10^7 m^3/a$

综上所述：A市总人口数为50万人，年用气量为 $11.54\times10^7 m^3/a$。

以上计算结果详见表6－5和图6－1。

各类用户年用气量表（m^3/a） **表6－5**

居民生活年用气量	公共建筑年用气量	大型用户年用气量	供暖用户年用气量	年未预见量	年总用气量
32000000	8900000	35000000	34000000	5500000	115400000

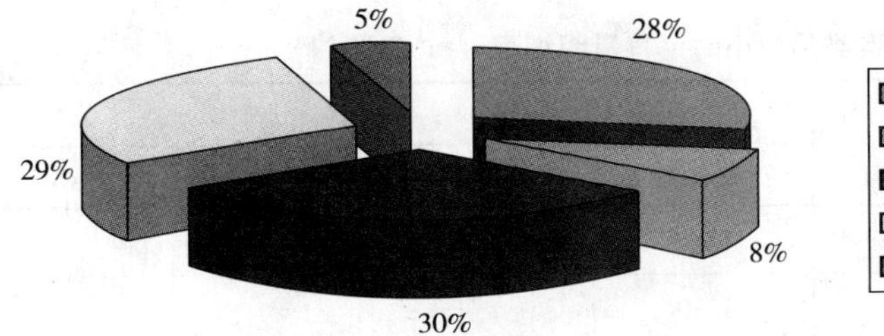

图6－1 各类用户年用气量图

6.3.3 小时计算流量的确定

由于小时计算流量是燃气供应系统管道及设备的通过能力选择的基本依据，小时计算流量的确定，关系着燃气输配的经济性和可靠性：小时计算流量定得过高，会增加输配系统的基建投资和金属耗量；定得偏低，又会影响对用户的正常供气。

燃气管道及设备的通过能力都应按燃气计算日的小时最大流量进行计算。小时计算流量的确定，关系着燃气输配的经济性和可靠性。

确定燃气小时计算流量的方法有两种：不均匀系数法和同时工作系数法。不均匀系数法是在规划设计阶段用，同时工作系数法在设计庭院燃气支管和室内燃气管道时用。因此，在这里用不均匀系数法，参照《燃气供应》（第二版）第57页公式：

$$Q_h = \frac{Q_a}{365 \times 24} K_m K_d K_h$$

式中 Q_h——燃气管道小时计算流量（m^3/h）；

Q_a——年用气量（m^3/a）；

K_m——月高峰系数；

K_d——日高峰系数；

K_h——小时高峰系数。

城市中各类用户的小时用气工况均不相同。大型用户中各用户（包括公共建筑和工业企业）的小时用气量已计算，供暖用户中公共建筑及住宅小时用气量也已计算出。而居民生活和公共建筑用户的小时用气不均匀性最为显著，它随小时高峰系数的不同而变化。因此用不均匀系数法来确定。

参照《燃气供应》（第二版）第57页，月高峰系数 K_m 取1.1~1.3，本设计中取1.2；日高峰系数 K_d 取1.05~1.2，本设计中取1.15；小时高峰系数 K_h 参照《煤气规划设计手册》中“一般城市小时不均匀系数”选取。详见《各类用户小时用气量明细表》。

小时计算流量的计算如下：

$$\begin{aligned} Q_h &= \frac{Q_a}{365 \times 24} K_m K_d K_h \\ &= \frac{3.2 \times 10^7 + 8.9 \times 10^6}{365 \times 24} \times 1.2 \times 1.15 \times K_h \\ &= 6443 \times K_h \ m^3/h \end{aligned}$$

居民生活及公共建筑小时计算流量的计算结果详见表6-6、表6-7和图6-2。

各类用户小时用气量明细表（m^3/h）（1）　　表6-6

时间（h）	大型用户						
	旅游饭店	体育中心	省中心医院	粮食加工厂	日化厂	机床厂	合计
1~2	1600		1380				2980
2~3	1600		1380				2980
3~4	1600		1380				2980
4~5	1600		1380				2980
5~6	1600		1380				2980
6~7	1600	1200	1380				4180
7~8	1600	1200	1380	200	240	310	4930
8~9	1600		1380	200	240	310	3730

续表

时间（h）	大型用户						
	旅游饭店	体育中心	省中心医院	粮食加工厂	日化厂	机床厂	合计
9~10	1600		1380	200	240	310	3730
10~11	1600	1200	1380	200	240	310	4930
11~12	1600	1200	1380	200	240	310	4930
12~13	1600	1200	1380	200	240	310	4930
13~14	1600		1380	200	240	310	3730
14~15	1600		1380	200	240	310	3730
15~16	1600		1380	200	240	310	3730
16~17	1600	1200	1380	200	240	310	4930
17~18	1600	1200	1380	200	240	310	4930
18~19	1600	1200	1380	200	240	310	4930
19~20	1600	1200	1380	200	240	310	4930
20~21	1600	1200	1380	200	240	310	4930
21~22	1600	1200	1380	200	240	310	4930
22~23	1600	1200	1380	200	240	310	4930
23~24	1600		1380				2980
24~1	1600		1380				2980

各类用户小时用气量明细表（m^3/h）（2） **表6-7**

时间（h）	供暖用户			居民生活及公共建筑			小时用气量
	住宅	公共建筑	合计	K_h	$\frac{Q_a}{365\times24}K_mK_d$	$Q_h=\frac{Q_a}{365\times24}K_mK_dK_h$	
1~2	14815		14815	1.29	6443	8311	26106
2~3			0	1.67	6443	10760	13740
3~4			0	1.00	6443	6443	9423
4~5	14815		14815	1.63	6443	10502	28297
5~6	14815	4603	19418	2.96	6443	19071	41469
6~7	14815	4603	19418	3.59	6443	23130	46728
7~8	14815	4603	19418	5.00	6443	32215	56563
8~9	14815	4603	19418	4.96	6443	31957	55105
9~10			0	6.55	6443	42202	45932
10~11	14815	4603	19418	11.30	6443	72806	97154
11~12	14815	4603	19418	9.84	6443	63399	87747
12~13	14815	4603	19418	3.67	6443	23646	47994

续表

时间（h）	供暖用户			居民生活及公共建筑			小时用气量
	住宅	公共建筑	合计	K_h	$\frac{Q_a}{365\times24}K_mK_d$	$Q_h=\frac{Q_a}{365\times24}K_mK_dK_h$	
13～14			0	2.38	6443	15334	19064
14～15			0	1.88	6443	12113	15843
15～16			0	3.63	6443	23388	27118
16～17	14815	4603	19418	6.67	6443	42975	67323
17～18	14815	4603	19418	9.59	6443	61788	86136
18～19	14815	4603	19418	6.21	6443	40011	64359
19～20	14815	4603	19418	3.42	6443	22035	46383
20～21	14815	4603	19418	4.88	6443	31442	55790
21～22	14815		14815	4.34	6443	27963	47708
22～23	14815		14815	1.29	6443	8311	28056
23～24	14815		14815	1.00	6443	6443	24238
24～1	14815		14815	1.33	6443	8569	26364
总和							1064640

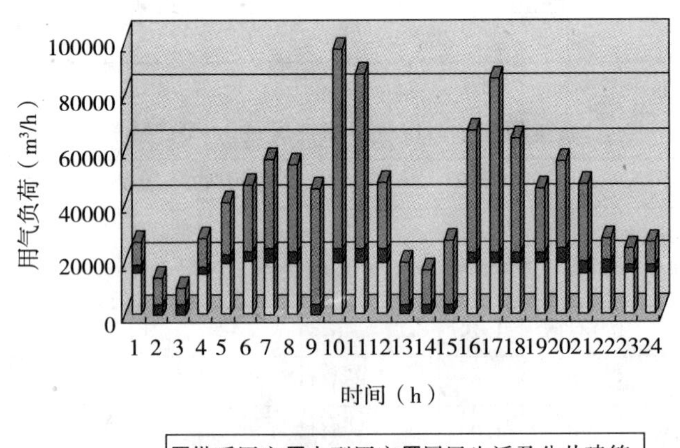

图6－2　A市各类用户小时用气负荷图

6.3.4　供需平衡方案的分析及确定

城市燃气用量不断变化，但气源的供应量不可能完全按用气量的变化随时变化。因此，为解决均匀供气与不均匀用气之间的矛盾，保证不间断地向用户供应正常压力和流量的燃气，就需要采取一定的措施使燃气供应系统供需平衡。一般综合考虑气源、用户及输配系统的具体情况，提出合理的供需平衡方案。

平衡的方法有三种：调整气源的生产能力或设置机动气源、设立缓冲用户以及利用储气设施。

1. 调整气源的生产能力或设置机动气源

天然气供应系统中，一般只在用气城镇距离天然气产地不远时，采用调节气井产量的方法平衡部分月不均匀用气。由于本设计采用长输管线输送天然气，用气城市距离天然气产地相对较远，因此不采用调整气源生产能力的方法。

设置机动气源也是平衡季节或其他高峰用气的有效方法之一。对于城镇燃气供应系统在设置机动气源时，应根据需要，考虑可能取得的机动气源种类及数量。用气量较大时可以用其他气源来缓解天然气的负荷。结合本设计实际情况，不采用设置机动气源的方法。

2. 设立缓冲用户

为了平衡冬季、夏季的不均匀用气及一部分日不均匀用气，一些大型工业企业及锅炉房等可作为城镇燃气供应系统的缓冲用户。在夏季用气低峰时，供给它们燃气；冬季用气高峰时，这些用户改用固体或液体燃料。

此外，还可以采用计划调配用气的方法，在气源比较紧张的情况下，可以通过调整大型工业企业的作息时间，随时掌握各工业企业的实际用气和计划用气量，有计划调配用气。对居民生活和公共建筑用户设一些测点，在测点上装置燃气总计量表，作出燃气供气量和用气量曲线，掌握用气情况。根据工业企业、居民生活及公共建筑的用气量和用气工况，制订调度计划，通过调度计划调整供气量。尤其保证重点用户的燃气用量。

3. 利用储气设施

储气设施是平衡城市日供需气量波动的基本措施，即在日用户低峰时把均衡生产的多余燃气储存起来，补充用气高峰时气源供应不足的部分，从而保证各类用户安全稳定用气。一般的储气设施有地下储气、液态储存、管道储气和储气罐储气。

综上所述并结合实际情况，济南市主要采用利用储气设施的方法平衡燃气生产与使用的不平衡。

以上内容参照《燃气供应》（中国建筑工业出版社）第58～59页的相关内容。

6.3.5 储气设施的选择及储气容积的计算

1. 储气设施的选择

（1）地下储气

主要用于解决季节不均匀用气，同时也可以解决一部分日不均匀用气。与其他储气方式比较，其特点是容量大，单位投资少，运行管理费用低，节省大量金属。但它不能用来解决供暖日不均匀用气及小时不均匀用气，因此本设计不采用此种方法。

（2）液态储存

液化天然气汽化方便，负荷调节范围广，适用于调节各种不均匀用气。天然气低温液化存储在储罐中，储藏必须保证绝对良好。除此之外，还必须设有液化天然气的“卫星站”和“调峰全能站”，站内有储存和再汽化装置。由于经济费用较高、投资成本较大，因此本设计不采用此种方法。

（3）管道储气

利用高压长输管线（或管束）末端储气是平衡城镇燃气小时不均匀用气的有效办法。因此，本设计采用长输干管末端储气。

长输干管末端是指长输管线最后一级压送站的出口到管线末端为止的管段。结合本设计，即为距城市边缘45km的最后一级压送站到门站这段。它是将钢管埋在地下，对管内燃气进行加压，利用燃气的可压缩性及其高压下同理想气体的偏差，进行储气。

（4）储气罐储气

为保障城镇燃气供应系统的稳定供气，除采用上述储气方式外，本设计还需要用储气罐来平衡日不均匀用气及小时不均匀用气。夜间用气量低时，多余燃气储存在储罐中，以补充日间用气量高于供气量的不足部分。

储气罐除储气外，主要有以下三点功能：

1）随燃气小时用气量的变化情况，补充长输管线输气不足时不能及时供应的部分燃气量。

2）当停电、管道维修、制气或输配设备发生暂时故障时，储气罐可保证一定程度的供气，即可保证重点用户及不能停气的用户能维持用气。

3）当在用气高峰（如春节）可在储气罐内掺混不同组分的燃气，使燃气的性质（成分、热值）稳定均匀。

综上所述并结合实际情况，本设计采用储气罐储气的方式。

以上内容参照《燃气供应》（中国建筑工业出版社）第59～61页的相关内容。

2. 储气容积的计算

（1）储气容积的计算

储气容积是以计算月最大日用气量为基础进行计算的。本设计计算月最大日用气量为1064641m^3/d，气源在一日内连续均匀供气。

设每日供气量为100m^3，每小时供气量为$\frac{100}{2.4}\approx 4.17$，见表6-8中第2列。该表第3列为从计算开始时算起的燃气供应量累计值。小时用气量占日用气量的百分数以及其累计值为该表第4列、第5列。燃气供气量的累计值与燃气用气量的累计值之差，即第3列与第5列之差为该小时末燃气的储存值，见表6-8中第6列。在第6列中找出最大和最小值，两数绝对值相加为$9.68+|-5.10|=14.78$。因此，所需储气容积为$1064641\times 14.78\%=157354m^3$。

该市为平衡高峰日的小时不均匀用气，至少需要储存157354m^3燃气，调峰储气容积占日用气量的14.78%。

以上计算详见表6-8和图6-3。

调峰储气容积计算表 **表6-8**

时间（h）	供气量		用气量		燃气的储存量（m^3）
	燃气小时供应量（%）	燃气供应量累计值（m^3）	小时用气量占日用气量的百分数（%）	累计值（m^3）	
1～2	4.17	4.17	2.45	2.45	1.72
2～3	4.17	8.34	1.29	3.74	4.60
3～4	4.16	12.50	0.88	4.62	7.88
4～5	4.17	16.67	2.65	7.27	9.40

续表

时间（h）	供气量		用气量		燃气的储存量（m^3）
	燃气小时供应量（%）	燃气供应量累计值（m^3）	小时用气量占日用气量的百分数（%）	累计值（m^3）	
5～6	4.17	20.84	3.89	11.16	9.68
6～7	4.16	25.00	4.39	15.55	9.45
7～8	4.17	29.17	5.31	20.86	8.31
8～9	4.17	33.34	5.18	26.04	7.30
9～10	4.16	37.50	4.31	30.35	7.15
10～11	4.17	41.67	9.13	39.48	2.19
11～12	4.17	45.84	8.24	47.72	−1.88
12～13	4.16	50.00	4.51	52.23	−2.23
13～14	4.17	54.17	1.79	54.02	0.15
14～15	4.17	58.34	1.49	55.51	2.83
15～16	4.16	62.50	2.55	58.06	4.44
16～17	4.17	66.67	6.32	64.38	2.29
17～18	4.17	70.84	8.09	72.47	−1.63
18～19	4.16	75.00	6.05	78.52	−3.52
19～20	4.17	79.17	4.36	82.88	−3.71
20～21	4.17	83.34	5.24	88.12	−4.78
21～22	4.16	87.50	4.48	92.60	−5.10
22～23	4.17	91.67	2.64	95.24	−3.57
23～24	4.17	95.84	2.28	97.52	−1.68
24～1	4.16	100.00	2.48	100.00	0.00

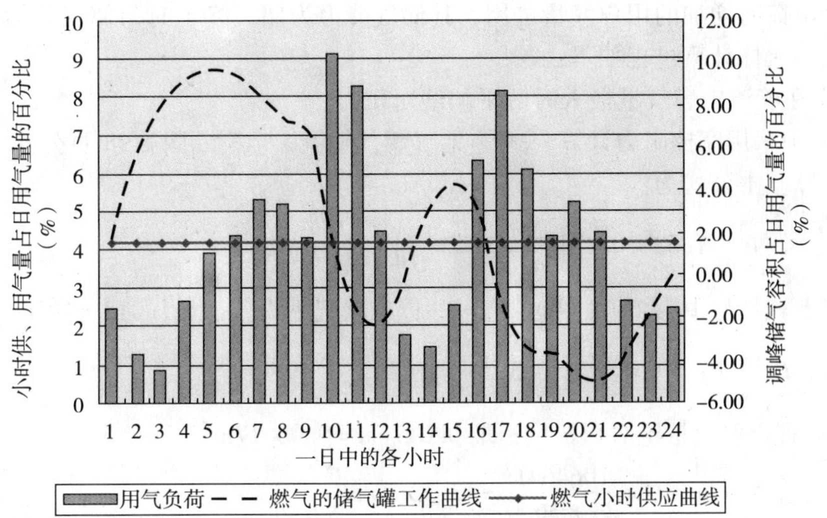

图6－3　供、用气量变化和储气罐工作曲线图

（2）天然气长输管线末端储气能力的计算

利用高压长输管道末端储气是平衡城镇燃气小时不均匀用气的有效办法。

输气管段末段是指长距离输气管线最后一级压气站的出口到管线末端门站为止的管段。自压气机站输至末端的气量是稳定的，而自门站供给城市的气量是不均匀的。当门站所供应的气量小于压气机站输入的气量，管内的储气量开始增加，管道的平均压力相应增高。当门站所供应的气量大于压气机站输入的气量，管内的储气量开始减少，管道的平均压力相应降低。因而，末端的流量、压力降、储气量及平均压力都处在周期性变化的不稳定状态。利用末段的管段容积及其压力变化储存燃气，是调节供气系统产销平衡的一种手段。

天然气长输管道末端储气将输气和储气结合在一起，以调节用户不均匀的用气负荷，解决气田产量的稳定性与用户用气量的不均匀性之间的矛盾。长输管道距离长、管径大、输送压力较高，利用管道的储气能力，是减少或取消储气罐、降低工程造价的一种比较理想的储气方法。但是它有局限性，只有具备高压输气的条件下才能实现。

管道储气容量，主要供城市昼夜或小时调峰用。在供气低峰时，将富余的天然气储存在长输管道末端，随着管内气体压力逐渐升高到最后一个压力站允许的最高压力，到用气高峰时，该储气端压力降到城市配气管网允许的最小值，将储存的气体输出，增加供气量。长输管道末端储气在我国应用较广。

1）现有条件

最后一级压送站压缩机出口压力为 35×10^5Pa，进入门站前管道中最小允许压力（即一级调压进口压力）为 10×10^5Pa，末端管段直径325mm，管长 $L=45\text{km}=45000\text{m}$，计算月最大日用气量为 $1064641\text{m}^3/\text{d}$。

2）计算方法及相应的过程

确定管道的储气容积用的是近似方法，即用管道排气量等于用气量瞬间的稳定工况代替燃气流量不稳定工况进行计算。长输管道中间设有加压站时，按最末一个加压站至城市分输站的管段计算其储气能力。城市天然气输配系统往往利用大口径输气管道储存一定气量作为高峰负荷时增加的用户气量之用，其储气能力为储气终了时与储气开始时输气管中存气量之差。具体计算过程如下：

① 确定在管道中燃气量最大时的平均绝对压力

A. 计算中采用摩擦阻力计算公式［见《燃气输配》（第二版）98页公式（6-21）］，带入水力计算基本公式为：

$$1.62\times0.11\left(\frac{\Delta}{d}+1922\frac{vd}{Q}\right)^{0.25}\frac{{Q_0}^2}{d^5}\rho_0P_0L={P_1}^2-{P_2}^2$$

现省略上式括号中第2项，并将 P_0——标准状况下大气压，1.013×10^5Pa 代入，则计算公式变为：${P_1}^2-{P_2}^2=0.181\times10^5\Delta^{0.25}\dfrac{Q^2}{d^{5.25}}\rho_0L$

式中 Δ——管内壁当量绝对粗糙度，取 $0.017\text{cm}=0.00017\text{m}$；

Q——管道流量，$Q=\dfrac{1064641}{24\times3600}=12.32\text{m}^3/\text{s}$；

d——管径，取 0.325m；

ρ_0——标准状况下燃气密度，0.8571kg/m³；

L——管长，为45km＝45000m。

因此 $P_1^2 - P_2^2 = 0.181 \times 10^5 \times 0.00017^{0.25} \times \frac{12.32^2}{0.325^{5.25}} \times 0.8571 \times 45000 = 386.7 \times 10^{10}$

B. 根据压气站的最高工作压力 P_1^{max}，即储气终了时管道末段的起点压力，算出储气终了时管道末段的终点压力，即门站进口压力 P_2^{max}。

因为 $P_1^{max} = 35 \times 10^5 \text{Pa}$

所以 $P_2^{max} = \sqrt{(35 \times 10^5)^2 - 386.7 \times 10^{10}} = 28.95 \times 10^5 \text{Pa}$

C. 储气终了时的平均压力为

$$P_m = \frac{2}{3}\left(P_1 + \frac{P_2^2}{P_1 + P_2}\right)$$

$$P_{m,max} = \frac{2}{3}\left(P_1^{max} + \frac{(P_2^{max})^2}{P_1^{max} + P_2^{max}}\right) = \frac{2}{3}\left(35 \times 10^5 + \frac{(28.95 \times 10^5)^2}{35 \times 10^5 + 28.95 \times 10^5}\right) = 32.07 \times 10^5 \text{Pa}$$

② 确定管道中燃气量最小时的平均绝对压力

同理，根据门站进口的最低工作压力 P_2^{max}，即储气终了时管道末段的终点压力，算出储气开始时管道起点的压力，即压气站出口压力 P_1^{max}。

因为 $P_2^{min} = 10 \times 10^5 \text{Pa}$

所以 $P_1^{min} = \sqrt{(10 \times 10^5)^2 + 386.7 \times 10^{10}} = 22.06 \times 10^5 \text{Pa}$

$$P_{m,min} = \frac{2}{3}\left(P_1^{min} + \frac{(P_2^{min})^2}{P_1^{min} + P_2^{min}}\right) = \frac{2}{3}\left(22.06 \times 10^5 + \frac{(10 \times 10^5)^2}{22.06 \times 10^5 + 10 \times 10^5}\right) = 16.79 \times 10^5 \text{Pa}$$

③ 确定管道的容积

$$V = \frac{\pi}{4}D^2L = \frac{3.14}{4} \times 0.325^2 \times 45000 = 3731.2\text{m}^3$$

④ 确定管道的储气量

$$Q_0' = 3731.2 \times (32.07 - 16.79) \times 10^5 = 57013\text{m}^3$$

$$\frac{57013}{157354} = 36.2\%, \quad \frac{57013}{1064641} = 5.4\%$$

末端管道储气能力约为储气容积的36.2%，占日用气量的5.4%。

6.4 燃气输配系统规划方案的选择

城镇燃气输配系统压力级制的选择，以及门站、调压站、燃气干管的布置，应符合城镇燃气总体规划，根据燃气供应来源、用户的用气量及其分布、地形地貌、管材设备供应条件、施工和运行等因素，在可行性研究的基础上，做到远、近期结合，以近期为主，经过多方案比较，择优选取技术经济合理、安全可靠的方案。

6.4.1 燃气输配系统的组成与分类

略。

6.4.2 燃气输配系统备选方案的技术分析

城镇燃气干管的布置，应根据用户用量及其分布，全面规划，并宜按逐步形成环状管网供气进行设计，因为环状布置可提高管网的水力可靠性，具有后备能力，即当管网局部出现问题而不能供气时，不影响其他区域的供气。因此，本设计采用环状管网对城镇进行燃气输配。

1. 方案1

此方案采用中压供气方式和中—低两级制管网系统，将环状管网分为三个环，设置30座调压站（有关调压站的相关说明请见6.7节）并将其均匀分布。简图如图6-4所示。

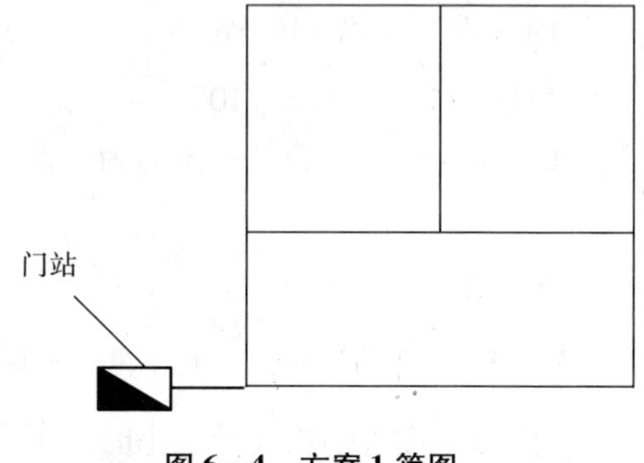

图6-4 方案1简图

2. 方案2

此方案采用中压供气方式和中—低两级制管网系统，将环状管网分为三个环，与方案1类似，只是管线布置有所不同，简图如图6-5所示。

3. 方案3

此方案采用中压供气方式和中—低两级制管网系统，将环状管网分为四个环，每个环供气均匀，为确保供气可靠，设置对置门站双侧供气，使其供气范围和水利半径缩短，从而管径减小可节省管材，供气更为可靠、安全。简图如图6-6所示。

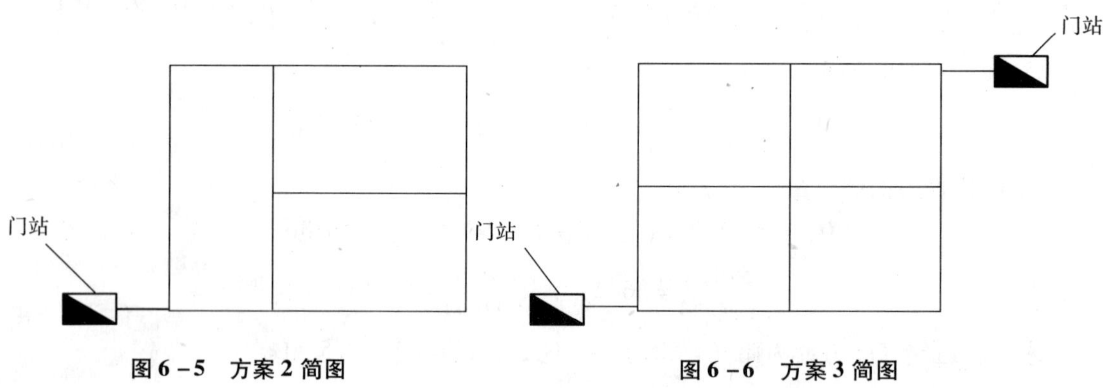

图6-5 方案2简图　　图6-6 方案3简图

4. 方案4

该方案采用中压单级管网系统，成环布置。天然气长输管线通过末端送入天然气门站，经调压送入中压输气干管，到达调压站后再送入户内管道。采用此方案的优点是管道长度减少，节省了管材和投资。

5. 方案5

该方案采用箱式调压器调压。从输气干管来的燃气，经箱式调压器调压，直接送入用户，不需设置调压站，在每幢楼前安装一个箱式调压器即可。该方案的优点是灵活简便，可保证所有用户灶具在额定压力下工作，从而提高灶具的燃烧效率，且箱式调压器占地少，节省建筑面积。

6.4.3 燃气输配系统备选方案的比较与选择

1. 方案的比较

（1）方案5：采用箱式调压器虽然占地少，节省建筑面积，但是同一供气范围内，设置箱式调压器的数量要比设置调压站的数量多，故增加了管理和运行费用。此外，其安装水平要求高，设备质量要求高，考虑到目前国内制作安装水平不高，运行管理还尚未成熟。因此，本设计不选用此方案。

（2）方案4：采用中压单级管网系统的方式（“中压到户”），虽然管道长度减少，节省了管材和投资，但由于压力较高，尤其是庭院管道在中压下运行，所以安装质量要求高、精度高。其供气安全性能比低压供气差，一旦发生庭院管道断裂或漏气时危及范围较大。因此，对于济南市不宜采用。

（3）方案3：虽然设置对置门站使其供气范围和水力半径缩短，管径减小节省管材，供气更为可靠、安全，但是该方案投资相对增大，且长输燃气管线从西南方向进入城市，若在对侧再设一门站，管线长度增加，占用绿地面积，不经济。此外，本方案分为4个环，随着管长的增加使水力计算变得较为复杂。故本设计不选用此方案。

（4）方案1和方案2：这两种方案均属于中压供气方式和中—低两级制管网系统。此种系统适用于供应区域较大、供气量也较大、采用低压供气方式不经济的中型城镇。采用不同压力级别是因为：①同单级系统相比，较为经济。因为大部分燃气由较高压力的管道输送，管道的管径可以选得小一些，管道单位长度的压力降可选大一些，以节省管材，从而减小管网的投资费用。对于庭院管道等在城市内分布的管网，为安全起见，敷设低压管道。②各类用户所需的压力不同。居民用户和小型公建用户需用低压燃气，大多数工业企业需用较高压力的燃气。③有利于燃气管网的安全运行。除此之外，根据气源性质、供气范围、城市规模及现状和未来规划，本设计采用3个环的供气方式最为合理。

2. 方案的选择

综上所述，经过分析和比较，本设计以方案1和方案2为备选方案，再经过水力计算和经济比较，最终选出最佳方案。

6.5 燃气管网的布置及备选方案的水力计算

在6.4节中，经过方案的比较和选择，已确定了两种管网的布置方案，这一节中将其分别布线并进行水力计算。

6.5.1 燃气管网的布线原则及要求

在布置各个级别的城市燃气管网时，应遵循的一般原则是：

（1）管网规划布线应按城市规划布局进行，贯彻远近结合，以近期为主的方针。

（2）尽量靠近用户，以保证用最短的线路长度达到同样的供气效果。

（3）尽量少穿越铁路、高速公路、电车轨道和城镇主要干道，以及跨河流、水域等工程，以减少工程的投资。

(4) 为确保供气可靠，各级管网成环路布置。

(5) 燃气管网应避免与高压电缆平行敷设，否则由于感应电场对管道造成严重腐蚀。

(6) 针对本设计，中低压燃气管网按如下原则布线：

1) 中压管网

① 中压管道应布置在城镇用气区便于与低压环网连接的规划道路上，但应尽量避免沿车辆来往频繁或闹市区的主要交通干线敷设，否则对管道施工和管理维修造成困难。

② 中压管道的布置应考虑调压站的布点位置，尽量使管道靠近各调压站，以减少连接支管的长度，提高供气可靠性。

③ 中压管道应尽量避免穿越铁路或河流等大型障碍物，以减少工程量和投资。

④ 中压环路的边长一般为 2000 ~ 3000m。

2) 低压管网

低压管网是城市的配气管网，遍及全市大街小巷。其主要功能是直接向各类用户配气，是城市供气系统中最基本的管网。低压管网连成环状，再由支管将燃气送入用户。本设计的管网布置考虑到以下几点：

① 低压管道的输气压力低，沿程压力降的允许值也较低，故低压管网成环时边长一般控制在 300 ~ 600m 之间。

② 为保证和提高低压管网的供气可靠性，给低压管网供气的相邻调压站之间的管道应成环布置。

③ 有条件时低压管道应尽可能布置在街坊内兼作庭院管道，以节省投资。

④ 低压管道应按规划道路布线，并应与道路轴线或建筑物的前沿相平行，应尽可能避免在高级路面下敷设。

本设计中选取济南市南部某供气区域进行低压环状管网规划设计和水力计算，在此区域的西南角和东北角分别设有一个区域调压站，低压燃气管网组成 6 个低压环。济南市其余低压管网与之类似。

其余有关中低压燃气管道的一些布线原则及相关要求参考《城镇燃气设计规范》GB 50028—2006 的相关规定。

6.5.2 中压环网的水力计算

本节对已布置好的两个备选方案的燃气管网进行水力计算，其主要目的是确定管线中各输配管道的管径并求出各管段的压力降，使之符合管网相关要求。本设计的水力计算包括中压管网和低压管网两部分的环状管网的水力计算，该部分是整个设计中最为关键的部分，需要在掌握其方法的基础上深化认识、加深理解。

在上一节中已提到，为了确保管网工作的可靠性，中压管网设计为环状。环状管网由一些封闭成环的管道组成，输送到某管段的燃气可同时由一条或几条管道供给。因此，在环状网路中，燃气由几条管道输送到一个节点，则由每条管道达到该点的燃气量完全可以任意分配。在环状管网中变更某一管段的直径，会引起所有其他管段的流量的重新分配，并且，管网中各点的压力也随之改变。

水力计算可采用手算的方式，也可运用相关的软件。环状管网的水力计算，绝大多数都是反复运算的过程。用软件来进行计算，与手算相比，省时省力、精确度高而且应用广泛。因此，本设计采用软件计算的方式。在算之前，首先确定管网的形状、专用调压站和区域调压站的位置和管道的管径、长度、节点流量、节点数、起点终点等相关数据，将其输入计算机中，应用软件，可求出管段流量、压降和节点压力。

1. 软件的使用方法与水力计算的具体步骤

略。

2. 方案一的水力计算

本方案共设置30个调压站，其中专用调压站10个，区域调压站20个。中压环网气源点压力为0.25MPa，属于中压A级，最远零点定为0.10MPa。

（1）调压站流量的计算

1）各专用调压站流量

$$\text{各专用调压站流量}（m^3/h）=\frac{\text{用气热指标}（MJ/h）}{\text{天然气低热值}（MJ/m^3）}$$

① 大型用户

共设置6个大型用户调压站，每个调压器流量如下：

A. 旅游饭店：

$$Q_{专1}=\frac{65.4\times10^3}{41.389}=1580m^3/h$$

B. 体育中心：

$$Q_{专2}=\frac{47.6\times10^3}{41.389}=1150m^3/h$$

C. 省中心医院：

$$Q_{专3}=\frac{56.6\times10^3}{41.389}=1368m^3/h$$

D. 粮食加工厂：

$$Q_{专4}=\frac{8.0\times10^3}{41.389}=193m^3/h$$

E. 日化厂：

$$Q_{专5}=\frac{9.8\times10^3}{41.389}=237m^3/h$$

F. 机床厂：

$$Q_{专6}=\frac{12.6\times10^3}{41.389}=304m^3/h$$

② 供暖用户

A市燃气供暖量较大，占各用户年用气量总和的29%。本设计采用区域锅炉房供暖，内设专用调压站。燃气供暖小时最大计算流量为19418m^3/h，共设置专用调压器4个，因此每个调压器流量为$\frac{19418}{4}=4854.5m^3/h$。根据实际情况，把供暖用调压站均匀分布在规划区内，每个调压站内设置一个调压器。

2）各区域调压站流量的计算

居民生活及公共建筑采用区域调压站，其小时最大计算流量为72806m^3/h，本设计共设置20个区域调压站，调压器所选型号一样，因此每个调压器流量为$\frac{72806\times1.2}{20}=4368.4m^3/h$

（2）方案一的原始参数

1）燃气密度：0.8571kg/m^3

2）运动黏度：0.000009788m^2/s

3）气源点压力：0.25MPa（中压A）

4）运行温度：283K

5）节点总数：24

6）管段数：26

7）已知压力节点数：0

8）压力级制：中压

9）管材：钢管

10）管材当量绝对粗糙度：0.017cm

其他管段信息见表6－9。

方案一水力计算输入数据表 **表6－9**

管段号	起点	终点	管径（mm）	管长（km）	管材代号
1	24	23	500	0.810	13
2	23	22	500	2.210	13
3	22	21	500	2.000	13
4	21	20	500	2.770	13
5	24	19	500	0.610	13
6	19	18	500	0.990	13
7	18	17	500	1.360	13
8	17	16	500	2.180	13
9	16	15	500	1.180	13
10	15	14	500	0.880	13
11	20	14	500	1.240	13
12	18	13	500	1.080	13
13	13	12	500	1.850	13
14	12	11	500	2.250	13
15	11	10	500	1.360	13
16	10	9	500	0.290	13
17	16	8	500	0.440	13
18	8	7	500	0.620	13
19	7	6	500	0.650	13

续表

管段号	起点	终点	管径（mm）	管长（km）	管材代号
20	6	5	500	0.700	13
21	9	5	500	1.040	13
22	9	4	500	1.590	13
23	4	3	500	2.170	13
24	20	1	500	0.850	13
25	2	1	500	0.780	13
26	3	2	500	0.830	13

计算结果见表6－10和表6－11。

方案一水力计算表（1） **表6－10**

节点流量总和：111716.00（m^3/h） 总输入流量：－111717.00（m^3/h）

节点号	节点流量（m^3/h）	节点压力（kPa）
1	9222.90	120.721
2	240.00	119.042
3	4368.40	117.315
4	4368.40	115.909
5	8736.80	115.600
6	5748.40	116.117
7	5968.40	118.005
8	1200.00	122.039
9	0.00	115.877
10	9222.90	115.922
11	4368.40	120.096
12	9222.90	132.144
13	4368.40	153.557
14	4368.40	125.121
15	8736.80	124.717
16	0.00	125.211
17	8736.80	146.731
18	0.00	168.749
19	8736.80	217.568
20	0.00	127.208
21	200.00	165.276
22	13591.30	188.334
23	310.00	234.887
24	－111717.00	250.000

方案一水力计算表（2）　　表6-11

管号	管材	起点	终点	管径（mm）	管长（km）	管段流量（m^3/h）	管段压力降（kPa）	单位长度压力降（kPa/km）
1	钢管	24	23	500	0.810	41837.600	15.113	18.658
2	钢管	23	22	500	2.210	41527.610	46.553	21.065
3	钢管	22	21	500	2.000	27936.300	23.058	11.529
4	钢管	21	20	500	2.770	27736.300	38.067	13.743
5	钢管	24	19	500	0.610	69879.420	32.432	53.167
6	钢管	19	18	500	0.990	61142.620	48.819	49.312
7	钢管	18	17	500	1.360	31379.490	22.018	16.190
8	钢管	17	16	500	2.180	22642.700	21.520	9.872
9	钢管	16	15	500	1.180	4277.601	0.494	0.419
10	钢管	15	14	500	0.880	-4459.236	-0.404	-0.460
11	钢管	20	14	500	1.240	8827.297	2.087	1.683
12	钢管	18	13	500	1.080	29763.140	15.192	14.066
13	钢管	13	12	500	1.850	25394.720	21.413	11.575
14	钢管	12	11	500	2.250	16171.820	12.048	5.355
15	钢管	11	10	500	1.360	11803.410	4.173	3.069
16	钢管	10	9	500	0.290	2581.573	0.045	0.156
17	钢管	16	8	500	0.440	18364.860	3.172	7.210
18	钢管	8	7	500	0.620	17164.750	4.034	6.506
19	钢管	7	6	500	0.650	11196.260	1.887	2.904
20	钢管	6	5	500	0.700	5448.013	0.517	0.739
21	钢管	9	5	500	1.040	3288.710	0.277	0.266
22	钢管	9	4	500	1.590	-709.352	-0.032	-0.020
23	钢管	4	3	500	2.170	-5077.464	-1.406	-0.648
24	钢管	20	1	500	0.850	18908.890	6.487	7.632
25	钢管	2	1	500	0.780	-9685.984	-1.679	-2.153
26	钢管	3	2	500	0.830	-9445.972	-1.727	-2.081

3. 方案二的水力计算

本方案共设置30个调压站，其中专用调压站10个，区域调压站20个。中压环网气源点压力为0.25MPa，属于中压A级，最远零点定为0.10MPa。

方案二中各调压站（专用调压站流量区域调压站流量）的设置与方案一相同，所以调压器流量与方案一相同。水力计算方法和具体步骤同方案一。

（1）方案二的原始参数

1）燃气密度：0.8571kg/m^3

2）运动黏度：0.000009788m^2/s

3）气源点压力：0.25MPa（中压A）

4）运行温度：283K

5）节点总数：25

6）管段数：27

7）已知压力节点数：0

8）压力级制：中压

9）管材：钢管

10）管材当量绝对粗糙度：0.017cm

其他管段信息见表6－12。

方案二水力计算输入数据表 **表6－12**

管段号	起点	终点	管径（mm）	管长（km）	管材代号
1	25	24	500	0.810	13
2	24	23	500	1.800	13
3	23	22	500	1.430	13
4	22	21	500	0.620	13
5	21	20	500	0.900	13
6	20	19	500	0.830	13
7	19	18	500	1.150	13
8	25	17	500	0.610	13
9	17	16	500	1.900	13
10	16	15	500	1.850	13
11	15	14	500	2.240	13
12	18	14	500	1.070	13
13	18	13	500	0.290	13
14	13	12	500	1.250	13
15	12	11	500	0.590	13
16	11	10	500	2.190	13
17	21	9	500	0.600	13
18	9	8	500	0.700	13
19	8	7	500	1.010	13
20	7	6	500	1.950	13
21	6	5	500	0.210	13
22	5	4	500	0.780	13
23	10	4	500	0.840	13
24	23	3	500	0.470	13
25	3	2	500	2.010	13
26	2	1	500	2.160	13
27	6	1	500	1.250	13

计算结果见表6－13和表6－14。

方案二水力计算表1 **表6－13**

节点流量总和：111716.00（m^3/h） 总输入流量：－111716.60（m^3/h）

节点号	节点流量（m^3/h）	节点压力（kPa）
1	4368.40	78.584
2	200.00	99.868
3	9222.90	116.551
4	240.00	68.706
5	9222.90	68.868
6	0.00	69.912
7	8736.80	69.337
8	10336.80	70.854
9	1200.00	77.602
10	4368.40	68.566
11	4368.40	69.161
12	8736.80	70.256
13	4854.50	80.858
14	4368.40	103.790
15	9222.90	145.195
16	4368.40	188.676
17	8736.80	232.376
18	0.00	84.683
19	4368.40	83.709
20	1380.00	83.692
21	0.00	83.713
22	13105.20	90.063
23	0.00	124.328
24	310.00	218.623
25	－111716.60	250.000

方案二水力计算表2 **表6－14**

管号	管材	起点	终点	管径（mm）	管长（km）	管段流量（m^3/h）	管段压力降（kPa）	单位长度压力降（kPa/km）
1	钢管	25	24	500	0.810	59590.710	31.377	38.737
2	钢管	24	23	500	1.800	59280.720	94.294	52.386
3	钢管	23	22	500	1.430	31322.010	34.266	23.962

续表

管号	管材	起点	终点	管径（mm）	管长（km）	管段流量（m^3/h）	管段压力降（kPa）	单位长度压力降（kPa/km）
4	钢管	22	21	500	0.620	18216.810	6.349	10.241
5	钢管	21	20	500	0.900	614.122	0.021	0.023
6	钢管	20	19	500	0.830	-766.399	-0.016	-0.019
7	钢管	19	18	500	1.150	-5134.571	-0.975	-0.848
8	钢管	25	17	500	0.610	52125.860	17.624	28.892
9	钢管	17	16	500	1.900	43389.060	43.700	23.000
10	钢管	16	15	500	1.850	39020.660	43.481	23.503
11	钢管	15	14	500	2.240	29797.770	41.405	18.484
12	钢管	18	14	500	1.070	-25429.390	-19.107	-17.857
13	钢管	18	13	500	0.290	20294.630	3.825	13.191
14	钢管	13	12	500	1.250	15440.140	10.602	8.482
15	钢管	12	11	500	0.590	6703.363	1.095	1.856
16	钢管	11	10	500	2.190	2334.839	0.595	0.272
17	钢管	21	9	500	0.600	17602.350	6.111	10.185
18	钢管	9	8	500	0.700	16402.230	6.748	9.641
19	钢管	8	7	500	1.010	6065.346	1.517	1.502
20	钢管	7	6	500	1.950	-2671.394	-0.574	-0.295
21	钢管	6	5	500	0.210	11496.250	1.517	4.972
22	钢管	5	4	500	0.780	2272.615	0.162	0.208
23	钢管	10	4	500	0.840	2272.615	-0.140	-0.167
24	钢管	23	3	500	0.470	27958.670	7.777	16.547
25	钢管	3	2	500	2.010	18735.770	16.683	8.300
26	钢管	2	1	500	2.160	18535.770	21.283	9.853
27	钢管	6	1	500	1.250	-14167.420	-8.673	-6.938

6.5.3　中压环网投资估算及最终方案的确定

城市燃气工程的建设，技术上要求高，工程的综合性强，不论门站、储配站厂址的选择、工艺流程的确定，还是管网的布置、管径的选取，都涉及经济问题。因此，在确定一项工程建设时，需要全面深入地做好技术经济分析工作，即进行工程造价计算，这是提高项目经济效果的重要措施，也是确定最终方案的重要依据。

1. 工程造价的组成

不同地区、不同时期组成工程造价的费用名称和费用分类方法各不相同。通常工程造价由直接费、间接费和其他费用三部分组成。

（1）直接费

指直接用于工程上的各项费用的总和。包括人工费、材料费和施工机械台班费，还有中小机械、大型机械调转费、冬雨期施工费、远郊材料运输增加费等其他直接费。

（2）间接费

指为组织和管理施工所消耗的人力、物力以货币形式表现的费用，间接费不属于某一部分或分工程，而与施工机构和产品有关。

（3）其他费用

指为进行工程施工需要而发生的既不包括在工程直接费用内，也不包括在间接费用范围内，需要单独计算的其他工程费用。

2. 工程造价的计算方法

计算工程费用大致有两种方法：方法一是把总投资计算出来，方法二是把各方案不同部分的费用计算出来。本设计中，由于两个方案（方案一和方案二）的调压站的个数、站内调压器的布置、门站的设计都一样，中压管网的管径也都一样，因此采用方法二，根据管长不同，来进行管网的投资估算，最终确定较为经济合理的方案。

由于缺少有关资料，因此只能对工程造价中的直接费用进行简单估算。根据《煤气规划设计手册》（中国建筑工业出版社）第835~837页可计算中压环网的直接费用。由于两种方案敷设不同，因此分别求得中压环网的直接费用，见表6-15。

经济估算表 **表6-15**

经济估算	管径（mm）	管长（km）	直接费单价（元/km）		直接费合计	
			基价（元）	人工费（元）	基价（元）	人工费（元）
方案一	500	32.73	623420	60930	20404537	1994239
方案二	500	31.51	623420	60930	19643964	1919904

考虑到物价上涨因素，将涨幅定为30%，可得实际总费用：

方案一：（20404537+1994239）×130%=29118408.8元

方案二：（19643964+1919904）×130%=28033028.4元

由估算结果可以看出，方案二比方案一省了1085380.4元（约108.5万元）的投资，因此最后确定方案二为施工方案。

此外，从方案一和方案二的管网水力计算简图中也可以看出，它们都是三个环的环状管网，安全可靠性基本相同，基本能保证该市的稳定供气。但是，经过仔细比较和分析可以看出：方案二市中心主要街道以及几个大型用户（省中心医院、旅游饭店、体育中心）均为于管线的一侧，这样布置管线有利于统一管理，并且可以定期进行检查与维护，而方案一将市中心主要街道以及几个大型用户分别布置在管线的两侧，这样布置管线不利于维修与管理，施工也较为复杂。综上所述，经过综合考虑，确定方案二为最终方案。

6.5.4 低压环网的水力计算

1. 低压环网水力计算步骤与方法

（1）绘制水力计算简图（图6-7）并计算各个环及区域内的人口数

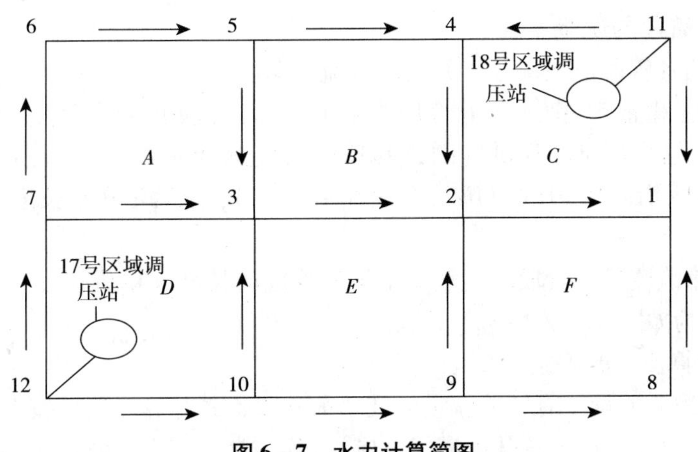

图6－7 水力计算简图

1）计算济南市平均人口密度：$\frac{500000}{48000000}=0.0104$ 人/m^2

2）根据燃气规划总平面图按比例（1：10000）测量出各区域的面积，单位为 m^2。

3）计算人口数：每个环及区域的人口数＝人口密度×各区域的面积

见表6－16。

（2）计算沿环周边的单位长度途泄流量

1）每人用气量：尽管城市燃气供应是均匀的，但使用却不是均匀的，有用气高峰期也有用气低峰期。本设计燃气供应应按最不利工况（用气高峰期）进行计算设计。由6.3节各类用户小时用气量明细表可知，计算日最大小时用气量为72806m^3/h，因此

$$每人用气量=\frac{最大小时用气量}{总人口数}=\frac{72806}{500000}=0.146m^3/人 \cdot h$$

2）计算各个环及区域的供气量：各个环及区域的供气量＝每人用气量×每个环及区域的人口数

3）根据燃气规划总平面图按比例（1：10000）测量出各环边长

4）计算沿环周边的单位长度途泄流量（表6－16）：沿环周边的单位长度途泄流量＝各个环及区域的供气量÷各环边长

各环的单位长度的途泄流量 **表6－16**

环号	面积（m^2）	居民数（人）	每人用气量［m^3/（人·h）］	本环用气量（m^3/h）	环周边长（m）	沿环周边的单位长度途泄流量［m^3/（m·h）］
A	115500	1202	0.146	175.492	1393	0.126
B	116270	1210	0.146	176.66	1387	0.127
C	117690	1224	0.146	178.704	1420	0.126
D	141600	1473	0.146	215.058	1552	0.139
E	139800	1454	0.146	212.284	1544	0.137
F	143780	1496	0.146	218.416	1562	0.140

（3）计算各管段的途泄流量

1）将管网的各管段依次编号，并决定气流方向。

2）单位长度途泄流量：等于管段分担的小区管段单位长度途泄流量之和。如1－2管段是向两侧小区A、B供气的，其单位长度途泄流量＝A区沿环周边的单位长度途泄流量＋B区沿环周边的单位长度途泄流量。其他管段单位长度途泄流量计算方法同上。

3）管段的途泄流量：管段的途泄流量＝该管段的长度×单位长度途泄流量。如1－2管段的途泄流量为 $Q_1^{1-2}=(q_A+q_B)\ L_{1-2}$。

（4）管段计算流量的确定

管段上既有途泄流量又有转输流量的变负荷管段，其计算流量可按下式求得：

$$Q=\alpha Q_1+Q_2$$（摘自《燃气供应》（第二版）124页公式6－13）

式中 Q——计算流量（m^3/h）；

Q_1——途泄流量（m^3/h）；

Q_2——转输流量（m^3/h）；

α——与途泄流量和转输流量之比及沿途支管数有关的系数。

经过多次实验和计算可知，对于燃气分配管段，管段上的分支管数一般不小于5个，此时系数 α 在0.5～0.6之间，取平均值 $\alpha=0.55$。但用电算时，管段流向是预设的，因此 $\alpha=0.5$。因此，计算流量 $Q=0.5Q_1+Q_2$。

（5）节点流量

在燃气管网计算时，特别是在计算机进行燃气环网水力计算时，常把途泄流量改用节点流量来表示。

途泄流量 Q_1 可分为两个部分：一部分 $0.55Q_1$ 是从管段终端流出，另一部分 $0.45Q_1$ 是在始端流出。将管段的两端视为节点，则管段始端的节点流量为管段途泄流量的0.45倍；管段终端的节点流量为管段途泄流量的0.55倍。由于环状管网的各管段相互连接，故各节点流量等于流入节点所有管段途泄流量的 $0.55Q_1$、流出节点所有管段途泄流量的 $0.45Q_1$ 以及与该节点的集中流量三者之和。

见表6－17。

各管段的途泄流量 **表6－17**

环号	管段号	管段长度（m）	单位长度途泄流量 q [m^3/（人·h）]	流量（m^3/h）		
				途泄流量 Q_1	$0.55Q_1$	$0.45Q_1$
A	7～6	383	0.126	48.258	26.5419	21.7161
	6～5	325	0.126	40.950	22.5225	18.4275
	5～3	385	0.253	97.405	53.5727	43.8322
	7～3	300	0.265	79.500	43.7250	35.7750
B	5～3	385	0.253	97.405	53.5727	43.8322
	3～2	302	0.264	79.728	43.8504	35.8776

续表

环号	管段号	管段长度（m）	单位长度途泄流量 q［m^3/（人·h）］	流量（m^3/h）		
				途泄流量 Q_1	$0.55Q_1$	$0.45Q_1$
B	5～4	309	0.127	39.243	21.5836	17.6593
	4～2	391	0.253	98.923	54.4076	44.5153
C	11～4	301	0.126	37.926	20.8593	17.0667
	4～2	391	0.253	98.923	54.4076	44.5153
	2～1	328	0.266	87.248	47.9864	39.2616
	11～1	400	0.126	50.400	27.7200	22.6800
D	12～7	480	0.139	66.720	36.6960	30.0240
	7～3	300	0.265	79.500	43.7250	35.7750
	12～10	300	0.139	41.700	22.9350	18.7650
	10～3	472	0.276	130.272	71.6496	58.6224
E	10～3	472	0.276	130.272	71.6496	58.6224
	3～2	302	0.264	79.728	43.8504	35.8776
	10～9	307	0.137	42.059	23.1324	18.9265
	9～2	463	0.277	128.251	70.5380	57.7129
F	9～2	463	0.277	128.251	70.5380	57.7129
	2～1	328	0.266	87.248	47.9864	39.2616
	9～8	316	0.140	44.240	24.3320	19.9080
	8～1	455	0.140	63.700	35.0350	28.6650

2. 低压环网水力计算的验证及调整

低压环网的水力计算同中压管网一样，采用软件计算的方法，但比中压管网的计算复杂一些。计算低压环网各管段的压力降，确定各管段管径。在计算中，先假定管径，用软件来验证，使供气点至最不利点压力降不超过允许压力降，若不符合此原则，改变管径并作出相应的调整。

（1）低压管网计算压力降的确定

本设计没有设置用户调压器，低压燃气管网直接连接用户的燃具。为了保证燃具的正常工作，燃具进口前压力只允许在一定幅度内波动。考虑高峰时部分燃具不宜在较低的负荷下工作，故低压燃气管道的允许压力降（计算压力降）可按下式确定（参照《城镇燃气设计规范》第46页式6.2.8）：

$$\Delta P_d = 0.75P_n$$

式中 ΔP_d——从调压站到最远燃具的管道允许阻力损失（Pa）；

P_n——低压燃具的额定压力（P_a）。

参照《燃气工程技术手册》第568页表4－6－9，使用天然气的燃具额定压力为2000Pa，因此低压燃气管道的允许压力降大约为：$\Delta P_d = 0.75 \times 2000 = 1500$Pa。

本设计低压管网供气点压力即调压站出口压力为3.50kPa（即3500Pa），低压燃气管道的允许压力降约为1500Pa，环网末端即用户的燃具压力为2000Pa（计算工况）。

（2）低压管网计算压力降的分配

低压管网中，干管压力降与支管压力降的分配是一个技术经济问题，它与燃气供应地区干管和支管的数量、长度、燃气用具的数量及建筑物的特点等因素有关，只有通过技术经济比较，才能求出最经济合理的分配比例。参照《燃气工程技术手册》第568页的相关说明，采用如下压力降分配比例：

低压干管56%；

低压支管22%。

因此，低压干管允许压力降为：1500×56%＝840Pa

低压环网管段信息详见表6－18。

低压环网水力计算输入数据表 **表6－18**

管段号	起点	终点	管径（mm）	管长（m）	管材代号
1	7	6	400	383.000	13
2	6	5	400	325.000	13
3	5	3	400	385.000	13
4	7	3	400	300.000	13
5	3	2	400	302.000	13
6	5	4	400	309.000	13
7	4	2	400	391.000	13
8	11	4	400	301.000	13
9	2	1	400	328.000	13
10	11	1	400	400.000	13
11	12	7	400	480.000	13
12	12	10	400	300.000	13
13	10	3	400	472.000	13
14	10	9	400	307.000	13
15	9	2	400	463.000	13
16	9	8	400	316.000	13
17	8	1	400	455.000	13

计算结果见表6－19、表6－20。

低压环网水力计算表 1　　**表 6－19**

节点流量总和：4477.25（m^3/h）　总输入流量：－4477.25（m^3/h）

节点号	节点流量（m^3/h）	节点压力（Pa）
1	208.06	1140.623
2	204.82	1437.829
3	86.96	1846.357
4	84.01	1228.737
5	44.97	1719.913
6	94.19	1896.690
7	53.00	2120.774
8	100.75	1398.870
9	100.48	1592.469
10	0.00	2154.159
11	4477.25	3500.000
12	4477.25	3500.000

低压环网水力计算表 2　　**表 6－20**

管号	管材	起点	终点	管径（mm）	管长（m）	管段流量（m^3/h）	管段压力降（Pa）	单位长度压力降（Pa/m）
1	钢管	7	6	400	383.000	2160.017	224.084	0.585
2	钢管	6	5	400	325.000	2065.829	176.778	0.544
3	钢管	5	3	400	385.000	－1506.352	－126.445	－0.328
4	钢管	7	3	400	300.000	2741.732	274.417	0.915
5	钢管	3	2	400	302.000	3371.805	408.528	1.353
6	钢管	5	4	400	309.000	3527.213	491.176	1.590
7	钢管	4	2	400	391.000	－1950.785	－209.093	－0.535
8	钢管	11	4	400	301.000	－4393.978	－817.996	－2.718
9	钢管	2	1	400	328.000	2733.887	297.206	0.906
10	钢管	11	1	400	400.000	－4414.530	－829.882	－2.075
11	钢管	12	7	400	480.000	4454.748	839.226	1.748
12	钢管	12	10	400	300.000	4031.013	835.841	2.786
13	钢管	10	3	400	472.000	2223.386	307.802	0.652
14	钢管	10	9	400	307.000	3807.625	561.691	1.830
15	钢管	9	2	400	463.000	1517.690	154.640	0.334
16	钢管	9	8	400	316.000	2189.460	193.599	0.613
17	钢管	8	1	400	455.000	2088.703	258.247	0.568

由表6－21可知，低压管段压力降均小于低压干管允许压力降840Pa，因此符合要求。

6.6 A市天然气门站设计

6.6.1 天然气门站站址的选择

1. 门站的功能

门站接收气源来气，并对天然气进行净化、加臭、储存、控制供气压力、气量分配、计量和气质检测等。门站出口可直接连接城市中压管网。综上所述，门站的主要功能为储存燃气、调压及向城市输气管网分配燃气。以上内容参照《城镇燃气设计规范》（GB 50028—2006）的有关规定。

2. 门站的主要工作内容

（1）接收、过滤及计量检测工作：考虑规划气源为来自A市西南方向长输管线的天然气，因此，设置一个接收清管球的装置，来接收长输管线的高压来气。来气进站后进行过滤、计量检测。

（2）储气、加臭及调压外供工作：本储配站的主要设施是高压球罐。在用气低峰时，燃气高压干线来的天然气一部分经过一级调压进入高压球罐进行储存，另一部分经过调压车间内的二级调压和调压车间外的加臭进入城镇输气管网；在用气高峰时，高压球罐和经过一级调压后的高压干管来气汇合，然后经过二级调压和加臭再送入城镇输气管网。

3. 门站站址的选择

本设计中天然气门站选在A市西南角的一块儿空地上，由《设计任务书》可知，其距最后一级压送站为45km。门站的四周与公路相邻，交通十分便利。

按照《城镇燃气设计规范》GB 50028—2006的相关规定，门站站址的选择应符合下列要求：

（1）站址应符合城镇总体规划的要求；

（2）站址应具有适宜的地形、工程地质、供电、给水排水和通信等条件；

（3）门站应少占农田、节约用地并注意与城镇景观等协调；

（4）门站站址应结合长输管线位置确定；

（5）门站内的储气罐与站外的建、构筑物的防火间距应符合现行国家标准《建筑设计防火规范》GB 50016—2006的有关规定。站内露天燃气工艺装置与站外建、构筑物的防火间距应符合甲类生产厂房与厂外建、构筑物的防火间距的要求。

6.6.2 天然气门站的工艺设计与总平面布置

1. 工艺设计

按照《城镇燃气设计规范》GB 50028—2006的相关规定，门站的工艺设计应符合下列要求：

（1）功能应满足输配系统输气调度和调峰的要求；

（2）站内应根据输配系统调度要求分组设置计量和调压装置，装置前应设过滤器；

（3）站内计量调压装置应根据工作环境要求露天或在厂房内布置，本设计采用在厂房内布置；

（4）进出站管线应设置切断阀门和绝缘法兰；

（5）站内进罐管线上宜设置控制进罐压力和流量的调节装置；

（6）当长输管道采用清管工艺时，其清管器的接收装置宜设置在门站内；

（7）站内管道上应根据系统要求设置安全保护及放散装置；

（8）站内设备、仪表、管道等安装的水平间距和标高均应便于观察、操作和维修；

（9）站内宜设置自动化控制系统；

（10）站内工艺管道应采用钢管。燃气管道设计压力大于0.4MPa时，其管材性能应符合现行国家标准《输送流体用无缝钢管》GB/T 8163—2008的规定。阀门等管道附件的压力级别不应小于管道设计压力。

结合实际情况，本设计采用“两级调压、高压储气、中压供气”的工艺流程。

天然气长输管线最后一级压送站出口压力为3.5MPa，利用长输管线末端压力储气后到达门站前压力为1MPa。燃气通过双管输送（每根管道的流量为进入门站总流量的75%）进入门站后，经收球装置、过滤装置和计量装置，进入一级调压器，使燃气压力由1MPa降至0.4MPa，调压后燃气进入高压球罐，或经过二级调压器，使燃气压力由0.4MPa降至0.25MPa，然后送入城市燃气输配管网。在用气高峰时，储罐中存储的燃气输入二级调压器，然后送入城市燃气输配管网。除此之外，本站内设置高压干线越站旁通管和站内旁通管，在站内发生事故或检修时，可通过旁通管手动节流阀将高压干线天然气调至0.25MPa，临时向中压管网供气。

2. 储气设备的选择

（1）储气设备的设计要求

本设计储气设备选用高压球罐。其特点是几何容积固定不变，而靠改变其中燃气的压力来储存燃气的。在相同的储气容积下，球罐的表面积小，与圆柱形罐相比，节省钢材30%左右，较为经济。

按照《城镇燃气设计规范》GB 50028—2006的相关规定，高压储罐工艺设计应符合下列要求：

1）高压储气罐宜分别设置燃气进、出气管，本设计将进出口管安装在罐体的下部。

2）高压储气罐应分别设置安全阀、放散管和排污管。

3）高压储气罐应设置压力检测装置，本设计设置压力表来控制其压力。

4）高压储气罐宜减少接管开孔数量并设置检修排空装置。

5）高压储气罐罐区设置检修用集中放散装置，集中放散装置的放散管与站内建、构筑物的防火间距符合相关规定，详见表6－21。放散管管口高度应高出距其25m内的建筑物2m以上，且不得小于10m。集中放散装置宜设置在站内全年最小频率风向的上风侧，考虑本设计，将其设置在站内东南侧。

集中放散装置的放散管与站内建、构筑物的防火间距　　表 6－21

项目	防火间距（m）
办公、生活建筑	25
可燃气体储气罐	20
调压计量室及工艺装置区	20
控制室、配电室、车库和其他辅助建筑	25
燃气锅炉房	25
消防水泵、消防水池取水口	20
站内道路（路边）	2
围墙	2

（2）储气设备的选择

1）高压球罐的储气容积

A 市储气容积为 157354m^3，约为 16 万 m^3。由于采用长输管线末端储气，存储一部分燃气量为 57013m^3，约为 5.7 万 m^3。所以，储罐的储气容积为 $157354-57013=100341m^3$，约为 10 万 m^3。

2）高压球罐的几何容积

高压储气罐的有效储气容积可用下式计算：

$$V=V_c\frac{P-P_c}{P_0}$$

式中　V——储气罐的有效储气容积（m^3）；

V_c——储气罐的几何容积（m^3）；

P——储气罐的最高工作压力（10^5Pa），本设计为 $8\times10^5Pa=0.8MPa$；

P_c——储气罐的最低允许压力（10^5Pa），其值取决于罐出口处连接的调压器最低允许进口压力，本设计为 $2.5\times10^5Pa=0.25MPa$；

P_0——大气压（10^5Pa），本设计为 1.01×10^5Pa。

因此，将数据代入公式　$100341=V_c\dfrac{(8-2.5)}{1.01}$

$$V_c=18426m^3 \text{ 约为 2 万 } m^3$$

确定储气罐的几何容积时，应考虑到供气量的波动，用气负荷的误差，气温等外界条件的突然变化以及储气设备的安全操作要求，故储罐的实际容积应考虑有一定的富裕。因此，本设计储气罐的几何容积取 2 万 m^3。

3）高压球罐类型的选择及其参数

根据储气罐的几何容积，选取球罐的大小和类型。本设计选取单体几何容积为 5000m^3 的高压球罐 4 座。根据《煤气规划设计手册》第 548 页表 7－2－3 可知 5000m^3 球形罐的基本参数如表 6－22 所示。

$5000m^3$ 球形罐的基本参数 **表 6－22**

合称容积（m^3）	几何容积（m^3）	内径（mm）
5000	4989	21200

3. 门站的总平面布置

根据门站自身的特点，天然气进出站的顺序和当地的条件来确定本站的总平面布置，妥善处理站内站外的关系，做到站内布置符合安全生产要求，并与站外的环境相协调。

按照《城镇燃气设计规范》GB 50028—2006 的相关规定，门站总平面布置应符合下列要求：

（1）总平面应分区布置，即分为生产区（储罐区、调压计量区等）和辅助区（控制室、配电室、消防水池、消防水泵房、锅炉房、维修车间、值班室、休息室、综合办公楼、浴池、食堂、门卫、警卫宿舍及库房、车库和运动场等）。

（2）站内的各建、构筑物之间以及站外建、构筑物之间的防火间距应符合现行国家标准《建筑设计防火规范》GB 50016—2006 的有关规定。站内建筑物的耐火等级不应低于现行国家标准《建筑设计防火规范》GB 50016—2006“二级”的规定。

（3）站内露天工艺装置区边缘距明火或散发火花地点不应小于 20m，距办公、生活建筑不应小于 18m，距围墙不应小于 10m。与站内生产建筑的间距按工艺要求确定。

（4）生产区应设置环形消防车通道，消防车通道宽度不应小于 3.5m。

结合以上规定，针对本设计的实际情况，门站的平面布置有以下说明：

1）站内燃气管道均布置在地面上以便检修。

2）由于济南市常年主导风向为西南风，因此将高压球罐布置在站区年主导风向的下风向，即将其布置在站内东北部。

3）罐与罐之间的距离及罐与其他建筑物和构筑物之间的距离均按照《建筑设计防火规范》GB 50016—2006 的相关规定布置：两个储罐的间距不小于相邻最大罐的半径。

4）储罐的周围设置宽 5m 的环形消防车通道。

5）在站的南侧和西侧设有两个通向市区的大门。

6）站内生产区、辅助区和行政生活区分区布置，每个区由 5m 宽的主干道和 4m 宽的次干道分隔，均为混凝土路面。

7）站内设有消防设施（包括消防水池和消防水泵房等）。

综上所述，站内布置尽可能紧凑、节约用地并考虑到绿化用地的要求，与周围建筑物和构筑物有符合设计规范要求的安全距离，适应当地地形、工程地质、供电、给水排水、通信等条件，并与城市景观协调。

6.6.3 天然气门站调压计量间的设计

本设计采用“两级调压、高压储气、中压输气”的工艺流程。因此，调压计量间内主要有两级调压装置。

1. 两级调压的压力要求

由上一节工艺流程的设计可知，进门站时燃气压力为 1MPa，出门站时燃气压力为中压管网的压力，即0.25MPa，因此，本设计设置两级调压的压力分别为：

一级调压：从1MPa降至0.4MPa；

二级调压：从0.4MPa降至0.25MPa。

2. 调压器的选择

（1）调压器的选择

为了管理检修方便，本门站内采用同一型号的调压器。由于两级调压，因此每级选用10组调压器，站内共20台。每级设有旁通管、放散等设施。根据本设计之前的计算可知，进入门站的燃气流量为111716m^3/h，则通过每个调压器的流量为$\frac{111716}{10}=11171.6m^3/h$。

参照河北彗星调压器总厂的相关资料，本设计选用RTJ－42/200GK系列燃气调压器。其基本参数见表6－23。

燃气调压器的基本参数 **表6－23**

进口压力范围（MPa）	0.2～1.6
出口压力范围（MPa）	0.05～0.4
最大流量（m^3/h）	14800
稳压精度	±5%
连接通径（mm）	200

（2）调压器通过能力C值的计算

参照《天然气输配技术》（化学工业出版社）第171页的相关说明，调压器的通过能力C值是指调压器中主阀的容量。C定义为$\rho=1000kg/m^3$压降为0.0981MPa时，流经调节阀门的小时流量（m^3/h）。它是选用调压器主阀规格的主要参数。

1）一级调压通过能力C值的计算：（以下计算参照《煤气规划设计手册》（中国建筑工业出版社）第404～407页的有关说明）

阀前压力：$P_1=10\times10^5Pa=1MPa$

阀后压力：$P_2=4\times10^5Pa=0.4MPa$

因为，容积利用系数$\varphi=\frac{P_1-P_2}{P_1}=\frac{10-4}{10}=0.6>0.08$

所以，压缩系数$Z=1-0.46\frac{P_1-P_2}{P_1}=1-0.46\times\frac{10-4}{10}=0.724$

所以$C=\frac{169Q}{Z\sqrt{\frac{(P_1-P_2)\cdot P_1}{\rho_0\cdot T}}}$

式中 Q——计算流量（m^3/h）；

P_1——阀前压力（Pa）；

P_2——阀后压力（Pa）；

ρ_0——标准状况下气体密度（kg/m^3）；

T——气体绝对温度（K）；

Z——压缩系数。

参照《各类用户小时用气量明细表》可知：通过调压器的最大流量为 97154m^3/h，通过调压器的最小流量为 9423m^3/h。

当最大计算流量时：$C_{max}=\dfrac{169\times97154}{0.724\sqrt{\dfrac{(10-4)\times10^5\times10\times10^5}{0.8571\times(273+20)}}}=464$

当最小计算流量时：$C_{min}=\dfrac{169\times9423}{0.724\sqrt{\dfrac{(10-4)\times10^5\times10\times10^5}{0.8571\times(273+20)}}}=45$

从可控制的角度出发，满足$\dfrac{C_{max}}{C_{min}}=\dfrac{464}{45}=10.3<30$，因此符合要求。

查《煤气规划设计手册》（中国建筑工业出版社）第 404 页图 6－1－9，选取 $C=500$ 时，调压器的公称通径为 200mm。

2）二级调压通过能力 C 值的计算（方法同上）：

阀前压力：$P_1=4\times10^5\text{Pa}=0.4\text{MPa}$

阀后压力：$P_2=2.5\times10^5\text{Pa}=0.25\text{MPa}$

因为，容积利用系数为 $\varphi=\dfrac{P_1-P_2}{P_1}=\dfrac{4-2.5}{4}=0.375>0.08$

所以，压缩系数 $Z=1-0.46\dfrac{P_1-P_2}{P_1}=1-0.46\times\dfrac{4-2.5}{4}=0.8275$

当最大计算流量时：$C_{max}=\dfrac{169\times97154}{0.8275\sqrt{\dfrac{(4-2.5)\times10^5\times4\times10^5}{0.8571\times(273+20)}}}=1283$

当最小计算流量时：$C_{min}=\dfrac{169\times9423}{0.8275\sqrt{\dfrac{(4-2.5)\times10^5\times4\times10^5}{0.8571\times(273+20)}}}=125$

从可控制的角度出发，满足$\dfrac{C_{max}}{C_{min}}=\dfrac{1283}{125}=10.3<30$，因此符合要求。

查《煤气规划设计手册》（中国建筑工业出版社）第 404 页图 6－1－9，选取 $C=1300$ 时，调压器的公称通径为 200mm。

3）由于站内设有锅炉房和食堂，需考虑站内的自用气。因此，在二级调压后，再进一步调压至 0.15MPa，送至食堂和锅炉房供站内低压用气。

阀前压力：$P_1=2.5\times10^5\text{Pa}=0.25\text{MPa}$

阀后压力：$P_2=1.5\times10^5\text{Pa}=0.15\text{MPa}$

因为，容积利用系数为 $\varphi=\dfrac{P_1-P_2}{P_1}=\dfrac{2.5-1.5}{2.5}=0.4>0.08$

所以，压缩系数 $Z=1-0.46\dfrac{P_1-P_2}{P_1}=1-0.46\times\dfrac{2.5-1.5}{2.5}=0.816$

当最大计算流量时：$C_{max}=\dfrac{169\times97154}{0.816\sqrt{\dfrac{(2.5-1.5)\times10^5\times2.5\times10^5}{0.8571\times(273+20)}}}=2017$

当最小计算流量时：$C_{min}=\dfrac{169\times 9423}{0.816\sqrt{\dfrac{(2.5-1.5)\times 10^5\times 2.5\times 10^5}{0.8571\times(273+20)}}}=196$

从可控制的角度出发，满足$\dfrac{C_{max}}{C_{min}}=\dfrac{2017}{196}=10.3<30$，因此符合要求。

查《煤气规划设计手册》（中国建筑工业出版社）第404页图6－1－9，选取$C=2100$时，调压器的公称通径为200mm。

3. 调压计量间的布置

门站调压计量间的布置与调压站的布置基本相同，详见6.7节的相关内容。

6.6.4 天然气门站消防设施的设计计算

遵照“以防为主、消防结合”的方针，本设计在考虑防止火灾事故发生的同时，在产生火灾事故后有效地进行灭后减少事故的损失，保证济南市居民生活的正常用气。

门站内的消防设施设计应符合现行国家标准《建筑设计防火规范》GB 50016—2006的规定。除设置宽5m的环形车道外，本站还设有专门的消防设施，主要有消防水池、消防水泵房和其他消防设施。

1. 消防水池

（1）消防水池的大小

1）根据《建筑设计防火规范》相关说明，门站在同一时间内的火灾次数应按一次考虑。储罐区的消防用水量不应小于表6－24的规定。

储罐区的消防用水量表 **表6－24**

储罐容积（m^3）	500～10000	10000～50000	50000～100000	100000～200000	>200000
消防用水量（L/s）	15	20	25	30	35

由于本设计中储罐容积为20000m^3，故其消防用水量为20L/s＝0.02m^3/s。

2）根据《建筑设计防火规范》相关说明，当设置消防水池时，消防水池的容量应按火灾延续时间3h计算确定。

3）本设计消防水池的容量可满足在火灾延续时间内的消防用水量的最低要求。

综上，储水量为：$0.02\times 3\times 3600=216m^3$

可选用容积为300m^3的消防水池。

（2）消防水池的规格

消防水池长15m，宽10m，深2m，池中设计水深为1.6m。为安全起见，消防水池加盖，以免掉入其中引起溺水事故。

2. 消防水泵房

站内设置消防水泵房一座，内设2台消防水泵，其中一备一用。泵房内尚可储备一定数量的消防器材。

3. 其他消防设施

（1）门站消防给水管网应采用环形管网，管道沿储罐区环形敷设，其给水干管不应少于 2 条。当其中一条发生故障时，其余的进水管应能满足消防用水总量的供给要求。

（2）站内室外消火栓选用地上式消火栓。

（3）门站内建筑物灭火器的配置应符合现行的国家标准《建筑灭火器配置设计规范》（GB 50140—2005）的有关规定。站内储罐区应配置干粉灭火器，配置数量按储罐台数每台设置 2 个；每组相对独立的调压计量等工艺装置区应配置干粉灭火器，数量不少于 2 个。综上，本设计共设置 12 个干粉灭火器。

（4）站内选用射程远，水流冲击力强，易于操作，能随意改变射流方向并且便于移动的活动式带架水枪 2 ~ 3 只，另选用 4 只直流水枪同时使用。

6.7　A 市天然气调压站的设计

6.7.1　调压站的功能及分类

1. 调压站的功能

参照《煤气规划设计手册》（中国建筑工业出版社）第 396 页的相关内容，调压站的功能主要有以下两点：（1）将输气管网的压力调节到下一级管网或用户所需要的压力；（2）将调节后的压力保持稳定。

2. 调压站的分类

（1）按压力级别分为：高、中压调压站，高、低压调压站和中、低压调压站。

本设计属于中、低压调压站，这种调压站目前在我国也是应用最多的。

（2）按用途分为：区域调压站、专用调压站和箱式调压装置。

本设计中压管网设置区域调压站和专用调压站。

（3）按设置方式分为：地上调压站和地下调压站。

6.7.2　A 市调压站的设置规划

本设计中，济南市中压燃气输配管网共设置 30 个调压站。其中，区域调压站 20 个（每个站内各设置一台调压器工作，一台备用，即“一备一用”），专用调压站 10 个：大型用户专用调压站 6 个，供暖区域锅炉房专用调压站 4 个（每个站内各设置一台调压器工作，一台备用，即“一备一用”）。调压站的设置力求布置均匀，运行可靠、高效。参照《城镇燃气设计规范》GB 50028—2006 的相关规定以及《煤气规划设计手册》（中国建筑工业出版社）的有关内容，本设计中调压站的设置考虑了以下因素：

（1）自然条件和周围环境许可时，宜设置在露天，但应设置围墙、护栏或车挡；

（2）调压站的作用半径以 0.5km 为宜，只有在住宅分散或狭长形居住区才可考虑放大作用半径；

（3）力求布置在负荷中心，以减小配气管道直径；

（4）应避开繁华地区和影响景观地区；

（5）尽量将调压站设置在公共用地上；

（6）相对密度大于0.75燃气的调压装置不得设于地下室、半地下室内和地下单独的箱体内。

综合考虑，本设计中燃气密度大于0.75kg/m^3，采用将调压站设置在地上单独建筑内的做法。为此，应满足调压站与其他建筑物、构筑物的水平净距，见表6－25。

调压站与其他建筑物、构筑物水平净距（m） **表6－25**

设置形式	调压装置入口燃气压力级制	建筑物外墙面	重要公共建筑、一类高层民用建筑	铁路（中心线）	城镇道路	公共电力变配电柜
地上单独建筑	中压（A）	6.0	12.0	10.0	2.0	4.0

6.7.3 调压器的型号选择

调压站中调压器的选择方法与门站调压计量间中调压器的选择方法一样，本设计针对区域调压站和专用调压站分别选型。

1. 区域调压站

根据5.2节的计算可知，区域调压站的流量为4368.4m^3/h，且各个调压站流量均相同，进出口压力范围也基本一致，同时也便于管理和检修，因此，本设计中选择同一型号的区域调压器。

参照调压器分类和选择的相关论述，经过比较，本设计区域调压站选用T型调压器，它主要由主调压器、指挥器及排气阀三部分组成。体积小、流量大，调压性能好，适用范围广，安装、调试、检修方便。根据《煤气规划设计手册》第398页的表6－1－6，选TMJ－314型调压器，其具体参数如表6－26所示。

调压器具体参数 **表6－26**

公称直径 D_g（mm）	阀口直径（mm）	阀口数量	进口压力（MPa）	出口压力（MPa）	最大流量（m^3/h）	稳压精度（%）
100	60	1	0.03～0.3	0.001～0.01	5900	±10

2. 专用调压器

（1）大型用户专用调压器

大型用户的公共建筑和公共企业用户的燃烧器通常用气量较大，可以使用较高压力的燃气。因此，本设计将这些用户与中压燃气管网直接相连。这样不仅可以减轻低压燃气管网的负荷，还可以充分利用燃气本身压力来引射空气。

根据5.2节的计算可知，大型用户专用调压站的流量如下：

1）旅游饭店：1600m^3/h；

2）体育中心：1200m^3/h；

3）省中心医院：1380m^3/h；

4）粮食加工厂：200m^3/h；

5）日化厂：240m³/h；

6）机床厂：310m³/h。

参照本设计调压器分类和选择的相关论述和河北彗星调压器总厂的相关资料，综合考虑，本设计各个大型用户所选择的调压器型号如表 6－27 所示。

各大型用户所选调压器型号　　表 6－27

大型用户名称	所选择的调压器型号
旅游饭店	RTZ－31/150A
体育中心	RTZ－31/150A
省中心医院	RTZ－31/150A
粮食加工厂	RMG－31/50
日化厂	RMG－31/50
机床厂	RMG－31/50

以上调压器的具体参数如表 6－28 所示。

各大型用户所选调压器具体参数　　表 6－28

调压器型号	进口压力（MPa）	出口压力（MPa）	最大流量（m^3/h）	连接通径（mm）	稳压精度（%）
RTZ－31/150A	0.1	0.003	2500	150	±10
RMG－31/50	0.1	0.003	360	50	±5

（2）供暖用户专用调压器

本设计中燃气供暖比例较大，占总用气量的 29%，采用区域锅炉房供暖，在每个区域锅炉房处设置专用调压站。根据 5.2 节的计算可知，供暖用户专用调压站的流量为 4854.5m³/h。综合考虑，本设计供暖用户专用调压器的型号选取的与区域调压器的型号一样，为 TMJ－314 型调压器，其相关参数见表 6－26。

6.7.4　调压站的构成、工艺流程及站内布置

1. 调压站的构成

调压站通常由调压器、阀门、过滤器、安全装置、旁通管以及测量仪表等组成。有的调压站除了调压之外，还要对燃气进行计量，称为调压计量站。

2. 调压站的工艺流程

根据《城镇燃气设计规范》GB 50028—2006 的规定，调压站的工艺设计应符合下列要求：

（1）调压器的燃气进、出口管道之间应设旁通管。

（2）调压站燃气入口处应安装过滤器。

（3）在调压器入口（或出口）处，应设防止燃气出口压力过高的安全保护装置（当调压器本身带有安全保护装置时可不设）。

（4）调压器的安全保护装置宜选用人工复位型。安全保护（放散或切断）装置必须设定启动压力值并具有足够的能力。当调压器出口为低压时，启动压力应使与低压管道直接连接的燃气用具处于安全工作压力以内。

（5）调压站放散管管口应高出其屋檐1.0m以上。

（6）调压站内调压器及过滤器前后均应设置指示式压力表，调压器后应设置自动记录式压力仪表。

结合以上规定，本设计工艺流程如下：系统正常运行时，入口燃气经进口阀以及过滤器进入调压器，调压后的燃气经流量计及出口阀送到管网。当维修时燃气可由旁通管通过。因为进站前及出站后燃气管线采用埋地敷设并通常采用电保护防腐措施，所以进出站管线应设置绝缘法兰。本设计由于流量计对气质要求不严格，故燃气经过进口阀直接进入流量计，然后经过滤进入调压器，调压后的燃气通过出口阀送入管网。

3. 站内布置

（1）调压站内调压器的布置应符合下列要求：

1）调压器的水平安装高度应便于维护检修；

2）2台以上调压器平行布置时，相邻调压器外缘净距宜大于1m，调压器与墙面之间的净距和室内主要通道的宽度均宜大于0.8m。

（2）地上式调压站的建筑物设计应符合下列要求：

1）建筑耐火等级应符合现行的国家标准《建筑设计防火规范》GB 50016—2006的不低于“二级”设计的规定。

2）调压器室与毗连房间之间应用实体隔墙隔开，其设计应符合下列要求：

① 隔墙厚度不应小于24cm，且应两面抹灰。

② 隔墙内不得设置烟道和通风设备。

③ 隔墙有管道通过时，应采用填料箱密封或将墙洞用混凝土等材料填实。

④ 调压器室的其他墙壁也不得设有烟道。

3）调压器室及其他有漏气危险的房间，应采用自然通风措施，每小时换气次数不应小于2次。

4）调压器室及其他有燃气泄露可能的房间电气防爆等级应符合现行的国家标准《爆炸和火灾危险环境电力装置设计规范》GB 50058—1992“1区”设计的规定。

5）调压器室内的地坪应采用不会产生火花的材料。

6）调压器室应有泄压的措施，其设置应符合现行的国家标准《建筑设计防火规范》GB 50016—2006的规定。

7）调压器室的门、窗应向外开启，窗应设防护栏和防护网。当门采用木质材料制成时，则应包敷薄钢板或以其他防火材料涂覆。

8）重要调压站宜设保护围墙。

9）设于空旷地带的调压站及采用高架遥测天线的调压站应单独设置避雷装置，其接地电阻值应小于10Ω。

此外，专用调压站的布置除需满足以上要求以外，还要做到以下几点：

1）设置流量计。

2）选用能够关闭严密的单座阀调压器。

3）安全装置选用安全切断阀。压力过高时要切断燃气通路，压力过低时也要切断燃气通路。

因为压力过低可能引起燃烧器熄灭，使燃气充满燃烧室，形成爆炸气体，当火焰靠近或再次点火时发生事故。

4. 调压站燃气管线附属设备的设置

为保证管网的安全与操作方便，地下燃气管道上的阀门一般都设置在阀门井中。本设计从中压环网来气进入调压站前需要设置一个阀门井，同时出调压站的低压燃气管线也经过此阀门井后送入低压环网中，也就是说，此阀门井为双管阀门井。

6.8 典型小区燃气管网设计

6.8.1 典型小区概述

本设计选取A市南部某小区为典型小区进行管网规划设计。该小区进气来自低压环状管网，采用低压枝状管网供气。小区具体位置属于第五章中低压管网布置中环D外一部分，管段12－10向该小区供气。小区内有居民住宅和小型公共建筑，配套设施齐全。居民楼10座，层高为6层和10层两种，均为一梯两户结构。幼儿园1座，小学1座。此外，还有居委会、副食店、理发店等用气设施。每户居民住宅安装1台双眼燃气灶和1台燃气热水器。考虑到小学一般中午设有“小饭桌”，部分学生在校就餐，因此设置4台炒菜灶，同时为满足全校师生的饮水需求，设置2台热水炉。考虑到幼儿园儿童年龄较小，为避免烫伤，故仅设置1台热水炉，设置2台炒菜灶满足儿童的就餐需求。此外，居委会、副食店设置1台双眼燃气灶和1台热水炉，满足值班人员和服务人员的就餐和饮水需求。理发店设置1台燃气热水器、1台热水炉和1台双眼燃气灶，满足员工就餐饮水以及为顾客洗头的需求。

6.8.2 典型小区管线布置及附属设备要求

1. 典型小区管线布置原则

（1）管段长度尽量布置的较短。

（2）庭院管道靠近居民住宅敷设，由于埋深较浅易受建、构筑物地基下沉、修理上下水道以及植物根系等因素影响，因此要保证安全距离。

（3）尽量避开并远离上下水井及化粪池。

（4）尽量敷设在街坊、里弄的道路上和人行道上。

（5）当与上下水管垂直交叉时，按规范规定的垂直距离，并从上下水管的下部通过，以防止修理上下管时，破坏燃气管道。

2. 典型小区管线布置要求

燃气管道的安全距离及相关敷设要求要遵循《城镇燃气设计规范》GB 50028—2006的相关条文，本设计已在5.1节中低压管网布置要求中有所说明，此处不再详述。

3. 典型小区附属设备要求

为保证管网的安全与操作方便，地下燃气管道上的阀门一般都设置在阀门井中。本设计中从低压环网来气进入小区前需要设置一个阀门井，以便于检修使用。阀门井的位置在水力计算简图的11~12管段。

6.8.3 典型小区燃气管网的水力计算

典型小区枝状管网的水力计算，确定主干管线中各管段的管径，找到最不利管路并求出最不利管路的压力降使之满足允许压力降的要求，其他支管管径仿照这条最不利管路管径进行设计。

1. 典型小区低压管网压力降的确定和分配

根据低压管网允许压力降的计算方法（详见5.3节低压管网计算压力降的确定和分配，这里不再详述），已知低压支管允许压力降的比例为22%，因此，典型小区各管段允许压力降 $[\Delta P]=1500\times22\%=330\text{Pa}$。

2. 典型小区各管段额定流量的确定

（1）居民住宅用户的额定流量

本设计中每户居民住宅内安装1台双眼燃气灶和1台燃气热水器。参照《燃气供应》（中国建筑工业出版社）第134页例6-2，确定其额定流量，如下所示：

双眼燃气灶：$0.9\text{m}^3/\text{h}$

燃气热水器：$1.4\text{m}^3/\text{h}$

因此，每户的总额定流量为 $0.9+1.4=2.3\text{m}^3/\text{h}$。

（2）小型公共建筑用户的额定流量

1）幼儿园

设置2台炒菜灶、1台热水炉。参照《燃气工程技术手册》第1064页，选取炒菜灶的额定热负荷为42kW（36000kcal/h）。

根据公式：额定流量（m^3/h）$=\dfrac{\text{燃具额定热负荷（kJ/h）}}{\text{燃气低热值（kJ/m}^3\text{）}}$，则炒菜灶的额定流量为 $\dfrac{42\times3600}{41.389\times1000}=3.65\text{m}^3/\text{h}$。选取热水炉的额定热负荷为35kW（30000kcal/h），则其额定流量为$\dfrac{35\times3600}{41.389\times1000}=3.04\text{m}^3/\text{h}$。

因此，幼儿园的额定流量为 $2\times3.65+3.04=10.34\text{m}^3/\text{h}$

2）小学

设置4台炒菜灶、2台热水炉。选取炒菜灶和热水炉的额定热负荷与幼儿园中设置的一样。

因此，小学的额定流量为 $4\times3.65+2\times3.04=20.68\text{m}^3/\text{h}$

3）居委会

设置1台双眼燃气灶和1台热水炉。双眼燃气灶的额定流量与居民用户使用的一样，其额定流量为 $0.9\text{m}^3/\text{h}$。热水炉的额定热负荷与幼儿园中设置的一样，其额定热负荷为35kW，所以额定流量为 $3.04\text{m}^3/\text{h}$。

因此，居委会的额定流量为 $0.9+3.04=3.94\text{m}^3/\text{h}$

4）副食店

设置1台双眼燃气灶和1台热水炉。其型号与额定流量同居委会使用的。

因此，副食店的额定流量为 $0.9+3.04=3.94\text{m}^3/\text{h}$

5）理发店

设置1台燃气热水器、1台热水炉和1台双眼燃气灶。燃气热水器和双眼燃气灶的型号同居民用户使用的，其额定流量分别为1.4m^3/h和0.9m^3/h。选取热水炉的热负荷与额定流量与幼儿园一样，其额定流量为3.04m^3/h。

所以，理发店的额定流量为1.4+0.9+3.04=5.34m^3/h

说明：本设计规定每一个居民用户作为一个用气用户，每一个小型公共建筑作为一个用气用户。

3. 典型小区水力计算的具体步骤

（1）绘制典型小区水力计算简图。

（2）根据管线布置，选择一条最不利管路，对其节点按一定顺序进行编号。

（3）根据典型小区燃气规划总平面图按比例（1∶1000）测量出各管段长度。

（4）管段实际长度乘以1.2的系数得出计算长度。

（5）确定各管段的额定流量（方法见上，这里不再详述）。

（6）按各管段供气户数确定同时工作系数［参照《煤气规划设计手册》（中国建筑工业出版社）第64页表2-4-8确定］。

（7）确定各管段的计算流量

用同时工作系数法确定各管段的计算流量。这种方法适用于居民小区、庭院及室内燃气管道的设计计算。在用户的用气设备确定以后，可以用这种方法确定管道的小时计算流量。管道的小时计算流量根据燃气设备的额定流量和同时工作的概率来确定。其计算公式为：

$$Q_h = k_t(\sum kNQ_n)$$

式中 Q_h——燃气管道的小时计算流量（m^3/h）；

k_t——不同类型用户的同时工作系数。当缺乏资料时，可取1；

k——相同燃具或相同组合燃具的同时工作系数，该值反应燃气用具集中使用的程度，它与燃气用户的生活规律、燃气用具的种类、数量等因素有关。

N——相同燃具或相同组合燃具的数目；

Q_n——相同燃具或相同组合燃具的额定流量（m^3/h）。

（8）根据平均压力降$\Delta P/L$和计算流量，查水力计算表，查得管径后，计算出单位压力损失，再乘以计算长度，得出管段压力降。

（9）计算出各管段压力降后，求出总压降，若小于330Pa，则合格；若大于330Pa，则应调整部分管径重新计算校核，使之小于允许压力降，直到合格为止。

以上各项计算结果详见表6-29。

典型小区燃气管道水力计算表 **表6-29**

管道号	管段长度 L（m）	计算长度 L_j（m）	每段户数 N	累计总户数 N_l	同时工作系数 k	计算流量 Q_h（m^3/h）（附加小型公建）	管径 d（mm）
		$L_j=1.2L$				$Q_h=N_l\times k\times Q_n$	
1~2	123	147	60	60	0.176	24.288	80
2~3	57	68	0	60	0.176	34.628	80

续表

管道号	管段长度 L（m）	计算长度 L_j（m）	每段户数 N	累计总户数 N_l	同时工作系数 k	计算流量 Q_h（m^3/h）（附加小型公建）	管径 d（mm）
		$L_j=1.2L$				$Q_h=N_l\times k\times Q_n$	
3~4	15	18	60	120	0.168	46.368	100
4~5	69	83	36	156	0.165	59.202	100
5~6	7	8	0	156	0.165	63.142	100
6~7	31	37	84	240	0.156	86.112	125
7~8	15	18	0	240	0.156	90.052	125
8~9	35	42	60	300	0.150	103.500	125
9~10	36	43	0	300	0.150	129.520	150
10~11	68	82	120	420	0.139	134.274	150
11~12	35	42	60	480	0.138	152.352	150

管道号	流速（m/s）	雷诺数 R_e	摩擦阻力系数 λ	单位长度压力损失 $\Delta P/L$（Pa/m）	管段压力损失（Pa）
	$v=\frac{4Q_h}{3600\pi d^2}$				
1~2	1.343	9407	0.0342	0.3423	50.324
2~3	1.915	13412	0.0320	0.6517	44.315
3~4	1.641	14367	0.0312	0.3723	6.701
4~5	2.095	18344	0.0298	0.5812	48.236
5~6	2.234	19565	0.0295	0.6539	5.231
6~7	1.950	21346	0.0286	0.3858	14.275
7~8	2.039	22323	0.0283	0.4186	7.535
8~9	2.344	25656	0.0277	0.5401	22.685
9~10	2.037	26755	0.0271	0.3326	14.302
10~11	2.112	27737	0.0269	0.3552	29.127
11~12	2.396	31472	0.0264	0.4478	18.808
总和					261.539

通过计算可知：各管段压力损失总和为261.539Pa，小于允许计算压力降330Pa。因此，管径满足要求，可以施工。

附：低压燃气管道摩擦阻力损失计算公式［摘自《燃气供应》（中国建筑工业出版社）第120页式（6-3）］：

$$\frac{\Delta p}{l}=6.26\times10^7\lambda\frac{Q^2}{d^5}\rho\frac{T}{T_0}$$

式中 Δp——燃气管道摩擦阻力损失（Pa）；

l——燃气管道的计算长度（m）；

λ——燃气管道摩擦阻力系数，反应管内燃气流动摩擦阻力的无因次系数，其数值与燃气在管道内的流动状态、燃气性质、管道材质（管道内壁粗糙度）及连接方法、安装质量等因素有关；

Q——燃气管道的计算流量（m^3/h）；

d——管道内径（mm）；

ρ——燃气密度（kg/m^3）；

T——设计中所采用的燃气温度（K）；

T_0——标准状态绝对温度（273.15K）。

其中，燃气管道摩擦阻力系数 λ 按下式计算（摘自《燃气供应》（中国建筑工业出版社）附录2）：

（1）层流状态：$R_e \leqslant 2100$

$$\lambda = \frac{64}{R_e}$$

（2）临界状态：$2100 < R_e \leqslant 3500$

$$\lambda = 0.03 + \frac{R_e - 2100}{65R_e - 10^5}$$

（3）湍流状态：$R_e > 3500$

$$\lambda = 0.11\left(\frac{\Delta}{d} + \frac{68}{R_e}\right)^{0.25}$$

式中 R_e——雷诺数；

Δ——管壁内表面的当量绝对粗糙度（mm）；

d——管道内径（mm）。

参考文献

［1］《城镇燃气设计规范》GB 50028—2006. 北京：中国计划出版社，2006 年

［2］《城镇燃气输配工程施工及验收规范》CJJ 33—2005. 北京：中国建筑工业出版社，2005 年

［3］《建筑设计防火规范》GB 50016—2006. 北京：中国计划出版社，2006 年

［4］《汽车加油加气站设计与施工规范》GB 50156—2002. 北京：中国计划出版社，2002 年

［5］詹淑慧. 燃气供应. 北京：中国建筑工业出版社，2004 年

［6］段常贵. 燃气输配. 北京：中国建筑工业出版社，2002 年

［7］邓渊. 煤气规划设计手册. 北京：中国建筑工业出版社，1992 年

［8］姜正侯. 燃气工程技术手册. 上海：同济大学出版社，1997 年

［9］郑毅. 城市规划设计手册. 北京：中国建筑工业出版社，2000 年

［10］同济大学. 燃气燃烧与应用. 北京：中国建筑工业出版社，2000 年

［11］严铭卿. 天然气输配技术. 北京：化学工业出版社，2006 年

7　北京某小区供热外网及热源工程设计

张莹（建筑环境与设备工程，2009届）

指导老师：邵宗义

简　介

在集中供热系统中，随着变频技术的应用，分布式变频二级泵系统已经备受关注。与传统供热相比，分布式变频二级泵系统是在换热站换热器一次水供水侧设置加压泵来代替阀门完成流量调节的供热系统。本文以设计郝庄二区供热外网及热源实际工程，进行论证。本设计中，供暖面积226.4×10^4m^2，总热负荷为130856kW，热源为锅炉房，热水为热煤，间接连接，共设1个锅炉房，7个换热站，一级网供、回水温度为120℃/60℃，二级网供、回水温度为80℃/55℃，均采用直埋敷设，聚氨酯保温。外网循环采用分布式变频二级泵系统，热源及换热站内均设有气候补偿器，信号通过变频器，分别控制一次水二级泵或一次水混合阀以及二次水循环水泵。

7.1　绪论

7.1.1　概述

近年来，我国集中供热事业发展迅速，但供热事业的发展带来的能源消耗以及对环境污染等问题却日趋严重，到了非解决不可的程度。为贯彻落实国务院《关于加强节能工作的决定》、国务院《关于印发节能减排综合性工作方案的通知》以及原建设部、北京市有关具体实施方案的要求，落实节约资源和环境保护基本国策，为实现“十一五”时期供热事业发展和节能减排目标，各级政府都把供热系统的节能减排当做头等大事来抓。集中供热已成为城市不可缺少的基础设施，本设计是在调研北环、南环等已有整合过的供热系统方案后，进行技术可靠性、经济合理性分析的前提下，将郝庄二区集中供热系统进行改造，利用分布式变频二级泵系统形式进行一次管网设计。

7.1.2　原始资料

1. 北京市气象资料

冬季供暖室外计算温度　　$t_w = -9$℃

冬季室外平均风速　　2.8m/s

冬季室外主导风向　　西北风

供暖天数（室外温度 < +5℃）　　129 天

供暖期日平均温度　　-1.6℃

最大冻土深度　　143cm

室外温度的延续时间如表 7-1 所示。

室外温度的延续时间　　表 7-1

室外温度 t_w	+5	+3	0	-2	-4	-6	-8	-9
延续小时数	3096	2599	1989	1469	934	474	188	106

以上数值均按照《采暖通风与空调工程设计规范》GB 50019—2003 中规定的数值确定。

2. 土建资料

区域总平面图，包括建筑物分布、建筑物高度及建筑面积、建筑物用途以及区域的地形标高和位置坐标等。其中最高交换站的高度为 18m，建筑物在同一高度（同一平面），地形海拔为 22m。

3. 原水水质指标如下

总硬度：5.3mmol/L；

碳酸盐硬度：5.0mmol/L；

非碳酸盐硬度：0.3mmol/L；

总碱度：2.1mmol/L；

溶解氧：5.8mg/L；

pH 值：7.0；

含盐量：259mg/L。

7.1.3 设计方案

郝庄二区供暖面积 $226.4\times10^4m^2$，设计热负荷为供暖热负荷，供热管网布置形式为枝状管网，以燃煤锅炉房为热源，由新建锅炉房自行定压。本设计共设 7 个换热站，一级网供、回水温度为 120℃/60℃，二级网供、回水温度为 80℃/55℃，均采用直埋敷设，聚氨酯保温。外网循环采用分布式变频二级泵系统，热源及换热站内均设有气候补偿器，信号通过变频器，分别控制一次水二级泵或一次水混合阀以及二次水循环水泵。

7.2 热负荷及热负荷延续时间图

7.2.1 热负荷计算

1. 供暖面积热指标计算

根据面积热指标法：

$$Q_h = q_h \times A \times 10^{-3} \tag{7-1}$$

式中 Q_h——建筑物的供暖设计热负荷（kW）；

q_h——供暖面积热指标（W/m^2）；

A——建筑物供暖面积（m^2）。

由《城市热力网设计规范》CJJ 34—2002 查得各类建筑物供暖面积热指标如表7－2所示。

供暖面积热指标推荐值 q_h（W/m^2） 表 7－2

建筑物类型	住宅	居住区综合	学校办公	医院托幼	旅馆	商店	食堂、餐厅	影剧院、展览馆	大礼堂、体育馆
未采取节能措施	58～64	60～67	60～80	65～80	60～70	65～80	115～140	95～115	115～165
采取节能措施	40～45	45～55	50～70	55～70	50～60	55～70	100～130	80～105	100～150

2. 郝庄地区建筑物综合热指标计算

郝庄地区的建筑分为：公建、居住、商贸和部分工业建筑。其中住宅和配套占 65%，商贸、公建与工业占 35%。根据国家对节能建筑的标准，新增加的建筑及规划发展建筑采用新的供热指标，供热指标依据《城市热力网设计规范》CJJ 34—2002 确定。

（1）住宅（包括 15% 的配套设施）应按住宅区综合指标：

现有建筑取 60～67W/m^2，新建筑按 45～55W/m^2 计算，工业厂房 110W/m^2。

（2）学校、商场等公建：

现有建筑按 65～80W/m^2 计算，新建筑取 55～70W/m^2，工业厂房 110W/m^2。

（3）老建筑的综合热指标：

$$65\times65\%+75\times35\%=68.5\text{W/m}^2$$

（4）新建筑的综合热指标：

$$50\times65\%+65\times35\%=55.25\text{W/m}^2$$

因此，现有建筑综合热指标取 68.5W/m²。新建筑及规划发展建筑综合热指标取 55.25W/m²。上述供热指标均已包含热损失。

3. 流量计算

将郝庄地区需要供暖的建筑物热负荷值累加，最终得到该区内供暖最大热负荷。将地区建筑物编号，并把建筑物热负荷及流量等列在相应的表中。

对供暖热负荷的供水供暖系统，换热站的一次水计算流量可用下式确定：

$$G_n'=\frac{Q_n'}{c\ (t_1-t_2)}=A\frac{Q_n'}{(t_1-t_2)} \tag{7-2}$$

式中 Q_n'——供暖用户系统的设计热负荷（W）；

t_1，t_2——网路的设计供、回水温度（℃）；

一次水 $t_1=120$℃，$t_2=60$℃；

二次水 $t_1=80$℃，$t_2=55$℃；

C——水的质量比热，$C=4187$g/kg·℃；

A——采用不同计算单位的系数，A 取 0.00086。

［**例 7-1**］ 郝庄小区现有供暖面积 10 万 m²，热指标 68.5W/m²，一次水供水温度 $t_1=120$℃，回水温度 $t_2=60$℃；二次水供水温度 $t_1=80$℃，回水温度 $t_2=55$℃，该换热站的热负荷和一次水，二次水流量是多少？

［**解**］ 郝庄小区热负荷 $Q_h=q\times A\times10^{-3}$

$$=20\times68.5=13700\text{kW}$$

一次水流量：

$$G_n'=\frac{Q_n'}{c\ (t_1-t_2)}=A\frac{Q_n'}{(t_1-t_2)}$$

$$=0.00086\times\frac{13700000}{120-60}=196.37\quad \text{t/h}$$

二次水流量：

$$G_n'=\frac{Q_n'}{c\ (t_1-t_2)}=A\frac{Q_n'}{(t_1-t_2)}$$

$$=0.00086\times\frac{13700000}{80-55}=471.28\quad \text{t/h}$$

7.2.2 热负荷延续时间图

热负荷延续时间图是用来表示热负荷随室外温度或时间变化的曲线，形象地反映热负荷在各个时期的变化情况。供暖热负荷与其延续时间的乘积能清楚显示不同时刻的供暖热负荷在整个供暖季节中的累积耗热量，以及它在整个供暖季节总耗热量中所占比重。

在供暖热负荷延续时间图中，横坐标的左方为室外温度 t_w，纵坐标为供暖热负荷 Q_n，横坐标的右方表示延续小时数。任一室外温度下的供暖热负荷可按下式计算：

$$Q_n = Q_n' \times \frac{t_n - t_w}{t_n - t_w'}$$

式中 Q_n——任一室外温度对应的热负荷（kW）；

Q'_n——供暖设计热负荷（kW）；

$Q'_n = 130865\text{kW}$；

t_n——供暖室内计算温度（℃），$t_n = 18℃$；

t'_w——供暖室外计算温度（℃），$t'_w = -9℃$；

t_w——任一室外温度（℃）。

室外温度对应的供暖热负荷和延续时间如表 7－3 所示。

室外温度对应的供暖热负荷和延续时间（北京） **表 7－3**

室外温度 t_w（℃）	延续小时数 n（h）	供暖热负荷 Q（kW）
5	3096	63009.07
3	2599	72702.78
0	1989	87243.33
－2	1469	96937.04
－4	934	106630.7
－6	474	116324.4
－8	188	126018.1
－9	106	130865

在供暖热负荷延续时间图中，横坐标的左方为室外温度 t_w，纵坐标为供暖热负荷 Q_n；横坐标的右方表示小时数（图 7－1）。如横坐标 n 表示供暖期中室外温度 t_w≤供暖室外设计温度出现的总小时数，n_1 代表室外温度 $t_w \le t_{w1}$ 出现的总小时数等。

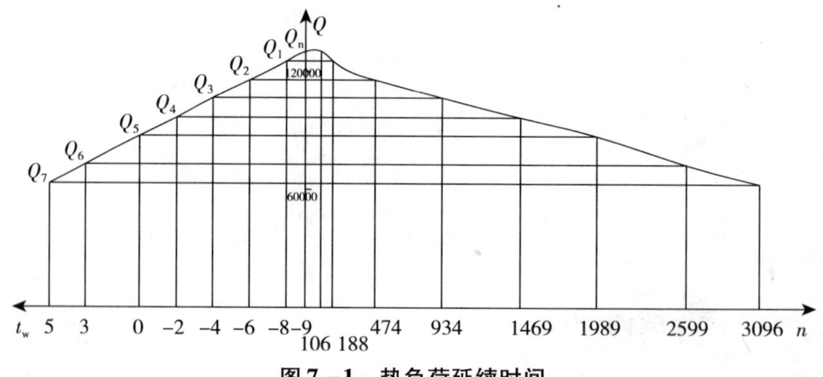

图 7－1 热负荷延续时间

7.2.3 供暖年耗热量

供暖年耗热量 $Q_{n,a}$ 按下式计算：

$$Q_{n,a}=24Q_n'\left(\frac{t_n-t_{p,j}}{t_n-t_w'}\right)N$$

$$=0.0864Q_n'\left(\frac{t_n-t_{p,j}}{t_n-t_w'}\right)N$$

式中 Q_n'——供暖设计热负荷（kW），$Q'_n=130865\text{kW}$；

N——供暖期天数（d），$N=129\text{d}$；

t_w'——供暖室外计算温度（℃），$t_w'=-9℃$；

t_n——供暖室内计算温度（℃），$t_n=18℃$；

$t_{p,j}$——供暖期室外平均温度（℃），$t_{p,j}=-1.6℃$；

0.0864——公式简化和单位换算后的数值（$0.0864=24\times3600\times10^{-6}$）。

其中 N，t'_w 和 $t_{p,j}$ 值按《采暖通风与空调工程设计规范》GB 50019—2003 值确定。

本设计根据公式得

$$Q_{n,a}=0.0864Q_n'\left(\frac{t_n-t_{p,j}}{t_n-t_w'}\right)N$$

$$=0.0864\times130865\times\left[\frac{18-(-1.6)}{18-(-9)}\right]\times129$$

$$=1058813.01\ \text{GJ/a}$$

最终本设计中供暖年耗热量为 1058813.01 GJ/a。

7.3 供暖方案的确定，布置管网及水力计算

7.3.1 热源形式及热媒的确定

热源是供热系统能量的来源地，是供热系统中三大重要组成部分之一。在热源内，可利用燃料燃烧产生的热能、电能、太阳能、核能以及上一级热源提供的高温水或蒸汽等方式将供热热媒加热或使热媒气化，为下一级热源或热用户提供热量。也可以直接利用地热、工业余热或其他热量作为供热系统的热源。目前，国内较广泛应用的供热热源方式有热电厂供热方式、区域大锅炉房（包括直燃机房）供热方式、换热站供热方式等。依据国家及北京市有关规定和设计条件，热源形式选择为热力站。

本设计中是以大型锅炉房为热源，采用间接供热方式的民用供暖系统。因此，选用水作为热媒。设置 7 个换热站，一级网输送热媒的供、回水温度为 120℃/60℃，二级网供、回水温度为 80℃/55℃。

7.3.2 热网系统形式的选择

热网是集中供热系统的主要组成部分，担负热能输送任务。热网系统形式取决于热媒（蒸汽或热水）、热源（热电厂或区域锅炉房等）与热用户的相互位置和供热地区热用户种类、热负荷大小和性质等。选择热网系统形式应遵循的基本原则是安全供热和经济性。热网系统形式主要有以下两种形式：

1. 枝状管网（图 7－2）

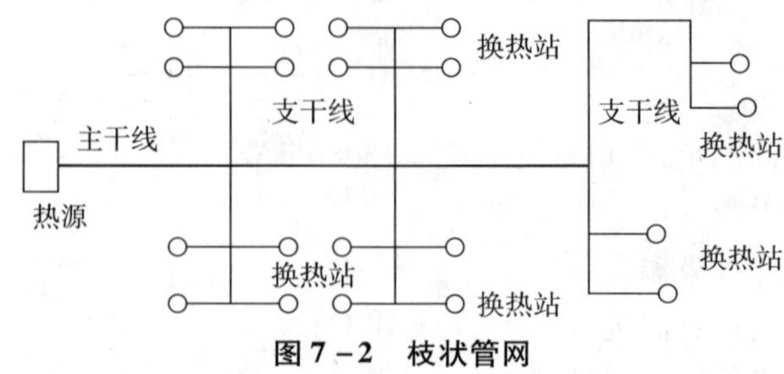

图 7－2　枝状管网

管网采用枝状连接，热网供水从热源沿主干线、分支干线、用户支线送到各热用户的引入口处，网路回水从各用户沿相同线路返回热源。

枝状管网布置简单，供热管道的直径随距热源越远而逐渐减小，而且金属耗量小，基建投资小，运行管理简便。但枝状管网不具后备供热的性能。当供热管网某处发生故障时，在故障点以后的热用户都将停止供热。由于建筑物具有一定的蓄热能力，通常可采用迅速消除热网故障的办法，以使建筑物室温不致大幅度的降低。因此，枝状管网是热水管网采用最普遍的方式。

为了使管网发生故障时，缩小事故的影响范围和迅速消除故障，在与干管相连接的管路分支处以及在分支管路相连接的较长的用户支管处，均应装设阀门。

2. 环状管网（图 7－3）

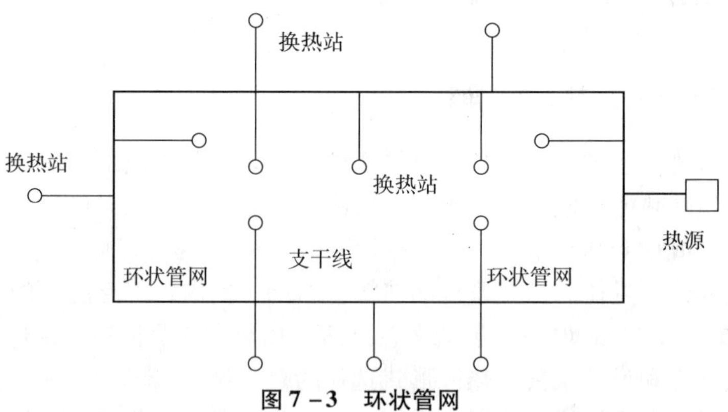

图 7－3　环状管网

环状管网布置的主要优点是具有很高的供热后备能力。当输配干线某处出现事故时，可以切除故障段后，通过环状管网由另一方向保证供热。但是，环状管网热网投资增大，运行管理更为复杂，热网要有较高的自动控制措施。

根据本设计的特点，综合比较后，决定采用适用于小范围供热、成本低廉的枝状管网形式，并且遵守供暖室外管网敷设原则及管道避让原则，保证管道距建筑物外墙及道路的间距。

7.3.3　供热管网的敷设方式的选择

合理地选择供热管道的敷设方式，应对节约投资、保证热网安全可靠地运行及交通情况等方面进行综合考虑，力求与总体布局协调一致。供热管道的敷设方式可分为地上敷设和地下敷设。

1. 地上敷设

地上敷设是管道敷设在地面以上的独立支架或建筑物的墙壁上。其优点是不受地下水位、土质和其他管线的影响，构造简单，维修方便，是一种较为经济的敷设方式。其缺点是占地面积较多，管道热损失大，在某些场合下不够美观，因而多用于厂区和市郊。按照支架的高度不同，可以有以下三种地上敷设的方式：

（1）低支架敷设：保温外壳距地面净距0.5～1.0m，以免受地面水、雪的侵袭。

（2）中支架敷设：净高2～4m，一般采用方形补偿器。

（3）高支架敷设：净高管道保温结构底距地面为4m以上，跨越铁路时 H 为6m，跨越公路时 H 为4m，采用套管补偿器。

2. 地下敷设

在市区以及对环境有要求的地区，采用地下敷设，地下敷设不影响市容和交通，因而地下敷设是城镇集中供热管道广泛采用的敷设方式。地下敷设可分为两种方式：

（1）地沟敷设

通行地沟敷设：工作人员可以直立通行的地沟，但造价高。

半通行地沟敷设：当管道根数较多，采用单排水平布置沟宽度受到限制时，可采用半通行地沟。

不通行地沟敷设：当管道根数不多且维修工作量不大时，可采用不通行地沟，其造价较低、占地小，但检修时必须掘开地面。

（2）无沟直埋敷设

无沟直埋管道由于不需砌筑管沟，占地横断面积小，易于与其他地下管道和设施进行协调，土方量及土建工程量也会相应减少，管道可以在工厂进行预制，质量可以保证，并且现场安装工作量减少，施工进度快，可以节省供热管网的投资费用，目前已成为热水供热管网的主要敷设方式。结合郝庄地区的实际情况，老旧城区和街道地方窄小、地下管线密集且具体位置不详，地沟敷设难以实施，所以确定本次设计的一次管网采用无沟直埋敷设方式。所有管线的最小埋深均控制在冻土层以下，在道路下的埋设的管道，根据道路荷载确定管道埋深。

7.3.4　连接方式的选择

由于本工程一次热水管网所带热负荷大，输送距离远，沿程阻力较大，为了避免热水网路与热用户压力状态不适应的情况，本次设计供热一次水与热用户采用间接连接，间接连接方式具有便于管理，易于调节的优越性。通过提高一次热水管网的供回水温差，可以减小一次热水管网管径，可以节约工程投资。间接连接可以使一次热水管网不受热用户干扰，减少失水率，使整个系统运行平稳，安全可靠。

一次热网厂输送120℃/60℃热水，至郝庄二区有7座热力站，经热交换后向采暖用户输送80℃/55℃采暖热水。

7.3.5　管道补偿方式

在直埋敷设热水管网设计中，根据热补偿方式可以分为两种，第一种可按照无补偿施工法做，这种施工方法可节省补偿器，减少一些直埋固定支墩，且能降低主干线的沿程阻力，减少大量的可能出现的事故泄漏点。但是对施工技术要求较高，且需要对路线地下设施资料了解清楚，施工现场也必须具备一定的条件。第二种为有补偿直埋敷设方式，原则上尽量利用路线起伏及拐弯的管道自然补偿，不能满足处，再设补偿器。考虑到本设计中管径较大，输送距离较长，采用有补偿直埋敷设方式为宜。

总之，具体的管道补偿方式的确定，应结合满足设计要求、施工维护方便、节约投资、减少流动阻力、少占地不妨碍交通、增加管网使用年限和安全可靠等方面因素综合考虑。

7.3.6　检查井与小室的设置

地下敷设供热管网，在管道分支处、补偿器、阀门、排水、排气装置等处，都应设置检查井或小室，以便检查和检修。

检查小室的净空尺寸要尽可能紧凑，但必须考虑到便于维护检修。一般净高不应小于1.8m，人行通道宽度不小于0.6m，干管保温结构表面与检查室地面距离不小于0.6m。检查室顶部应设人口和扶梯，人孔井口为0.7m。为了检修时安全和通风换气，小室的人孔数量不得小于两个，并应对角布置。当热水管网检查井只有放气门或其净空面积小于0.4m^{2}时，可只设一个人孔。

检查小室还用来汇集和排除渗入地沟或由管道泄出的水。因此，检查室地面应低于地沟底，其值不小于0.3m。同时，检查室内应设一个集水坑，并应设置于人孔下方，以便将积水抽出。

7.3.7　水力计算

设计供热管网时，为使系统各管段流量符合设计要求，满足用户的需要，保证系统正常的运行，并节约运行能耗，必须对热网各管段压力损失进行细致的计算并对管径进行选择。

1. 确定热力网各管段流量

管段的计算流量就是该管段所负担的各个用户的计算流量之和，以此计算流量、确定管段的管径和压力损失。

对只有供暖热负荷的供水供暖系统，用户的计算流量可用下式确定：

$$G_n' = \frac{Q_n'}{c\ (\tau_1' - \tau_2')} = A\frac{Q_n'}{(\tau_1' - \tau_2')} \tag{7-3}$$

式中　Q_n'——供暖用户系统的设计热负荷（MW）；

τ_1'、τ_2'——网路的设计供、回水温度（℃）；

c——水的质量比热（℃）；

A——采用不同计算单位的系数，A取860。

2. 确定热水网路的主干线及其沿程比摩阻

热水网路中平均比摩阻最小的一条管线，称为主干线。在一般情况下，热水网路各用户要求预留的作用压差是基本相等的，所以通常从热源到最远用户的管线是主干线。热水网路水力计算是从主干线开始计算，从热源出口到主干线末端用户逐段进行。

主干线的平均比摩阻 R 值，对确定整个管网的管径起着决定性作用。如选用比摩阻 R 值越大，需要的管径越小，因而降低了管网的基建投资和热损失，但网路循环水泵的基建投资及运行电耗随之增大。这就需要确定一个经济的比摩阻，使得在规定的计算年限内总费用为最小。

根据《城市热力网设计规范》和《全国民用建筑工程设计技术措施——暖通空调·动力》，在一般的情况下，热水网路主干线的设计平均比摩阻，可取 30 ~ 70Pa/m 进行计算。

根据网路主干线各管段的计算流量和初步选用的平均比摩阻 R 值，利用水力计算表，确定主干线各管段的标准管径和相应的实际比摩阻。

根据选用的标准管径和管段中局部阻力的形式，查阅有关设计手册确定各管段局部阻力的当量长度 l_d 的总和，以及管段的折算长度 l_{zh}。

根据管段的折算长度 l_{zh} 以及比摩阻，利用 $\Delta P = R\ (1 + l_d)\ = Rl_{zh}$，计算主干线各管段的总压降。

3. 支干线、支线水力计算

主干线水力计算完成后，便可进行热水网路支干线、支线等水力计算。支线的估算比摩阻的确定应按照管段的资用压力来确定。资用压力是根据支线与主干线上相应的并联环路压力平衡来确定的。支线估算比摩阻按下式计算：

$$R_{pj} = \frac{\Delta P_z}{(1 + \alpha_j) \sum l} \tag{7-4}$$

式中 R_{pj}——支线管段的估算比摩阻（Pa/m）；

ΔP_z——支线的资用压力（Pa）；

$\sum l$——支线的总长度（m）。

根据支干线、支线管段流量和估算比摩阻查水力计算表，确定实际比摩阻和管径。应按支干线、支线的资用压力确定其管径，但热水流速不应大于 3.5m/s，同时比摩阻不应大于 300Pa/m。

根据选定的管径和局部阻力形式，确定局部阻力当量长度，求支线管段上所有局部阻力当量长度之和，并计算支干线、支线管段的实际压降。

4. 主干线 2 - 3 段计算示例

因热水网路各用户要求预留的作用压差相等，所以从热源到最远换热站这段管线是主干线，即 1 - 8 为主干线。

根据热力网路水力计算的方法及步骤、供暖平面图中管道的布置及管道附件的位置，以经济比摩阻 30 ~ 70Pa/m 为计算基础，计算主干线 1 - 8。

2 - 3 管段：计算流量 $G_{2-3} = 1715.24$t/h，平均比摩阻在 30 ~ 70Pa/m 内，查水力计算表，得出管径和实际比摩阻如下：$d = 600$mm；$R = 35$Pa/m；$v = 1.7$m/s。

管段 2 - 3 上的所有局部阻力的当量长度可查出，结果如下：

三个波纹补偿器　　$3 \times 19.9 = 59.7$m

分流三通直通管　　$1 \times 33.1 = 33.1$m

局部阻力当量长度之和　　$l_d = 92.8$m

管段2－3的折算长度　　$l_{zh}=338+92.8=430.8\text{m}$

管段2－3的压力损失　　$\Delta P=Rl_{zh}=35\times430.8=15078\text{Pa}$

同样方法可确定主干线上其余管段的管径和压力损失，主干线及支干线（支线）的局部阻力当量长度。

5. 支线2－2'段计算示例

管段2－2'的资用压差为：$\Delta P_{2-2'}=\Delta P_{2-8}=151549\text{Pa}$

根据《城市热力网设计规范》局部损失与沿程损失的估算比值 $\alpha_j=0.3$，则比摩阻大致可控制为

$$R_{pj}=\frac{\Delta P_z}{(1+\alpha_j)\sum l}=\frac{151549}{(1+0.3)\times281}=415\text{Pa/m}$$

7.3.8　水压图绘制

在热水管路中，将管路各点的测压管水头高度顺次连接起来的曲线是热水管路的水压线。

绘制热水网路水压图，用以全面反映热网和各用户的压力状况，并确定保证使其满足设计要求。在运行中通过网路水压图，可以全面了解整个系统在调节过程中或出现故障时的压力状况，从而找出了关键性的矛盾和采取必要的解决措施，保证安全运行。

1. 绘制水压图中系统定压原则

（1）热水网路直接连接的用户系统内，压力不超过其散热设备的承压能力；

（2）网路和用户系统内，水温超过100℃的地方，压力不应低于该水温下的汽化压力；

（3）回水管的测压管水头都必须高于用户系统的充水高度，以防止系统倒空吸入空气；

（4）热水网路上任何一处的供回水管压差，应满足用户系统所需要的作用压头。

2. 水压图绘制方法

（1）确定基准面和坐标平面

以网路循环水泵的中心高度为基准面，在纵坐标轴 $o-h$ 上按一定的比例尺做出供暖系统的高度和测压管水头高度，沿基准面横坐标轴 $o-l$ 上按一定比例尺做出供暖系统水平干线管路计算长度。

（2）确定静水压线

静水压线是网路循环水泵停止运行时，网路上各点测压管水头连接线，它是一条水平直线，静水压线的高度应该满足下列要求：

1）系统及直连用户的设备不超过额定承压。

2）与热水网路直接连接的用户系统内，不能出现汽化现象。

3）系统中任意点，不能出现倒空现象。

（3）确定回水管动水压曲线位置

在循环水泵运行时，热网回水管内各点测压管水头连接曲线为回水管的动水压曲线。

回水管的动水压线位置应满足：

1）回水网路动水压曲线应满足不倒空，不吸气基础上，应比所有的直接连接用户的顶部以及沿管线的地形纵剖面线上任何一点高出 $5mH_2O$，这是对回水管动压线最低的要求。

2）与热水网路直接连接用户系统内，不超过散热器的承压能力。这是控制回水管动水压曲线最高位置的要求，为分析方便，可以认为用户系统底层散热器所承受的压力就是热网回水管在用户引入口的出口处压力。

（4）确定供水管动水压曲线

在网路循环水泵运行时，网路供水管内各点的测压管水头连线为供水管动水压曲线。

供水管动水压线位置应满足：

1）网路供水干管内以及网路直接连接用户系统的供水管内，任何一点都不应发生汽化现象。

2）在网路上任何一点的供水压力和回水压力差值应满足用户系统以及用户入口所需要的循环压力，即要保证足够的资用压力。

（5）传统供热系统输送方式及水压图分析

图7－4和图7－5为传统的供热系统示意图及水压图，从图中可以看出一级水泵提供的扬程，大部分被距热源近端支线的减压装置节流掉，造成极大的浪费。

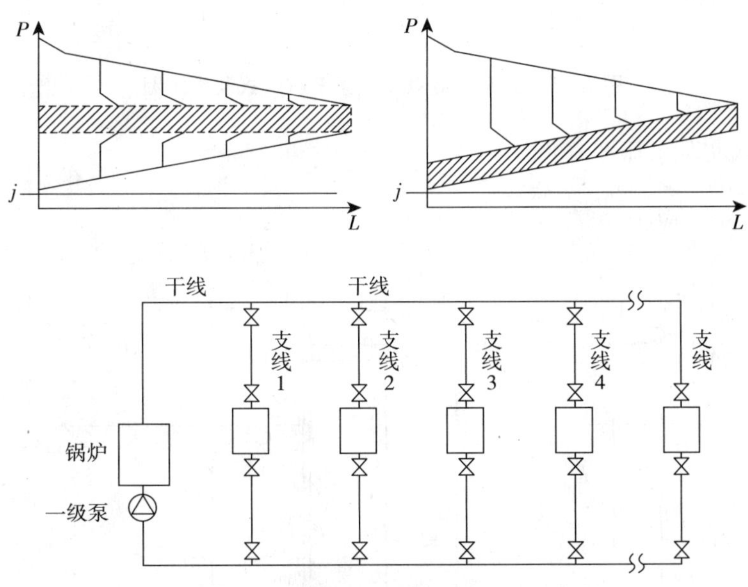

图7－4　传统的供热输配方式及水压图

（6）变频二级泵系统输送方式及水压图

图7－5为工程中可实施的分布式变频二级泵系统形式方案及系统水压图，热源内的一级泵只负担锅炉房内部阻力或担负锅炉房内部阻力和外网干线的部分循环阻力，放在换热站内的二级泵负担由干线到换热站部分的支干线的阻力损失及换热站内一次水的阻力损失，这样可以大大降低主循环泵的扬程，避免能耗的浪费。同时为保证供热系统各点压力、压差能维持系统正常运行，一、二级泵可分别采用气候补偿器和控制器进行变速控制，以满足在不同工况下的运行调节和节能运行的要求。分布式变频二级泵系统有效降低供热系统耗电量及锅炉承压，提高热水锅炉使用安全性及实用性。

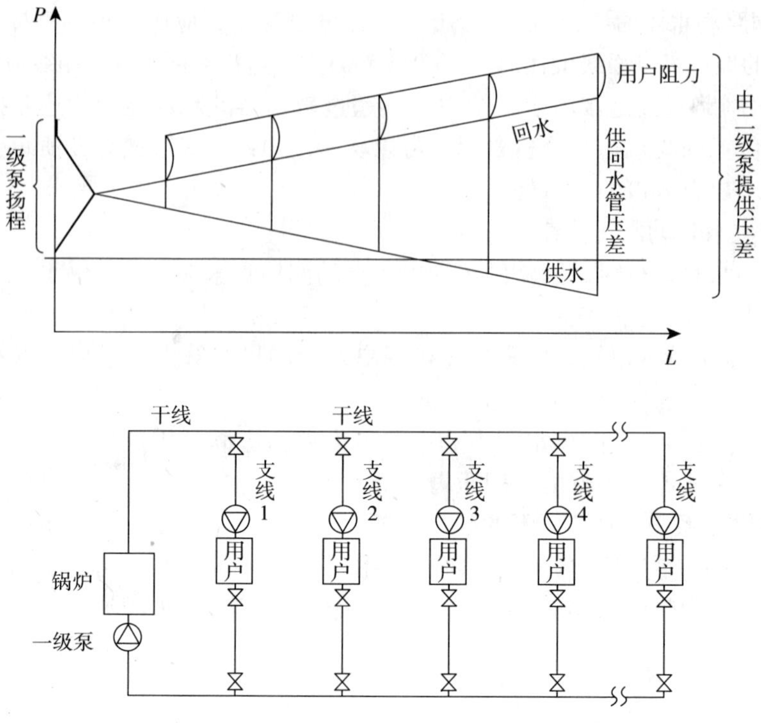

图7-5　分布式变频二级泵系统形式及水压图

3. 郝庄二区实际水压图（图7-6）

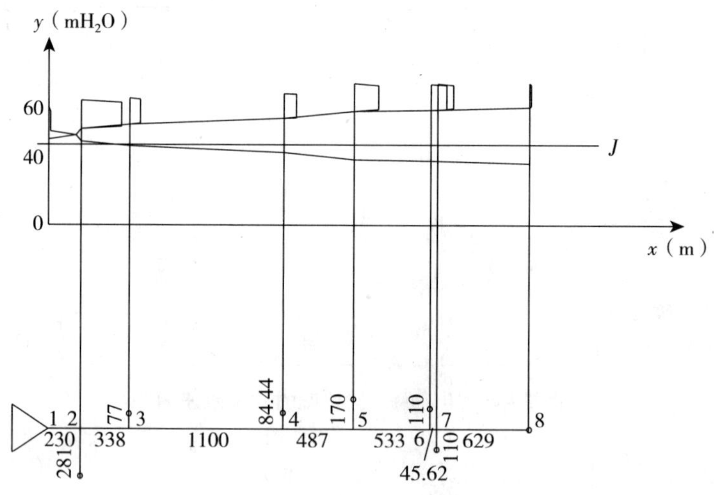

图7-6　郝庄二区实际水压图

7.4　供热系统的调节

7.4.1　供热系统的调节

由于热水供热系统在建成初期，总会存在流量不符合设计要求的情况，在这种情况下，可以采用预先安装好的流量调节装置，在系统投入运行的初期进行初调节。

初调节后，由于热水供应系统中热用户的热负荷不是恒定的，如采暖通风热负荷随室外条件变化，热水供应和生产工艺用热随使用条件因素变化等，要保证供热质量和满足热用户需求，并使热能制备和输送经济合理，这就需要对系统进行运行调节，这就叫做供热调节。

热水供暖系统对建筑物供热时，运行调节的目的在于使用户的散热设备散热量与热负荷变化相适应，以防止热用户出现室温过高或过低的现象。

根据供热调节的地点不同，供热调节有集中调节、局部调节和个体调节三种方式。

集中供热调节的方法，主要有下列几种：

（1）质调节：改变网路的供水温度；

（2）量调节：改变网路的循环水量；

（3）分阶段改变流量的质调节；

（4）间歇调节：改变每天供暖小时数。

在郝庄二区大型工程中，对于质调节，我们可以通过控制每台热水锅炉加煤量来调节供水温度，或者通过关停个别锅炉管以达到调节供水温度的目的。对于量调节这种方法是可以通过关停个别锅炉或旁通管，同时关停个别一次水循环泵，或通过变频装置调节单台水泵的流量，从而调节总的供水流量。

通过对比可以清楚地得到一个结论，在部分负荷的工况下运行，采用单纯质调节方式，锅炉运行数量和循环水泵运行台数是相同的，所不同的是锅炉可以通过减少供煤来降低出力，一次水循环泵电耗无法降低。如采用量调时，可以关停个别一次水循环泵，且运行的循环水泵可以通过变频降低转速，减少电耗。

总之，在达到相同效果的情况下，量调较质调相比可节约大量电能，但只有量和质的综合调节才能达到预期理想效果，所以在郝庄集中供热系统的设计中，考虑到环境温度的变化，选择采用气候补偿器及燃煤锅炉节能运行专用技术量调与质调相结合的方式来调节全部的供热负荷。

1. 系统构成及功能

在供热厂的综合办公楼内设置热网控制中心，郝庄二区 7 个换热站拟用联网通信，将各热力站的信息全部传送到控制中心进行统一的负荷分配和集中管理。每个热力站内设置控制子站 RTU 对其内的热工参数进行实时的控制和监视，并通过调制解调器（或无线传输方式）与热网控制中心进行信息的双向传输（以监视为主）。在热网控制中心对各热力站的信息进行分析、报警、操作等处理，同时与供热厂的 DCS 联网通信，统一进行供热生产和负荷调配。

（1）RTU：主要作用是进行数据采集及本地控制，进行本地控制时作为系统中一个独立的工作站，这时 RTU 可以独立地完成连锁控制、前馈控制、反馈控制、PID 等工业上常用的控制调节功能。进行数据采集时作为一个远程数据通信单元，完成或响应本站与中心站或其他站的通信和遥控任务。

（2）系统的通信网络主要用于 RTU 与中心站通信及与其他 RTU 通信。链路采用有线或无线方式。RTU 可支持的通信方式有中心站触发的通信方式和 RTU 触发的通信方式。

（3）控制中心是一个局域网，包含 3 个工作站、2 台打印机和支持网络功能的设备，以完成不同的工作。它通过软件管理系统数据库，每个工作站通过组态画面监测现场站点，下发控制命令进行控制，并完成工况图、统计曲线、报表等功能。

2. 供热调节计算的基本公式

由以下热平衡方程式

$$Q_1' = Q_2' = Q_3' \tag{7-5}$$

$$Q_1' = q'V\ (t_n - t_w') \tag{7-6}$$

$$Q_2' = K'F\ (t_{pj}' - t_n) \tag{7-7}$$

$$Q_3' = G'c\ (t_g' - t_h')\ /3600 \tag{7-8}$$

式中 Q_1'——建筑物的供暖设计热负荷（W）；

Q_2'——在供暖室外计算温度 t_w' 下，散热器放出的热量（W）；

Q_3'——在供暖室外计算温度 t_w' 下，热水网路输送给供暖热用户的热量（W）；

q'——建筑物的体积供暖热指标，即建筑物每 $1m^3$ 外部体积在室内外温度差为1℃时的耗热量（$W/m^3 \cdot ℃$）；

V——建筑物的外部体积（m^3）；

t_w'——供暖室外计算温度（℃）；

t_n——供暖室内计算温度（℃）；

t_g'——进入供暖热用户的供水温度（℃）；

t_h'——供暖热用户的回水温度（℃）；

t'_{pj}——散热器内的热媒平均温度（℃）；

G'——供暖热用户的循环水量（kg/h）；

c——热水的质量比热，$c = 4187 J/(kg \cdot ℃)$；

K'——散热器在设计工况下的传热系数［$W/(m^2 \cdot ℃)$］；

F——散热器的散热面积（m^2）。

供暖热负荷供热调节的基本公式为：

$$\overline{Q} = \frac{t_n - t_w}{t_n - t_w'} = \frac{(t_g + t_h - 2t_n)^{1+b}}{(t_g' + t_h' - 2t_n)^{1+b}} = \overline{G}\,\frac{t_g - t_h}{t_g' - t_h'} \tag{7-9}$$

式中 $\overline{Q}$——相对供暖热负荷比，指运行调节时，相应 t_w 下的供暖热负荷与供暖设计热负荷之比；

$\overline{G}$——相对流量比，指运行调节时，相应 t_w 下流量与供暖设计流量之比；

b——传热系数 K 中的指数，一般取 0.3。

其他字母意义同前所述。

3. 热力站热工检测及调节参数

（1）一、二次供水温度、压力和流量，回水压力和温度。

（2）二次供水温度调节。

（3）水泵的自动启停控制和运行状态、故障状态、手自动状态监视。

7.4.2 调节计算

1. 质调节

首先确定供暖用户系统的水温调节曲线。系统采用质调节，则 $\overline{G} = 1$ 代入公式

(7－9)，可求出质调节的供回水温度的计算公式。

$$t_g = t_h + 0.5\ (t_g' + t_h' - 2t_n)\ \overline{Q}^{\frac{1}{1+b}} + 0.5\ (t_g' - t_h')\ \overline{Q} \tag{7-10}$$

$$t_h = t_h + 0.5\ (t_g' + t_h' - 2t_n)\ \overline{Q}^{\frac{1}{1+b}} - 0.5\ (t_g' - t_h')\ \overline{Q} \tag{7-11}$$

式中各符号意义同前所述。

本设计中设计供、回水温度分别为120℃/60℃，

一级网：将 $t'_g = 120℃$，$t'_h = 60℃$，$t_n = 18℃$，$b = 0.3$ 代入计算得

二级网：将 $t'_g = 80℃$，$t'_h = 55℃$，

$$t_g = 18 + 0.5\ (80 + 55 - 2\times18)\ \overline{Q}^{0.77} + 0.5\ (80 - 55)\ \overline{Q}$$
$$= 18 + 49.5\overline{Q}^{0.77} + 12.5\overline{Q}$$
$$t_h = 18 + 0.5\ (90 + 65 - 2\times18)\ \overline{Q}^{0.77} - 0.5\ (90 - 65)\ \overline{Q}$$
$$= 18 + 49.5\overline{Q}^{0.77} - 12.5\overline{Q}$$

例：当 $t_w = 5℃$，$\overline{Q} = 0.3$ 时

$$t_g = 18 + 49.5\times0.3^{0.77} + 12.5\times0.3 = 41.33℃$$
$$t_h = 18 + 49.5\times0.3^{0.77} - 12.5\times0.3 = 33.84℃$$

2. 热水网路采用质调节

由网路供给热量的热平衡方程式，得出

$$\overline{Q}_{yj} = \overline{G}_{yj}\frac{\tau_1 - \tau_2}{\tau_1' - \tau_2'} = \frac{\tau_1 - \tau_2}{\tau_1' - \tau_2'} \tag{7-12}$$

根据用户系统入口水—水换热器放热的热平衡方程式，可得：

$$\overline{Q} = \overline{K}\frac{\Delta t}{\Delta t'} \tag{7-13}$$

式中 $\overline{Q}$——在室外温度 t_w 时的相对供暖热负荷比；

τ'_1，τ'_2——网路的设计供、回水温度（℃）；

τ_1，τ_2——在室外温度 t_w 时的网路供、回水温度（℃）；

$\overline{K}$——水—水换热器的相对传热系数比，亦即在运行工况 t_w 时，水—水换热器传热系数 K 至于设计工况时 K' 的比值；

$\Delta t'$——在设计工况下，水—水换热器的对数平均温差（℃）；

$$\Delta t' = \frac{(\tau_1' - t_g') - (\tau_2' - t_h')}{\ln\dfrac{\tau_1' - t_g'}{\tau_2' - t_h'}} \tag{7-14}$$

Δt——在运行工况 t_w 时，水—水换热器的对数平均温差（℃）。

$$\Delta t = \frac{(\tau_1 - t_g) - (\tau_2 - t_h)}{\ln\dfrac{\tau_1 - t_g}{\tau_2 - t_h}} \tag{7-15}$$

质调节时，因为 $\overline{G} = 1$，可近似地认为两工况下水—水换热器的传热系数相等，即 $\overline{K} = 1$。

将式（7－12）、式（7－15）、$\overline{K} = 1$ 代入式（7－13），可得出供热质调节的基本公式。

$$\overline{Q}=\frac{\tau_1-\tau_2}{\tau_1{}'-\tau_2{}'}=\frac{t_g-t_h}{t_g{}'-t_h{}'} \tag{7-16}$$

$$\overline{Q}=\frac{(\tau_1-t_g)-(\tau_2-t_h)}{\Delta t'\ln\dfrac{\tau_1-t_g}{\tau_2-t_h}} \tag{7-17}$$

两式联立，求解得：

$$\tau_1-\tau_2=(\tau_1{}'-\tau_2{}')\ \overline{Q} \tag{7-18}$$

$$t_g-t_h=(t_g{}'-t_h{}')\ \overline{Q} \tag{7-19}$$

代入式（7－17）经整理得

$$\tau_1=\frac{[(\tau_1{}'-\tau_2{}')\ \overline{Q}+t_h]\ e^D-t_g}{e^D-1} \tag{7-20}$$

$$\tau_2=\tau_1-(\tau_1{}'-\tau_2{}')\ \overline{Q} \tag{7-21}$$

其中 $D=\dfrac{(\tau_1{}'-\tau_2{}')-(t_g{}'-t_h{}')}{\Delta t'}$

现举例说明 $\overline{Q}=0.3$ 时，计算得出 τ_1 和 τ_2 值首先计算设计工况下水—水换热器的对数平均温差。

$$\begin{aligned}\Delta t'&=[(\tau_1{}'-t_g{}')-(\tau_2{}'-t_h{}')]/\ln[(\tau_1{}'-t_g{}')/(\tau_2{}'-t_h{}')]\\&=[(120-80)-(60-55)]/\ln[(120-80)/(60-55)]\\&=35/\ln35\\&=9.8℃\end{aligned}$$

$$D=\frac{(120-80)-(60-55)}{9.8}=3.57$$

由前面计算可知 $\overline{Q}=0.3$ 时，$t_g=41.33℃$，$t_h=33.84℃$

代入公式（7－20），得

$$\begin{aligned}\tau_1&=\frac{[(120-60)\ \overline{Q}+t_h]\cdot e^{3.57}-t_g}{e^{3.57}-1}\\&=\frac{51.84\times35.52-41.33}{35.52-1}\\&=52.14℃\end{aligned} \tag{7-22}$$

$$\tau_2=\tau_1-(\tau_1{}'-\tau_2{}')\ \overline{Q}=52.14-60\times0.3=34.14℃ \tag{7-23}$$

7.5 供热管道敷设及保温计算

7.5.1 管道的敷设方式

本次设计的一次热水管网均为直埋敷设。大于 $DN500$ 热力管道管顶埋设深度宜控制在地面 1.5m 以下。其他管径的热力管道在城市主干道宜控制在冻土层以下，在城市次干线宜控制在 1.3m 以下。

7.5.2 管道的保温

供热管道在输送热媒到各个用户系统中，由于管道内热媒温度高于管道外空气温度，热量将不断地通过供热管道的壁面传给管外空气，所造成无效热损失，无效热损失会影响供热质量的同时也会造成较大的能源浪费。

管道的保温主要目的在于减少输送过程中无效热损失，并使热媒保持一定的参数，以满足用户的需要，此外保护通行检修人员避免烫伤，根据外网运行经验，当管道有良好的保温时，其热损失约占总数送热量的5% ~8%。

1. 保温材料选择

保温材料应符合热导率小、质轻、疏松、多孔，在工作温度下不变形、变质，不腐蚀金属，热导率低，不易燃，有一定机械强度，成本低廉，且易于加工成型等要求。

《城市热力网设计规范》中规定，供热介质的设计温度高于50℃的热力管道，阀门设备一般应保温，保温材料符合以下要求：

（1）平均工作温度下的导热系数值不得大于0.12W/（m^2·K），并应有明确的随温度变化的导热系数方程式或图表；对于松散的或可压缩的保温材料及其制品，应具有在使用密度下的导热系数方程式或图表；

（2）密度不应大于350kg/m^3；

（3）除软质和散状材料外，硬质预制成型制品的抗压强度不应小于0.3MPa；半硬质的保温材料压缩10%时的抗压强度不应小于0.2MPa；

（4）不腐蚀金属，具有一定的机械强度；

（5）材料密度小，具有一定孔隙率；

（6）吸水率低，易于施工成型；

（7）成本低廉。

2. 保温层厚度

本次设计的管网总长（全长4152.4m），最大管径为*DN*600，管网输送热量大，散热也大。怎样减少散热损失，在经济合理的情况下，把能源浪费减少到最小的程度，是一个很重要的问题。管道保温是为了减少内部热源向外界传递热量所采取的一种工艺措施。合理选取保温材料，正确计算保温厚度，是直接涉及工程投资，能源的节约，减少散热损失的关键因素。

直埋管道供水管采用的是耐温150℃聚氨酯的预制保温管，回水管采用的是普通聚氨酯单一型（耐温100℃）的预制保温管。这种管道由钢管、防腐层、保温层和保护层四部分组成，在工厂预制而成为一体。这种预制管对地下水位变化具有较强的适应能力，并具有工程整体造价较低，便于施工等优点。

直埋敷设的热力管道采用“管中管”二步法制作工艺，保温材料根据介质温度选用，供回水管采用聚氨酯保温材料，聚氨酯容重不低于60kg/m^3，外壳则全部采用高密度低压聚乙烯材料。聚氨酯泡沫塑料预制保温管性能应符合国家现行标准《聚氨酯泡沫塑料预制保温管》CJ/T 3002的规定。

保温层厚度可由经济厚度法计算得出。本设计按《实用供热设计手册》中保温层厚度计算公式计算。

保温层经济厚度计算公式：

$$\frac{D_0}{2}\ln\frac{D_0}{D_i}=A_1\sqrt{\frac{\lambda\tau f_n\ (t-t_a)}{P_iS}}-\frac{\lambda}{\alpha} \quad (7-24)$$

$$\delta = \frac{D_0 - D_i}{2} \tag{7-25}$$

$$P_i = P_1 + \frac{2}{D_0} P_2 \tag{7-26}$$

$$q = \frac{\pi \ (t - t_a)}{\frac{1}{2\lambda} \ln \frac{D_0}{D_i} + \frac{1}{D_0}} \tag{7-27}$$

$$\Delta t = t_s - t_a = \frac{q}{\pi a D_0} \tag{7-28}$$

式中 δ——保温层厚度；

D_0——管道保温层外径（m）；

D_i——管道保温层内径（m）；

A_1——单位换算系数，采用法定单位制时，取 $A_1 = 1.9 \times 10^{-3}$；

λ——保温层材料制品导热系数［W/（m·℃）］；

τ——年运行时间，供暖运行一般取3000h，按实际情况取3120h；

f_n——热价（元/10^6kJ），取85元/10^6kJ；

t——设备及管道外壁温度，金属管道可取介质温度（℃）；

t_a——保温结构周围环境温度（℃），取管道运行平均气温，本设计取为 -1.7℃；

P_1——保温层单位造价（3400元/m^3）；

P_2——保护层单位造价（15元/m^3）。

q——管道散热损失（W/m）；

a——保温层外表面向大气的散热系数，取 $a = 11.63$W/（m^2·℃）；

t_s——保温层外表面温度（℃）；

S——保温工程投资贷款分摊率，

$$S = \frac{i \ (1+i)^n}{(1+i)^n - 1};$$

n——计算年限（5～10年）取6年；

i——年利率，取6%～10%取10%。

本设计以 $DN200$ 的管径为例：聚氨酯保温材料，保温层单价取680元/m^3，热媒温度为120℃，周围环境温度为 -1.7℃，供暖运行时间取3120h，热价取85元/10^6kJ。

$D_i = 0.219$m，初取 $\delta = 0.055$m，则 $D_0 = 0.219 + 0.11 = 0.329$m

保温层内外表面温度平均值

$$t_p = \frac{120 + (-1.7)}{2} = 57.5℃$$

取发泡塑料保温结构综合单位造价：

$$P_i = 3400 \text{元/m}^3$$

$$S = \frac{i \ (1+i)^n}{(1+i)^n - 1} = \frac{0.10 \times (1+0.10)^6}{(1+0.10)^6 - 1} = 0.2296 = 22.96\%$$

式中 S——保温工程投资贷款年分摊率；

n——计算年限，取6年；

i——年利率，取 10%。

则，$\frac{D_0}{2}\ln\frac{D_0}{D_i}=\frac{0.329}{2}\times\ln\frac{0.329}{0.219}=0.06995$

若聚氨酯保温材料的导热系数：

$$\lambda=0.0275+0.00014\ (t_p-25)\ \leqslant 0.035\text{W/}\ (\text{m}\cdot\text{K})$$

则：$\frac{D_0}{2}\ln\frac{D_0}{D_i}=A_1\sqrt{\frac{\lambda\tau f_n\ (t-t_a)}{P_iS}}-\frac{\lambda}{\alpha}=1.9\times10^{-3}\sqrt{\frac{0.035\times3120\times85\times122}{3400\times0.2296}}-\frac{0.035}{11.63}$

$$=0.0725$$

取 $D_0=0.219$，得出$\frac{D_0}{D_i}$，最终求出 D_i，算出 $\delta=D_i-D$。

经计算，供水管 *DN*200 取聚氨酯材料经济厚度为 70mm，*DN*200 回水管计算方法相同，由于温差小于供水管，保温层厚度选择 50mm 即可，考虑到敷设时管材的一致性，回水管保温厚度也取 70mm。

管道经济保温厚度是从控制单位管长热损失的角度而制定的，但在供热量一定的前提下，随着管道长度增加，管网总热损失也将增加。从合理利用能源和保证距热源最远点的供暖质量来说，除了应控制单位管长热损失之外，还应控制管网输送时的总热损失，因此提出供暖建筑面积不小于 5 万 m^2 时，应将 200 ~ 300mm 管径的保温厚度在最小保温厚度的基础上再增加 10mm，使输送效率提高到规定的水平。本设计 *DN*200 以上的保温厚度选取 80mm。

7.5.3 直埋敷设管道的散热损失

土壤热阻可用下式表示：

$$R_t=\frac{1}{2\pi\lambda_t}\ln\left(\frac{2H}{d_z}+\sqrt{\left(\frac{2H}{d_z}\right)^2-1}\right)$$

式中 d_z——与土壤接触的管子外表面的直径（m）；

λ_t——土壤的导热系数。

当土壤温度为 10 ~ 40℃时，中等湿度土壤的导热系数在 1.2 ~ 2.5W/（m·℃）范围内；

H——管子的折算埋深（m）。

管子的折算埋深 H，按下式计算

$$H=h+h_j=h+\frac{\lambda_t}{\alpha_k}$$

式中 h——从地表面到管中心线的埋设深度（m）；

h_j——假想土壤层厚度，其热阻等于土壤表面的热阻；

α_k——土壤表面的放热系数，$\alpha_k=12\sim15$W/（m·℃）。

此时，直埋敷设保温管道的散热损失（$h/d_z<2$ 的条件），可按下式计算

$$\Delta Q=\frac{t-t_{db}}{\frac{1}{2\pi\lambda_b}\ln\frac{d_z}{d_w}+\frac{1}{2\pi\lambda_t}\ln\frac{4H}{d_{zt}}}\cdot\ (1+\beta)\ l$$

$$R_c = \frac{1}{2\pi\lambda_t}\ln\sqrt{\left(\frac{2H}{b}\right)^2 + 1}$$

式中　t_{db}——土壤地表面温度（℃）。

如埋设深度较深（$h/d_z \geqslant 2$）时，按下式计算

$$R_t = \frac{1}{2\pi\lambda_t}\ln\frac{4H}{d_z}$$

$$\Delta Q = \frac{t - t_{db}}{\frac{1}{2\pi\lambda_b}\ln\frac{d_z}{d_w} + \frac{1}{2\pi\lambda_t}\ln\frac{4H}{d_{zt}}} \cdot (1+\beta)\ l$$

以上是单根管道直埋敷设的散热损失计算方法，当几根管道并列直埋敷设时，考虑附加热阻

$$R_c = \frac{1}{2\pi\lambda_t}\ln\sqrt{\left(\frac{2H}{b}\right)^2 + 1}$$

式中　b——两管中心线间的距离（m）。

第一根管的散热损失

$$q_1 = \frac{(t_1 - t_{db})\sum R_2 - (t_2 - t_{db})R_c}{\sum R_1 \cdot \sum R_2 - R_c^2}$$

第二根管的散热损失

$$q_2 = \frac{(t_2 - t_{db})\sum R_1 - (t_1 - t_{db})R_c}{\sum R_1 \cdot \sum R_2 - R_c^2}$$

式中　t_1、t_2——第一根和第二根管内的热媒温度（℃）；

$\sum R_1$、$\sum R_2$——第一根和第二根管道的总热阻（m·℃/W），

$$\sum R_1 = R_{b1} + R_t,$$

$$\sum R_2 = R_{b2} + R_t。$$

R_{b1}、R_{b2}——第一根和第二根管道保温层的热阻（m·℃/W）；

R_t——土壤热阻（m·℃/W）；

R_c——附加热阻（m·℃/W）；

t_{db}——土壤地表面温度（℃）。

［例7-2］　双管直埋敷设管道，管径为219mm×6mm，两管中心距b=0.66m，埋深1.5m，采用聚氨酯保温，供、回水管采用相同的保温层厚度，保温层导热系数为λ_b=0.023W/（m^2·℃）。供暖期间供水管平均水温110℃，回水管水温60℃，供暖期小时数4296h，供暖期间土壤地表面平均温度-3℃。计算散热损失及耗热量。

［解］　1. 计算管路热阻

保温层外表面直径　d_z=0.219+2×0.050=0.319m

设土壤的导热系数λ_t=2.4W/（m^2·℃），土壤表面的放热系数为α_k=15W/（m^2·℃），则管子的折算埋深H为

$$H = h + \frac{\lambda_t}{\alpha_k} = 1.5 + \frac{2.4}{15} = 1.66\text{m}$$

因 $h/d_z = 1.5/0.319 = 4.702 > 2$

故土壤热阻为 $R_t = \frac{1}{2\pi\lambda_t}\ln\frac{4H}{d_z} = \frac{1}{2\pi\times 2.4}\ln\frac{4\times 1.66}{0.319} = 0.186\ \text{m}\cdot℃/\text{W}$

供、回水管采用同一厚度，保温层热阻 R_b 为

$$R_b = R_{b1} = R_{b2} = \frac{1}{2\pi\lambda_b}\ln\frac{d_z}{d_w} = \frac{1}{2\pi\times 0.023}\ln\frac{0.319}{0.219}$$
$$= 2.604\ \text{m}\cdot℃/\text{W}$$

则 $\sum R = \sum R_1 = \sum R_2 = R_b + R_t = 2.604 + 0.186 = 2.79\ \text{m}\cdot℃/\text{W}$

2. 计算附加热阻 R_c

$$R_c = \frac{1}{2\pi\lambda_t}\ln\sqrt{\left(\frac{2H}{b}\right)^2 + 1} = \frac{1}{2\pi\times 2.4}\ln\sqrt{\left(\frac{2\times 1.66}{0.66}\right)^2 + 1} = 0.108\ \text{m}\cdot℃/\text{W}$$

3. 确定供、回水管单位管长的散热量

$$q_1 = \frac{(t_1 - t_{db})\sum R_2 - (t_2 - t_{db})R_c}{\sum R_1\cdot\sum R_2 - R_c^2}$$
$$= \frac{[110 - (-3)]\times 2.79 - [60 - (-3)]\times 0.108}{2.79^2 - 0.108^2}$$
$$= 39.70\text{W/m}$$

$$q_2 = \frac{(t_2 - t_{db})\sum R_1 - (t_1 - t_{db})R_c}{\sum R_1\cdot\sum R_2 - R_c^2}$$
$$= \frac{[60 - (-3)]\times 2.79 - [110 - (-3)]\times 0.108}{2.79^2 - 0.108^2}$$
$$= 21.05\text{W/m}$$

总散热损失

$$\sum q = q_1 + q_2 = 39.7 + 21.05 = 60.75\ \text{W/m}$$

4. 计算双管在整个供暖期的总散热损失

$$\Delta Q_a = n\sum q = 4296\times 3600\times 60.75 = 9.40\times 10^8\ \text{J/m}\cdot\text{a} = 0.940\ \text{GJ/m}\cdot\text{a}$$

7.6 供热管道的附件和支座应力计算

7.6.1 管道的补偿

为使管道不会由于温度变化而引起应力破坏，所以在管道上设置补偿器以补偿管道热伸长量来减弱或消除热膨胀而产生的应力。

补偿方式分类

（1）自然补偿：利用管道自然弯曲，补偿管道热伸长，因此布置管道时，应尽量利用。缺点：有横向位移，补偿能力小，补偿管段短。

（2）方形补偿器：优点：不需要经常维修，补偿能力大，作用在固定支架上轴向力较小，制造方便，不需设检查井。缺点：外形尺寸大，占地面积大，流动阻力大。

(3) 波形管补偿器：体积小，结构紧凑，节省钢材，流动阻力小，但补偿能力小，内压推力大，安装质量高。

(4) 套筒补偿器：补偿能力大，一般可达到250～400mm，占地小，介质流动阻力小，造价低，但其维修工作量大，地下敷设要增设检查室。

本设计中由于外网管径较大，所有补偿器均采用轴向外压波纹管补偿器。

(5) 补偿器的选择计算

本设计有一段公称直径为$DN600$的管路，长为338m，以此管段为例。

管材型号及参数：钢号为A_3

基本许用应力 $[\sigma]_j^t = 124.3\text{MPa}$ (10^8N/m^2)

弹性模数 $E = 20.001 \times 10^4\text{MPa}$

线膨胀系数 $\alpha = 12.20 \times 10^{-6}\text{m/m} \cdot ℃$

管道的热伸长量

$$\Delta x = \alpha\ (t_1 - t_2)\ L \tag{7-29}$$

式中 α——钢管线膨胀系数 [m/(m·℃)]；

L——管道的计算长度 (m)：

t_1——输送热媒温度 (℃)；

t_2——管道安装温度，取5℃。

$$\Delta X = 12.4 \times (130 - 5) \times 338 \times 10^{-6} = 523.9\text{mm}$$

选用：3台2.5HHBW600×4J/F波纹补偿器，轴向补偿量为70mm，有效面积3432m^2，刚度4808N/mm，连接端管630×10，总长度874mm，径向最大外形尺寸1000mm。

7.6.2 管道支座

供热管道的支座是用来支撑管道并承受管道作用力的构件，其作用是支撑管道并限制管道的位移。支座承受管道重力和推力，外荷载以及温度变化所引起的作用力，根据支座对管道位移的限制情况，一般分为活动支座和固定支座。对于直埋管道的固定支座做法为固定墩，固定墩常见形式一般有六种：矩形、倒T形、单井固定墩、双井固定墩、翅形固定墩、板凳形固定墩，本设计采用直埋板凳形固定墩，固定墩的推力计算依据《城镇直埋供热管道工程技术规程》。

7.6.3 强度计算

1. 管壁厚度校核

$$\delta_t = \frac{P_d D_0}{2\ [\sigma]\ \varphi + P_{ds}} \tag{7-30}$$

式中 δ_t——管子理论计算壁厚 (mm)；

P_d——管道计算压力 (MPa)；

D_0——管子外径 (mm)；

$[\sigma]$——管材在计算温度下的基本许用应力 (MPa)；

φ——基本许用应力修正系数，

对于无缝钢管 $\varphi = 1.0$，

对单面焊接的螺旋的螺旋焊缝钢管，$\varphi=0.6$。

管子的计算壁厚 δ_t 和取用壁厚 B，按如下方法确定：

$$\delta_c=\delta_t+B \tag{7-31}$$

$$S \geqslant S_{jS}$$

式中　δ_t——管子的计算壁厚（mm）；

B——管子壁厚附加值（mm）。

[σ] 同上节，取 $D_0=219\text{mm}$ 为例，$\varphi=0.6$，$P_d=2.5\text{MPa}$

$$\delta_t=\frac{P_dD_0}{2\ [\sigma]\ \varphi+P_{ds}}=\frac{2.5\times219}{2\times124.3\times0.6+2.5}=3.61\text{mm}$$

由城镇直埋供热管道工程技术规程《城镇直埋供热管道工程技术规程》CJJ/T 81—1998，当理论壁厚在 6～7mm 时，B 取 0.6mm

$$S_{jS}=3.61+0.6=4.21\text{mm}<6\text{mm}$$

故管道壁厚满足应力要求。

2. 固定支座的受力分析

固定支座所受的水平推力通常由下列几方面产生：

（1）由于活动支座的摩擦力而产生的水平推力 P_m；

（2）由于弯管补偿器或波纹管补偿器的弹力 P_t，或由于套筒补偿器摩擦力 P_m 而产生的水平推力；

（3）由于不平衡内压力引起的水平推力。如在固定支座两端管段设置套筒或波纹管补偿器，但其管径不同；或在固定支座两端管段之一端，设置阀门或堵板，弯管，而在另一管段设置套筒或波纹管补偿器。当进行管道水压试验时，将出现管道的不平衡轴向力。

轴向波纹管补偿器受热膨胀时，由于位移产生的弹性力 P_t 按照下式计算：

$$P_t=k\Delta X \tag{7-32}$$

式中　k——波纹管补偿器的轴向刚度（N/cm）；

ΔX——波纹管补偿器的轴向位移（cm）。

此外管道内压力作用在波纹管环面上产生的推力 P_h，可以按照下式计算：

$$P_h=PA \tag{7-33}$$

式中　P——管道内压力（Pa）；

A——有效面积（m^2），近似波纹管补偿器的直径计算出的面积。

（1）当固定支座设计在两个不同管径间，不平衡轴向力为：

$$P_{ch}=PA_1-PA_2 \tag{7-34}$$

式中　P_{ch}——不平衡轴向力（N）；

P——介质的工作压力（Pa）；

A——计算截面积（m^2），近似波纹管补偿器的直径计算出的面积。

（2）当固定支座设置阀门或堵板，弯管，而在另一管段设置套筒或波纹管补偿器。内压力产生的轴向力计算如图 7－7、图 7－8 所示。

$$P_h=PA \tag{7-35}$$

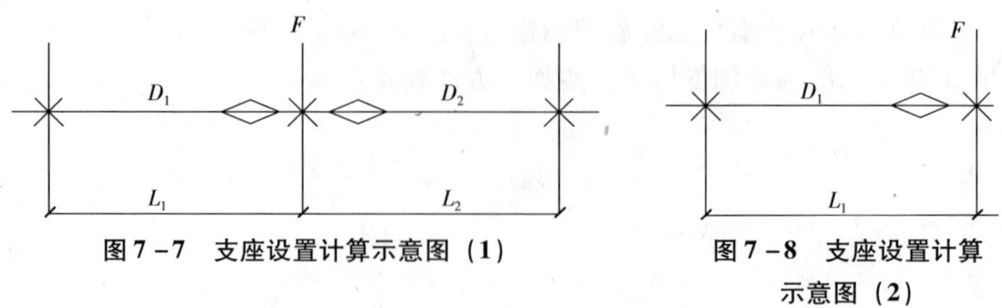

图 7－7　支座设置计算示意图（1）　　图 7－8　支座设置计算示意图（2）

以 2－3 管段为例计算固定支架受力

$D_1=600\text{mm}$，$D_2=600\text{mm}$，$L_1=145\text{mm}$，$L_2=132\text{mm}$

本设计以图 7－7 所示情况为例进行固定支架合成推力计算。

$$F=P_{t1}-P_{t2}+P\ (A_1-A_2)$$

式中　P_t——补偿器的轴向位移产生的弹性力（N）；

A——以补偿器外套管内径为直径计算的截面积（m^2）。

$$P_{t1}=k\Delta X=18030\times 21=378630\text{N}=P_{t2}$$

$$P=2.5\text{MPa}$$

$$A_1=A_2=0.3232\text{m}^2$$

$$F=378630-378630+2.5\times 0=0\text{N}$$

$$F=P_{t1}+PA_1=378630+2500000\times 0.3432=1236630\text{N}$$

7.7　锅炉房设备的选择

7.7.1　供热厂规模及供热介质的确定

供热厂的最大供热能力应能满足冬季供暖最大热负荷。由于供热厂承担的热负荷较大，根据锅炉容量和台数合理确定锅炉最终数目，是供热厂初投资及占地面积合理选择的关键。综上几点考虑，供热厂最终规模确定为安装 4 台 58MW 燃煤热水锅炉，郝庄二区与郝庄一区共用一个热源，最大供热能力为 332MW。

由于本设计的热负荷性质单一，全部为供暖负荷，此时采用高温热水为供热介质有以下优点：热水系统泄漏量小，且可以改变供、回水温度和流量进行调节而达到节能的要求；热水输送过程中管道压降小，供热半径大，范围广，便于远距离输送；热水作为热媒比热容大、蓄热量大，供热工况稳定。基于以上特点，本供热厂选用高温热水作为供热介质。

7.7.2　锅炉选型

当地目前尚无充足的天然气资源，因此供热厂将采用燃煤锅炉，以煤为燃料较其他燃料在运行经济性上有着无可争议的优越性。

锅炉是供热厂的关键设备，炉型的选择关系到供热厂能否安全可靠地运行。因此，炉型的确定最好选择适合于供热厂运行特点，有实践经验的炉型。

大型热水锅炉一般采用带有上锅筒的强制循环方式，水循环不会出现问题，关键在于燃烧设备。燃煤锅炉的主要燃烧方式有链条锅炉、煤粉锅炉和循环流化床锅炉。下面就可供选择的炉型进行分析比较：

（1）煤粉炉采用悬浮燃烧，锅炉燃烧强度大，且需配备复杂的制粉系统，多用于锅炉单台容量较大，热负荷较稳定的场合，如大型电厂。

（2）循环流化床锅炉是在沸腾燃烧锅炉基础上发展的，其燃烧效率可达 98% 以上，并可燃用劣质煤。该型锅炉的燃烧温度较低，一般控制在 950℃以内，可有效地抑制 NO_x 的形成，降低氮氧化物对大气环境的污染，此种锅炉还可以在炉内添加石灰石，使煤中的硫与石灰石反应生成 $CaSO_4$，达到炉内脱硫，降低烟气中 SO_2 的含量。由于上述特点，循环流化床锅炉近 20 年在我国发展很快。但在使用中也暴露了这种锅炉的一些缺点，如锅炉磨损、冷渣器等辅机配套以及运行自耗电高等问题，特别是锅炉烟气原始含尘浓度较高，一般均在 $20g/(N\cdot m^3)$，必须配备高效的电除尘器或布袋除尘器，才能达到国家对锅炉烟气大气污染物排放的要求，无形中增加了工程的初投资。

（3）链条炉排锅炉具有悠久的历史，成熟的制造和运行经验。虽然其热效率略低于前两种锅炉，但机械化程度高，操作简便，运行可靠，最突出的优点是锅炉烟气原始含尘浓度低，仅为循环流化床锅炉的 1/10 左右。以往限制链条炉发展的炉排大型化问题，也由于制造厂从美国引进了横梁式炉排的生产技术而得到解决，该炉排具有刚性好，密封性好，维修工作量小，操作简单，可不停炉更换炉排片，链条运行平稳，关键部位采用合金铸铁及喷涂耐磨材料等优点。近年来分层燃烧技术已广泛应用到链条炉上，使炉排燃烧条件得以改善，大大降低了灰渣含碳量，提高了锅炉效率。

鉴于本工程燃用发热量高、挥发成分高、灰分及含硫量较低的Ⅱ类无烟煤，且锅炉烟气排放执行北京市地方标准，供热厂锅炉以采用链条炉排的燃烧方式较为适宜，该燃烧方式具有热负荷适应性广、运行可靠、操作简便、锅炉初始排放浓度低等优点。

锅炉主要技术参数如下：

本锅炉房为供暖供应锅炉房，不考虑备用锅炉。根据供暖要求，最大计算热负荷为 130865kW，供水温度 120℃，回水温度 60℃，供暖期 120 天，热负荷稳定，因此选用两台型号 QXL58 - 1.6/120/60 - AII 的燃煤热水锅炉。其额定参数如下：

型号 QXL58 - 1.6/120/60 - AII；

额定热功率　$Q=58\text{MW}$；

额定供水温度　$t_1=120℃$；

额定回水温度　$t_2=60℃$；

额定工作压力　$P=1.6\text{MPa}$；

锅炉设计效率　$\eta=82\%$。

7.7.3　锅炉房循环水泵的选择

本设计采用分布式变频二级泵技术的供热系统，锅炉房内的一级循环水泵担负一级循环水量在锅炉房内的阻力损失和部分外网循环的阻力损失。

1. 流量计算公式如下：

$$G=SG'$$

式中 G——循环水泵的流量（t/h）；

G'——热网最大设计流量（t/h）；

S——漏损系数，取 $S=1.05$。

本设计中：$G'=1875.6\text{t/h}$

$$G=1.05\times1875.6=1969.38\text{t/h}$$

2. 网路循环水泵扬程的确定（一级泵）

由于系统中采用分布式变频二级泵，所以锅炉房内一级循环水泵的压头满足锅炉房内部循环阻力和部分外网阻力，二级泵负担外网及各热力站一次水阻力。

一级泵扬程按下式计算：

$$H=(1.1\sim1.2)(H_r+H_{wg}+H_{wh}+H_y)$$

式中 H——循环水泵的扬程（mH_2O）；

H_r——网路循环水通过热源内部的压力损失（mH_2O），本设计热源内部的压力损失取 $15mH_2O$；

H_{wg}——网路部分主干线供水管的压力损失（mH_2O）；

H_{wh}——网路部分主干线回水管的压力损失（mH_2O），本设计中网路部分主干线供回水管的压力损失各取到出锅炉房管线200m左右（$23717.5\text{Pa}=2.4mH_2O$）；

H_y——主干线末端换热站的压力损失（mH_2O），一次网端换热站系统的压力损失取 $15mH_2O$。

计算得：$H=1.2\times(15+2.4+2.4)=23.76mH_2O$

3. 循环水泵选型

选择SB－ZL型水泵SB－ZL350S－300－445/6三台，三台并联，其中一台备用（表7－4）。

SB－ZL350S－300－445/6型水泵的技术参数表 表7－4

型号	SB－ZL350S－300－445/6	转速（r/min）	995
流量（m^3/h）	1200	电动机功率（kW）	110
扬程（m）	27	效率（%）	86.5

7.7.4 锅炉房定压方式确定及补给水泵的选择

1. 系统定压方式的确定

供热系统的定压方式主要有膨胀水箱定压，气体定压罐定压，蒸汽定压，补给水泵变频调速定压和补给水泵定压等多种方式。用供热系统的补给水泵保持定压点压力固定不变的方法称为补给水泵定压。当系统恒压点压力较高，锅炉房无法高架膨胀水箱或最高建筑物远离热源，不便采用膨胀水箱定压时，常采用补给水泵定压。补给水泵定压方式是目前国内集中供热系统最常用的一种定压方式。补给水泵定压方式主要有五种形式：

（1）补给水泵连续补水定压方式

定压点设在网路循环水泵的吸入端，利用压力调节阀保持定压点恒定的压力。当恒压点压力低于系统静水压线要求的压力时，补水调节阀会自动打开，通过运行着的补水泵将补水从补水箱中补入供热系统，随着系统中水量的增加，循环水泵入口的压力即可逐渐回升到要求的压力。当循环水泵入口压力高于设定值时，补水调节阀自动关小，必要时可自动开启泄水调节阀，将系统多余水量泄入补水箱，使循环水泵入口压力迅速恢复。采用这种补水泵定压，最大特点是补水泵始终连续不断地运行，即使供热系统停止运行时也如此。对于系统规模较大，供水温度较高的供热系统，应采用连续补水定压方式（图7－9）。

（2）补给水泵间歇补水定压方式

补水泵的启动和停止运行是由电接点式压力表的表盘上的触点开关控制的。间歇补水泵定压的优点是间歇运行，减少电耗。缺点是压力有一定的波动。间歇补水定压方式宜使用在系统规模不大，供水温度不高、系统漏水量较小的供热系统中。

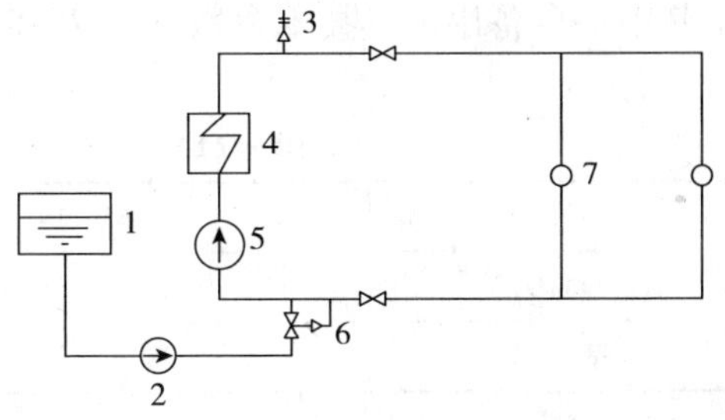

图7－9　补给水泵连续补水定压方式示意图

1—补给水箱；2—补给水泵；3—安全阀；4—加热装置；5—网路循环水泵；6—压力调节阀；7—热用户

（3）补给水泵补水定压设在旁通管处的定压方式

对于大型的热水供热系统，为了适当地降低网路的运行压力和便于网路的压力工况，可采用定压点设在旁通管的连续补水定压方式。利用补给水泵补水定压设在旁通管处的定压方式，对调节系统的运行压力，具有较大的灵活性。但旁通管不断通过网路水，网路循环水泵的计算流量，要包括这一部分流量，因此要多耗电能。

（4）变频定压补水

随着变频技术的发展，变频装置的可靠性大大提高，在近几年的实际运行中效果很好，而且变频装置的成本较几年前大为降低，运用变频装置后能大大提高补给水泵的寿命。

（5）电节点压力表方式

该方式优点是投资小、工艺简单。但是电节点压力表方式的可靠性不高，水泵启动频繁致使水泵寿命较短，耗电较变频定压方式高。

综上所述，本设计中采用变频定压补水。因为它能够始终连续不断地运行工作，效率高；运用变频装置后能大大提高补给水泵的寿命。

2. 计算补水量

补给水泵的流量，主要取决于整个系统的渗透水量。按照《城市热力网设计规范》中的规定：闭式热水网路的补水量，不宜大于总循环水量的1%。但在选择补给水泵时，整个补水装置和补给水泵的流量，应根据供热系统的正常补水量和事故补水量来确定，一般取正常补水量的4倍，即总循环水量的4%。

则补给水泵流量为1875.6×4%＝75.02t/h。

3. 计算补水点压力

补给水泵的扬程按下式计算：

$$H_b = H_j + \Delta H_b - Z_b$$

式中　H_b——补水泵的扬程（mH_2O）；

H_j——补水点的压力，即系统静水压曲线的高度（mH_2O）；

ΔH_b——补水系统管路的压力损失（mH_2O）；

Z_b——补水箱水位与补水泵之间的高度差（mH_2O）。

因此系统采用直接连接的换热站最高为18m，所以，$H_j=18m$，富裕压头为5m。

最终，补水点压力 $H_b=18+5=23mH_2O$。

4. 补给水泵选择

选择补给水泵为SB－ZL型单级单吸收离心泵，型号为SB－ZL80－65－145，两台并联，其中一台备用。其技术参数见表7－5。

SB－ZL80－65－145型补给水泵的技术参数表　　表7－5

型号	SB－ZL80－65－145	转速（r/min）	2900
流量（m^3/h）	80	电动机功率（kW）	11
扬程（m）	28	效率（%）	77

7.7.5 软化水处理设备的选择

根据设计参考资料确定选用锅炉的水质要求，核查任务书给出的水质资料是否满足要求。此锅炉房软化水量即为补给水量，选择钠离子交换软化设备并选择离子交换剂。

1. 锅炉对给水水质的要求

锅炉对水质的要求见表7－6。

热水锅炉的水质要求　　表7－6

给水	锅水
悬浮物≤5mg/L	
总硬度 H_o≤0.6mmol/L	
pH值≥7	pH值（25℃）：10～12
溶解氧≤0.1mg/L	溶解氧≤0.1mg/L

2. 水质处理方案的确定

本锅炉房原水的硬度超过给水水质标准，故需进行软化处理。

（1）钠离子交换机组的选择

本设计拟选用全自动离子交换器（表7－7），它具有无人操作、工作可靠、结构紧凑、占地面积小、出水可靠的特点。装置一次调整后，操作人员无需开关任何阀门，仅需按确定时间向盐液罐中投入定量再生用盐即可。

本锅炉房总软化水量 $G_{rs}=G_{bs}=70.02t/h$。

选择SKS4－40/48型全自动软水器两台，其主要性能参数　　表7－7

型号	交换容量（mol）	软水流量（t/h）	交换桶尺寸 $D\times H$（In）	再生盐耗（kg/次）	装置重量（kg）	电源220V/50Hz（W）	台数
SKS4－40/48	1486	40	48×72	285.1	2013	125	2

（2）除氧设备的选择

确定除氧方式、除氧设备的型号和技术参数（表7－8）。

通过出氧设备的水流量与软化水量相同，为70.02m^3/h。

选用SCY－40型全自动控制除氧器一台，其主要性能参数　　表7－8

型号	出水量（t/h）	设备外形尺寸：直径（mm）	反洗水量（t/h）	填料重量（kg）	设备荷重（kg）	工作压力（MPa）	控制方式	工作温度（℃）	台数
SCY－40	40	1400	80	3000	7600	0.5	自动定时反洗	5～50℃	2

除氧水箱容积的确定：本锅炉房为非连续性运行锅炉房，故设除氧水箱一台，同时兼作给水箱。其容积按30min的补水量计算，即

$$V_{rs}=0.5G_b=0.5\times70.02=35.01m^3/h$$

故，在其配套水箱中选择型号为ZSX－5，其尺寸为：

$$L=4000mm;$$
$$B=3000mm;$$
$$H=3000mm。$$

7.8　换热站设备选择计算

本设计共有7个热力站，热力站采用供热厂提供的一次热水，利用热交换器进行间接加热，并通过循环水泵将二次热水送至各用户，一次热水的供、回水温度为120℃/60℃，二次热水的供、回水温度为80℃/55℃。

7.8.1　热力站的设计原则

（1）热力站设计必须执行国家能源政策，遵守国家有关规范和有关安全规定，推行热能综合利用、保护环境，采用成熟、可靠和先进的设备及技术。

（2）热力站的位置应尽量设在热负荷中心附近，并能充分利用原有的二次热水管网。

（3）热力站内换热器的换热能力及循环水泵的供热能力应与用户热负荷相适应，换热器热水出口压力能满足供热范围内最不利环路要求。

（4）热力站内设两台或三台热交换器，当其中一台热交换器停止工作时，其余热交换器能满足总热负荷的65%～70%。

（5）热力站内设两台或三台循环水泵，当设置二台循环水泵时为一用一备，当设三台循环水泵时，为二用一备。

（6）在热力站内一次热水进入热交换器处设除污器，在二次热水回水进入循环泵的进口处设除污器，以除去循环水中的杂质，保障热交换器和水泵正常工作。

（7）热力站内设软水制备装置，供二次热网补水之用，以避免在热交换器内结垢而影响换热效果。

（8）在热力站内设置一个自来水箱用以热力站补水，设置自来水箱的目的是隔断城市水网与热力站设备，以防热力站大量用水对城市水网造成影响以及软水器置换时污染城市水源。

（9）热力站二次热水出水温度需根据天气情况进行调节，本设计在热交换器一次热水进水管上设调节阀，通过对一次水量的调节，以控制二次水的供水温度。

（10）在热力站内一次热水管上和二次热水管上设置计量装置，以便于热力站的经济核算及管理。

1. 热力站布置

热力站的平面布置应满足供热的要求和使用功能的需要，本工程换热站设置设备间、电气及仪表控制室。设备布置时力求工艺合理，便于操作和维修。管线布置简捷、顺畅和美观。

2. 热力站的工艺流程

从一次热水管网来的高温热水通过除污器、流量计、二级泵和调节阀进入热交换器，经换热后的一次热水通过回水总管送回供热厂。

汇集后的二次水回热力站集中，经除污器和循环水泵进热交换器冷水侧，进行热交换的供暖热水经流量计后送至各用户。

在换热器的一、二次热水进、出管道上应设置温度计和压力表，在循环泵进、出水管道上设压力表，补给水泵出口处设压力表，以观察供热系统的工作状态。

补水系统设置自来水箱、软水泵、自动软水器、软化水箱及补水泵，以满足二次水系统的补水要求和建筑物高度定压要求。

7.8.2 主要设备的选择

1. 换热器的选择

换热器的结构类型繁多，但按参与换热的介质分类：分为汽—水式换热器、水—水式换热器；按照换热器换热方式分类：分为表面式换热器和混合式换热器。

（1）混合式换热器

它是利用两种换热流体的直接接触与混合作用来进行热量交换。混合式换热器操作的一个主要因素就是要使两种流体接触的面积尽可能大，以促进它们之间的热量交换。为了获得大的接触面积，可在设备中设置防止搁栅或填料，有时也可把液体喷成细滴。此类设备通常做成塔状。

（2）容积式换热器

容积式换热器既是换热器又是贮热水罐，多用于生活热水和用水不均匀的工业用热水系统。

（3）壳管式换热器

壳管式换热器是应用最广泛的传统换热器，这类换热器常用于热水供暖系统，低温水空调系统及某些连续性的用热水的生产工艺用水，当作为生活用水供应时需要配备注水罐。

（4）板面式换热器

板面式换热器的传热性能要比壳管式换热器优越，由于采用“板面”的特殊结构，使流体在较低的速度下就达到湍流状态，从而强化了传热。该设备采用板材制作，故在大规模组织生产时，可降低设备成本，但其耐压性能比壳管式差。

综合比较各类换热器的传热性能，本设计结合地区特点全部选择对流板式换热器。

2. 选型计算

（1）根据设计供回水温度，查处冷热流体的有关物性参数（表 7－9）：

物性参数　　**表 7－9**

物性参数	热流体	冷流体
进出口设计温度（℃）	$t_{r1}=120$，$t_{r2}=60$	$t_{l1}=55$，$t_{l2}=80$
进出口平均温度 $\bar{t}$（℃）	90	67.5
导热系数 λ [W/（m^2·℃）]	0.680	0.664
导温系数（m^2/℃）	1.964×10^{-7}	1.736×10^{-7}
密度 ρ（kg/m^3）	965.84	979.3
比热 C [kJ/（kg·℃）]	4.2077	4.187
动黏性系数 v（m^3/s）	0.326×10^{-6}	0.431×10^{-6}
普朗特数 P_r	1.95	2.88

（2）计算

以郝庄换热站进行选型计算：

设计热负荷：$Q=13700$kW

换热器热负荷：$Q'=\dfrac{Q\times C_P}{3.6}=16440$kW

热流体流量：$G_h=\dfrac{3.6Q'}{\rho C\Delta t_h}=\dfrac{0.86\times16440}{120-60}=235.64$t/h

冷流体流量：$G_c=\dfrac{3.6Q'}{\rho C\Delta t_c}=\dfrac{0.86\times16440}{80-55}=565.54$t/h

对数平均温差：$\Delta t_d=\dfrac{(120-80)-(60-55)}{\ln\dfrac{120-80}{60-55}}=16.8$℃

假设冷流体流速，根据所选厂家样本的换热器的传热特性曲线，查出假定流速下的传热系数 K。选用 BR1.6 型板式换热器。

假定冷流体流速 $V_c=0.8$m/s，$V_h=0.6$m/s，

得到 $K=5100$W/（m^2·℃）

估算换热器的换热面积：$F_{估}=\dfrac{Q'}{k\beta\Delta t_m}=\dfrac{16440000}{5100\times16.8\times0.9}=213.2m^2$

计算传热系数：根据样本查得，如表 7－10 所示。

BR1.6 型板式水－水换热器　　**表 7－10**

试验公式	$N_u=0.63R_e^{0.56}P_r^{\ n}$ $E_u=5359R_e^{-0.41}$	热流体 $n=0.33$ 冷流体 $n=0.35$
几何尺寸	单板换热面积 $f_n=1.6m^2$	
	平均板间流道面积 $S=0.00345m^2$	
	平均流道当量直径 $d_H=0.008$m	

1）计算雷诺数

$$R_{e_h}=\frac{W_h\cdot d_H}{v}=\frac{0.6\times0.008}{0.326\times10^{-6}}=14724$$

$$R_{e_c}=\frac{W_c\cdot d_H}{v}=\frac{0.8\times0.008}{0.431\times10^{-6}}=14849$$

2）计算努谢尔特数

$$N_{u_h}=0.63\times14724^{0.56}\times1.95^{0.33}=169.5$$

$$N_{u_c}=0.63\times14849^{0.56}\times2.88^{0.35}=198$$

3）计算传热系数

$$\alpha_h=\frac{N_{u_h}\times\lambda}{d_H}=\frac{169.5\times1.6}{0.008}=33900$$

$$\alpha_c=\frac{N_{u_c}\times\lambda}{d_H}=\frac{198\times1.6}{0.008}=39600$$

$$K=\frac{1}{\frac{1}{\alpha_h}+\frac{1}{\alpha_c}+\frac{\delta}{\lambda_0}+R_r+R_w}$$

式中 δ——板厚，$\delta=0.0007\text{m}$；

λ_0——导热系数，$\lambda_0=16.28\text{W/（m·℃）}$；

R_r+R_w——污垢热阻。R_r 取 $40\times10^{-6}\text{m}^2\cdot$℃/W；

R_w 取 $20\times10^{-6}\text{m}^2\cdot$℃/W。

$$K=\frac{1}{\frac{1}{33900}+\frac{1}{39600}+\frac{0.0007}{16.28}+(20+40)\times10^{-6}}=6396.4\text{W/（m}^2\cdot\text{℃）}$$

$K=6369.4\text{W/（m}^2\cdot$℃）$>5100\text{W/（m}^2\cdot$℃），满足要求。

4）计算换热器理论换热面积

$$F_j=\frac{Q}{K\Delta t_d\times\beta}$$

$$\Delta t_d=\frac{(120-80)-(60-55)}{\ln\frac{120-80}{60-55}}=16.8℃$$

$$F_j=\frac{16440000}{6369.4\times16.8\times0.9}=171\text{m}^2$$

5）计算换热器一个流程的流道数

$$n_h=\frac{G_h}{0.00345\times v_h}=\frac{235.64}{0.00345\times1.6\times3600}=11.6\text{，取 }12$$

$$n_c=\frac{G_c}{0.00345\times v_c}=\frac{564.16}{0.00345\times1.6\times3600}=28.8\text{，取 }29$$

板片数

$$N=\frac{F_j}{f}+1=\frac{171}{1.6}+1=108\text{ 片}$$

6）计算换热器流程数

$$N_h=\left(\frac{F_j}{f}+1\right)\Big/2n_h=\left(\frac{171}{1.6}+1\right)\Big/2\times29=1.9$$

取 $N_h=2$，则 $N_c=2$

7）计算阻力损失

① $E_{u_h}=5359\times14724^{-0.41}=104.75$

$E_{u_c}=5359\times14849^{-0.41}=104.4$

② $\Delta P=E_u\rho V^2N$

$\Delta P_h=104.75\times965.84\times0.4^2\times2=32375\text{Pa}$

$\Delta P_c=104.4\times979.3\times0.4^2\times2=32716\text{Pa}$

阻力损失小于设计预留压头。

故本设计选择 BR1.6 型板式换热器 1 台，具体参数如表 7－11 所示。

BR1.6 型板式换热器参数 **表 7－11**

型号	换热面积（m^2）	板片数 m^3/h	流速（m/s）	处理量（m^3/h）	理论重量（kg）	L（mm）
BR1.6	180	114	0.4	279	4117	1488

7.8.3 水泵的选择

1. 选择水泵的原则

本设计采用二级泵系统，水泵的选择原则与以往有些不同，具体原则如下：

（1）循环水泵的总流量不应小于管网总设计流量；

（2）循环水泵的扬程不应小于设计流量条件下热源热力网最不利用户环路的压力损失之和；

（3）循环水泵应具有工作点附近较平缓的力量—扬程特性曲线，并联运行水泵型号宜相同；

（4）循环水泵的承压耐温能力应与热力网设计参数相适应；

（5）应尽量减少循环水泵的台数，设置三台以下的循环水泵时，应具有备用泵。当四台或四台以上水泵并联运行时，可不设备用泵。

2. 二级泵的选择计算

（1）流量计算公式如下：

$$G=SG'$$

式中 G——一次网二级循环水泵的流量（t/h）；

G'——该换热站一次水最大设计流量（t/h）；

S——漏损系数，取 $S=1.05$。

本设计中：以郝庄小区换热站为例

$$G'=196.37\text{t/h}（7.2.1 节计算得到）$$

$$G=1.05\times196.37=206.2\text{t/h}$$

（2）水泵扬程的确定

由于系统中采用分布式变频二级泵，换热站二级泵负担的是从锅炉房管段到该换热站的阻力及换热站内部阻力。

扬程按下式计算：

$$H=(1.1\sim1.2)(H_{wg}+H_{wh}+H_y)$$

式中 H——一次网二级循环水泵的扬程（mH_2O）；

H_{wg}——网路部分主干线或支线供水管的压力损失（mH_2O）；

H_{wh}——网路部分主干线或支线回水管的压力损失（mH_2O）；

H_y——支线末端换热站的压力损失（mH_2O）。

一次网端换热站系统的压力损失取 $15mH_2O$。

以郝庄小区换热站为例 $13495.7+23718.5=37214.2Pa=3.8mH_2O$

计算得：$H=1.2\times(15+3.8+3.8)=27.12mH_2O$

则选取一台 SB－ZL125－100－180 型水泵，具体参数如表 7－12 所示。

SB－ZL125－100－180 型水泵的技术参数表（郝庄换热站） **表 7－12**

型号	SB－ZL125－100－180	转速（r/min）	2950
流量（m^3/h）	230	电动机功率（kW）	30
扬程（m）	32	效率（%）	80

3. 循环水泵的选择计算

（1）流量计算公式如下：

$$G=SG'$$

式中 G——二次网循环水泵的流量（t/h）；

G'——该换热站二次网最大设计流量（t/h）；

S——漏损系数，取 $S=1.05$。

本设计中：以郝庄小区换热站为例计算

$$G'=471.28t/h\text{（第二章 7.2.1 节计算得到）}$$

$$G=1.05\times471.28=494.84t/h$$

（2）水泵扬程的确定

本设计换热站选择按照原有供热性质优异选择，选择换热站循环水泵扬程按照估算选取。采用估算二次网平均比摩阻和局部阻力来计算。郝庄换热站选择三台型号 QPG240－32－37 的水泵并联，其中一台备用，具体参数如表 7－13 所示。

QPG240－32－37 型水泵的技术参数表（郝庄换热站） **表 7－13**

型号	QPG240－32－37	转速（r/min）	2950
流量（m^3/h）	240	电动机功率（kW）	37
扬程（m）	32	效率（%）	80

本设计选用单级管道屏蔽泵（G 泵），本产品振动小、噪声小，因其是立式泵，故占地面积也小，单级管道屏蔽泵（G 泵）为泵与电机一体化设计，把泵腔与电机制成一个整

体，因而使该泵故障率低，维护、保养简单，是二次热网循环泵中较理想的设备。

4. 补给水泵的选择

以郝庄小区为例：选择两台 50DL12－12×3 型补给水泵，一用一备，具体参数如表7－14所示。

50DL12－12×3 型水泵的技术参数表（郝庄换热站） **表7－14**

型号	50DL12－12×3	转速（r/min）	2950
流量（m^3/h）	12.6	电动机功率（kW）	3
扬程（m）	36.6	效率（%）	80

每座热交换站低区选用单级单吸立式离心泵2台，高区选用多级单吸立式离心泵2台，该泵具有通用性强、结构独特、低噪声、安装方便、维修方便、节约资金等优点，正常情况一台运行、一台备用，当遇紧急情况时需要紧急补水，则二台补水泵同时运行。

7.8.4 软化水设备

本设计选用全自动软化水装置，该装置具有占地面积小、耗电量小，不用设再生泵，故节电、设备简单、运行可靠、自动化水平高。

软水器采用型号 ϕ500，流量为4～5m^3/h，双罐双头一套。

水箱采用 FPR，尺寸为5m×5m×5m 一个。

7.8.5 管网附件选择

1. 除污器选择

除污器的作用是用来清除和过滤管路中的杂质和污垢，以保证系统内水质的洁净，减少阻力和防止填塞调压板孔口及管网，它设置于供暖系统入口调压装置前。

本设计供暖系统选择卧式直通除污器。

2. 阀门选择

（1）闸阀：选用楔式 Z40H－25 型闸阀。

（2）止回阀：选用 Z40H－25 型升降式止回阀。

（3）调节阀选用手动调解阀。

（4）蝶阀。

各种阀门尺寸按国际通用尺寸。

7.9 工程经济分析

7.9.1 概述

供热工程要有效地服务于社会，就必须对各种技术方案、措施和设计工程的经济效益进行评价和分析比较，要讲究经济效益。技术经济分析是供热工程的一个不可缺少的重要工作部分，任何一个大的热力工程部都应有充分的技术和经济两方面的科学依据。

1. 热用户连接方式的经济技术分析

根据建筑规模、供暖区域大小以及层高情况，确定外网与用户的连接情况，对于新建小区，无特殊建筑物的情况下，尽量采用直接连接，这样可以减少一次投资。对于改建项目（例如本设计中的郝庄小区室外供热管网与热源设计），由于原有各小锅炉房的供热区域，采用间接连接比较合理，且安全性能较好。当中央锅炉采用高温水系统时，采用间接连接，当中央锅炉房采用低温水时，采用直接连接；如果需要自控调节时，宜采用间接连接。

2. 管网管径大小的经济分析

应按照经济比摩阻和外网系统今后的发展确定管径。热网管径在建设投资资金允许的情况下，应将管径尽量扩大些，这样系统的水力稳定性会好些，同时为今后的发展管网预留出空间。

3. 热网的定压方式的经济技术分析

定压方式分为：膨胀水箱定压方式、连续补水泵定压方式、间歇式补水泵定压方式等。

（1）膨胀水箱定压方式适用于热力网较小的系统且经济性最好。水箱能够放置在恰当的建筑物上，膨胀管能够较方便地连接在水系统内部。

（2）连续补给水泵定压方式适用于热力管网较大的系统及高温或高压的水系统中。

补水泵定压方式又分为两种：旁通管定压点补水定压方式和变频补水泵连续定压方式。旁通管定压点补水定压方式在调节过程中，旁通管需要消耗循环水泵的能量和电能；变频补水泵连续定压方式是通过系统的压力变化控制水泵的转速，比常规的补水泵恒速定压减少部分能耗。

（3）间歇式补水泵定压方式适用于热源与热用户较远，且热用户对供热水平要求较低的住宅小区。

根据以上分析，鉴于郝庄地区的特点，一次网较大，因此一次管网采用连续变频补水泵定压方式，各换热站端的二次网系统，仍采用原来的小型锅炉房的供热系统定压方式，多为高位水箱定压方式，但是新建热力站采用变频补水泵定压方式。

4. 供热管道的平面布置的经济技术分析

本设计平面布置采用枝状管网，其管网比较简单，造价较低，管理方便。其缺点是没有供热的后备性能，即当网路上某处发生事故时，在损坏地点以后的所有用户，供热均被断绝。

环状管网具有后备热源，但这只是网路有两个或两个以上的热源情况下才适用，且它往往比枝状管网的投资和管材消耗都大得多。

本设计由于历史原因采用支状管网系统，但在进行技术经济比较后，对局部区域管网，可以试行母管制连接的方法。

7.9.2 管道选择的经济分析

1. 管道选择的经济原则

（1）供热管道的布置一定遵循短、直的原则。

（2）尽量自然水力平衡。

（3）应根据技术、经济比较，以及一次投资与运行费用的分析，结合供热系统的节能运行要求，确定管径。

2. 管径的选择

管径的大小关系到工程投资的多少。因此，选择管径时，应通过一次投资和运行费用的对比，选择最优的管径方案。

3. 管道固定支架的选择

在直埋敷设中采用钢筋混凝土固定墩支座，其做法参见《城镇直埋供热管道工程技术规程》，由我专业人员提供出固定支座的受力情况，由结构专业人员配合做好结构验算工作，制定出具体结构做法。

4. 管道保温材料的选择

应根据经济厚度的计算要求，结合建筑供热系统的节能要求，以及成品保温管的规格，最后确定出保温厚度。

8　天然气催化燃烧特性在炉膛中的应用研究

何林（建筑环境与设备工程，2009届）

指导老师：张世红

简　　介

本文研究了催化燃烧在冷凝锅炉上的应用。在常温常压下，对催化燃烧V型冷凝锅炉及其催化燃烧器各项数据进行测定，并测定空白独石燃烧器进行单相普通燃烧时在V型炉中各项数据。对两种燃烧方式进行对比，研究催化燃烧在锅炉应用中的特点。

实验探讨了催化燃烧器背面辐射能的使用可行性；大于理论所需催化剂载体厚度的催化剂在老化后，是否可以通过翻转从而继续使用等。

通过对催化燃烧的了解，对制约催化燃烧应用发展的几个待解决的问题进行了总结，并为以后的研究方向作了一定的规划，对催化剂的更换这一主要问题给出了设计思路。

8.1 绪论

8.1.1 催化燃烧研究背景

人类从远古的钻木取火到今天核能的和平利用，人类进步发展的过程，实际上就是一个不断向自然界摄取和利用能源的过程。能源与人们的生活紧密关联，而能源短缺是目前普遍存在的问题。使用更优秀的能源，以及提高对能源的使用效率是与全人类发展息息相关的问题。而天然气催化燃烧的发展，就是对天然气这一不可再生的矿物能源更好的利用方式。能够提高天然气的使用效率并减少对环境的污染。

8.1.2 天然气性质及优点

1. 天然气性质

天然气（Natural Gas）是一种主要由甲烷组成的气态化石燃料。其主要成分为甲烷（CH_4）。它主要存在于油田和天然气田，也有少量出于煤层，是埋藏在地下的古生物经过亿万年的高温和高压等作用而形成的可燃气，是一种无色无味无毒、热值高、燃烧稳定、洁净环保的优质能源。

当非化石的有机物质经过厌氧、腐烂时，会产生富含甲烷的气体，这种气体就被称作生物气体。生物气的来源地包括森林和草地间的沼泽、垃圾填埋场、下水道中的淤泥、粪肥，由细菌的厌氧分解而产生。

当甲烷散逸到大气层中时，它将是一种直接促使全球变暖愈演愈烈的温室气体。这种飘散的甲烷，就会被视作一种污染物，而不是一种有用的能源。然而，在大气中的甲烷一旦与臭氧发生氧化反应，就会变成二氧化碳和水，因此排放甲烷所导致的温室效应相对短暂。而且就燃烧而言，天然气要比煤产生的二氧化碳少得多。

2. 天然气的优点

天然气与其他矿物燃料煤、石油相比有它自己独特的优点。

（1）环保：天然气是矿物燃料中最清洁的能源，而且是一次能源，其杂质含量极少。理论上，它燃烧后没有污染，并且能减少粉尘排放量近100%，减少二氧化碳排放量60%和氮氧化合物排放量50%，对于污染物的排放，煤炭排放最高，燃油次之，天然气最少。从大方面上说，逐步用天然气替代煤炭、燃油可以改善大气环境，减少大气中温室气体的含量，减少大气中粉尘、二氧化硫等污染物的含量。从小方面上说，可以改善人们生活和工作的小环境，改善劳动条件。

（2）安全：天然气没有毒性，比空气轻，易挥发，一旦发生泄漏，随风飘散，不容易积聚成爆炸性气体。此外，引发天然气的爆炸极限很窄，相对于其他可燃气体如煤气要窄得多，因此更加安全。

（3）经济：单从经济角度看燃煤最便宜，天然气次之，燃油最贵，然而，燃煤需要一定的储藏空间，炉渣的排放需要繁重的体力劳动，这在实际运行中自然也需要一定的经济支持，故综合比较起来，天然气价格比煤虽高，但其使用方便快捷，其效益反而不低于燃煤。

（4）方便：天然气只要经过很少的处理和加工就可以燃烧，并且燃烧容易控制，不需要经常清理煤渣及灰渣。不仅使用方便，更能极大改善家居环境，提高生活质量。

8.1.3 天然气的燃烧及污染

天然气燃烧产生的有害物质主要是一氧化碳（CO）、二氧化硫（SO_2）和氮氧化物（NO_X）。天然气在使用前通常都经过脱硫净化，故燃烧后生成的硫化物很少。燃气具有良好的燃烧性能，燃烧比较完全，故排烟中一氧化碳的含量也比较少。氮氧化物的有害性远远高于一氧化碳和二氧化硫，因此控制和减少氮氧化物的生成量是一个很重要的课题。

8.1.4 降低 NO_X 生成的燃烧技术

（1）低氧燃烧法

降低氧气浓度可以降低 NO_X 的生成量。低氧燃烧法就是采用低空气过剩系数运行。虽然降低过剩空气系数可以显著降低 NO_X 的生成，但是会带来燃料的不完全燃烧，造成燃料的浪费。因而用减少空气系数方法降低 NO_X 排放必须综合考虑。

（2）降低燃烧区温度

燃料燃烧时的温度越高，NO_X 生成量就越多，尤其是在火焰的温度最高处，生成的 NO_X 量最多，为降低 NO_X 的生成量，必须保持较均匀的火焰温度，并且缩短烟气在高温区的停留时间。

（3）空气预热温度的影响

提高预热温度，则燃烧温度提高，NO_X 生成量就会增加。但从废热回收、节约燃料考虑，预热空气是节能的一项有效措施，所以不能简单地为降低 NO_X 的排放量而降低空气的预热温度。

（4）采用新的燃烧技术。

（5）使用低氮的燃料。

8.1.5 催化剂

早在公元前，我国劳动人民就开始利用天然生物酶（催化剂）发酵方法酿酒和制醋。在非生物催化过程方面，18 世纪末就知道了在瓷管上由乙醇脱水生成乙烯的事实，并证实瓷管中起催化作用的成分是氧化铝。19 世纪初，催化剂的研究工作开始活跃，为硫酸、硝酸、合成氨等工业生产奠定了基础。特别是在 20 世纪初，新兴的石油化学工业以及精细化学工业的蓬勃发展，推动了催化作用基础理论的研究，大大地深化了对催化剂和催化的本质的认识。

催化剂具有以下特性：它能够改变化学反应速度，但它本身并不计入化学反应的化学计量。催化剂对反应具有选择性，即催化剂对反应类型、反应方向和产物的结构具有选择性。催化剂只能加速热力学上可能进行的化学反应，而不能加速热力学上无法进行的反应。催化剂只能改变化学反应的速度，而不能改变化学平衡位置。

根据催化剂与反应物所处的不同状态，催化作用可分为均相催化和异相催化。这里的“相”指的是物质内部的任何均匀部分，如固体与气体接触时，固体这一边称为固相，气体那一边称为气相。固体催化剂对气态或液态反应物所起的催化作用就是属于多相催化作用。由于这种催化作用是反应物在催化剂的接触表面上发生的，因此又称为接触催化作用，催化剂又称为触媒。本文所说的天然气的催化燃烧指的就是固相（铂族元素）催化剂对气相（燃气及空气）反应进行催化的异相催化。

催化剂参与的催化反应和没有催化剂参与的非催化反应有很大的区别，必须从影响化学反应的速度和方向的各个因素中去寻找原因。

气体分子能在固体表面上吸附，人们很早便知道这一现象。20 世纪二三十年代，泰勒（Tylor）等提出“活性中心”的概念，认为，固体催化剂的表面上存在活性中心，反映分子被吸附在活性中心上，发生“变形”，并生成活化络合物，这是催化剂能加速反应的原因。并提出，催化剂之所以具有选择性，是由于不同催化剂或是同一催化剂的表面上，有着不同性质的活性中心。他们仔细地研究了吸附现象，严格地区别了化学吸附和物理吸附的不同性质，并指出，化学吸附才能产生催化作用。活性中心一般在固体的棱角、突起或缺陷部位，因为那些地方的价键具有较大的不饱和性，所以吸附能力较强。

活化络合物理论认为，反应物分子被催化剂的活性中心吸附以后，与活性中心形成一种具有活性的络合物。由于络合物的形成，使原来分子的化学键松弛，因而反应的活化能大大降低，这就为反应创造了有利条件。活化物的形成和分解见图 8－1。

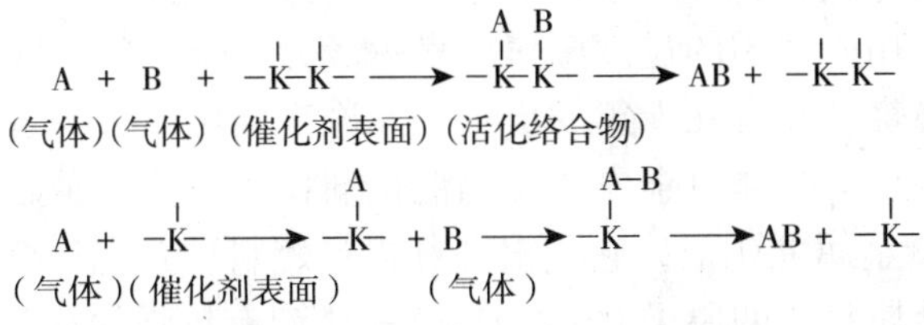

A B

A + B + −K−K− ⟶ −K−K− ⟶ AB + −K−K−

（气体）（气体）（催化剂表面）（活化络合物）

A　　　A—B

A + −K− ⟶ −K− + B ⟶ −K− ⟶ AB + −K−

（气体）（催化剂表面）　（气体）

图 8－1　活化物的形成和分解

活性中心理论和活化络合物理论都没有注意到表面活性中心的结构，因而不能充分解释催化剂的选择性。多位理论认为，表面活性中心的分布不是杂乱无章的，而是具有一定的几何规律性。只有当活性中心的结构与反应物分子的结构成几何对应时，才能形成多位的活化络合物，从而产生催化作用。这时活性中心不仅使反应物分子的某些键变得松弛，而且还由于几何位置的有利条件使新键得以形成。

在上述三种理论中，有两点是共同的：第一点是认为催化剂表面的性质不是均匀的，有活性中心存在；第二点是认为反应物分子与活性中心之间相互作用的结果使化学键发生改组，从而形成一种产物。至于活性中心的本质和活化络合物的本质，还有待进一步查明。

8.1.6　催化燃烧

催化燃烧是多相催化反应中的完全氧化反应，可燃气体在固体催化剂表面上进行的燃烧。该项燃烧技术大约于 1916 年前后，由法国的 M·L·吕米尔（Lumier）和 J·艾尔克（Herck）发明，他们首次使汽油在低温下进行无焰燃烧。

1963 年美国燃气协会（AGA）提出了扩散式及预混式两种催化燃烧器的基本结构。1973 年美国环境保护厅（E. P. A）发表了关于汽油和液化石油气为燃料的催化燃烧器的燃烧特性及排烟特性，并指出催化燃烧烟气中 NO_X 含量比现有燃烧低。

1963 年德国人泽恩格尔（Zin gel）发表了以液化石油气为燃料的催化燃烧器在工业上的应用报告。

1969 年法国已经制定了各种催化燃烧加热器的国家标准，1979 年携带式催化燃烧加热器已相当普及，其表面温度在400~500℃范围内，催化燃烧转化率接近100%。

1975年英国煤气公司（BGC）进行了天然气催化燃烧器的研究，试验了不同种类的催化剂，热负荷为3.35~10.47kJ/cm^2·h，甲烷转化率最高达95.5%。

日本在20世纪70年代研究了以轻质汽油为燃料的催化燃烧炉，以丁烷为燃料的携带式烙铁等。

催化燃烧技术在我国也逐渐得到发展，并应用于工业生产。在节约能源、提高产量方面作出了突出贡献。目前，尽管催化剂本身（通常都含有贵金属）的价格太高和由于热力、烧结及中毒等问题而引起的催化剂老化损坏都影响了催化燃烧的广泛应用，但随着对燃烧产物排放浓度控制的一系列严格法规的陆续出台，科学家们正在积极致力于更加便宜、再生性能好、耐久性好的新型催化材料的研究。对研制出来的新催化剂，生产厂家首先会对其寿命进行常规性测试。目前所研究的催化剂在失效前，寿命要能够达到几千个小时。

1. 催化剂使用金属种类

大多数催化燃烧中所使用的金属是贵金属和过渡金属元素。而在催化燃烧中所使用的贵金属一般为铂族元素，例如：Pt，Pd，Rh。而另一些铂族元素如：Ir，Rr由于它们在自然界较为稀少而很少使用。使用的过渡金属元素一般为：Co，Cr，Fe，Ni和Zr。

贵金属用于催化燃烧已经有几十年的历史，无论是催化剂的制备还是反应机理的研究都取得了比较深入的认识。与非贵金属氧化物催化剂相比，贵金属显示出更高的活性。

Pt、Pd是常见的贵金属催化剂，它们对各种常见燃料均具有很好的完全氧化活性。贵金属的高活性来自于金属状态的原子对O—O、C—H键有较强的活化能力，使得原本很稳定的分子形成反应性能极强的自由基，从而触发链反应。其中Pd较适用于CO、天然气和烯烃类燃料，Pt则对于长链烷烃燃料具有较好的起燃活性。

在很多的报道中贵金属易发生硫中毒。然而贵金属的抗硫特性随着条件的改变而改变，从而产生了硫中毒机理。中毒完全依靠载体种类和载体催化剂，硫和反应物之间的接触面。然而贵金属催化剂的最大弱势在于它同过渡金属相比其费用高昂。

我们已知的过渡金属和它们的氧化物同贵金属催化剂相比在高温下具有较高活性。在实验反应器中贵金属催化剂的最大工作温度范围为800~900℃。当超过这个温度时，由于催化剂的烧结、活性金属位迁移，载体结构的改变等引起催化剂的失活。贵金属有时也被用在过渡金属上从而获得较大的工作温度范围。例如：Cimino. S. 等人研究了在以La－γ－Al_2O_3为载体，镀有Pt和$LaMnO_3$独石上的贫甲烷氧化反应，Zina，M. S.，Persson，K. 等人也进行了类似的实验。

2. 助剂和载体

助剂（助催化剂）是加在催化剂中的少量物质。它本身没有活性或活性很小，但把它加入催化剂中以后，使催化剂的各种性能发生显著变化。

（1）助剂的作用

1）改变催化剂的活性。通过增加催化剂活性物质的表面积提高催化剂活性，或通过影响催化剂活性物质的电子性质提高催化剂活性，或通过形成固溶体，改变晶面间距，从而提高催化剂活性；

2）提高催化剂的选择性，消除副反应或把副反应抑制到最低限度；

3）延长催化剂寿命。

助剂的作用随助剂的种类、用量和加入方法不同而异。为了提高催化剂的性能，会在载体中加入一些助剂。典型的助剂为：BaO、CeO_2、La_2O_3、MgO 和 ZrO_2。

（2）载体

载体是催化活性物质的分散剂、粘合物或支持物。同时，它又可以改变催化剂的某些性能，与助剂的作用相仿。

最初使用载体的目的是为了增加催化剂活性物质的比表面积，从而节省贵重的催化活性物质（如铂、钯）的消耗量，即把贵重的催化活性物质分散在比表面积大的载体上。后来发现载体常常与催化活性物质发生化学反应，能改变活性物质的化学组成和结构，从而改变催化剂的活性和选择性。对金属催化活性物质来说，载体可增加其分散度，而催化剂的分散度对催化剂的活性和寿命又有重要影响。

载体能使制成的催化剂具有合适的形状、尺寸和机械强度，以符合工业反应器的操作要求。载体可使活性组分分散在载体表面上，获得较高的比表面积，提高单位质量活性组分的催化效率。载体还可阻止活性组分在使用过程中烧结，提高催化剂的耐热性。对于某些强放热反应，载体使催化剂中的活性组分稀释，以满足热平衡要求。良好热导率的载体，如金属、碳化硅等有助于移去反应热，避免催化剂表面局部过热。

通常在催化燃烧中大多数使用的是贵金属催化剂，在催化燃烧装置中载体的表面积范围为 $50\sim300m^2g^{-1}$。催化剂载体为多孔的，空隙率取决于载体的种类和制造的方法。在催化燃烧中通常使用的载体为：Al_2O_3、SiO_2、TiO_2、MgO、Zeolits、$ZrSiO_4$。由于 Al_2O_3 具有高的稳定性和抗烧结特性及较低的制造成本，因此被广泛地应用于催化燃烧的载体上。载体的理想性质是：非常高的内表面积，在高温下物质稳定，高的抗烧结和迁移能力，增加催化剂的有效表面积。

在燃烧中使用各种不同类型的载体，例如：

（1）独石（图 8－2）

1）陶瓷独石；

2）金属独石。

（2）片状器件。

（3）纤维垫片。

（4）烧结金属。

独石是由一些平行的通道组成的，反应物从单独的通道内进入。独石通常是由陶瓷和金属制成，在本文实验中所使用的独石材料均为堇青石蜂窝状陶瓷制成。独石的特性决定

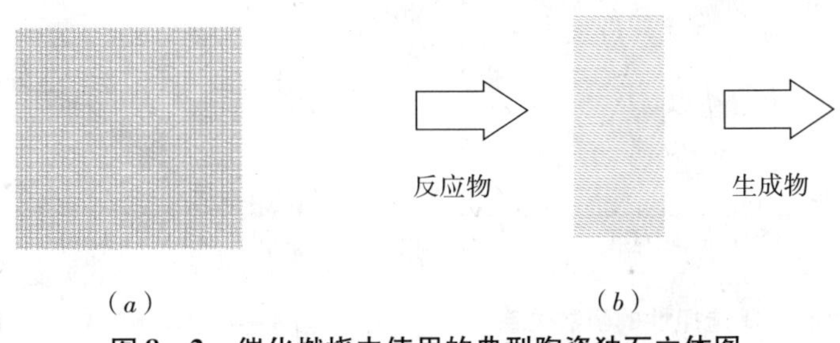

图 8－2　催化燃烧中使用的典型陶瓷独石立体图

（*a*）独石的横截面；（*b*）从独石侧面看

了陶瓷的形状。通道的表面镀有催化剂，即我们所说的涂层。

每块独石为150mm×150mm，厚20mm，最大功率为5kW。

3. 催化燃烧近零污染机理

催化反应对气相反应的抑制作用，是催化燃烧领域研究的重点之一，可以利用V. Dupont等人的实验与模拟研究结果解释这一理论。

V. Dupont等人在滞止点流动反应器模型上发现了催化燃烧反应对气相点燃的抑制作用。他们的研究结果表明：催化燃烧可以在很宽的温度范围内进行，气相燃烧的理论认为：在1200K左右的高温下，贫甲烷混合物可以进行气相燃烧，而催化燃烧中，在一定的实验工况下，当反应温度高于1550K左右，才会点燃气相反应，即催化燃烧对气相点燃有抑制作用。这就解释了为什么甲烷催化燃烧能够达到近零污染排放。

图8-3是在$a=0.3$和$X_{N_2}=0.8739$的条件下逐步对正方形铂箔（厚度为7.5μm，边长为13mm，纯度为99.95%）增加热循环数量，即在增加通过铂箔的电量的实验条件下，整个热循环的CO选择性与表面温度的关系曲线。从图中可以看出，整个催化状态内的CO选择性接近于0，并在单相燃烧开始时突然急剧上升。随着热循环的增加，CO选择性的最大值也相应增加，但仍超不过3.5%。当降低通过铂箔的电量时，发现了一条延迟曲线，这条延迟曲线仍然以表面温度的气相反应为主，这一表面温度对应于循环正向第一步的催化状态。在这一表面温度下，CO选择性回复到接近0的状态，同时燃料的转化率也回复到与循环第一步一样的值，随着热循环数量的增加，结束延迟现象是减少的。这意味着铂箔的老化扩大了循环反向第二步中单相燃烧的范围。

图8-4是在$a=0.3$和$X_{N_2}=0.8580$或$X_{N_2}=0.8404$的具体条件下通过求解能量方程和运用GL_H、DET_H机理得到的预测的燃料转化率曲线，GL_H/GL∗和DET_H/DET∗机理有效地阻止了表面反应，从而模拟了惰性表面的特性。从GL_H机理模拟的燃料的燃烧转化率曲线看出，在表面温度约为1200K时开始气相转化，并且随着表面温度的增加，GL_H曲线的燃烧转化率稳步上升，但总是保持在GL∗预测的转化率之下。

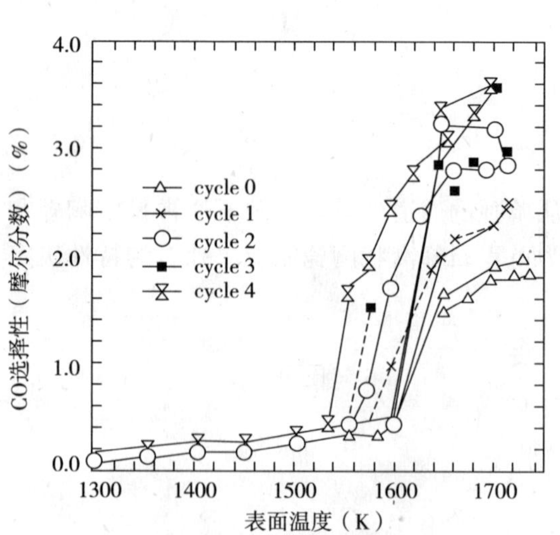

图8-3　表面温度和CO选择性的函数关系

（$a=0.3$和$X_{N_2}=0.8739$，热循环逐渐增加）

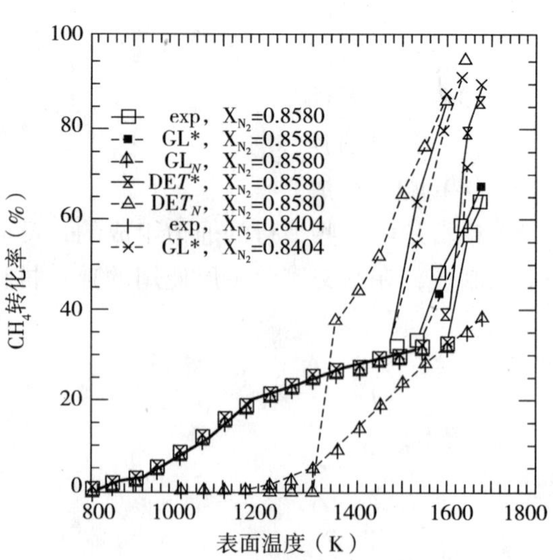

图8-4　GL∗、GL_H、DET∗和DET_H机理及实验条件下CH_4转化率的比较

（整个热循环$a=0.3$，$X_{N_2}=0.8580$或$X_{N_2}=0.8404$）

DET_H 机理计算了温度在 1250K 的单相点燃。在已建立的单相转化状态下，DET_H 机理模拟的转化率比 DET * 的大。通过 DET * 机理得知，铂箔表面的反应对气相氧化反应进行全面的抑制作用。Dupont 和 Moallemi 等使用了另一分步气相氧化机理进行了研究，结果表明，对于更大的 N_2 含量（$X_{N_2}=0.8739$）也发生了同样的抑制作用直到温度为 1550K 左右。在天然气催化燃烧炉蜂窝状独石燃烧器中，也观察到这样的抑制作用。

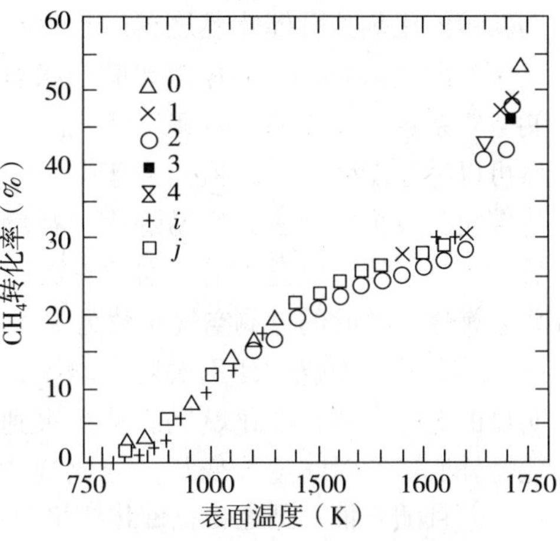

图 8－5　表面温度和 CH_4 转换率的函数关系

能达到近零污染排放的原因，有理论研究如图 8－5 所示，实验提出了燃料转化率与铂表面温度（一直到超过了单相点燃温度区）的关系。铂表面的多相反应抑制了气相氧化反应的程度，并且提高了单相点燃的表面温度。即异相反应推迟单相点燃的机理，也就是在催化燃烧炉中表面温度低于 1550K 还是异相催化燃烧，当超过 1550K，气相燃烧便开始有较高含量的 CO，NO_x 排放。

从而得出由于催化反应对气相反应的抑制作用导致了催化燃烧炉中表面温度低于 1550K 还是异相催化燃烧，从而抑制了热力型 NO_x 和 CO 的产生，使催化燃烧达到近零污染排放。

4. 催化燃烧的辐射效率

所谓辐射效率就是辐射输出的热量和反应热输入量（燃料发热量）之比。

$$RE=\frac{Q_{re}}{Q_r}=\frac{\sigma(T_S^4-T_a^4)FA_d\varepsilon_{eff}}{VH_l} \tag{8-1}$$

式中　RE——辐射效率；

Q_{re}——燃烧表面对周围介质的辐射换热量（W）；

Q_r——输入催化燃烧炉的天然气完全燃烧时放出的热量（W）；

F——燃烧表面对周围介质的角系数；

A_d——独石辐射面的表面积（m^2）；

ε_{eff}——黑度；

σ——黑体辐射常数［5.67×10^8W/（$m^2\cdot K^4$）］；

T_S——催化燃烧载体板面温度（K）；

T_a——载体所处的空间平均温度（K）；

V——天然气流量（$N\cdot m^3/h$）；

H_l——标准状态下天然气的低热值。

在角系数 0.8，支撑物表面积为 8.107×10^{-3} m^2 的圆，燃气热值为 34.54MJ/（$N\cdot m^3$），黑度为 1 时的辐射效率随燃气混合比例变化如图 8－6 所示。其辐射效率在催化燃烧的燃气量占混合气体 5% 时达到最高的 40%。

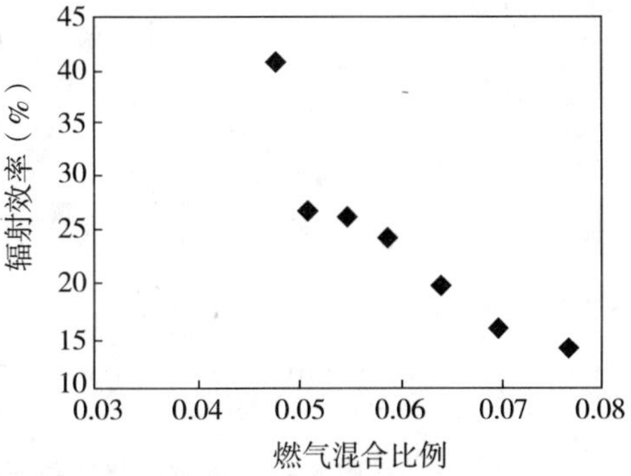

图 8－6　燃气混合比例和辐射效率的关系（空气流量 0.0228m^3/h）

5. 催化燃烧燃气比例及点火时间

经过很多学者对催化燃烧的大量研究确定，使用新镀催化剂独石催化燃烧器的燃气流量占燃气与空气混合气体量的5%时达到最佳状态。此时的过剩空气系数为2左右。在低于5%的混合比例时虽然可以进行催化反应，但是由于空气量过多，很难将催化反应维持下去，容易熄火。在增加燃气流量后，当燃气流量到达混合气体7%以后会出现单相普通燃烧，此时的过剩空气系数为1.3左右。

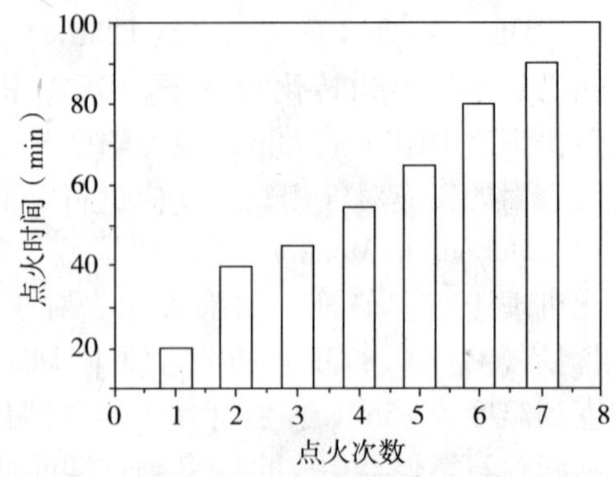

图8-7 点火时间随点火次数的变化规律

随着催化燃烧炉使用次数的增加，催化剂会有明显的老化。那么催化燃烧炉从点火到进入稳定催化燃烧所需的时间逐步变长，变化规律如图8-7所示。并且随着催化剂老化，催化燃烧所使用的燃气比例会略有增加，逐渐增至6%左右。

6. 独石通道长度的选择

理论上镀催化剂的独石通道内的催化反应在通道入口10mm左右内基本结束，并且不会影响燃烧器的排放产物。但是为了确保催化反应的完全，催化剂载体的制作难度，所用的独石厚度均为20mm。理论上在通道入口10mm左右完成了燃气的催化反应，那么当催化剂老化后，翻转独石，应该可以提高催化剂的使用时间。图8-8为天然气体积分数为

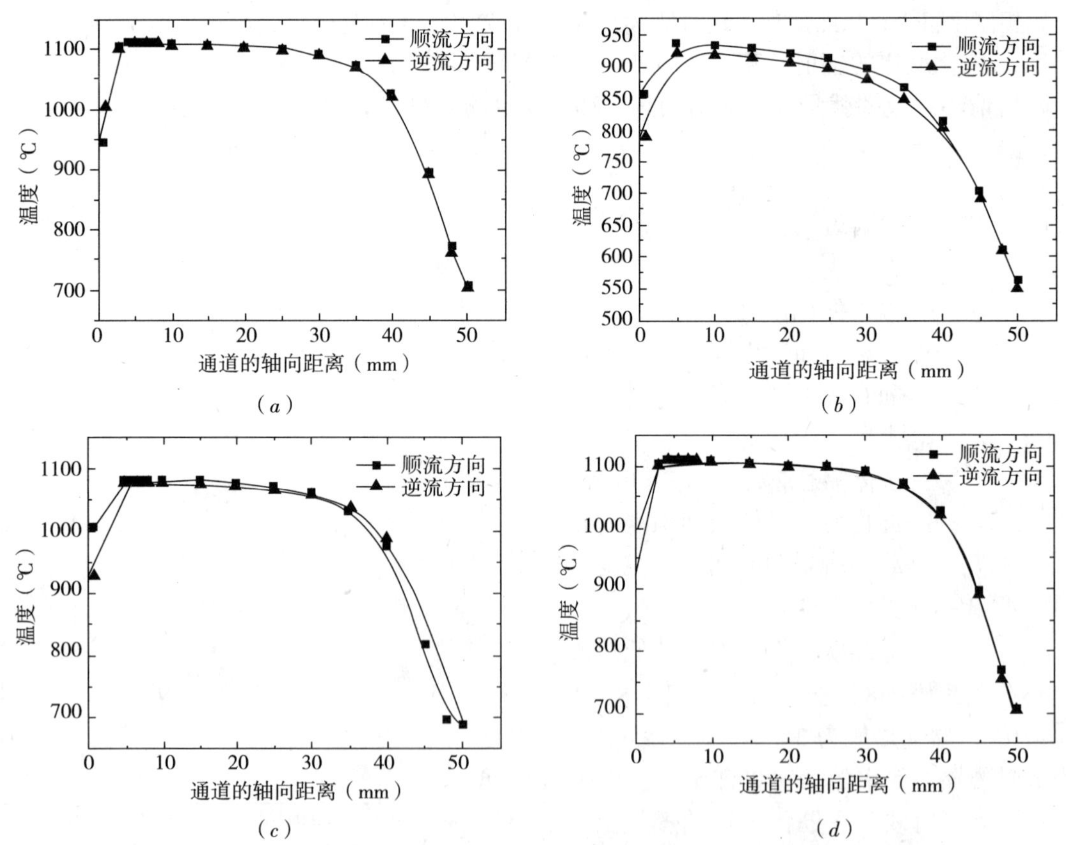

图8-8 镀钯催化剂独石通道内气体温度曲线（独石长度为50mm）

(*a*) 天然气流量为6.8L/min；(*b*) 天然气流量为13.6L/min；

(*c*) 天然气流量为14.2L/min；(*d*) 天然气流量为16.9L/min

5%，天然气流量分别为6.8L/min、13.6L/min、14.2L/min和16.9L/min时，按顺流和逆流方向测得的通道气体温度分布。

图8－8说明：对于所有的气体流速下，介于930～1150℃之间的最高温度出现在蜂窝催化剂载体最初的15mm范围内。随后的25mm长度的范围内似乎没有发生化学反应，而是处于绝热区域，最后的10mm的长度范围内也没发生化学反应，但有辐射热量的损失。随着通道入口处初始温度的增加，温度的变化趋势随着气体流量的增大而减少。在独石通道出口处，当天然气体积流量在14.2～16.9L/min时出现温度的最高值约为1120℃，当天然气体积流量在13.6L/min出现最小值（约为550℃）。

7. 天然气催化燃烧特点

一般的无焰燃烧的特点是燃烧温度高，燃烧反应需要较高的活化能。如工业用红外线辐射器的辐射表面温度通常在1123K以上，相应的辐射电磁波波长主要在2～3μm之间，燃烧反应所需要的活化能高，通常为（41.87～418.68）$\times 10^3$kJ/mol。

催化无焰燃烧则不然，在催化剂的作用下，可燃气体燃烧反应沿着新的途径进行，新的途径所需要的活化能小，燃烧反应速度快，因此燃烧反应可以在较低温度下进行。

与其他燃烧技术相比，天然气催化燃烧方式烟气排放的NO_x污染物最低，有效地抑制了NO_x的生成，在3ppm以下。且催化燃烧几乎不形成CO，为1ppm。燃烧效率可达99.9%。而中小型燃气锅炉在燃烧良好的情况下，厂家给出的燃烧效率在99%～99.5%。在燃烧器调节不好，燃烧不良时燃烧效率也会低一些。催化燃烧具有很稳定的燃烧效率，并且降低了污染。

表8－1给出了催化燃烧与火焰燃烧部分参数对比的数据。

催化燃烧及火焰燃烧部分参数对比 **表8－1**

	火焰燃烧	催化燃烧
燃烧温度	≥1800℃	≤400℃
燃烧效率	99%～99.5%	99.9%
热辐射效率	≤10%	≥15%
火焰状况	有火焰	无火焰

8.1.7 镀催化剂独石与空白独石通道温度对比

图8－9为燃烧功率分别为4kW、8kW的情况下，天然气催化燃烧和气相燃烧的通道温度分布曲线。其中－10～0mm为燃烧器腔体到独石入口距离，0～40mm为独石长度，40～50mm为热电偶从独石出口向外界延伸10mm测量温度的距离。

从图中可以看出，在催化燃烧方式下，通道的最高温度1000～1200℃，它出现在蜂窝催化剂独石通道进口10mm范围内，随后在20mm范围内几乎没有发生化学反应，而是处于绝热状态，最后10mm范围内也没有发生任何化学反应，但伴随了辐射热的损失。且可以看出随着功率的增加，通道内的最高温度也在增加，主要是因为功率增大，燃烧放出的热量增加，导致了温度升高。

由于失活后的催化剂中燃烧反应由催化燃烧方式变为气相燃烧方式，故采用失活后的催化剂进行气相燃烧对比实验。由图 8 -8 可以看出在气相燃烧方式下，通道的最高温度 850 ~ 1050℃，最高点温度出现在通道出口处，主要是由于天然气在通道出口 10mm 附近发生了气相燃烧，导致了温度的急剧上升，在出口处达到了最大，而在独石通道进口 30mm 范围内没有发生任何化学反应，由于气相燃烧导致了温度升高，通过传热作用加热了通道内部，使通道内温度逐渐升高。

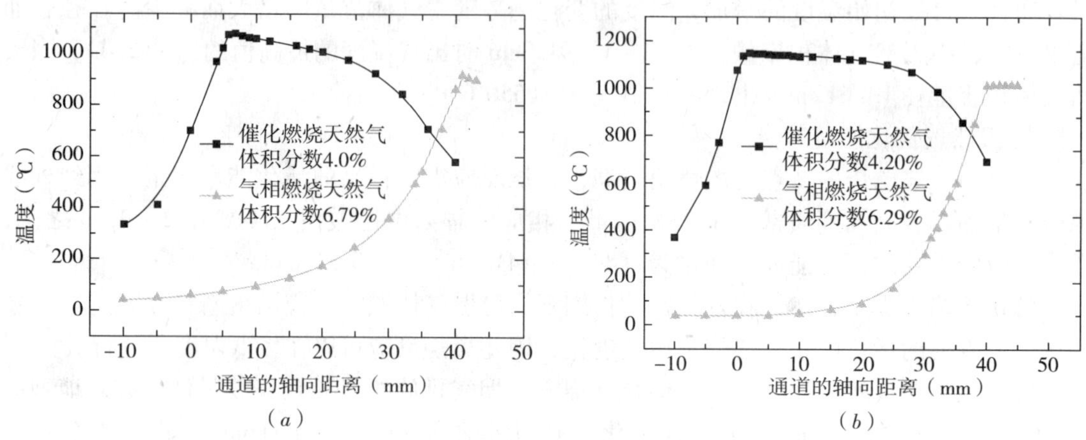

图 8 -9　不同燃烧方式下的通道温度分布曲线

（a）燃烧功率为 4kW 的通道内温度分布对比；（b）燃烧功率为 8kW 的通道内温度分布对比

从图 8 -9 可以看出在相同的功率下发现催化燃烧所处的稳定燃烧阶段燃烧的最小燃烧浓度比传统的气相燃烧明显低，以及催化燃烧中天然气体积分数小于气相燃烧中的天然气体积分数。

镀催化剂蜂窝状独石通道内气体温度分布规律受催化燃烧反应段放热量，通道两边进出口温度及通道内受流速的影响，且由于独石具有蓄热保温的作用散到空间的热量较少而导致温度较高。而气相燃烧中，由于在出口处 10mm 左右处发生气相燃烧，热量很快地释放到了大空间中，导致了最高点的温度低于催化反应中的最高温度。

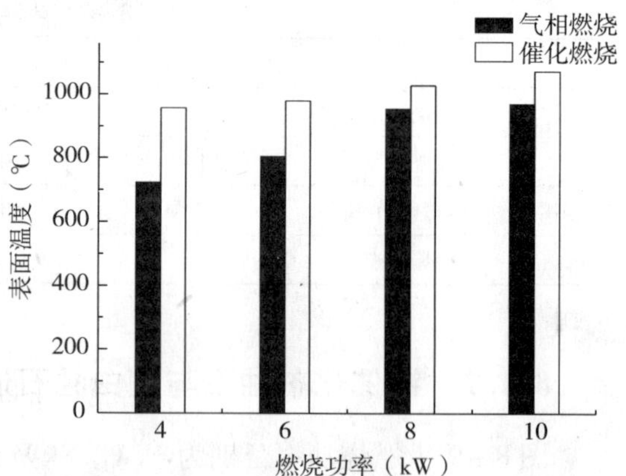

图 8 -10　催化燃烧与气相燃烧独石表面温度关系

催化燃烧反应中独石表面的红外测量温度比普通气相燃烧中独石表面的红外测量温度要高，如图 8 -10 所示可以看出在相同的功率下，催化燃烧中独石表面温度比气相燃烧独石表面温度高 200℃ 左右。由公式（8 -1）得出在相同的实验条件下，角系数和独石外界实验室温度等参数在一定的情况下，催化燃烧的辐射效率比气相燃烧的辐射效率要高。

8.1.8　本节研究内容

催化燃烧技术不仅在消除污染、环境保护方面显示出独特的优势，而且在能源利用的节省方面也甚为有效。催化燃烧技术的优劣，关键在于催化燃烧中的催化剂成分及与其相配套的燃烧装置。在国内，对天然气催化燃烧相配套燃烧装置的研究正处于起步阶段，距离实际应用尚有一段距离。

本节通过对催化燃烧现有研究成果的分析，催化燃烧V型冷凝锅炉系列实验，以及对催化燃烧器表面红外温度的测量，研究天然气催化燃烧在应用中的特点、优势以及不足，为催化燃烧装置的优化及催化燃烧的应用普及提供实验数据。

8.2 催化燃烧的应用

8.2.1 催化燃烧应用现状

由于催化燃烧有着极高的燃烧效率，近零污染排放的特点。已经被越来越多地应用到了工业及民用领域。

在工业领域，催化燃烧主要应用在对工厂废气、汽车尾气等不完全燃烧产物的处理。

在民用领域，催化燃烧应用在生活热水、供暖热水的供给上。

8.2.2 催化燃烧应用需要解决的问题

（1）催化剂的寿命问题是制约催化燃烧发展的根本问题，虽然现有催化剂的寿命在实验环境下，低负荷连续运行超过1000h。但是停炉后的再点燃过程很难重新达到催化燃烧。那么在不连续运行的情况下是否还能使用1000h是需要解决的问题。随着点火次数的增加，要达到催化燃烧的时间变得很长。

（2）催化剂的回收方法也是需要急迫解决的问题之一。对于贵金属的回收，不但能降低催化燃烧的使用成本，而且还能节约资源，可谓一举多得。

（3）常用的催化燃烧的点火方式是先经过燃气的普通燃烧，通过普通燃烧达到催化燃烧的工况，需要较长的点火时间。

（4）对于使用催化燃烧方式的燃烧器，如何判定催化剂已经达到使用寿命，如何对催化剂进行更换，尤其在不停炉的情况下对催化剂进行更换是最迫切需要解决的问题。

以上问题制约了催化燃烧在实际应用中的使用范围以及使用方式，如果解决了上述问题，催化燃烧的普及将会变得非常容易。

8.2.3 燃气热水锅炉

对于燃气热水锅炉，按结构分类，分为火管锅炉及水管锅炉。

火管锅炉的外形为一金属筒体，烟气在火管内流过，一般为小容量、低参数锅炉，热效率低，结构简单，水质要求低，运行维修方便。但是催化燃烧有很大一部分能量通过辐射的方式进行传热，而火管锅炉的结构特点及换热方式并不适合催化燃烧。

水管锅炉的本体由较小直径的锅筒和管子组成，水在管内流动。很适合催化燃烧的燃烧方式。

水管锅炉包括：

锅筒：用以进行蒸汽分离净化、组成循环水路和蓄水的筒形压力容器，上锅筒内有汽、水空间，下锅筒内只有水空间。

锅炉管束：用做对流受热面的管束，其外部受烟气冲刷，管内由水流动吸热。

水冷壁：布置在炉膛内壁，用水冷却辐射受热面，管外部直接受火焰辐射，管内走水。

集箱：用以汇集或分配多根管子中介质的筒形压力容器。

1. 冷凝锅炉

如果排烟温度降低到足够低的水平，那么烟气中呈过热状态的水蒸气就会凝结而放出汽化潜热。使排烟温度足够低，以至于烟气中的水蒸气凝结下来，凝结水的汽化潜热得以回收利用，甚至按低位发热量为基准计算的热效率可能达到或超过100%的锅炉称为冷凝式锅炉。简而言之，冷凝锅炉就是通过冷凝烟气中的水蒸气，使得其中的汽化潜热得以利用、从而提高热效率的锅炉。显然，这种锅炉与传统的锅炉不同，传统锅炉必须考虑排烟温度过低，锅炉尾部受热面发生水蒸气冷凝而导致的低温腐蚀。对于传统锅炉，排烟温度为100～150℃。

各种化石燃料中，以甲烷为主的天然气氢含量最高，氢的质量百分数约为20%～25%，因此，排烟中含有大量水蒸气。要带走的热量约占总热量10%以上。经过处理的天然气硫含量极低，并且没有烟尘，不会在排烟时产生硫酸蒸汽结露，严重腐蚀低温受热面及堵灰。对于燃气冷凝锅炉基本不会涉及此类情况，并且能够显著提高燃气锅炉的热效率。

燃气的催化燃烧是本文研究的重点，那么将燃气催化燃烧器与冷凝锅炉配合使用，能够极大地提高锅炉热效率并且拥有着近零污染排放的优势。

冷凝换热可通过间接接触或直接接触方式完成。

在间接接触系统中，待加热的液体或空气流经放置在烟气气流中的管束，烟气与被加热介质之间不发生直接接触，系统与常规换热器类似，冷却排烟，加热液体或空气，如图8－11所示。

直接接触系统中，水直接通过喷嘴以逆流方式流入热烟气气流，通过水的蒸发吸热而使烟气被饱和冷却。当有足够数量的水引入烟气时，烟气将被冷却到其绝热饱和温度以下，即低于进口烟气的露点温度。最终，烟气以低温饱和状态离开系统，而水则以被加热的饱和状态离开系统，如图8－12所示。

燃料在常规锅炉中燃烧时，燃料高位热值的80%～85%传给了工质，其余的热量通过排烟和表面散热损失散到环境中。锅炉表面散热损失占高位热值的1%～4%。而根据燃料不同，最大排烟热损失可高达高位热值的15%～20%。

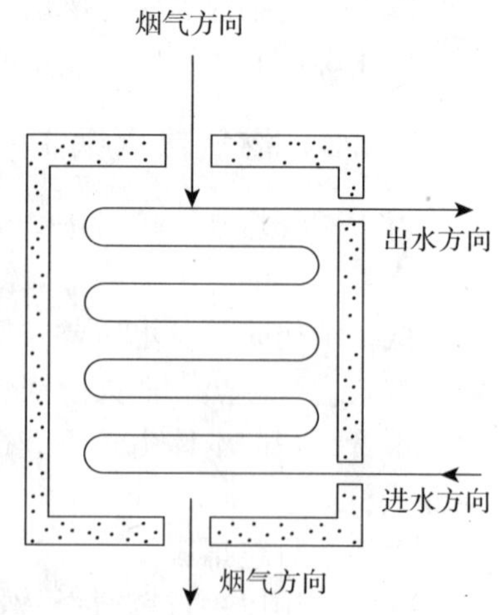

图8－11　间接接触式冷凝系统

对于天然气锅炉，烟气中水蒸气所携带的热损失占整个排烟热损失的55%～75%，具体数值取决于排烟温度和过剩空气系数。而低碳氢比的燃料，例如燃油，这一份额会低一些；而对有较多含水量的燃料，例如某些固体燃料，这一份额将高一些。根据国外资料报导，降低到露点之前的显热回收可使锅炉系统热效率提高2%～5%。若将烟气冷却到露点温度以下，由于回收了潜热损失，因而可使热效率提高11%～15%以上。

是否应采用冷凝热回收大体上取决于是否能将回收的热能加以利用。一般说来，排烟中的水蒸气潜热在60℃以下才能得以回收，如图 8－13 所示，能够回收的热量依赖于所要求的利用温度和利用率。如果利用温度接近排烟的露点温度，仅能回收较少的热量。利用温度越低，回收的热量越多。

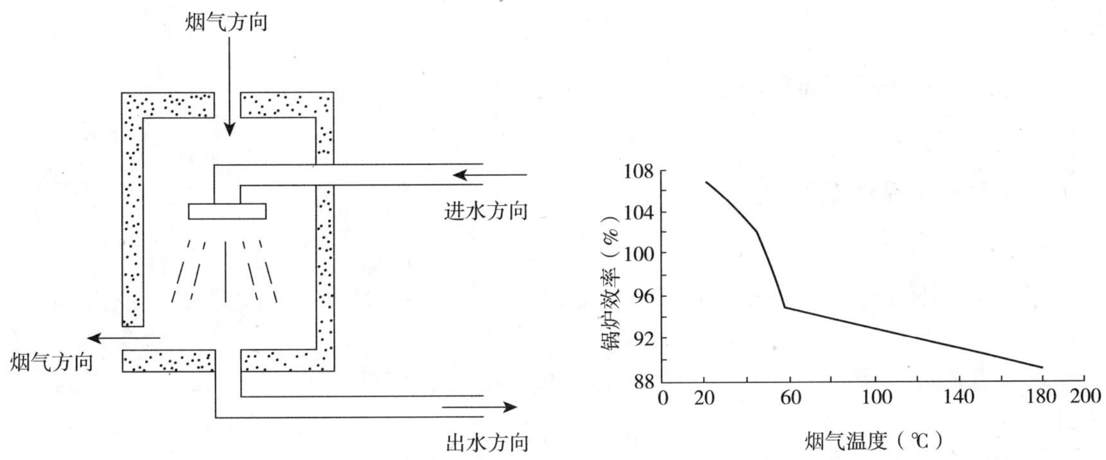

图 8－12　直接接触式冷凝系统　　**图 8－13　冷凝锅炉效率随烟气温度的变化曲线**

2. 燃气空调系统

燃气空调是指以天然气液化气、人工煤气等清洁燃料作为能源提供制冷、供暖卫生热水的空调系统及设备。利用燃气作为驱动能源实现空调制冷的途径主要有三个：一是利用燃气直燃型吸收式制冷机或利用燃气锅炉产生的蒸汽和热水作为吸收式制冷机的热源，二是利用燃气发动机（燃气机或燃气轮机）拖动压缩式制冷机或热泵，三是利用燃气作为再生能源的除湿冷却式空调机，其中以燃气为能源的最佳空调系统为“全能系统”，即以燃气为能源在建筑物内就地进行热电冷联产的供能系统。此系统是以燃气机或燃气轮机带动发动机发电，以吸收式制冷机供冷或供热的系统。系统在利用燃气发电的同时，充分利用燃气机或燃气轮机的废热进行供热或制冷，如图 8－14 所示。

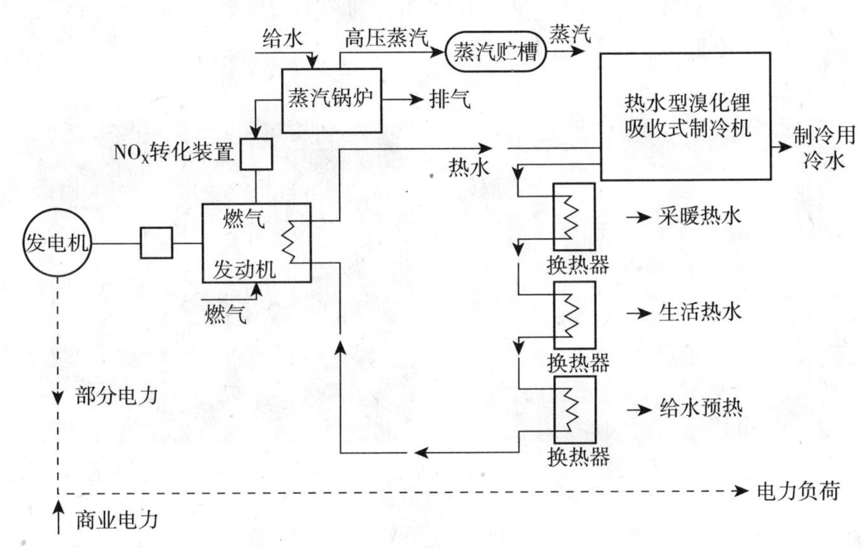

图 8－14　热电冷联供能系统示意图

因此使系统总能得到充分利用，热电综合利用率可达80%以上。这是一种最有效的燃气供能系统，也是目前发展最快、在技术经济上有较高价值的用能系统。燃气空调是一种新兴的空调方式由于其具有许多独特的优越性所以将会有非常广阔的发展前景。

8.3 催化燃烧试验简介

8.3.1 实验仪器装置

1. 测量仪器

便携式红外测温仪：型号：UX－20P，测温范围：600～3000℃，测量精度：±(0.5%×测量值±1)℃；

燃气质量流量计：型号：CMS0050BSRN200000，测量范围：0～50L/min，最小刻度：0.1L/min；

空气质量流量计：型号：CMG400A080100000，测量范围：0～80m^3/h，最小刻度：0.1m^3/h；

多功能热量表：型号：西门子 WFP21，测量范围：20～90℃，最大允许水流量：3m^3/h；

数字式热电偶测温仪：型号：307P，测温范围：50～1300℃，不精确度：±20℃；

温湿度表：型号：JWS－A4，测量范围：温度10～40℃，最小刻度1℃，湿度10%～90%，最小刻度2%；

量筒：测量范围：标准大气压20℃水温，100～1000mL；最小刻度10mL。

2. 实验设备

变频控制器：型号：西门子 MICROMASTER420；

双路稳压温流电源：型号：DH1715A－5，输出电压：0～32V，输出电流：0～3A；

漩涡风泵：型号：XFB－1，排气量130m^3/h，排气压力：13kPa，转速：2850r/min。

实验设备及实验仪器如图8－15所示。

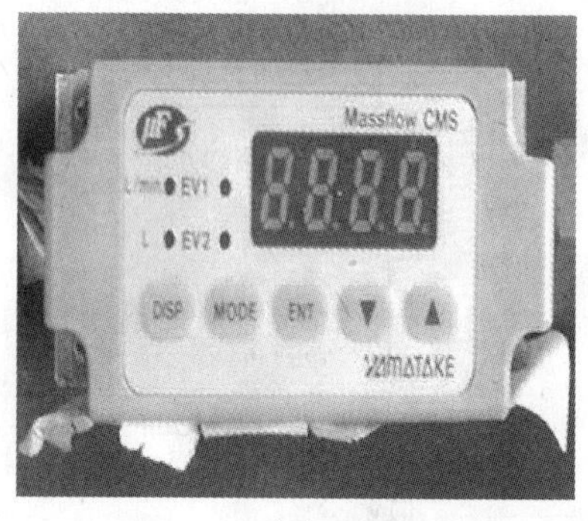

(a)

(b)

图8－15 实验测量仪器及设备

(a) 燃气质量流量计；(b) 空气质量流量

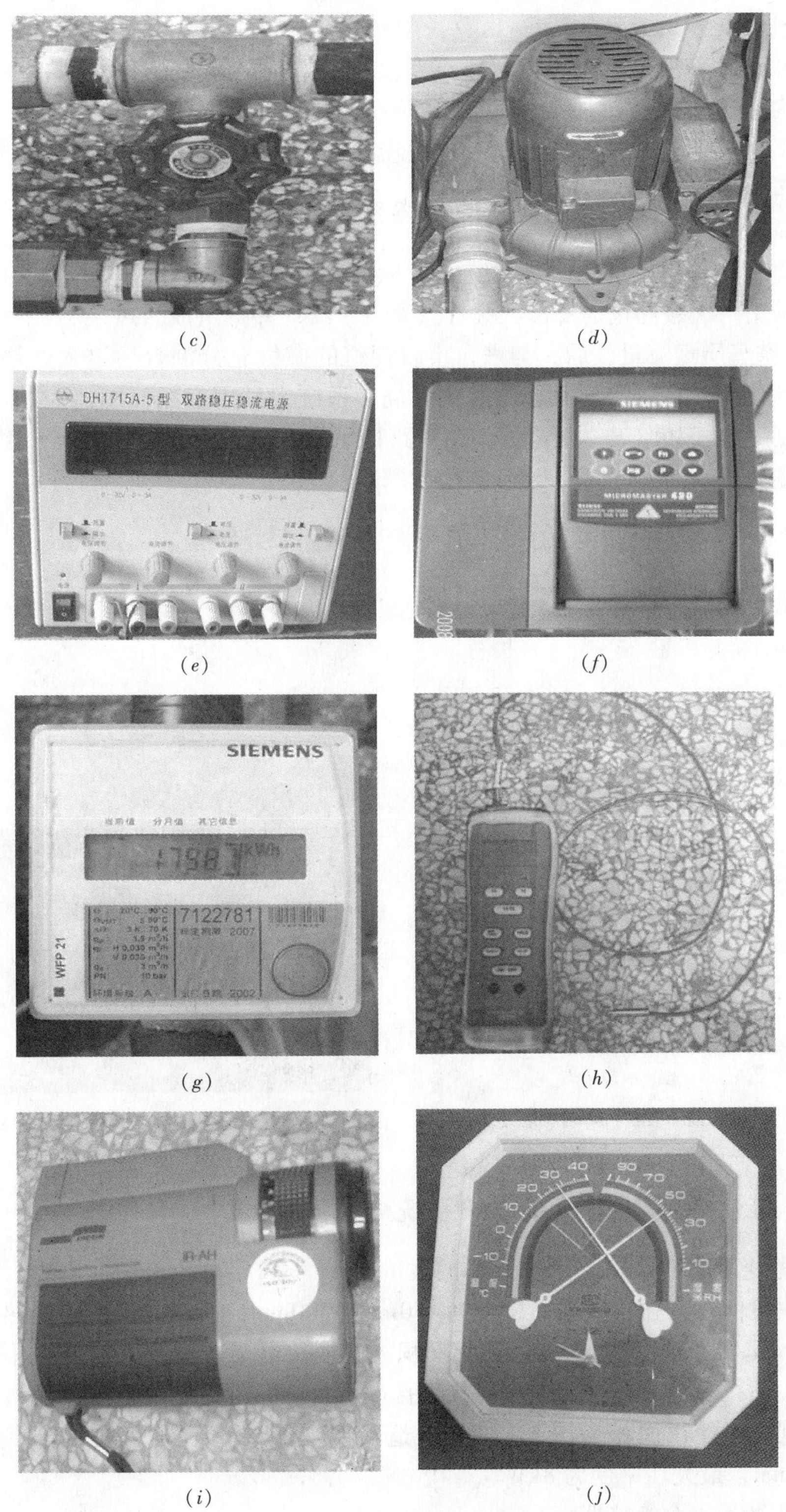

(c) (d) (e) (f) (g) (h) (i) (j)

图 8-15 实验测量仪器及设备（续）

(c) 燃气调节阀；(d) 漩涡风泵；(e) 双路稳压温流电源；
(f) 变频控制器；(g) 多功能热量表；(h) 数字式热电偶测温仪；(i) 便携式红外测温仪；(j) 温湿度表

3. 实验用催化剂的类型

实验用独石为堇青石蜂窝陶瓷，独石上镀着钯（Pd）贵金属催化剂，独石采用正方形截面尺寸为150mm×150mm，厚20mm。独石孔道尺寸为1mm×1mm，壁厚为0.18mm。软化温度为1380℃，每块独石的最大催化燃烧输出功率为5kW。

8.3.2 催化燃烧V型冷凝锅炉燃烧系统

催化燃烧V型冷凝锅炉的燃烧系统如图8－16所示，主要由催化燃烧器、漩涡风泵组成。燃烧器采用两块镀催化剂蜂窝状独石（图8－17）并排组成。风泵卷吸空气（实验室室温），通过空气质量流量计后，与来自市政管道的燃气充分混合后进入燃烧器，在燃烧器头部的镀催化剂蜂窝状独石上进行催化燃烧。系统中利用变频控制器控制风机的转速，采用流量计测量空气和燃气体积流量，用双路稳压稳流电源为流量计供电，用非接触式红外测温仪测量独石表面温度。

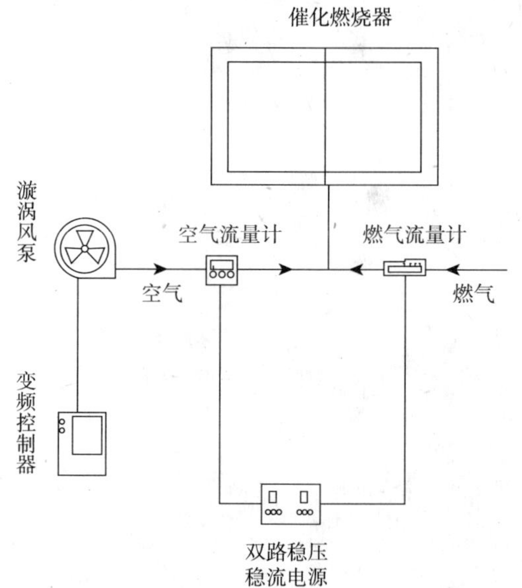

图8－16 催化燃烧V型冷凝锅炉燃烧系统

图8－17 催化燃烧V型冷凝锅炉燃烧器表面

8.3.3 催化燃烧V型冷凝锅炉系统（图8－18）

1. 催化燃烧V型冷凝锅炉用燃烧器的改造

由于两块镀催化剂独石横截面尺寸为150mm×300mm，而对应换热器受热横截面积为120mm×300mm。镀催化剂独石实际使用面积大于换热器受热面积。需要减小镀催化剂独石使用面积。用石棉将独石一部分蜂窝状小孔进行封堵，阻止燃气空气混合气体通过，从而减小催化剂实际使用面积为图8－17，改造后两块镀催化剂蜂窝状独石使用尺寸变为120mm×300mm，最大功率变为8kW。

2. 铜管铝肋片组合换热器

催化燃烧V型冷凝锅炉采用两级铜管铝肋片组合换热器。一级换热器对热量的吸收以辐射能为主，二级换热器对热量的吸收以对流为主。

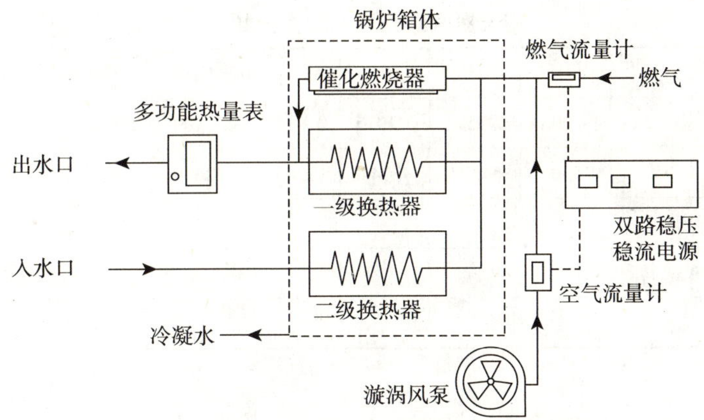

图 8－18　催化燃烧 V 型冷凝锅炉系统

3. 气路系统与水路系统

催化燃烧 V 型冷凝锅炉采用水流方向与烟气方向逆流的换热方式。低温烟气处为入水口，高温烟气处为出水口。

（1）气路系统

空气通过风机进入空气管路与天然气管路中的天然气经混合后进入燃烧器内部，混合气体在镀催化剂蜂窝状独石上进行催化燃烧并产生高温烟气，高温烟气先后与一级和二级换热器内的低温水进行充分换热后从烟道排出室外。

（2）水路系统

催化燃烧 V 型冷凝锅炉的给水管接自市政外网的冷水（18℃），先流经下端二级换热器，再流经上端一级换热器，与高温烟气和辐射表面进行换热后流入水槽。

4. 调节系统和测量系统

（1）流量调节与测量系统

水路系统的流量控制通过水路终端的阀门实现，并用热量表的累计流量差和时间差来计算平均流量。通过空气管路上的变频器来控制风机的转速从而达到控制空气流量的目的。采用空气质量流量计来测量空气流量的瞬时值，用手动调节阀单独调节天然气流量，用燃气质量流量计测量天然气流量的瞬时值。

（2）温度与热量测量系统

水路系统中的温度测量用水热量表的温度测量功能来完成。其测量内容包括：进水温度 t_i 与出水温度 t_o。锅炉烟道出口的烟气温度 t_{fp} 用数字热电偶测温仪来测量，实验室温度及湿度用温湿表测量，冷凝水量用量筒进行测量。

8.3.4　实验用天然气成分

实验所使用的天然气成分及低位发热量见表 8－2。由于天然气的分配网中加入了微量的 H_2S 或者带有强烈臭味（硫醇）的多种硫元素的混合物，因此用于催化燃烧的天然气中往往含有微量的 H_2S。

天然气组分（体积百分数） 表 8－2

组分	CH_4	C_2H_6	C_3H_8	$i-C_4H_{10}$	$n-C_4H_{10}$	CO_2	N_2	O_2	H_2S
体积百分数%	93.9084	0.9502	0.1975	0.0127	0.0109	2.657	1.894	0.366	0.0003
低位热值（kJ/Nm^3）	35906	64397	93244	122857	123649	0	0	0	23383
低位发热量（kJ/Nm^3）				34.54					
理论水蒸气量（Nm^3/Nm^3）				1.92					
燃烧所需理论空气量（kJ/Nm^3）				9.15					

8.3.5 催化燃烧 V 型冷凝锅炉的点火及现象

1. 天然气催化燃烧炉的点火及运行

天然气催化燃烧炉的运行主要包括点火、运行调节、停炉等三个过程。

（1）点火过程

实验开始前，进行全面的检查，检查所有设备及阀门，打开各设备的电源。当检查正常后方可开始启动。必须严格按照顺序进行，点火前，在关闭燃气阀门的前提下，启动风机利用空气对系统管道进行吹扫 5min 以上。吹扫结束后，在燃烧器头部蜂窝状独石表面进行点火，使用点火器人工点火。同时打开燃气阀门。若点火失败应当立即关闭燃气阀门，开大风机再次对系统管道进行吹扫。

启动过程中，由于独石的蓄热能力强，热惰性大，因此从冷却启动到稳定燃烧所需时间较长。尤其在催化燃烧中，点火时过量空气系数越大，所需的稳定过程就越长，而且比气相燃烧的稳定过程要长得多。在催化燃烧启动过程中，为了缩短稳定时间，通常在接近化学当量比条件下进行点火，然后逐渐增大空气流量，待一段时间后燃烧稳定，然后可以通过同时调节燃气和空气流量到待测工况，也可以通过燃气流量调节阀单独对燃气流量进行微调。气相燃烧也在接近化学当量比调节下点火，并在火焰传播浓度极限范围内调节燃气与空气流量到待测工况。

（2）运行调节过程

从一个待测工况调整到另一个待测工况是非稳态的燃烧过程。气相燃烧与催化燃烧的调整过程有所不同。由于气相燃烧是均相燃烧过程，调整过程中按照化学计量比进行调节，需要同时调整燃气及空气量，使其保持正确的混合比例。

（3）停炉过程

燃烧器从正常运行状态到冷却状态这一过程称为停炉。停炉过程是一个压力下降和设备冷却的过程，若冷却速度太快，会使各工作部件因温度不均匀而产生较大的热应力，使设备受到严重损坏。因此除紧急停炉外，应逐步减少燃气量和空气量，然后关闭燃气阀门，风机仍继续吹扫 30 分钟左右，最后关闭风机。检查各个仪器和阀门状态，关闭各处电源。

2. 催化燃烧炉点火现象

对于催化剂的点火，根据催化剂的老化程度，所使用的燃气量的不同从而达到稳定催化燃烧的点火时间由 10～25min 不等。使用燃气的普通燃烧方式加热催化剂，使催化剂达到催化燃烧的适当温度后开始进行催化燃烧。

由左向右分别是火焰燃烧向催化燃烧转变过程中的独石燃烧现象。点火过程的初始阶段，天然气进行火焰燃烧，此时的独石表面为淡蓝色火焰，而随着燃烧状态向催化燃烧转变，火苗逐渐变小，由于温度升高的不均匀，部分独石开始产生局部的催化燃烧。随着独石温度的变化，表面逐步变红，即独石温度逐步升高。此时增加空气流量使燃气空气的混合比例逐渐接近催化燃烧的最佳混合比（5%左右）后，独石上方的火苗完全消失，而独石则变得更红，此时的燃烧状态已接近催化燃烧，燃烧反应区域也开始向载体底部转移。当进一步加大空气流量，使燃气空气混合比例达到（5%左右）后，天然气的燃烧逐步进入稳定的催化燃烧状态，独石变得又红又亮。

3. 催化燃烧炉熄火的再点燃过程

点火成功后，关闭燃气阀门，催化燃烧停止，此时使用空气继续对管道进行吹扫2分钟左右。独石由于具有良好的蓄热能力依然保持着较高的温度，打开燃气阀门，使燃气流量达到稳定燃烧时的流量。催化燃烧炉直接开始了催化燃烧，催化剂表面很快达到稳定的红热状态。不需要明火点火，并且不需要普通燃烧对催化剂进行加热。这个现象说明，只要使催化剂达到或者保持催化燃烧所需的温度，那么可以缩短催化燃烧炉的点火过程，如果能够采用某种方法对催化剂进行预热，缩短点火过程，那么将拓宽催化燃烧的应用领域。

8.3.6 实验操作

1. 催化剂表面红外测温

对催化燃烧V型冷凝锅炉燃烧器进行点火。点火成功并进入稳定的催化燃烧状态后，按催化燃烧最佳燃气空气混合比例（燃气占混合气体体积5%）对燃气及空气量进行调节，使之达到待测工况并稳定。使用便携式红外测温仪对镀催化剂蜂窝状独石表面进行红外测温。每个测温点测量3次，取最大值。

红外测温仪是以黑体热辐射规律为理论基础而制成的，绝对黑体发射的光谱辐射能量用普朗克公式表述为：

$$E_0(\lambda,T)=C_1\lambda^{-5}(e^{c_2/\lambda T}-1)^{-1} \tag{8-2}$$

式中 E_0（λ，T）——黑体发射的光谱辐射通量密度（$W\cdot cm^{-2}\cdot \mu m^{-1}$）；

C_1——第一辐射常数（3.74×10^{-12}）；

C_2——第二辐射常数（1.44）（cm·K）；

λ——光谱辐射的波长（μm）；

T——黑体的绝热温度（K）。

由维恩位移定律可以得到黑体的峰值波长λ_{max}与绝对温度T之间的函数关系，维恩位移公式为：

$$\lambda_{max}T=2897.6\mu m\cdot K \tag{8-3}$$

因催化燃烧的绝对温度小于1500K，所以峰值波长$\lambda_{max}<1.9\mu m$，峰值波长处在红外线区段，所以催化燃烧属于红外辐射。

将催化剂表面等分为18个5mm×5mm的区域，每个区域的中央为红外测温点。红外测温仪的测点在独石上的分布情况如图8-19所示。

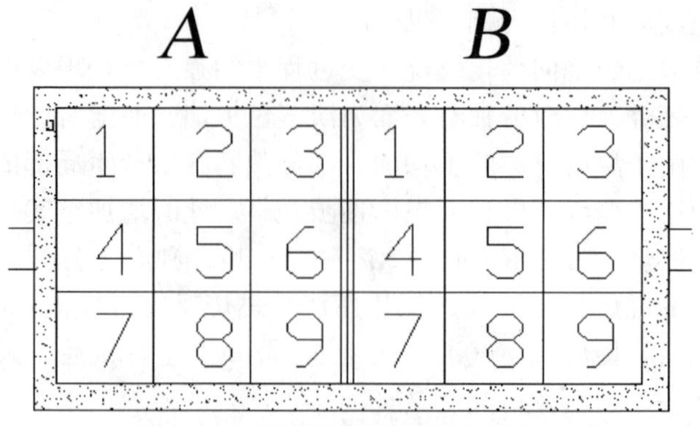

图 8－19 镀催化剂蜂窝状独石表面红外测温区域划分

对镀催化剂蜂窝独石进行表面红外测温后，将独石换为空白独石。在同样的燃烧条件下对其进行红外测温并且测量距离出口 5mm 处的烟气温度。

2. 锅炉热效率实验

热效率实验过程中主要测量催化燃烧 V 型冷凝锅炉的进出水温度，燃气、空气流量，水流量参数及冷凝水量等数据，从而计算出 V 型锅炉的热效率。

分别安装镀催化剂蜂窝状独石（进行催化燃烧）及同尺寸空白蜂窝状独石（进行普通火焰燃烧）于燃烧器头部，对各项实验参数进行测量并计算热效率。

（1）定流量变功率的热效率实验

固定催化燃烧 V 型冷凝锅炉的水流量，由低到高调节燃烧器的输出功率。待燃烧稳定后记录各项数据，一个小时后记录第二次数据。每次调整输入功率后，等待燃烧及换热稳定的时间为 10min。

（2）定功率变流量的热效率实验

固定催化燃烧 V 型冷凝锅炉燃烧器的输出功率，由低到高调节锅炉的水流量。待水温稳定后记录各项数据，并于一个小时后记录第二次数据。每次调节流量后，等待水温稳定的时间为 10min。

（3）使用空白蜂窝状独石代替镀催化剂蜂窝状独石后的热效率实验

将燃烧器上镀催化剂蜂窝状独石更换为相同尺寸空白蜂窝状独石。固定功率调节水流量。待水温稳定后记录各项数据，并于一个小时后记录第二次数据。每次改变流量后待水温稳定时间为 10min。计算热效率并与使用镀催化剂蜂窝状独石燃烧器的热效率进行对比。

3. 镀催化剂独石背面可利用热能实验

改装催化燃烧 V 型冷凝锅炉的燃烧器，将二级换热器连接在镀催化剂蜂窝状陶瓷背面。通过各项参数的测量，计算出镀催化剂蜂窝状陶瓷背面的热效率。

对催化燃烧 V 型冷凝锅炉进行改造如图 8－20 所示。

4. 独石翻转使用实验

将已经老化的长 20mm 的镀催化剂蜂窝状独石翻转后安装在燃烧器头部，进行催化燃烧的点火步骤，验证是否可以进行催化燃烧。

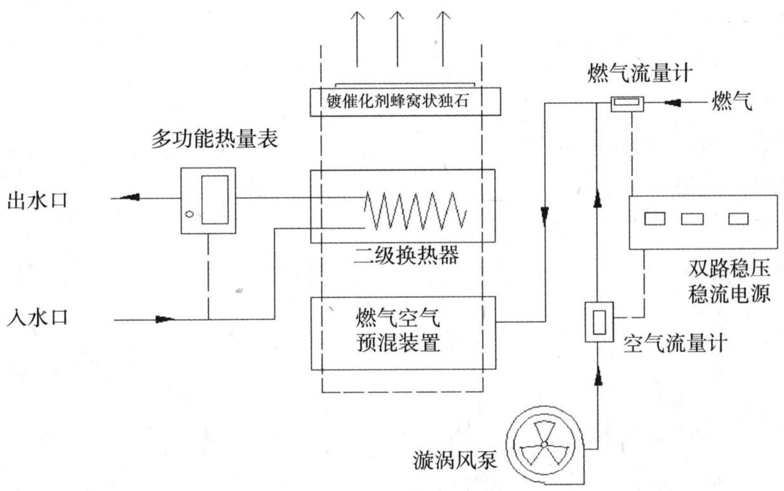

图 8 – 20 独石背面热效率系统图

8.3.7 实验数据整理

热效率公式：

$$\eta = \frac{Q_1}{Q_r} = \frac{\Delta P}{V \times H_l} \tag{8-4}$$

式中 Q_1——催化燃烧锅炉有效利用的热量（kW）；

Q_r——单位时间燃气燃烧放出的热量（kW）；

ΔP——单位时间内的供热量（kW）；

V——催化燃烧锅炉的燃气用量（Nm^3/h）。

H_l——标准状态下天然气的低热值（8250kcal/Nm^3，即 34.54MJ/Nm^3）。

单位时间内的供热量通过单位时间内累积供热量进行计算：

$$\Delta P = 60 \times \frac{Q_{P1} - Q_{P2}}{\Delta T} \tag{8-5}$$

式中 Q_{P1}——稳定燃烧后多功能热量表累计功（kW·h）；

Q_{P2}——一个数据统计周期后，多功能热量表累计功（kW·h）；

ΔT——一个数据周期（min）。

催化燃烧的燃烧效率可达 99.9%，所以燃气燃烧所放出的热量通过燃气低热值进行计算：

$$Q_r = H_l \times V \tag{8-6}$$

式中 H_l——燃气燃烧的低热值（34.54MJ/Nm^3）；

平均流量通过单位时间内累计流量进行计算：

$$Q_w = 60 \times \frac{Q_{w1} - Q_{w2}}{\Delta T} \tag{8-7}$$

式中 Q_w——单位时间内水流量（m^3/h）；

Q_{w1}——稳定燃烧后多功能热量表累计流量（m^3）；

Q_{w2}——一个数据统计周期后，多功能热量表累计流量（m^3）。

冷凝水析出率：

$$\eta_l = \frac{\nu_l}{\nu} \tag{8-8}$$

式中 η_l——冷凝水析出率（%）；

ν——理论冷凝水量（mL）；

ν_l——实际冷凝水量（mL）。

理论冷凝水量：

$$\nu = 1.0 \times 10^6 \cdot \frac{M_{r(H_2O)}}{\rho_{H_2O}} \cdot \frac{\nu_{H_2O} \times V}{V_m} \tag{8-9}$$

式中 $M_{r(H_2O)}$——水分子的摩尔质量（g/mol）；

ν_{H_2O}——一标准体积的燃气燃烧产生标准状态的水蒸气体积（$1.92m^3$）；

V_m——摩尔体积（22.4L/mol）；

ρ_{H_2O}——水密度（$1.0 \times 10^3 kg/m^3$）。

过剩空气系数：

$$\alpha = \frac{V_1}{V_0} \tag{8-10}$$

式中 α——过剩空气系数；

V_1——实际空气量（m^3）；

V_0——理论空气量（m^3）。

8.4 实验数据整理及结果分析

8.4.1 催化燃烧器表面红外测温实验

1. 红外测温实验结果及现象

镀催化剂蜂窝状独石表面各测温区域红外测量温度见表 8-3。

镀催化剂蜂窝状独石表面温度分布 **表 8-3**

燃气量（L/min）		5.2	9	12	15	17.5
空气量（m^3/h）		6	10.3	13.7	17.1	20
燃气占混合气体比例（%）		4.94%	4.98%	4.99%	5.00%	4.99%
燃气输入功率 kW		2.993	5.181	6.908	8.635	10.074
各点红外测量温度（℃）	A_1	766	918	938	1005	1022
	A_2	773	928	940	1003	1027
	A_3	781	931	951	995	1029
	A_4	850	919	945	1011	1046

续表

各点红外测量温度（℃）	A_5	865	926	960	1003	1055
	A_6	877	946	977	1005	1060
	A_7	785	923	946	1003	1037
	A_8	828	936	960	1002	1031
	A_9	832	939	959	1008	1034
	B_1	773	940	963	1043	1066
	B_2	772	912	957	1022	1065
	B_3	765	910	939	1008	1057
	B_4	870	969	999	1058	1085
	B_5	866	969	996	1045	1087
	B_6	846	963	977	1025	1076
	B_7	826	958	978	1037	1071
	B_8	836	955	979	1026	1065
	B_9	806	954	963	1022	1058

取各点温度绘柱状图（图8－21），镀催化剂蜂窝状独石表面温度分布自独石中心向四周呈阶梯状降低，至A_1、A_7、B_3、B_9，测温区达到最低，分别位于独石表面的四个顶点。并且A号独石A_7、A_8、A_9测温区域的表面温度明显高于A_1、A_2、A_3测温区域。而B号独石B_7、B_8、B_9测温区域的表面温度明显高于B_1、B_2、B_3测温区域。B号独石的表面温度明显高于A号独石。

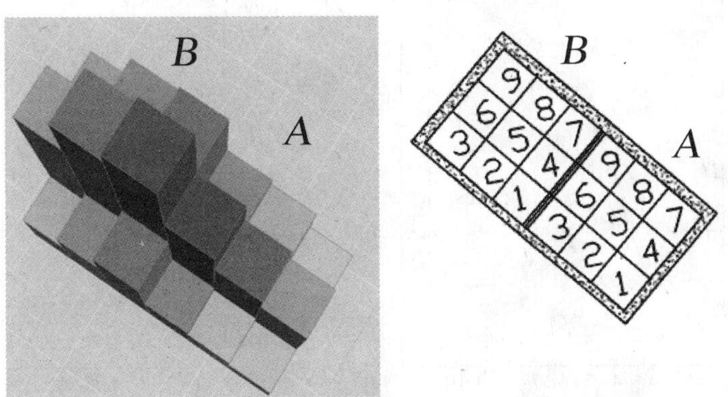

图8－21　镀催化剂蜂窝状独石表面温度分布柱状图

通过红外测温实验，可以更加直观了解到镀催化剂蜂窝状独石表面温度分布状态，呈内高外低的阶梯状分布。这主要是由于独石四周与燃烧器内壁进行换热，最终通过燃烧器外壁与空气对流换热的方式消耗了部分热量。A_1、A_7、B_3、B_9测温区域与燃烧器内壁接触面积最大，消耗的热量也就更多。

独石表面温度的分布呈现 B 号独石表面高，A 号独石表面低。以及 7、8、9 号区域表面温度明显高于 1、2、3 号区域。经过观察分析，是由以下原因造成的：燃烧器与独石之间连接处的石棉厚度不均。在 A_1、A_2、A_3、B_1、B_2、B_3 测温区域与燃烧器内壁之间，起保温作用的石棉厚度明显小于 A_7、A_8、A_9、B_7、B_8、B_9 测温区域与燃烧器内壁间石棉的厚度。而 A 号独石与燃烧器内壁间的保温层厚度明显小于 B 号独石。造成了比 B 号独石更多的热量消耗，石棉厚度分布如图 8－22 所示。

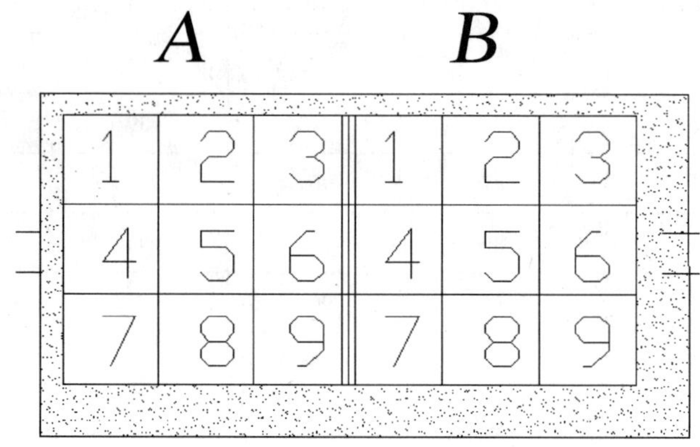

图 8－22　镀催化剂蜂窝状独石与燃烧器内壁间石棉厚度分布

镀催化剂蜂窝状独石表面各测温点红外测量温度随燃气输入功率变化曲线如图 8－23 所示。

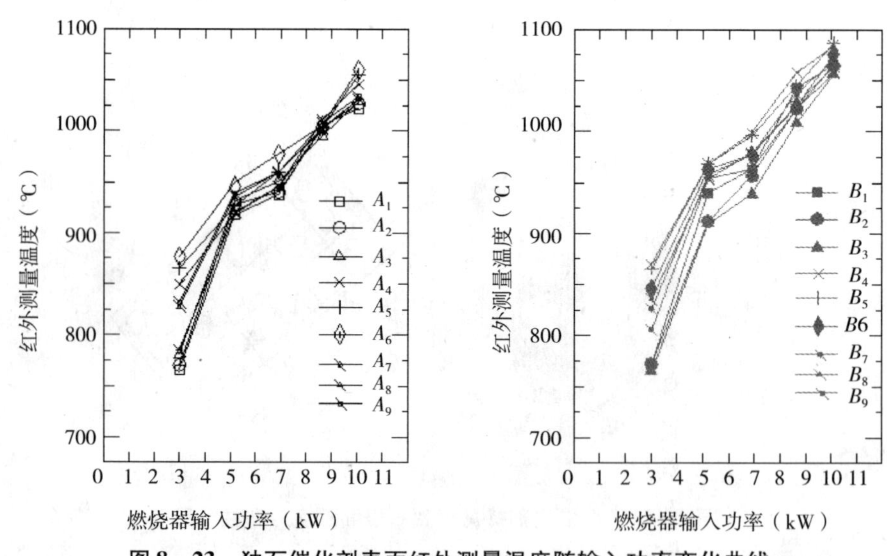

图 8－23　独石催化剂表面红外测量温度随输入功率变化曲线

独石表面红外测量温度随输入功率的增加而增加。当增加燃气量超过催化剂额定负荷 10kW 后，可以观察到除催化燃烧外，伴随着一定的普通燃烧，独石表面产生了断断续续的类似火焰的闪光。这时表面温度接近1100℃，但是随着功率的继续增加并没有超过1100℃，显示出本次实验所用镀催化剂蜂窝状陶瓷在进行催化燃烧时最高表面温度为1100℃。

2. 无催化剂空白独石红外测温

在燃气流量为9L/min，过剩空气系数为1.29（空气流量6.4m³/h）、2.08（空气流量10.3m³/h）时，对未镀催化剂的空白独石表面进行红外测温，并且测量距独石通道出口外5mm处的烟气温度。实验数据见表8－4。

独石表面红外温度及烟气温度 **表8－4**

		空白独石				镀催化剂独石	
燃气量（L/min）		9		9		9	
空气量（m³/h）		6.4		10.3		10.3	
燃气占混合气体比例		7.78%		4.98%		4.98%	
数据		表面温度（℃）	烟气温度（℃）	表面温度（℃）	烟气温度（℃）	表面温度（℃）	烟气温度（℃）
各点红外测量温度	A_1	648	1054	658	970	918	612
	A_2	667	1050	648	960	928	609
	A_3	672	1040	632	930	931	610
	A_4	654	1300	666	950	919	590
	A_5	671	1040	659	960	926	610
	A_6	684	1020	655	960	946	620
	A_7	640	1009	656	940	923	560
	A_8	669	1030	644	950	936	575
	A_9	668	1020	634	945	939	595
	B_1	690	1025	630	960	940	633
	B_2	701	1020	624	940	912	640
	B_3	678	1100	584	910	910	620
	B_4	686	990	649	975	969	610
	B_5	690	990	640	980	969	600
	B_6	693	930	585	960	963	580
	B_7	661	940	634	950	958	580
	B_8	676	960	641	950	955	570
	B_9	693	950	582	940	954	560
	平均值（℃）	674.5	1026	634.5	951.7	938.7	598.6

在过剩空气系数一致的条件下，空白独石表面在进行单相普通燃烧时，各点表面温度均低于镀催化剂独石进行催化燃烧表面温度，并且在距离独石通道出口外5mm时的烟气温度高于后者。减小空气系数以后烟气温度变得更高而表面温度变化不大。说明催化燃烧V型冷凝锅炉用催化燃烧器的热输出相对空白独石燃烧器而言，辐射效率高。对于相同材料及尺寸的独石而言，忽略镀催化剂后的黑度变化。辐射效率仅与独石表面温度 T_s 有关，所以催化燃烧的辐射效率比较高。

8.4.2 催化燃烧V型冷凝锅炉的热效率研究

1. 定流量变功率的热效率实验

在水流量分别为0.12m³/h、0.274m³/h、0.314m³/h时，改变输入功率。在不同功率下的热效率如表8-5所示，热效率随输入功率变化曲线如图8-24所示。

固定水流量下变功率的热效率 **表8-5**

名称			单位	数值				
燃气流量			L/min	5.3	9	12	13	14
输入功率			kW	3.051	5.181	6.908	7.483	8.059
定水流量	0.120m³/h	输出功率	kW	3.1	5.2	6.84	—	—
		热效率	%	101.60%	100.37%	99.02%	—	—
	0.274m³/h	输出功率	kW	3.2	5.4	7.1	7.6	—
		热效率	%	104.88	104.23	102.78	101.55	—
	0.314m³/h	输出功率	kW	3.1	5.2	6.8	—	7.9
		热效率	%	101.60%	100.37%	98.44%	—	98.02%

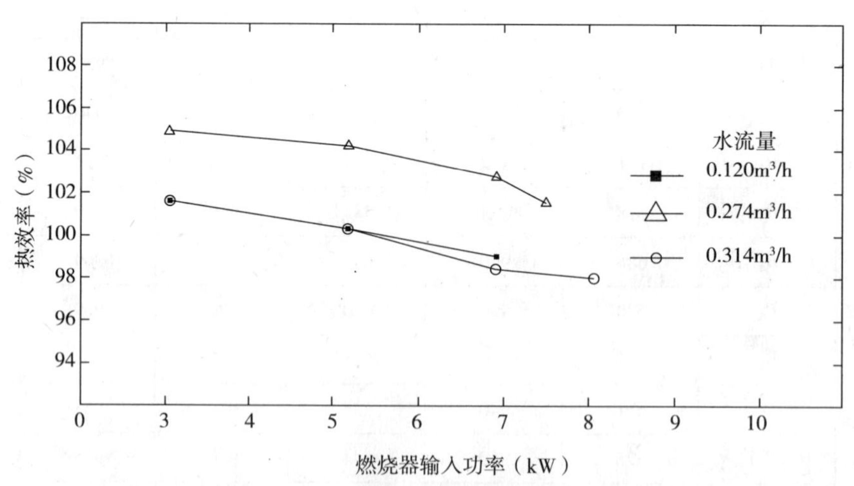

图8-24 热效率随输入功率变化曲线

催化燃烧V型冷凝锅炉的热效率接近甚至超过了100%。产生这个结果的原因可以解释为：计算天然气发热量时使用了天然气低热值，而催化燃烧V型锅炉利用了燃烧产物中水蒸气的液化潜热，而这部分热量是不计算在燃气的低热值中的。所以计算出的热效率大于100%属于正常现象。

实验数据表明，在水流量一定的情况下，热效率随着输入功率的不同是变化的。在水流量0.12m^3/h，0.274m^3/h，0.314m^3/h时，输入功率从3.051～8.059kW的调节过程中，热效率随着输入功率的增加而降低。这个效率降低的规律可以从催化燃烧V型冷凝锅炉工作所产生的冷凝水量进行解释，如表8－6所示。

流量0.274m^3/h时的冷凝水量 **表8－6**

名称	单位	数值			
燃气流量	L/min	5.3	9	12	13
理论冷凝水量	mL	489	831	1108	1200
出水温度	℃	28	35	39	42
实际冷凝水量	mL	450	760	940	880
冷凝水析出率	%	92.02	91.46	84.84	73.33
烟气温度	℃	20.25	21	22	23
热效率	%	104.88	104.23	102.78	101.55

冷凝锅炉冷凝水析出率随应当随排烟温度升高而逐渐降低，增加燃气流量从而增加输入功率后，出水温度有所升高，影响了冷凝水的产生，排烟热损失增加，热效率随之降低。

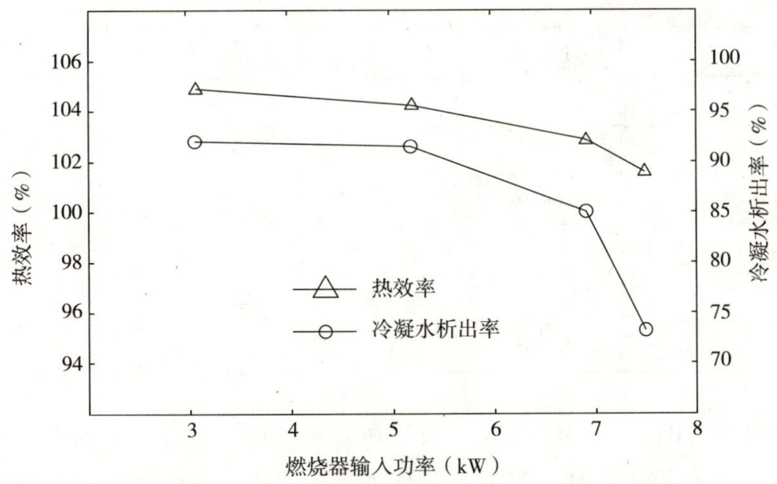

图8－25 水流量为流量0.274m^3/h时
变功率条件下热效率与冷凝水析出率变化曲线

由图8－25可见，催化燃烧V型炉在流量为0.274m^3/h时，变功率的热效率曲线与冷凝水析出率的变化曲线的变化规律一致。

排烟温度变化并不明显。经过分析，锅炉本身存在一定的缺陷。锅炉内部各部分的连接没有防止烟气泄漏的措施，烟气会由缝隙流入锅炉保温层内，由于热对流，温度高的烟气在炉腔上部聚集，对热效率影响不大。由于二级换热器存在着积水，烟气流速缓慢，并且二级换热器为入水方向，水温很低，烟气可以充分地与水进行换热。造成了排烟温度很低，测量出的排烟温度并不能完全反映出催化燃烧V型冷凝锅炉真实的排烟温度，只存在很小的变化趋势。

2. 定功率变流量的热效率实验

在输入功率（燃气流量不变）不变的条件下，通过调节阀门改变水流量。通过数据分析在变流量时对热效率的影响。实验数据见表8－7，图8－26。

固定功率下变水流量的热效率 **表8－7**

	变水流量输出功率及热效率					
	3.051kW		5.181kW		6.908kW	
流量	输出功率	效率	输出功率	效率	输出功率	效率
m^3/h	kW	%	kW	%	kW	%
0.141	—	—	—	—	7.1	102.78
0.165	—	—	5.4	104.23	—	—
0.173	3.2	104.88	—	—	—	—
0.213	—	—	—	—	7	101.33
0.249	3.2	104.89	—	—	—	—
0.272	—	—	5.5	106.16	—	—
0.375	—	—	—	—	7.1	102.78
0.386	3.3	108.16	5.5	106.16		
0.454	—	—	—	—	7.2	104.23
0.469	—	—	5.5	106.16	—	—
0.476	3.3	108.16	—	—	—	—
0.483	—	—	—	—	7.2	104.23
0.529	—	—	5.5	106.16	—	—
0.579	3.3	108.16	—	—	—	—

当输入功率为3.05kW以及5.18kW时，随着水流量的增加功率略有增加然后保持平稳。当输入功率为6.908kW时，初始功率有所减小，然后逐渐增加后保持稳定。但是就一个测量周期的输出功率的变化来看，输出功率相差在0.1kW以内。而多功能热量表对累积热量的测量精度为0.1kW。实验数据表明定功率变流量的热效率在流量0.141～0.579m^3/h之间比较稳定。

在输入功率分别为3.05kW，5.181kW，6.908kW时，各流量点的热效率随功率变化规律，与定流量变功率的热效率变换曲线（图8－24）变化规律一致。

在定流量变功率的实验中，流量分别为0.12m^3/h、0.274m^3/h、0.314m^3/h时，热效

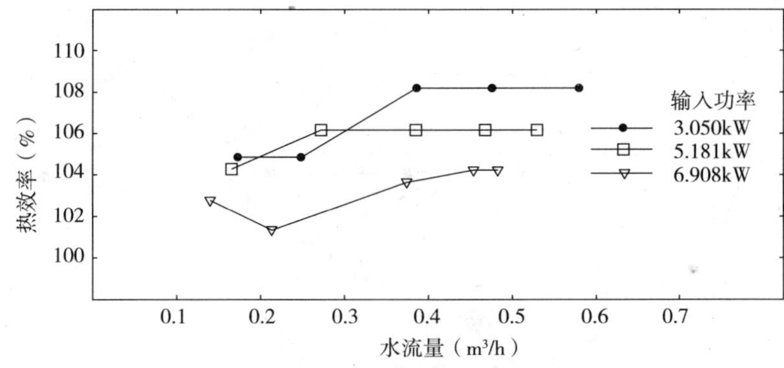

图 8－26　定功率变水流量热效率变化曲线

率曲线按照流量变化，与定功率变流量的热效率曲线变化规律有一定偏差。在进行流量为 0.12m³/h、0.314m³/h 的实验时，室温为 25℃，相对于进行流量为 0.274m³/h 实验时的室温 30℃低了 4℃，催化燃烧 V 型冷凝炉的保温性能并不理想，受外界环境的影响热效率会产生明显的波动，并且在进行流量为 0.12m³/h、0.314m³/h 的实验时，对混合气体及炉体的预热消耗了较多的热量。所以当流量为 0.274m³/h 时，其热效率略微高于另外两个流量的热效率。

催化燃烧 V 型冷凝锅炉在定流量变功率实验测得的热效率远低于定功率变流量实验测得的热效率。经分析，除了测量误差，系统误差外，还是由下述原因造成的：在进行变功率的实验时，增加输入功率后，一部分热量被炉体吸收并提升了炉体的温度。炉体温度再次达到稳定状态的时间超过试验相隔时间的 10min。去除水流量波动对出水温度的影响。在多数实验数据中，实验开始时的出水温度均低于一个数据周期（1h）后的出水温度，显示出催化燃烧 V 型锅炉并没有达到稳定的工作状态。

所以，通过调节燃气流量增加输入功率来调节供水温度的时间比较长。

3. 空白蜂窝状独石燃烧器的热效率实验

在定流量变功率的条件下所测得的热效率有较大偏差，所以只测量定功率变流量的热效率。

使用未镀催化剂的空白蜂窝状独石（单相普通燃烧）代替镀催化剂的独石（多相催化燃烧）后，在过剩空气系数为 1.29，燃气流量为 9L/min 时测量其变水流量的热效率。若燃气完全燃烧，输入功率为 5.181kW。

点火完成后，调节阀门，改变水流量。在不同流量下的热效率如表 8－8 所示，绘制热效率随水流量变化曲线图（图 8－27）。

空白独石定功率变流量的热效率　　　表 8－8

名称	单位	输入功率 5.181kW				
平均水流量	m³/h	0.13	0.264	0.379	0.448	0.497
输出功率	kW	5.1	5.2	5.2	5.3	5.4
锅炉热效率		98.44%	100.37%	100.37%	102.30%	104.23%

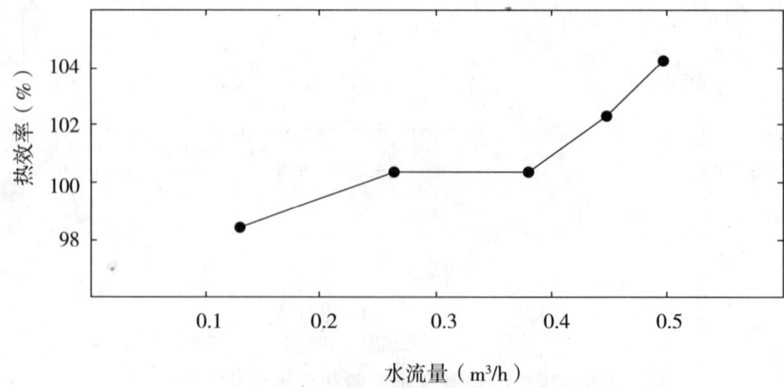

图 8-27　热效率随水流量变化曲线图

由图 8-27 可见，催化燃烧 V 型冷凝锅炉换装空白蜂窝状独石燃烧器后，热效率随水流量的增加而升高。与同功率下镀催化剂蜂窝状独石燃烧器时热效率随水流量变化规律一致。

在催化燃烧 V 型冷凝锅炉时，空白独石燃烧器在功率 5.181kW，水流量 0.1m^3/h 左右时的热效率与镀催化剂独石燃烧器的热效率差距在 6% 左右。但是随着水流量的增加，空白独石燃烧器在催化燃烧 V 型炉上的热效率与催化燃烧接近，如图 8-28 所示。

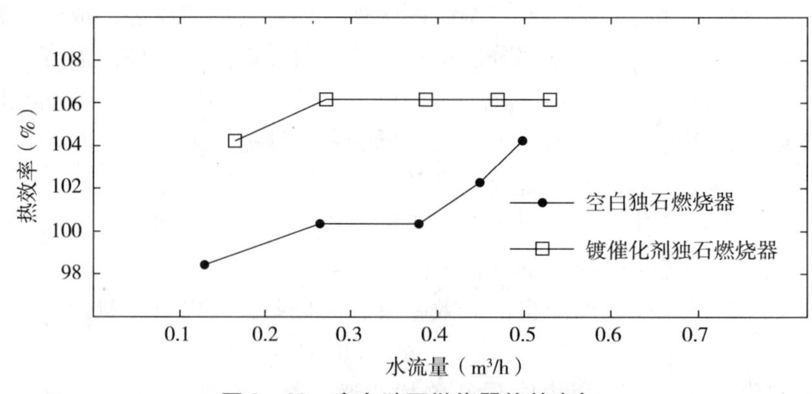

图 8-28　空白独石燃烧器热效率与镀催化剂独石热效率曲线对比

催化燃烧的辐射效率较高，独石通道出口外烟气温度较低。忽略普通气相燃烧不完全燃烧的影响，在对流换热条件并不理想的情况下，普通燃烧的排烟热损失较高。在对流与辐射换热均充分的情况下，催化燃烧与普通燃烧的热效率相差不大但依然存在，因为传统的气相燃烧方式均存在着燃料的不完全燃烧，在非冷凝锅炉中，同样的条件下催化燃烧的热效率高于普通燃烧的热效率。

由图 8-28 可见，在水流量低，出水温度高时，催化燃烧 V 型冷凝锅在进行普通燃烧时的热效率与催化燃烧的热效率差距较大。除去燃料的不完全燃烧外，说明此时普通燃烧烟气与肋片的换热并不充分，产生的冷凝水量也比较少。在增加水流量后，普通燃烧的热效率逐渐接近催化燃烧的热效率，因为冷凝水量逐渐接近催化燃烧的冷凝水量（表 8-9、图 8-29），说明烟气与水的换热开始变得充分。

催化燃烧与普通燃烧在不同水流量下的冷凝水量 **表 8－9**

	镀催化剂独石燃烧器			空白独石燃烧器	
	平均水流量	冷凝水量	冷凝水析出率	冷凝水量	冷凝水析出率
	m^3/h	mL	%	mL	%
理论冷凝水量831mL	0.13	—	—	400	48.13
	0.165	650	78.22	—	—
	0.264	—	—	600	72.20
	0.272	650	78.22	—	—
	0.379	—	—	600	72.20
	0.386	650	78.22	—	—
	0.448	—	—	650	78.22
	0.469	670	80.62	—	—
	0.497	—	—	640	77.01
	0.529	690	83.03	—	—

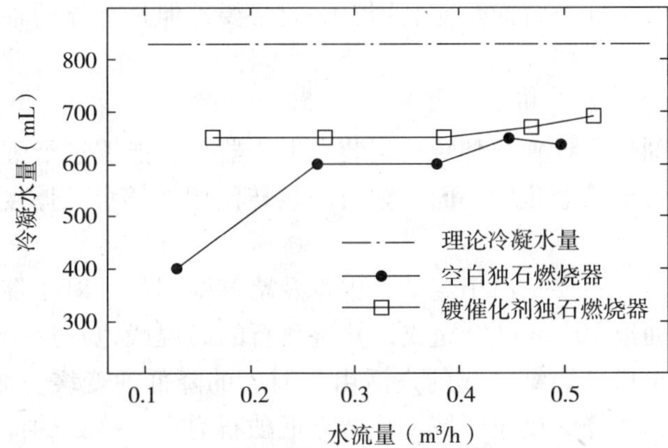

图 8－29 普通燃烧与催化燃烧冷凝水析出量随水流量变化曲线

实验说明，除去燃烧效率的差距。在烟气对流换热不充分的情况下，催化燃烧对普通燃烧有环保优势外的节能优势。在烟气对流换热充分的情况下节能优势变小。催化燃烧稳定的99.9%的燃烧效率是催化燃烧节能的根本因素。

4. 镀催化剂独石进口前端可利用热能研究

经实验测定的圆形镀催化剂独石表面在进行催化燃烧时的辐射效率最高可达40%。而辐射同样存在于独石的背面，通过在独石背面加装换热器从而对催化剂背面辐射能应用必要性有一个基本的认识。

因为燃气空气混合气体温度高于换热器中水的温度，所以需要测定在不点火状态下空气对水的换热量。再测定进行催化燃烧后水吸收的热量，他们之间的差值可以表现一部分镀催化剂蜂窝状独石通道进口前段的辐射能的利用量。

由于这次实验是认识性的实验，所以只在固定水流量及固定输入功率下进行了一次实验。实验数据见表 8－10。

独石背面可利用热效率表 **表 8－10**

平均水流量	燃气流量	进水温度	出水温度	输入功率	输出功率
m^3/h	L/min	℃	℃	kW	kW
0.161	0	18	18	—	0.1
0.155	9	18	19	5.181	0.3
利用热效率	3.86%				

实验结果表明，镀催化剂蜂窝状独石在进行催化燃烧时，独石背面存在可利用的辐射能量。而这部分能量在催化燃烧锅炉的设计中并没有合理应用，仅用于对混合气体的预热，并且容易造成混合气体的引燃。有相当一部分辐射能量被用于维持燃烧器及炉体的温度。

催化燃烧与普通燃烧相比，燃烧器本身具有很高温度，这部分热能同样没有被有效利用。

实验数据仅仅说明了独石背面热能利用有一定必要，但是具体的辐射效率及辐射量需要更多的实验和计算来进行研究。

5. 独石翻转实验结果及分析

将老化的镀催化剂蜂窝状独石翻转后安装在燃烧器上，能够进行催化燃烧，并且进入稳定的催化燃烧时间短于已老化的一面。独石的翻转使用能够提高厚度为 10mm 镀催化剂独石的使用寿命。

对于催化剂的失活，主要是由于烧结、中毒及堵塞引起的。对于催化燃烧，催化反应在混合气体进入独石通道 10mm 已经完成，并且独石的高温段也在这个区域内。在出口处温度开始降低。那么出口处烧结引起的失活由于温度的降低而变缓，而 SO_2、SO_3 引起的中毒失活也集中在催化燃烧的反应区域。那么靠近独石通道出口处的催化剂老化比入口处缓慢。所以在翻转独石后，这部分老化并不严重的催化剂依然能够进行催化燃烧。

8.4.3 误差分析

实验误差主要包括系统误差和随机误差。

系统误差是由于测量仪器不良，如刻度不准，零点压力、水流量等偏离校准值；或实验人员的习惯和偏向等因素所引起的系统误差。这类误差在一系列测量中，大小和符号不变或有固定的规律，经过精确的校正可以消除。

本实验中除试验仪器的误差外，催化燃烧 V 型冷凝锅炉的保温性能不足，易受外部环境的影响而产生较大波动。

随机误差由一些不易控制的因素引起，如测量值的波动、实验人员熟练程度及感官误判、外界条件的变动、肉眼观察欠准确等一系列问题。这类误差在一系列测量中的数值和符号是不确定的，而且是无法消除的，但它服从统计规律，所以，可以被发现并且予以定量。实验数据的精确度主要取决于这些偶然误差，因此，它具有决定意义。由于热效率是进出水温度、水流量的函数，是间接测量，通常依据间接测量的传递理论给出热效率的误差估计。

本实验的随机误差主要为市政管网给水流量的波动造成的流量及瞬时功率变化，通过多功能热量表累积流量及热量的统计得以减小，为了尽量减小这部分误差，将一个小时作为数据统计的时间周期。随机误差还包括实验室温度及湿度的波动。

8.5 结语

本文的研究重点是催化燃烧 V 型冷凝锅炉的热效率研究，通过实验结果及实验分析，了解催化燃烧在应用时的特点，并且找出现有催化燃烧锅炉的不足之处，更好地对催化燃烧的利用及现有锅炉的催化燃烧改造产生更深的认识，对未来催化燃烧的应用提供一定帮助。

8.5.1 热水锅炉更换催化剂燃烧器思路

图 8－30 为转盘式可更换催化剂的催化燃烧器示意图。

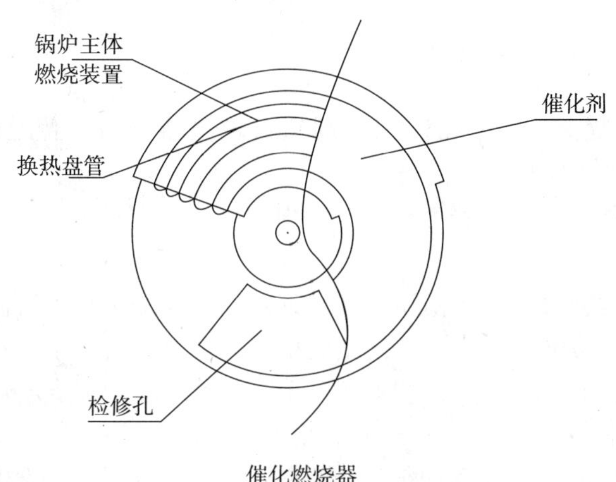

图 8－30 转盘式催化燃烧器

利用圆盘的旋转来达到更换催化剂的目的，让一半催化剂进行催化燃烧，在催化剂老化以后旋转燃烧器，在检修孔更换催化剂。这样可以做到催化剂的更换，甚至在不停炉时的催化剂更换。

但是这样的催化剂更换方式占用了很大的空间，并不适合大型锅炉使用。还需要解决如何对尚未使用的镀催化剂独石与正在使用的镀催化剂独石进行隔离，防止传热而影响未使用的催化剂寿命。特殊的结构造成催化燃烧器的保温不易实现，并且镀催化剂蜂窝状独石的形状需要改变，增加了制造难度。

将转盘型燃烧器改为推送式（图 8－31），能够很好地节约空间，并且不用增加镀催化剂独石载体的制造难度，但是不易实现自动控制。如果镀催化剂独石载体受热后变形或软化，那么容易造成催化剂的损坏。

如图 8－31 所示，对于推送式催化剂的更换方法，是将新催化剂由入口处塞入燃烧器，并将老化后的催化剂在出口处顶出。

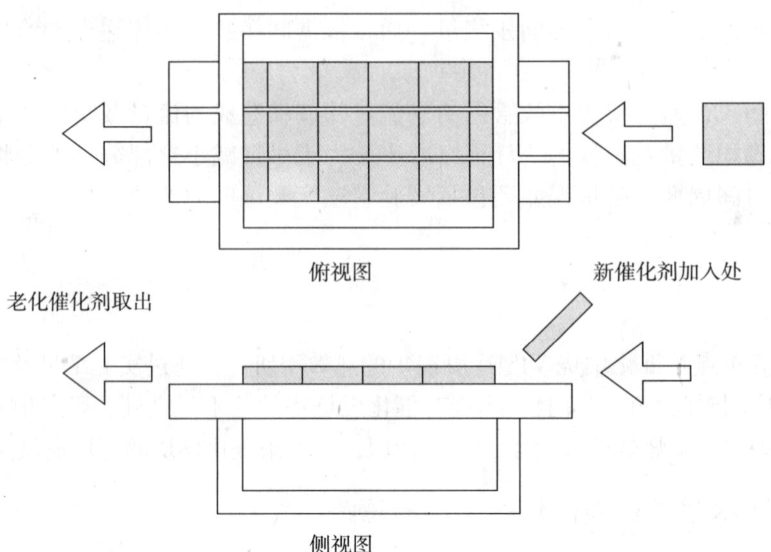

图 8－31　推送式可更换催化剂的催化燃烧器示意图

8.5.2　结论

（1）催化燃烧 V 型冷凝锅炉用镀催化剂独石燃烧器有高于普通燃烧方式的辐射率，在换热器制造时要适合其换热方式。

（2）催化燃烧烟气温度低于普通燃烧，辐射温度高于普通燃烧，在应用时要选择锅炉的使用范围。

（3）催化燃烧 V 型冷凝锅炉在定流量的条件下，其热效率受到输入功率的影响并随功率的增加而降低。定功率的条件下，其热效率在一定范围内受水流量变化的影响不大。

（4）镀催化剂蜂窝状独石进口前段有可以利用的辐射能，这部分能量的利用可以提高催化燃烧锅炉的热效率。

（5）除去燃烧效率的差距，在烟气对流换热不充分的条件下，催化燃烧与普通燃烧相比，除了环保优势也有一定的节能优势。这部分优势随着烟气对流换热的加强而减小，但是由于普通燃烧的不完全燃烧，节能优势依然存在。

（6）当厚度大于 10mm 的镀催化剂独石老化后，将独石反转使用能够继续进行稳定的催化燃烧，可以节约部分催化剂的使用成本。

（7）对于催化燃烧冷凝热水锅炉的肋片换热器，靠近燃烧器的第一级换热器要适合辐射换热。远端换热器肋片需要经过镀膜处理，防止积水和腐蚀。

（8）催化燃烧器外壁会消耗部分热量，在使用中要加以利用。

（9）达到催化燃烧反应要求温度的独石在通入催化燃烧所需燃气和空气后，可以直接进行催化燃烧，不需要单相燃烧进行催化燃烧的点火。

（10）给出了可更换催化剂燃烧器的设计思路。

9　天然气供热锅炉节能技术与应用研究

秦波（建筑环境与设备工程，2009届）

指导老师：王随林

简　介

随着世界能源结构优质化和中国能源结构调整，特别是首都等大城市煤改气和节能减排政策的实施，如何提高天然气利用水平成为能源环境与工程领域亟待解决的热点课题。

本文调研了国内外天然气供热锅炉节能技术应用状况，对北京锅炉房、直燃机房进行测试与分析，对烟气冷凝热回收技术的节能减排、节水潜力及其影响因素进行计算分析，探讨天然气供热锅炉节能改造前景，为该技术研发及工程推广应用提供参考。

9.1　绪论

9.1.1　研究背景及意义

1. 能源现状

能源是人类社会赖以生存和发展的重要物质基础。纵观人类社会发展的历史，人类文明的每一次重大进步都伴随着能源的改进和更替。能源的开发利用极大地推进了世界经济和人类社会的发展。它不仅是国民经济发展的动力，而且也是衡量一个国家综合国力和人民生活水平以及国家文明发达程度的重要指标。表9－1表述了世界及中国化石能源探明可采储量的具体值。

世界及中国化石能源探明可采储量　　　**表9－1**

化石能源	煤	石油	天然气
世界总可采储量	9842亿t	1434亿t	146.40万亿m^3
中国可采储量	1145亿t	38亿t	1.37万亿m^3
中国所占比例%	11.6	2.6	0.9
中国储采比	92	24	58
世界储采比	218	41	63

（1）世界能源现状及特点

受经济发展和人口增长的影响，世界一次能源消费量不断增加。随着世界经济规模的不断增大，世界能源消费量持续增长。1990年世界国内生产总值为26.5万亿美元（按1995年不变价格计算），2000年达到34.3万亿美元，年均增长2.7%。根据《2004年BP能源统计》，1973年世界一次能源消费量仅为57.3亿t油当量，2003年已达到97.4亿t油当量。过去30年来，世界能源消费量年均增长率为1.8%左右。

世界能源消费呈现不同的增长模式，发达国家增长速率明显低于发展中国家。过去30年来，北美、中南美洲、欧洲、中东、非洲及亚太等六大地区的能源消费总量均有所增加，但是经济、科技与社会比较发达的北美洲和欧洲两大地区的增长速度非常缓慢，其消费量占世界总消费量的比例也逐年下降，北美由1973年的35.1%下降到2003年的28.0%，欧洲地区则由1973年的42.8%下降到2003年的29.9%。OECD（经济合作与发展组织）成员国能源消费占世界的比例由1973年的68.0%下降到2003年的55.4%。其主要原因，一是发达国家的经济发展已进入到后工业化阶段，经济向低能耗、高产出的产业结构发展，高能耗的制造业逐步转向发展中国家；二是发达国家高度重视节能与提高能源使用效率。

世界能源消费结构趋向优质化，但地区差异仍然很大。自19世纪70年代的产业革命以来，化石燃料的消费量急剧增长。初期主要是以煤炭为主，进入20世纪以后，特别是第二次世界大战以来，石油和天然气的生产与消费持续上升，石油于20世纪60年代首次超过煤炭，跃居一次能源的主导地位。虽然20世纪70年代世界经历了两次石油危机，但世界石油消费量却没有丝毫减少的趋势。此后，石油、煤炭所占比例缓慢下降，天然气的比例上升。同时，核能、风能、水力、地热等其他形式的新能源逐渐被开发和利用，形成了目前以化石燃料为主和可再生能源、新能源并存的能源结构格局。到2003年底，化石能源仍是世界的主要能源，在世界一次能源供应中约占87.7%，其中，石油占37.3%、煤炭占26.5%、天然气占23.9%。非化石能源和可再生能源虽然增长很快，但仍保持较低的比例，约为12.3%。

（2）我国能源现状及特点

能源资源总量比较丰富。中国拥有较为丰富的化石能源资源，其中，煤炭占主导地位。2006年，煤炭保有资源量10345亿t，剩余探明可采储量约占世界的13%，列世界第三位。已探明的石油、天然气资源储量相对不足，油页岩、煤层气等非常规化石能源储量潜力较大。我国是以煤为主要能源的国家，煤炭在一次能源生产和消费中所占比例一直保持在70%左右，今后这种情况也难以有较大的改变。

人均能源资源拥有量较低。中国人口众多，人均能源资源拥有量在世界上处于较低水平。煤炭资源人均拥有量相当于世界平均水平的50%，石油、天然气人均资源量仅为世界平均水平的7.7%。而耕地资源不足世界人均水平的30%，制约了生物质能源的开发。

能源资源赋存分布不均衡。中国能源资源分布广泛但不均衡。煤炭资源主要赋存在华北、西北地区，水力资源主要分布在西南地区，石油、天然气资源主要赋存在东、中、西部地区和海域。中国主要的能源消费地区集中在东南沿海经济发达地区，资源赋存与能源消费地域存在明显差别。大规模、长距离的北煤南运、北油南运、西气东输、西电东送，是中国能源流向的显著特征和能源运输的基本格局。

能源资源开发难度较大。与世界相比，中国煤炭资源地质开采条件较差，大部分储量需要井工开采，极少量可供露天开采。石油天然气资源地质条件复杂，埋藏深，勘探开发技术要求较高。未开发的水力资源多集中在西南部的高山深谷，远离负荷中心，开发难度和成本较大。非常规能源资源勘探程度低，经济性较差，缺乏竞争力。

（3）我国能源需求

我国能源消费量增长迅速。1978年改革开放以来，中国经济进入了经济增长的快车道，国内生产总值和能源消费量增长迅速，截至目前，平均年增长率分别为9.6%和5.2%。2005年，全国能源消费总量22.2亿t标准煤，比上年增长9.5%，每万元GDP能耗为1.43t标准煤（2000年人民币不变价），与上年基本持平。其中，煤炭消费量21.4亿t，增长10.6%；原油3.0亿t，增长2.1%；天然气500亿m^3，增长20.6%；水电4010亿kWh，增长13.4%；核电523亿kWh，增长3.7%。GDP由1978年的6584亿元增长到2005年的78678亿元，平均增长率达到9.7%，能源消费量由1978年的5.71亿t标准煤增长到2005年的22.25亿t，年平均增长5.3%。中国的人均能源消费量也在迅速增长，从1978年的0.09t标准煤增长到2005年的1.70t标准煤。2003年全国城乡居民生活用电量为17.3kWh，而在1980年只有10.8kWh，但是，与发达国家相比，中国人均能源消费量仍然比较低。2002年以来，中国经济进入了新一轮的增长周期，固定资产投资迅速增长，重工业的比重出现了增大的趋势，钢铁、建材、电解铝等高能耗产业迅速扩张，由此导致能源消费量的迅速增长，甚至超过了经济增长速度，2002~2004年连续三年的能源需求弹性系数大于1。

我国能源仍然以煤炭为主。中国是煤炭资源较丰富的国家，煤炭在一次能源消费总量中的比重最大。如图9－1所示，建国初期，中国煤炭消费量占一次能源消费量的90%以上，随着中国石油天然气工业和水电事业的发展，煤炭消费比重有所下降。与2004年相比，2005年全国消费煤炭21.4t，增长10.6%；原油3.0亿t，增长2.1%；天然气500亿m^3，增长20.6%；水电4010亿kWh，增长3.7%。1978年以来，中国水电消费量占一次能源消费量的比重在逐步增加，从1978年的3.4%增加到2005年的7.2%。

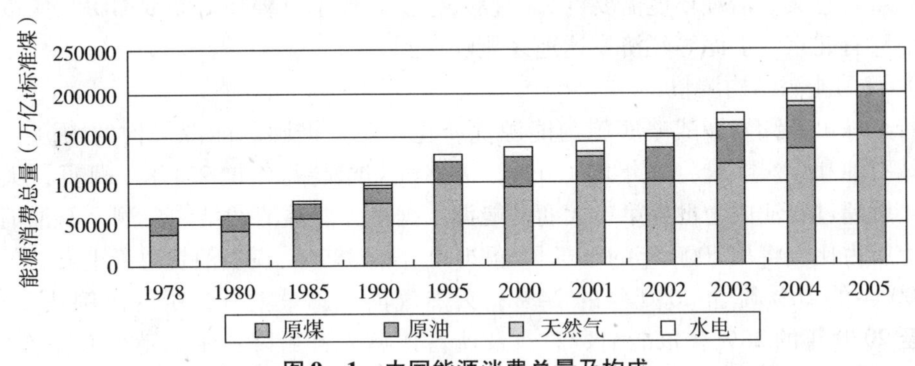

图9－1　中国能源消费总量及构成

我国能源进口依存度日趋严峻。中国既是能源生产大国，也是能源消费大国。从总量上看，中国的能源生产和消费基本上是平衡的，根据《统计公报2005》（国家统计局）有关数据得到2005年中国一次能源自给率达到92.8%，进口依存度仅为7.2%。但是，受到资源禀赋的影响，中国主要一次能源的供需结构很不平衡。从1993年起，中国成为成品油净进口国，1996年成为原油净进口国，净进口数量不断攀升，2005年原油和成品油净进口数量分别为11875万t和1742万t，石油进口依存度超过40%。中国石油进口依存度的迅速上升使中国能源的安全形式日趋严峻。中国煤炭资源比较丰富，2005年煤炭净出口为4551万t，焦炭出口为1276万t。受国内市场需求的影响，由于石油供给紧张，两年国内煤炭消费总量增加较快，导致2004～2005年中国煤炭和焦炭净出口数量有所下降。

2. 环境问题与能源结构调整

当今世界，随着人口增加，经济发展，资源的不断消耗，环境污染日益严重，生态环境日趋恶化。近年来，一系列全球性环境问题迫近人类，如温室效应、臭氧耗竭、酸雨、土地退化、水资源的滥用等对人类生存与发展构成严重威胁，成为关系到人类生存与发展的重大全球性问题。

（1）我国环境问题

目前中国的环境问题比较令人担忧，中国并没有摆脱先污染后治理的老路，仅以大气污染为例，中国的SO_2和CO_2排放量分别位居世界第一位和第二位，而且CO_2的排放量仍在增长，据预计中国的CO_2的排放量将于2020年超过美国排名第一位。虽然单位GDP的碳排放量明显下降（1990～2001年下降了52%），但CO_2的排放总量却从1980年的3.94亿t碳增加到2001年的8.32亿t碳；燃煤排放的SO_2是造成酸雨的主要原因。20世纪90年代中期酸雨区面积比80年代扩大了100万km^2，年均降水pH值低于5.6的区域面积已占全国面积的30%左右。由于较严重的环境污染，造成了高昂的经济成本和环境成本，并对公众健康产生较明显的损害。国内外研究机构的成果显示，大气污染造成的经济损失占

GDP 的 3% ~7%。造成大气质量严重污染的主要原因是中国以燃煤为主的能源结构，并且没有对煤炭利用采取有效的环保措施，烟尘和 CO_2 排放量的 70%、SO_2 的 90%、氮氧化物的 67% 来自于燃煤。

在世界十大污染城市中，我国的城市占其中一半以上，目前我国温室气体 CO_2 排放量在美国之后位居第二位，预计 2020 年将超过美国。我国大气污染已经引起国际社会的关注，而且必将成为国际外交的重要议题。广泛利用天然气，治理我国相关城市的污染问题，具有重要意义。治理环境需要巨大的投入，我国真正改善环境需要 GDP 2% 以上的费用，目前只有北京、上海等经济发达地区能够做到。

（2）我国能源结构调整

随着全球可持续发展战略实施与能源优质化趋势，据国际能源机构的预测，到 2030 年，全球石油和煤炭需求将每年增 1.4%，天然气需求将每年增 2.1%。可见，天然气正继煤炭之后超过石油成为世界第二大商品能源。据世界能源消费结构预测，石油消费总量上升，但所占比例将从 2000 年的 39% 降至 2030 年的 38%；煤炭消费总量上升，但所占比例从 2000 年的 26% 降至 2030 年的 24%；天然气消费总量上升，所占比例从 2000 年的 23% 增至 2030 年的 28%；核能消费总量及所占比例先升后降；水能消费总量有所上升，其所占比例保持在 2% 左右。因此，天然气作为一种高效、环保的能源在能源消费结构中占有越来越重的地位，高效利用天然气的新设备、新技术已受到国际社会和学术界及生产厂商的广泛关注。

随着世界能源结构的优质化，目前我国正在进行能源结构调整和在首都等大中城市中实行煤改气及供热收费改革，并且国家发改委制定了《节能中长期规划》目标。2001 年中国一次能源消费总量为 1199.6Mtce，占世界总消费量的 9.2%，居世界第二位。煤炭在中国一次能源消费结构中占 67%，比世界高 42%。这种能源结构特点导致我国 SO_2 的排放量居世界第一位，酸雨的覆盖面积已达国土面积的 30% 以上；CO_2 的排放量仅次于美国，占世界第二位。燃煤造成的 SO_2 及 TSP 的排放量分别约占 85% 与 70%。因此，进行能源结构的调整，大力发展天然气，用天然气等清洁燃料代替单一燃煤，成为我国实施可持续发展战略重要内容，同时也是首都等大中城市当前和未来重要课题之一。预计中国能源消费结构中，煤炭将从 2000 年的 69% 降至 2030 年的 60%，石油从 2000 年的 25% 增至 2030 年的 27%，天然气的消费总量将从 2000 年的 3% 增至 2030 年的 7%。中国能源结构的调整，煤改气政策的实施，作为必须的技术支持，急需开展高效利用天然气的新技术、新设备、新产品的研究和开发。

因此，加快天然气的开发利用，调整产业和能源消费结构，是合理使用能源和减少环境污染的重要途径。大力发展天然气，用天然气等清洁燃料代替单一燃煤，是我国节约能源、保护环境，实现可持续发展目标所采取的重要措施之一，同时也是北京等大中城市目前以及未来环保和节能的重要课题之一。

对于能源结构以煤为主的中国，天然气储量少。随着全球可持续发展战略实施与我国能源调整和在北京等大中城市煤改气政策的实施，天然气作为一种清洁能源，加快天然气的开发利用，天然气利用设备越来越广泛，然而目前中国天然气利用设备热能利用率比发达国家低。因此，如何提高天然气利用水平，大力开发高效天然气利用设备，成为能源环境与供热工程领域急需解决的热点课题。

3. 天然气的发展与需求

(1) 世界天然气的发展概况

天然气作为一种清洁燃料，其开发和利用已在全球受到普遍关注。20 世纪 50 年代末，世界天然气的消费量尚不足 $5000\times10^8m^3$，至 70 年代末期就达到 $1\times10^{12}m^3$ 以上。近 10 年来消费量的年增长率为 2.2% 远高于同期石油消费量的年增长率 0.8%。据 BP 公司的全球能源统计：世界天然气探明储量由 1980 年的 $83.83\times10^{12}m^3$ 增长到 2007 年的 $177.36\times10^{12}m^3$，增长了一倍多，年均增加 $3.46\times10^{12}m^3$，增长率为 2.8%。由于地区资源赋存程度、技术及经济发展水平等因素的不同，天然气储量分布也不尽相同。截至 2007 年底，世界天然气储量的约 75% 位于中东、东欧和前苏联地区，仅俄罗斯、伊朗和卡塔尔的合计储量就占世界天然气总储量的 55.3%。

世界天然气产量由 1980 年的 $14567\times10^8m^3$ 增长到 2007 年的 $29400\times10^8m^3$，增长了一倍多，年均增长 $549.37\times10^8m^3$，增长率为 2.6%。不同地区天然气产量“增势”也略有不同，中东、亚太和非洲天然气产量增幅较大：这 3 个地区天然气产量分别增长了 $181\times10^8m^3$、$3223\times10^8m^3$ 和 $1673\times10^8m^3$，年均增长率各为 8.7%、6.6% 和 8.1%。虽然北美、欧洲和欧亚地区增幅较小，但是其基数较大。如北美 1980 年的产量就达到了 $6608\times10^8m^3$，欧洲和欧亚地区为 $6319\times10^8m^3$。2007 年全球天然气产量主要集中在俄罗斯、美国、加拿大、伊朗，其天然气产量均在 $1000\times10^8m^3$ 以上，俄罗斯最高，达到 $6074\times10^8m^3$。

2000 年以来世界天然气产量快速增长，年均增长率为 3.12%（表 9－2）。2006 年世界天然气产量达到 $2.84\times10^{12}m^3$，为 2000 年产量的 1.19 倍。世界天然气产量最高的地区是欧洲和美洲地区，共占世界天然气产量的 72.72%；中东地区是天然气产量增长最快的地区，2006 年产量 $0.28\times10^{12}m^3$，为 2000 年产量的 2.10 倍，年平均增长率达到 18.35%。

2000～2006 年世界主要地区天然气产量（据美国《油气杂志》）(10^8m^3)　　表 9－2

地区	2000 年	2001 年	2002 年	2003 年	2004 年	2005 年	2006 年
亚太	2583.73	2731.36	2770.67	2849.44	3109.03	3314.12	3466.75
欧洲	9990.1	9911.88	10088.3	11206.77	10645.92	11296.08	11442.4
中东	1343.07	1711.42	1744.03	2309.79	2309.79	2864.42	2822.19
非洲	929.52	1168.55	1112.66	1285.5	1285.5	1408.96	1447.66
美洲	9039.84	9279.6	9265.45	9368.94	9368.94	8942.09	9181.007
世界总计	23886.26	24802.81	24981.11	26719.18	26719.18	27825.67	28360.07

尽管天然气的产量快速增长，但多数地区的储采比仍保持很高水平。截止到 2007 年底，世界平均储采比约为 60，其中非洲为 76.6，欧洲和欧亚地区为 55.2，中南美洲为 51.3，中东的储采比超过了 200，天然气仍有较大的上产空间。据美国能源署（EIA）预测，2030 年全球天然气产量将达到 $4.6241\times10^{12}m^3$，年均增长 1.9%。

(2) 世界天然气的消费需求

天然气作为石油替代能源，在能源资源中已有举足轻重的地位，世界天然气的生产、贸易、投资、开发等都在不断的发展，近年更是得到了快速的进步，特别是随着中国等国家经济的强劲发展，能源的消费需求量不断增大。

2005年世界天然气消费量达到27496亿m^3，同比增长2.04%，如图9－2所示。世界天然气消费量在近10年中基本保持增长的态势，平均增幅2.2%。欧洲及欧亚大陆消费量11219亿m^3，同比增长2.2%，占世界消费总量40.8%。北美地区消费量达到7745亿m^3，同比减少1.2%，占世界总量28.2%。亚太地区消费量4069亿m^3，同比增长7.8%，增幅最大，占世界消费总量14.8%。中东地区消费2510亿m^3，同比增长3.9%，占世界总量9.1%。中南美洲消费量1241亿m^3，同比增长5.7%，占世界总量4.5%。非洲消费量712亿m^3，同比增长4.0%，占世界2.6%。

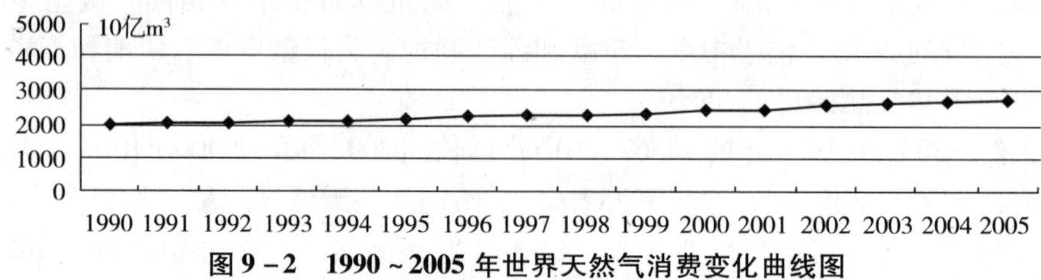

图9－2　1990～2005年世界天然气消费变化曲线图

根据国际能源署的基准情景预测，世界一次能源需求从2003～2030年平均增长率为1.6%。其中天然气是世界一次能源消费结构中增长最快的部分，世界范围内天然气的消费需求量预计每年递增2.1%，石油消费需求量每年递增1.4%，煤炭消费需求量每年递增1.4%。这意味着在2020年左右，天然气将替代煤炭成为世界第二位能源需求品种。自2003～2030年，预计天然气消费量将增长75%左右，达到4.789万亿m^3，在一次能源消费结构中，天然气消费量所占比例将从21%提高到24%。

预计电力行业的天然气消费需求增长约占天然气消费增长总量的50%左右。这是因为在世界的大多数地区，天然气的发电效率比其他能源高，同时比其他化石燃料含碳率低，温室气体排放少，同时由于环境效益的原因，天然气将是新电站建设的重要燃料来源。天然气液化和天然气制氢占天然气总体需求的比例将会增长。同时工业部门也将是一个重要的天然气终端消费者（表9－3）。

世界各地区天然气需求预测（亿m^3）　　**表9－3**

	2003	2010	2020	2030	年增长率（%）
OECD国家总计	1436	1617	1872	2061	1.3
OECD北美地区	775	848	964	1039	1.1
OECD太平洋	141	176	217	244	2.1
OECD欧洲地区	520	293	691	778	1.5
转型经济国家总计	637	705	815	925	1.4
俄罗斯	417	460	525	591	1.3
发展中国家总计	636	893	1374	1803	3.9
中国	39	60	106	152	5.1

续表

	2003	2010	2020	2030	年增长率（%）
印度	28	42	71	98	4.7
亚洲其他地区	162	215	305	387	3.3
拉丁美洲	107	145	220	318	4.1
非洲	74	107	165	232	4.3
中东	226	324	507	615	3.8
世界总计	2709	3215	4061	4789	2.1

世界天然气消费增长最强劲的地区预计将是亚洲与非洲的新兴经济国家。在近30年里，这些国家的天然气消费量增加近三倍，其中中国的天然气需求增长最快，年增长率超过5%，增长约近4倍，达到1520亿m^3。对于成熟市场经济国家而言，其天然气市场相对完备，预计从2003~2030年，这些国家的天然气消费量将以平均每年1.3%的速度增长。在成熟市场经济国家中，北美地区的天然气消费增长量最大，将达到1.039万亿m^3。

（3）我国天然气的发展状况

“十一五”以来，中国从能源结构调整、加强环保、构建和谐和可持续发展等基本国策出发，将大力发展天然气开发利用作为一项长期的战略，推出了一系列支持和鼓励发展国内天然气、进口国外天然气的政策，为天然气产业快速发展创造了良好的环境。同时，我国天然气资源比较丰富，基础设施逐步完善，市场需求前景广阔。根据美国、俄罗斯、加拿大等天然气工业发展成熟国家的经验来判断，中国已经具备加快天然气发展的基本条件。

目前中国的天然气勘探尚处于早期阶段，勘探程度较低，资源探明率只有15%左右，预示着还有非常大的储量增长潜力。近期勘探不断取得突破，储量增长基础非常扎实。特别是鄂尔多斯盆地苏里格地区、塔里木盆地库克拉苏构造带、四川盆地开江—梁平海槽礁滩复合体和川中上三叠统，须家河组这4个$1\times10^{12}m^3$级勘探领域，以及鄂尔多斯盆地东部、塔里木台盆区、松辽盆地深层火山岩、北疆石炭系火山岩、川中磨溪碳酸盐岩台地和渤海湾滩海区古近系渐新统沙河街组三段这6个$1000\times10^8m^3$级勘探领域，更是近期储量增长最现实的目标区。根据地质分析和多种方法预测，2010年以后探明天然气储量仍将持续高峰增长，平均年增天然气探明地质储量在$5000\times10^8m^3$左右，延续8~10年。

新中国成立后，中国的天然气工业逐渐发展起来。1960年中国天然气产量达到$10\times10^8m^3$，1976年中国天然气产量突破$100\times10^8m^3$。20世纪90年代以来，随着我国国民经济的快速发展和探明天然储量的快速增长，靖边—北京、涩北—西宁—兰州、轮南—上海、忠县—武汉等长输管线相继建成投产，各气区周边的输气管线也不断延伸和完善，一批新气田陆续投入开发，天然气产量进入快速增长阶段，1996年产量超过$200\times10^8m^3$，2001年产量超过$300\times10^8m^3$。从1996~2006年，全国天然气产量由$201.2\times10^8m^3$上升到$585.5\times10^8m^3$，平均每年增加天然气产量$38.4\times10^8m^3$，呈现了迅猛的发展势头（图9-3）。

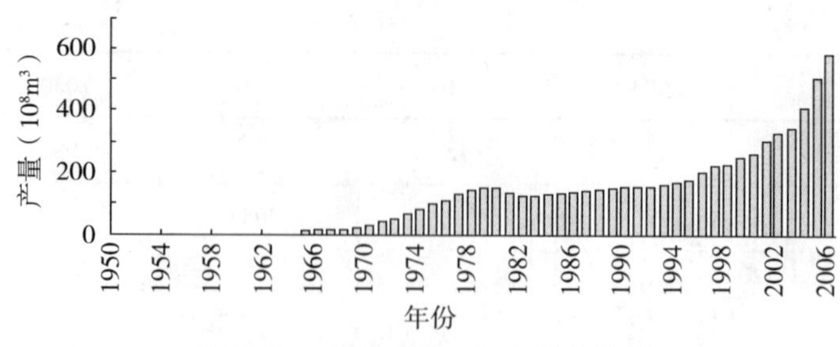

图 9-3　中国天然气年产量变化图

（4）我国天然气消费需求

自 1978 年以来，中国的天然气占一次能源构成的比例一直保持在 2%～3% 之间，远远达不到世界平均水平的 10%（世界平均水平为 25%），也低于亚洲平均水平（亚洲平均水平为 8.8%）。在可以预见的将来天然气市场将保持高速增长的势头。就目前而言，与较为丰富的天然气资源和天然气开发生产的技术实力相比，我国的天然气产量显得少了些。按照世界产油国油气产量比计算，我国年产 1.6 亿 t 原油，天然气的产量应该在 1600 亿 m^3 左右，而目前陆上天然气产量不到 200 亿 m^3。产量不足，说明天然气所占的能源比重还较低。目前我国人均天然气消费量只有 16.2m^3，与美国、马来西亚、印度相比有着很大的差距。全国天然气在一次能源中的消费量在总能源消费量的比例中只有 2.2%。为加大天然气在一次能源结构中的比例，提高人民生活质量，适应人类改善生态环境的要求，中央政府制定了"油气并举"的战略方针，大力鼓励开发利用天然气资源。在 21 世纪的最初几年内，我国天然气需求增长将快于煤炭和石油，2005 年以来天然气市场在全国范围内将得到快速发展。预计 2010 年全国天然气需求量 1400 亿 m^3，占一次能源消费总量的 7%；2020 年超过 2400 亿 m^3，占一次能源消费总量的 9%。2004～2020 年，天然气需求量年均增长率将为 12.6%，年均增长量超过 100 亿 m^3。发电、化工、工业、城市燃气等其他用户将构成我国天然气的主要消费体。

发电用气占 42%。发电是全球天然气利用的重点领域，也是我国启动天然气市场的主要突破口。由于天然气发电污染小、占地少、运行灵活和气价承受能力较大，因此天然气将是替代煤炭发电的主要能源，特别是在人口密集、污染严重、经济发达的东南沿海地区天然气将成为新建电厂的主要能源。在未来十几年里，我国的电力需求将持续上升，预计 2020 年对天然气的需求将达到 840 亿 m^3。

化工用气占 16%。目前，化工领域是天然气的第二大用户，近 1/4 的天然气被用于化工原料，其中 90% 以上用于生产化肥。我国人口多、耕地少，化肥对粮食增产有十分重要的作用，我国的化肥需求量将继续保持较快的上升势头，因此对天然气的需求也不断增加。另外，天然气化工在制氢、甲醇、乙烯等方面也会有所发展。预计 2020 年，化工领域对天然气需求将达到 325 亿 m^3。

工业等其他用户占 20%。工业燃料是我国目前最大的天然气用户，但市场开拓在近期有一定难度。随着我国经济中高质量、高附加值产品比重的提高以及天然气管网的不断完善，在 2020 年前后工业用户将有所提高。同时，随着城市环境压力增大，天然气汽车发展前景被看好。预计 2020 年，工业等其他用户的天然气需求将为 391 亿 m^3。

城市燃气占22%。我国人口众多，人民生活水平和城市化进程日益加快，为天然气利用开辟了广阔的前景。相关人士预测，城市燃气前景十分看好，它不仅可以与液化石油气竞争，也可以替代煤气、煤油甚至煤炭。目前，我国城镇汽化率约为40%，其中天然气用户的比重为10%，预计到2020年我国城镇天然气用户将达到40%，需求将达到440亿m^3。

城市燃气作为城市基础设施的重要组成部分，不仅关系到人民的生活质量、城市自然环境和社会环境，而且已日益成为国民经济中具有先导性、全局性的基础产业，并已成为中国目前重点扶植和对外放开的产业，城市区域天然气市场存在着巨大发展潜力。

城市中大量的居民用户和工业用户是天然气终端市场中非常重要的用户，越来越多的城市开始大量引进天然气作为城市需求替代能源，天然气开始更多地用于居民炊事、供暖、制冷以及工业锅炉。而城市中曾经大量使用的人工煤气由于成本高、气质差以及气源厂在生产过程中的环境污染问题，正在逐步退出人们的视线。天然气作为一种清洁、高效的能源正日渐成为城市燃气的主角，带动中国城市燃气行业整体的发展。

近年来我国为改善大气环境，在大中城市实施煤改气，使得天然气在能源消费中所占比例越来越大。2008年我国天然气产量761亿m^3，同比增长12.3%。未来20年天然气需求增长速度将明显超过煤炭和石油，到2010年，天然气在我国能源需求总量中所占比重将从1998年的2.1%增加到6%，到2020年将进一步增至10%，天然气需求量将分别达到938亿m^3和2037亿m^3。然而，我国天然气储量少，为满足不断增长着的需求，需要进口天然气，更重要的是提高天然气的利用水平。

目前普通燃气利用设备为避免腐蚀，排烟温度均很高，户用热水供暖两用热水器/炉排烟温度在120℃以上，燃气供暖锅炉的排烟温度一般在150～250℃以上，工业锅炉的排烟温度在200～260℃以上（如采油燃气注汽锅炉），燃气蒸汽联合循环的电站锅炉排烟温度仍在180℃以上，造成能源浪费和环境污染。

在天然气利用设备系统中增设烟气冷凝热能回收利用装置，将排烟温度降到烟气露点温度以下，不仅可以回收利用排烟显热，还可利用天然气燃烧时产生的大量水蒸气凝结时放出的大量潜热，节约能源，同时凝结液对烟气中CO_x、NO_x、SO_x等有害气体还有一定的吸收作用，因而，可提高天然气能源利用率，并减少环境污染。因此，开发应用烟气冷凝热能回收利用装置，是高效利用天然气、减少环境污染最有效途径之一。然而，即使在解决了冷凝热回收装置防腐与传热强化的关键技术前提下，在实际工程中是否能经济有效发挥烟气冷凝热能回收利用装置节能作用，最大可能挖掘天然气利用设备节能潜力，与烟气冷凝热能回收利用装置正确设计选用及工程应用方案设计有关，还与天然气供热锅炉及其供热系统运行状况有关。

4. 研究意义

本课题正是针对国际能源结构优质化和我国能源结构调整，特别是首都等大城市煤改气和节能减排的需要，通过调研国内外天然气供热节能技术发展状况及我国和首都天然气应用状况和发展趋势，探讨首都天然气供热锅炉节能技术与节能潜力及应用前景，为提高首都天然气利用水平、节能减排、减少供热企业供热运行费和用户供暖费，提供基础数据和有价值的参考，以适应能源结构调整和我国循环经济建设与社会发展的需要。

9.1.2 课题来源

北京市自然科学基金资助重点项目/北京市教育委员会科技计划重点项目“防腐型中小系列燃气锅炉烟气冷凝热能利用装置研究”和北京市教育委员会成果转化项目“燃气锅炉热回收装置研发”。

9.1.3 主要研究内容和方法

本文调研国内外和首都天然气供热锅炉节能技术应用状况，结合工程现场实测对北京锅炉房，包括应用烟气冷凝热回收技术进行节能改造的锅炉房和直燃机房进行测试与分析，探讨天然气供热锅炉节能改造前景，并分析了天然气锅炉烟气热回收效果的影响因素，为该技术工程推广应用提供参考。

（1）对国内外天然气供热锅炉节能技术研究发展状况进行调研，总结有效的供热节能技术。

（2）对首都天然气应用状况、发展趋势和首都锅炉房进行调研，分析首都锅炉房节能潜力，探讨适合首都锅炉房节能改造的技术，为锅炉房的节能改造提供参考。

（3）对烟气热能回收的节能潜力进行计算，分析其热能回收与节能效率大小及其规律。为烟气热能回收利用装置应用方案的制订和正确设计选用烟气冷凝热能回收利用装置提供参考与依据。

（4）对已节能改造的锅炉房、直燃机房进行测试，分析安装烟气热能回收装置后的节能减排节水效果。

（5）对不同用途天然气锅炉供热系统的特点及影响烟气热回收节能率的因素进行分析，为天然气供热锅炉系统节能设计和节能改造及供热系统运行调节提供参考。

9.2 国内外天然气供热锅炉节能技术的研究发展状况

9.2.1 国内外供热节能技术的应用状况

国内外现在已有一些供热锅炉应用节能技术，主要目的是在保证供暖质量的基础上降低燃气费用，延长锅炉使用寿命，保证燃气锅炉安全稳定的运行，提高设备管理水平，解决燃气耗量高等问题。目前北京应用的主要供热节能技术有六个方面：气候补偿器、烟气冷凝热回收技术、锅炉集控技术、变频风机技术、水力平衡技术、室内温控技术。但有些技术还不太成熟，有待于进一步完善和提高。

1. 气候补偿技术

建筑物的耗热量因受室外气温、太阳辐射、空气湿度、风向和风速等因素的影响时刻都在变化。要保证在上述因素变化的条件下，维持室内温度恒定（如18±2℃）或满足用户要求，供热系统的供、回水温度就应在整个供暖期间根据室外气象条件的变化进行调节，以使锅炉供热量、散热设备的放热量和建筑物的需热量相一致，防止用户室内发生室温过低或过高的现象。通过及时而有效的运行调节可以做到在保证供暖质量的前提下，达到最大限度的节能。室外温度的变化决定了建筑物需热量的大小也就决定了能耗的高低，运行参数必须随室外温度的变化每时每刻进行调整，始终保证锅炉房的供热量与建筑物的需热量相一致，只有这样才能实现最大限度的节能。每个锅炉房都应该按自己的运行曲线去运行，这条曲线才是该锅炉房的最佳运行曲线。气候补偿系统即是给锅炉房提供最佳运行曲线的系统。通过加装气候补偿装置可使系统节能5%以上。

图9-4为气候补偿器的工作原理图。

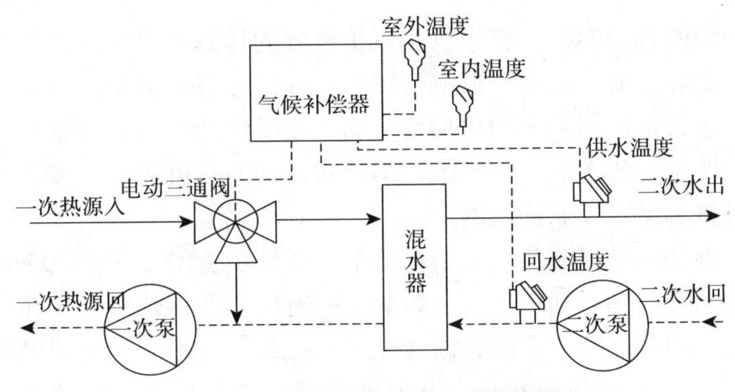

图9-4 气候补偿器的工作原理图

其原理如下：安装气候补偿器的供暖系统，当室外温度降低时，为了维持原有的室内温度，气候补偿器会自动控制加大电动三通阀开度，使室外管网进入换热器的热水流量多一些，此时供暖用户的供水温度会升高；反之，室外温度上升时，气候补偿器会自动控制，适当减小电动三通阀开度，使室外管网进入换热器的热水流量少一些，直接从电动三通阀分水管线回至锅炉的热水流量多一些，此时供暖用户的供水温度会降低，锅炉的回水温度会升高，这可以减少锅炉机组的输出负荷，达到节能运行的目的。

气候补偿系统可实现的功能如下：

(1) 根据室外温度的变化控制和调节输送给用户的供水温度，避免发生用户室温过高的现象，造成能耗增加。

(2) 充分利用太阳辐射热和人的活动规律进行时间控制。

(3) 根据室外温度的变化，实现对运行曲线的自动分段调整。

(4) 根据每个锅炉房的设备和围护结构状况，可随时、方便地进行调整。

(5) 锅炉在较高的回水温度下运行，避免冷凝水的出现，防止锅炉腐蚀，延长锅炉使用寿命。

2. 烟气冷凝热回收技术

燃气锅炉本身的热效率已经达到90%，如再通过改造锅炉本体来提高热效率将得不偿失，事倍功半。通过采用烟气冷凝热能回收系统，在不影响锅炉本身热效率的前提下，再提高锅炉热效率9%~15%，将是一种投入最低、收益最大的节能方式。

3. 供暖系统水力平衡技术

供热系统能耗的高低，不仅取决于热源，而且与整个管网系统有关。在供暖系统中，普遍存在着水力失调的问题，水力失调造成系统冷热不均，距离热源较近的用户，室内温度较高，距离远的用户室内温度偏低。为保证远端用户室内温度，不得不提高管网供水温度和加大循环水量，不但很难保证供暖质量，而且造成巨大浪费。通过实际测试，往往近端用户单位流量是远端用户单位流量的数倍，为使远端用户达到16℃，近端用户室温已经超过20℃，甚至开窗户造成能源浪费。通过加装调节装置（调节阀、平衡阀和自力式流量控制器），在此基础上进行水力平衡调试，使各个调节装置处的流量达到计算流量值，即整个系统达到了平衡。因此通过实践，经过水力平衡调试可以节约能源10%左右。

4. 锅炉集控技术

通过对每台锅炉的各种参数和整个供热系统参数的计算，得出理论锅炉负荷情况，并根据它调整锅炉的实际负荷数以及开启哪台锅炉。通过微机对锅炉实施集控，使锅炉房内的每一台锅炉循环运行，根据系统的负荷率自动、定时切换运行各台锅炉。在保证节能的基础上，延长锅炉使用寿命。该集控系统，不单对锅炉而且可以对气候补偿器等系统设备进行控制，达到对整个系统控制的目的。

燃气锅炉的特点是在燃烧调节均匀的前提下，锅炉负荷的变化在30%～100%之间时，锅炉效率均可接近额定功率。利用燃气锅炉的这一特性，在供热负荷变化的过程中，我们应尽量保证各台锅炉的燃烧负荷平衡，以避免锅炉机组负荷不平衡造成的频繁启停和热量浪费。图9－5为两台锅炉在供热负荷变化时的启停与运行模式。从图9－5中可以看出，当供热总负荷低于100%时，1号锅炉根据负荷要求运行；当供热总负荷大于100%时，启动2号锅炉，同时，两台锅炉实现同步燃烧以保持负荷的平衡；供热总负荷下降至100%时，并不是简单的停止一台锅炉，而是两台锅炉同步降低负荷，直至供热总负荷低于60%时，停止2号锅炉，同时拉升1号锅炉负荷，满足供热总负荷。

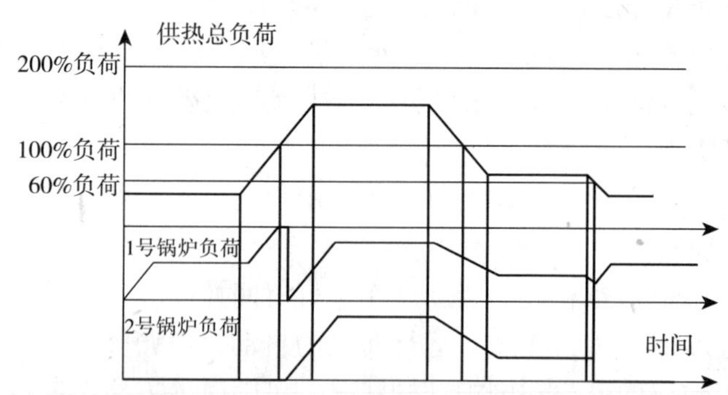

图9－5　两台锅炉在供热负荷变化时的启停与运行模式

此外，考虑锅炉机组的平均寿命问题，在多锅炉控制软件中对每台锅炉的启停次数和运行累积时间进行统计，并对锅炉运行时间进行平均分配。

5. 变频风机技术

变频风机系统是采用变频控制柜来控制风机运行。通过在锅炉出口烟道上安装O_2和CO传感器，将测试数据传输给控制器，经过与理论数据对比后控制送风量。由于风机是变频运行，因此耗电量降低，节能效果明显。更重要的是变频风机解决了天然气不完全燃烧问题，节约了天然气。

6. 室内温控技术

传统的室内供暖系统没有室温调控系统，用户无法进行室温调节。造成人不在或无人居住时照常供热，浪费能源。通过在各个房间的散热器上加装恒温阀，实现用户可根据要求调节室内温度。通过人们的行为节能，以及充分利用自然热，来达到降低能耗的目的。

9.2.2 国外天然气锅炉供热节能技术的研究和应用现状

提高天然气锅炉热效率的两个主要途径：提高燃烧系统的燃烧效率，开发和利用低氮燃烧技术；提高排烟热能利用率。提高排烟热能利用率即开发冷凝式天然气利用设备是高效利用天然气减少环境污染最有效的途径，因此正在受到国际社会及学术界和生产应用部门的广泛重视。

为高效利用天然气，提高排烟热能利用率，国外冷凝式供热锅炉的生产与应用已具有一定规模，冷凝式锅炉首先是由西方发达国家研究应用的。自 20 世纪 70 年代以来，法国、荷兰、英国、奥地利、瑞典和美国相继进行了这种锅炉的研究与研制。

法国的煤气公司和液化工业公司 1971 年最早对冷凝式锅炉进行了研究。法国在 1972 年就已经安装了集中系统，多年来运行良好。1985 年法国仅有 7500 台冷凝式锅炉，后来每年增加 5 万台以上，凡有燃气供应的新建房屋已全部用冷凝式锅炉供热。2000 年全部供热锅炉中冷凝式占一半以上。

荷兰于 20 世纪 70 年代开始研制冷凝式锅炉，到 1984 年，住宅及工业建筑供暖锅炉的 35% 以上使用了冷凝式锅炉，其中住宅供热锅炉的 10% 为该种锅炉，其他类建筑达 25% 以上。1985 年生产了 2.5 万台热功率为 95～1200kW 的冷凝式锅炉，占全部供热锅炉年产量的 20%，1995 年住宅使用量增至 230 万台，其余建筑使用 15 万台，一年共节省 20 亿 m^3 天然气。

英国由于北海天然气田和油田开发，煤的用量下降，燃气用量大增，已有一半以上住宅用燃气供热。冷凝式锅炉价格比非冷凝式高 50%，但使用 2～4 年即能收回成本。

德国有 3 家公司生产 20～1392kW 各种冷凝式锅炉。小型锅炉挂壁或屋顶安装，节省房屋使用面积。挂壁的 50kW 冷凝式燃气锅炉尺寸只有 720mm×600mm×290mm，运行自动化程度很高，有过热、冻结、倒空等各种保护，燃烧器可在额定功率 30%～100% 范围自动调节以适应热负荷变化，无需值守。

俄罗斯也在积极研制热功率为 100～5000kW 的单体或模块化燃气冷凝式锅炉，1993 年起批量生产，金属热强度指标在 0.6～2.5kg/kW，与其他国家相比处中游水平，但价格上占优势。

欧洲和美国是世界上这类产品的主要生产者，各国还制定了相应的标准和规范，对其最低效率、最高排烟温度、材料、结构、安装和冷凝水排放等问题作了规定。其中对最低效率的要求，各国比较一致，即以燃气高热值计算时约为 90%。为推广这种高效热水炉，许多国家还制定了各种鼓励政策，如荷兰对购买准冷凝型和冷凝型功率在 35kW 以下的用户每台燃具补贴 350 荷兰盾（190 美元），对大于 35kW 的燃具补贴 10 荷兰盾/kW（5.5 美元/kW），澳大利亚采取免税的方法等。

9.2.3 国内天然气余热回收利用技术研究发展现状

在国内，还没有冷凝式锅炉的生产厂家，与发达国家相比差距较大。但在国家节能和环保政策的要求下，洁净燃料天然气的使用，冷凝式锅炉得到了国内一些科研院校的重视。我国从1995年开始对冷凝式锅炉、冷凝式燃气热水器有所研究，并设计了冷凝式烟气热能回收装置，应用于实际工程中。虽然我国现在尚无成熟的产品上市，但保护环境与合理利用资源是基本国策，不能走先污染、后治理的老路。因此必须首先广泛开辟气源，创造条件使用清洁燃料，大力研制冷凝式燃气锅炉，并将利用天然气本身的特点，开发既能提高锅炉热效率，又能使附加产品得到综合利用的系统，这将是环境保护与节约天然气的有效方法。虽然目前国内处于利用冷凝式锅炉进行供热的初级阶段，但是我国对冷凝式燃气热水器和脉冲式燃气供热装置已有一定的研究，并且取得了阶段性成果。当前，一些国外冷凝式锅炉制造商纷纷进军国内供热锅炉市场，国内已涌现了如意大利的依玛公司、德国普菲斯公司等代理商。虽然冷凝式锅炉的投资成本一般为常规锅炉的1.5~2倍，但其高能效、低污染的优势必将随着我国经济的发展而被人们所接受，目前国内在北京、上海等地已有少数冷凝式供热锅炉在应用。

尽管目前国内还没有冷凝式锅炉的生产厂家，但是国内已出现一些燃油燃气用烟气冷凝热回收装置。例如，北京三立同德热能技术发展有限责任公司所开发研制的烟气余热回收装置；北京金房暖通节能技术有限公司所研制的一种用于加热供热系统循环水的水管式锅炉烟气余热回收装置；我校对天然气利用设备烟气冷凝热能回收利用装置进行了研究，并获得国家专利。虽然国内已经研发制造烟气冷凝热回收的装置，但其关键技术及其在工程中的应用还有待进一步研究开发。

9.3 首都天然气应用状况与发展趋势及锅炉房调研分析

首都天然气用量居全国之首，在2007年39.3亿m^3的基础上，2008年北京市天然气用量达到52亿m^3，首次突破了自市燃气集团1999年成立以来，连续9年天然气供应量每年持续平均增长3亿m^3的发展速度，再创新高。北京市燃气集团2009年1月29日发布消息，目前北京市使用天然气、液化石油气两种气源的燃气居民用户总数已达到468.7万多户。北京城市居民炊事气化率已超过96%以上，基本实现了城市居民炊事的燃气化。在刚过去的2008~2009供暖季北京市天然气用量达到40亿m^3，比2007~2008供暖季的30.9亿m^3，增长29.44%，用气量占2008年全年用气量52亿m^3的76.92%左右。因此，高效利用天然气，节气与节能、减排与减轻城区热岛效应、节约燃料费和供热运行费及用户供暖费，成为首都发展亟待解决的课题。

9.3.1 首都天然气的发展状况

北京市的城市燃气供应始于1958年，当时主要供应中心区部分大型公共建筑及东郊部分工业和居民用户用气。20世纪80年代，华北油田开始向北京供应天然气约40万m^3/天，但当时的燃气发展速度已经难以满足用户的需求了。到1987年合计达到燃气供应能力达到350万m^3/天。到1990年，市区范围内人工煤气、天然气共计气化楼房居民用户约65万户，里外液化石油气还供应了105万户，居民气化率超过80%。随着改革开放步伐的加快，北京市燃气供应中的供需矛盾日益紧张，为了缓解北京市的供气紧张情况，1997年北京市与中石油合资建设陕京线引入陕甘宁天然气，从此，北京天然气供应和消费量以每年3~3.5亿m^3的速度发展。1997年北京天然气用量只有1.8亿m^3，居民用户20万户，基本没有天然气供暖用户，而到2004年北京市的天然气用量增至25.3亿m^3，供暖用气量达14.6亿m^3，2005年北京市的天然气用量进一步增至27.0亿m^3。

北京市市区近10年来，每年竣工建筑面积约800万m^2，其中住宅约占60%以上，这些新住宅用户每年都有一大批安装了管道煤气设备，但由于供不上燃气，待气户每年都在10万户以上，加上新增的公共服务设施用户（含大型公共建筑和涉外饭店）以及部分工业用户要求供应燃气，气源严重不足的问题更加突出，如不及时解决，城市建设、工业生产和居民的正常生活必将受到更加严重的影响。目前在北京市的整个城市燃料结构中，煤占60%以上，气体燃料占不到5%。燃料结构的不合理，使市民生活素质难以得到根本改善，更导致首都大气污染十分严重的局面，大气中几种主要有害物质一直超过国家大气质量二级标准。北京已成为世界上大气污染最严重的10个大城市之一。为改变令人担忧的状况，更好地发挥首都作为政治中心、文化中心的功能，大量引进清洁燃料，改变燃料结构已经成为改变北京大气环境质量的根本出路。

陕甘宁天然气进京以后，北京市对治理大气环境污染的力度加大，制定了一系列煤改气政策，推动燃煤设施逐步改用燃气，使得市区天然气供暖正在逐步取代燃煤供暖。而市区工业逐年外迁、产业结构调整，使得工业负荷下降。同时，居民用量增加相对缓慢，比例也将逐渐降低。2004年底，北京市全年天然气使用量增至25亿m^3，到2005年6月天然气居民用户增至256万户，天然气、人工煤气和液化石油气总户数达399万户。北京市燃气种类由过去三气并存，逐步发展到以天然气供应为主，人工煤气退出燃气供应领域。北京市天然气终端用户消费结构和市场范围也发生了较大变化。消费结构由过去以民用为主，转变为现在以冬季供暖为主。2005年，北京市的天然气发电项目也即将开始投入运行，由于天然气发电有调节峰谷差、改善环境质量等多方面的好处，未来北京市还将继续投入天然气发电项目，由此可见，城市燃气用气结构还将继续发生变化。

由图9-6可知2008年北京市天然气用气比例为：供暖用气占57.66%，家庭用气占20.72%，公共服务占12.81%，热电厂用气占3.3%，工业用气占2.8%，制冷用气占1.5%，汽车用气占1.2%。市场范围由城市中心区域向外辐射到城市近远郊区，形成了覆盖城八区及大兴、顺义、房山、昌平、通州等远郊区县的供应格局。

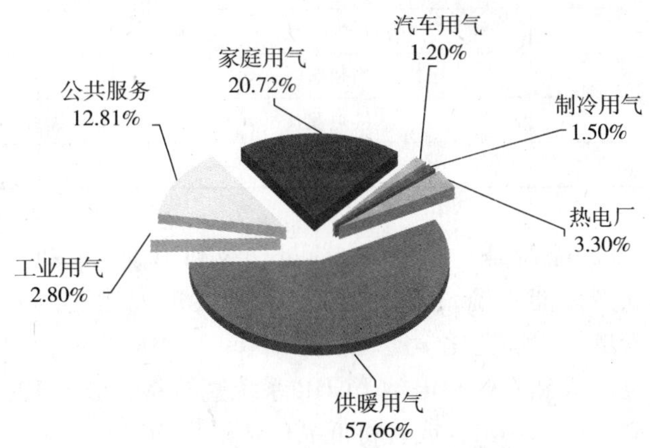

图9-6 北京市燃气消费结构（2008年）

9.3.2　首都天然气的总体规划

北京市天然气发展依据北京市整体城市规划。按照《北京城市总体规划（2004～2020）》整体要求，2004～2008年，北京市要率先在全国基本实现现代化，构建国际大都市的基本框架；2009～2020年，全面实现现代化，确立具有鲜明特色的国际大都市地位；2021～2050年左右，将建设成为经济、社会、生态全面协调可持续发展的城市，进入世界城市行列。规划至2020年总人口为1800万人，全市建筑面积8～9亿m^2。城市空间结构以两轴、两带、多中心为发展目标。两轴为长安街和南北中轴，两带指东部发展带和西部生态带，多中心为：主城、2个副中心（石景山～门头沟、通州）、2个重点新城（顺义、亦庄）、7个新城（大兴、房山、昌平、平谷、怀柔、密云、延庆）。

按照北京的能源结构调整方案计划，至2010年清洁能源占终端能源消费量的80%以上，至2020年清洁能源占终端能源消费量的90%以上，其中天然气占终端能源消费的12%。

9.3.3　首都天然气利用发展趋势

1. 热电联供

开发和利用天然气是改善能源结构、环境保护和保障能源安全的重要措施，2000年天然气产量为$2.72\times10^8m^3$，预计到2010年，我国本土的生产能力加上从国外进口的管道和液化天然气可达到$1000\times10^8m^3$，这将使天然气在我国较大范围的利用成为可能。为提高热利用效率，可按天然气燃烧产生的不同形式、不同品位的热能，由高温到低温实行梯级利用，见表9－4，以使整个系统的能量综合利用效果最佳。

天然气燃烧后在各温位的利用途径　　**表9－4**

燃烧产物温位（℃）	利用设备	应用场合
1500	发动机	电力
1100	燃气轮机	电力
700	蒸汽轮机	电力、动力
300	余热锅炉	蒸汽热利用（工厂）
120	吸收式制冷机	供热
100	换热器	供高温水
80	换热器	供中温水
50	换热器	供暖

热电冷联产（CCHP）系统是一种建立在能量梯级利用概念基础上，将制冷、供热及发电过程一体化的多联产总能系统，该系统可有效地实现天然气作为燃料的能源梯级利用。其过程大致为：天然气燃烧把化学能转换为700～1500℃高品位热能，首先利用这部分热能驱动发电机发电（天然气燃料电池CCHP系统直接将化学能转换为电能），然后逐级利用低品位热能供应蒸汽、热水，或者将低品位热能作为吸收式制冷系统的驱动热源进行供冷，从而实现对天然气的多级多次利用。

随着我国城市电力供暖空调等生活用电负荷的不断增加，以天然气为燃料的CCHP系统的一次能源利用率是常规热电分产的2～3倍，可以全面满足城市的热、电、冷需求，是高效合理利用天然气的有效途径，可有效地解决城市能源供应、调节季节性用电用气量的峰谷差，使燃气和电力供应负荷趋向均衡，提高管网利用率。另一方面，天然气CCHP系统有很好的环保性能，在降低 SO_x、NO_x、CO_x 等污染物排放方面潜力很大。与燃煤的热电分产相比，CO_2 排放量可减少1/3左右、细颗粒物减少100%、NO减少约80%。

2. 烟气冷凝热回收利用

冷凝式锅炉在天然气利用领域中具有强大的节能效率。如何利用之以提高锅炉的热效率，已经引起生产厂家的广泛关注。

北京市的煤改气政策实施后，由于采用天然气作为热源，目前大多数常规热水锅炉排烟温度在150～250℃之间，不仅耗费了大量的能源，而且提高了锅炉的运行成本。这就需要采取高效节能措施以提高能源的利用效率，而加装烟气余热回收装置，将常规燃气锅炉改造为冷凝式锅炉无疑是非常理想的选择。加装烟气余热回收装置后，通过烟气中水蒸气冷凝成水的相变，提高锅炉回水温度，可以降低天然气的耗量，提高锅炉运行效率。烟气冷凝回收系统原理如图9－7所示。

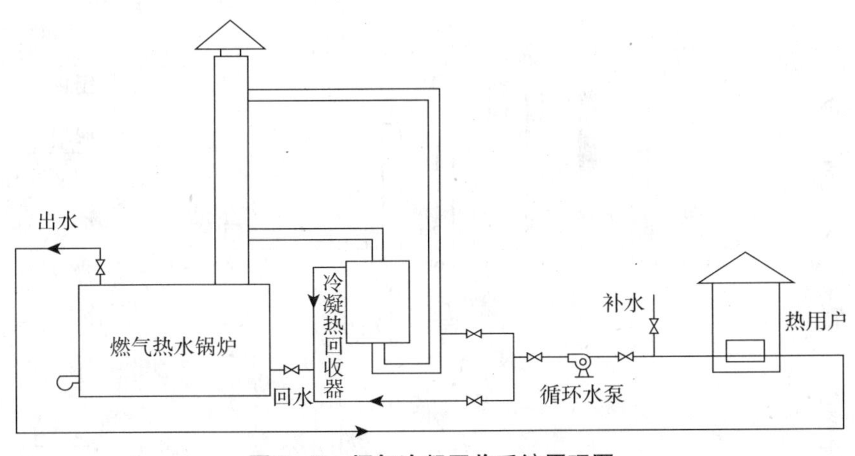

图9－7 烟气冷凝回收系统原理图

在天然气利用设备系统中增设烟气冷凝热能回收利用装置，将排烟温度降到烟气露点温度以下，不仅可以回收利用排烟显热，还可利用天然气燃烧时产生的大量水蒸气凝结时放出的大量潜热，节约能源，同时凝结液对烟气中 CO_x、NO_x、SO_x 等有害气体还有一定的吸收作用，因而，可提高天然气能源利用率，并减少环境污染。因此，大力推广烟气冷凝热回收装置将是在北京市天然气利用设备的发展趋势。

9.3.4 首都天然气锅炉房调研与分析

首都燃气供热规模已居全国之首，全市供热面积4.77亿 m^2，其中燃气供热面积1.48亿 m^2，占31%；全市供热锅炉房5817座，其中燃气锅炉房2740座，占47.1%；全市供热锅炉20021台，其中燃气锅炉13198台，占65.9%。高效利用天然气，节气与节能、减排与减轻城区热岛效应、节约燃料费和供热运行费及用户供暖费，成为首都发展亟待解决的课题。

1. 北京地区天然气锅炉房调研内容

本节对课题组前期北京市八大城区天然气锅炉房中200座锅炉房围绕天然气热能利用状况进行了抽样调研，并作了分析，探讨节能潜力。调研内容主要包括：锅炉房的锅炉设置和运行状况及供热能力，重点调研了天然气用量和排烟温度以及烟气热能回收利用状况和节能改造潜力与条件（锅炉房的运行状况，排烟状况及节能改造潜力）。调研时间为2008年1月20日~2月底。室外最低气温为-10℃，最高气温为-1~0℃，平均风力为3~4级，基本处于供暖供热用气的高峰期。

（1）锅炉供热运行工况

锅炉的运行工况是指锅炉运行时的工作状况。重点调研了天然气锅炉房天然气热能利用状况和供热状况及节能改造潜力与条件。

锅炉供、回水温度

1）调研期间，锅炉供、回水温度及供、回水温差测试数据见图9-8和图9-9。

由图9-8和图9-9可以看出：

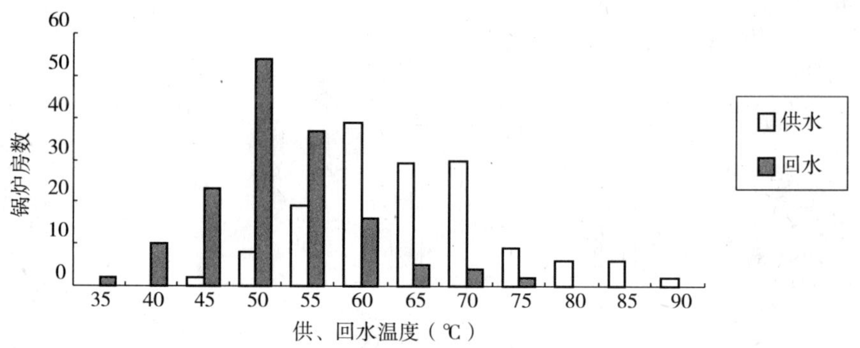

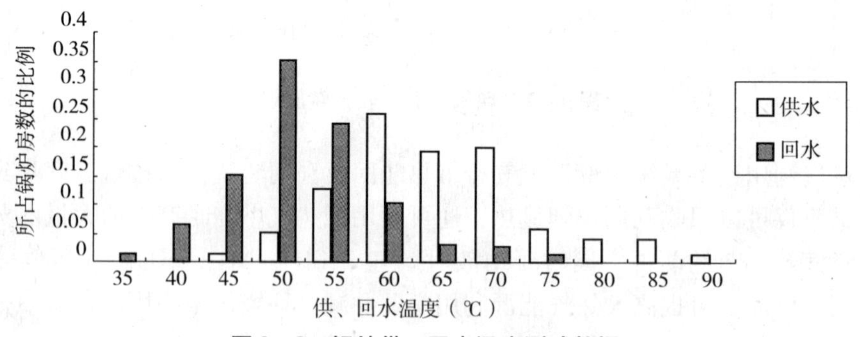

图9-8　锅炉供、回水温度测试数据

①锅炉的供水温度范围在45~90℃，回水温度范围在35~75℃，属于低温热水供暖。锅炉供回水温差大多在6~20℃，考虑由散热器供暖和地板辐射供暖，锅炉温度和温差基本处于正常工况范围。

②对于少数锅炉房供、回水温差远大于25℃，甚至达30℃以上，表明供热系统流量

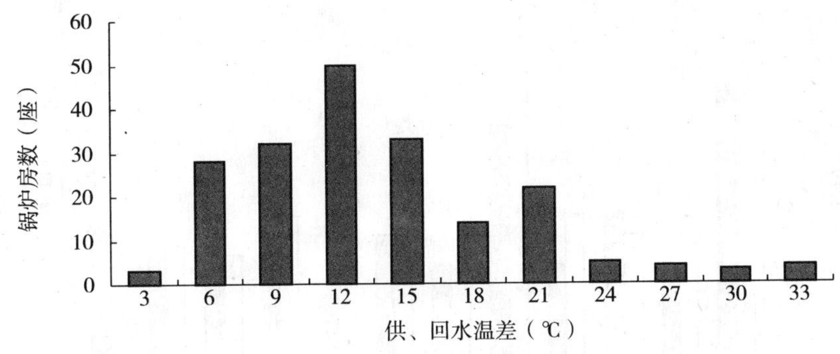

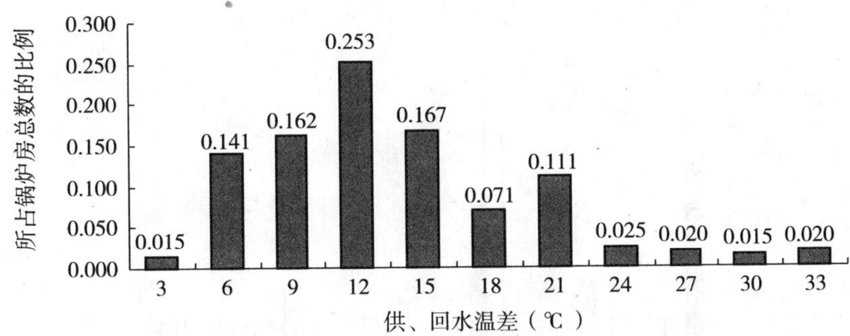

图9－9　锅炉供、回水温差测试数据统计

低于规定流量。对于少数锅炉房供、回水温差过小，甚至低于3℃，表明供热系统流量高于规定流量，存在大马拉小车现象，同时，供热系统存在水力失调现象，需要进行有效的供热网路调节。

2）锅炉供、回水压力

对燃气锅炉供、回水压力调查测试统计数据见图9－10，各燃气锅炉房供热系统热用户最高供暖建筑物高度统计数据见图9－11。

由图9－10和图9－11可以看出：

①锅炉房供暖用户以多层建筑物为主，高层建筑最高建筑高度约为75m。

②燃气锅炉运行时的供、回水压力范围为0.2～0.8MPa，处于正常工作压力范围。少数锅炉压力超过一般供热系统设备最高工作压力0.8MPa，同时回水压力超过低温热水供暖用户高层建筑高度5～10m，并达到0.9MPa，表明系统压力水平过高，对系统设备承压能力要求提高，同时采用补给水泵定压时，会增加水泵能耗。

（2）锅炉排烟状况

锅炉排烟状况主要用排烟温度和排烟压力及排放物描述，排烟温度可以反映天然气燃烧状况和烟气热能利用状况，排烟压力反应燃烧机动力装置提供的烟气余压。烟囱是主要的排烟装置，它的作用一是利用烟囱内外气体密度差产生抽力克服烟气流动阻力；二是将烟气排到室外一定的高度扩散，以减轻对周围环境的影响。

1）排烟温度与节能潜力

对调研的燃气锅炉排烟温度测试数据统计见图9－12。

由图9－12可以看出：所测试的燃气锅炉排烟温度大多在100～180℃之间，利用烟气冷凝热回收装置，排烟温度降到露点温度以下直至最低（高于进入热能回收装置的水

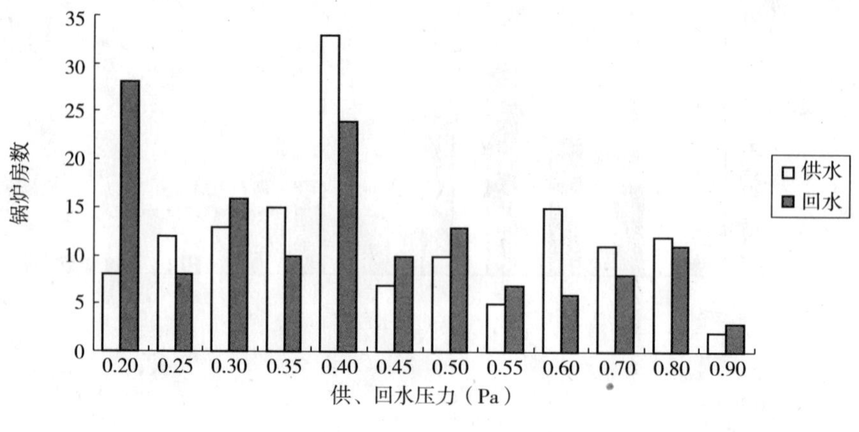

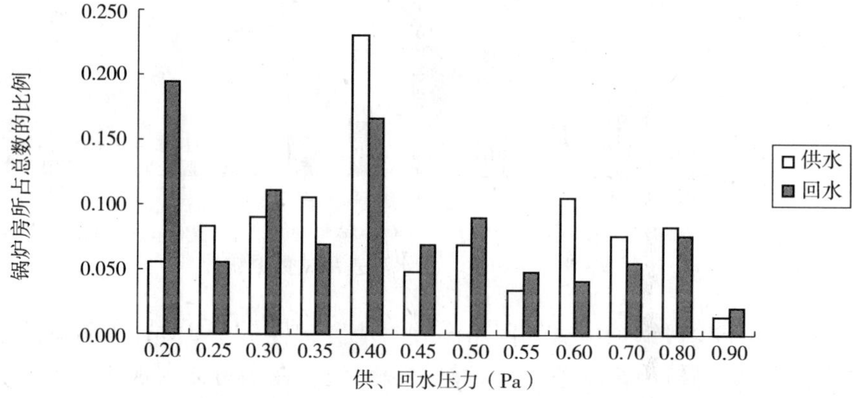

图 9－10　锅炉房供、回水压力测试数据统计

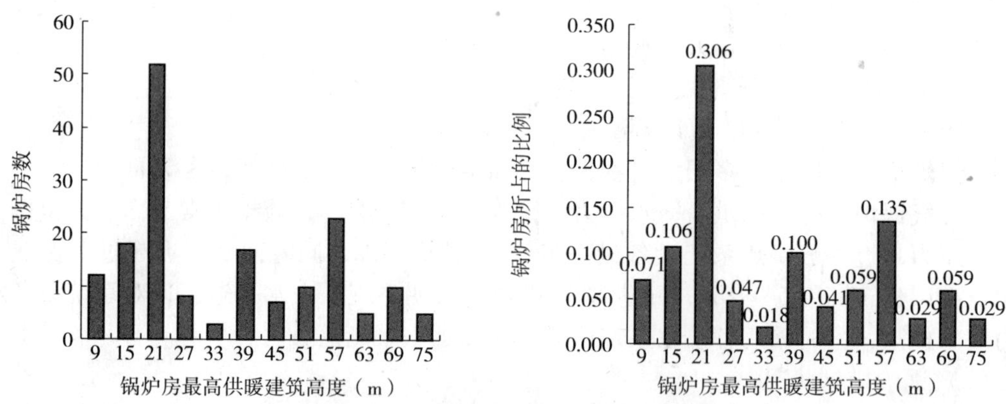

图 9－11　锅炉房供暖最高建筑高度数据统计

温），节能潜力可观。按调研的回水温度范围 30～70℃分析，节能潜力最大可达 15%，并相应减少有害物的排放。按一般国内燃气锅炉的平均热效率约为 87%左右计，锅炉热效率按低热值可达 100%以上，同时凝结液还可吸收溶解排烟中的有害气体，起到净化烟气作用。

2）锅炉出口排烟压力

调研中检测了 100 台锅炉的出口烟气压力，检测数据见图 9－13。

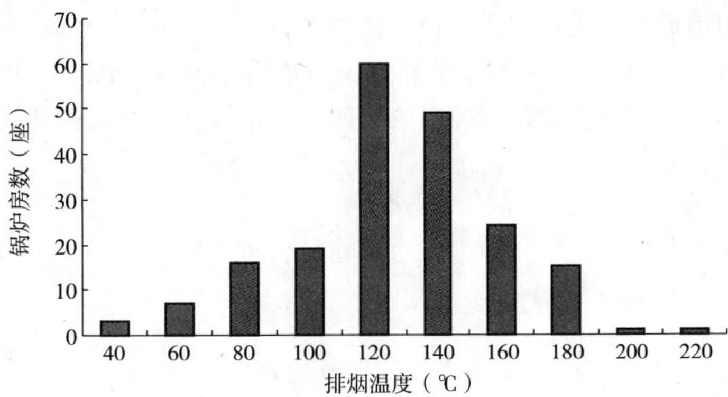

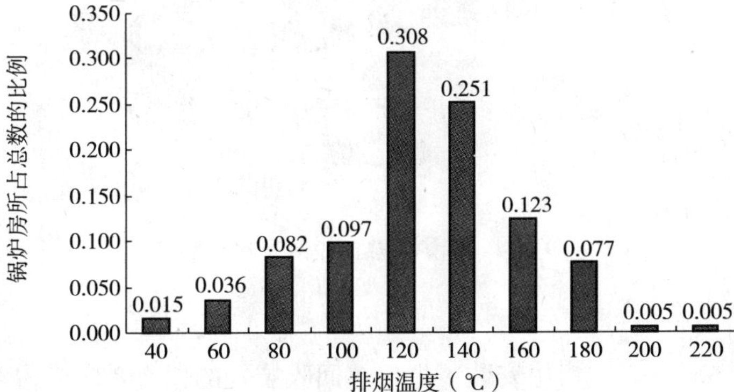

图 9－12　锅炉房排烟温度统计

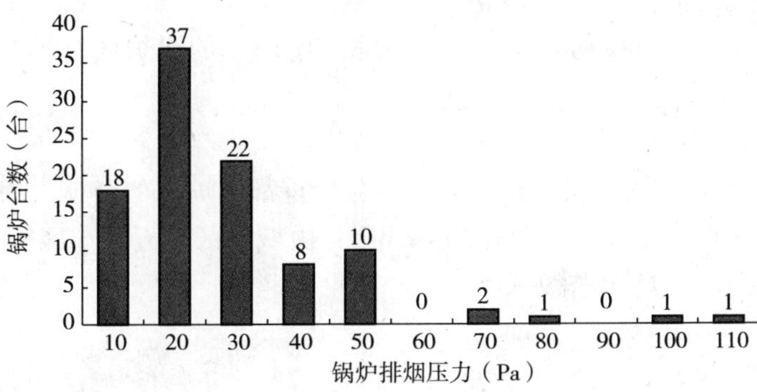

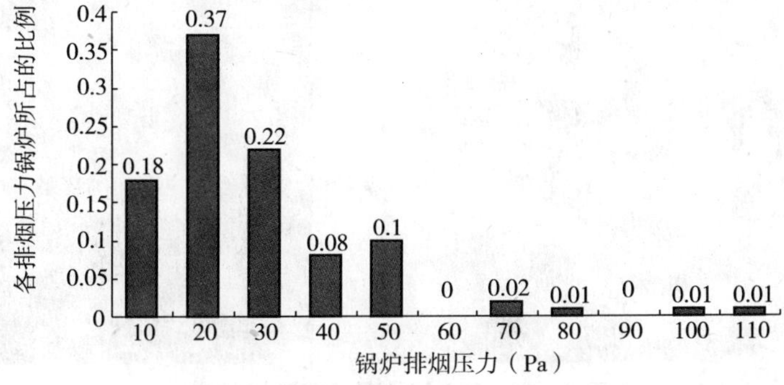

图 9－13　锅炉出口排烟压力统计

由图 9－13 可以看出：天然气锅炉出口排烟压力范围为 10～30Pa；调研数据还显示小型锅炉排烟压力在 10～20Pa，10t 锅炉的排烟压力范围为 50～70Pa。少数大锅炉排烟压力高达 100Pa 以上。若在尾部增设烟气冷凝热能回收利用装置，则装置烟气侧阻力应小于天然气锅炉出口排烟的余压。

（3）烟气热回收装置利用情况

回收利用锅炉烟气余热是锅炉节能的重要途径。对所调查的 200 座锅炉房中烟气热能回收利用状况调查统计见图 9－14。

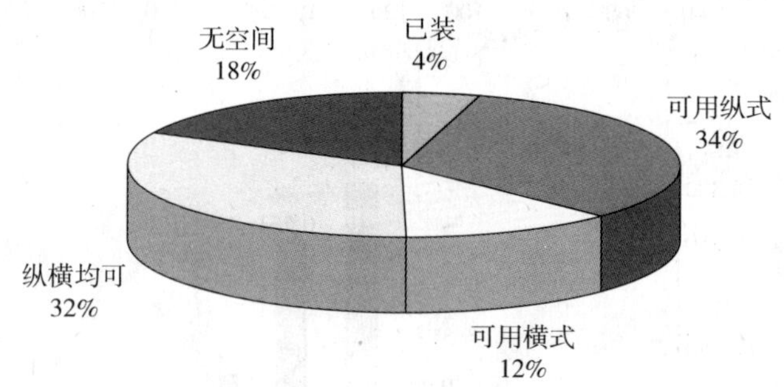

图 9－14　锅炉房热回收装置利用情况

由图 9－14 可以看出：

1）所调查的 200 座锅炉房中安装了烟气热回收装置的仅有 8 座，占 4%。因此，为适应国际社会特别是首都节能减排迫切需要，急需推广应用烟气冷凝热能回收利用新技术和新设备，推进首都天然气锅炉节能改造。

2）未安装烟气热能回收利用装置的锅炉房，有 78% 的锅炉房有足够空间，用来对锅炉房进行烟气节能的改造。

2. 锅炉房实测调研

为了进一步了解首都锅炉房的运行情况、分析首都锅炉房的节能潜力，我们还调研了 301 解放军总医院，以及华通供热公司的 BOBO 自由城小区、五建小区等 9 家锅炉房。

锅炉房图片见图 9－15 和图 9－16。

图 9－15　301 解放军总医院锅炉房

图 9-16 华通供热集团的两家锅炉房图

调研情况如下：

（1）所调研的燃气锅炉房的供水温度范围在 45～65℃，回水温度范围在 35～55℃，属于低温热水供暖；锅炉供、回水温差大多在 10～20℃。

（2）所调研的燃气锅炉房在小火运行时排烟温度在大多在 80～120℃之间，大火运行时排烟温度大多在 150～180℃。

（3）根据所调研的燃气锅炉房的排烟温度及供回水温度，若使用烟气冷凝热回收装置，节能潜力大约在 7%～11%，而且能减少污染物的排放量。同时，凝结液还可吸收溶解排烟中的有害气体，起到净化烟气作用。

9.4 烟气冷凝热回收装置的节能潜力与减排量的理论计算及分析

9.4.1 烟气排放量的计算理论

1. 烟气物性的计算

（1）比热

对于烟气的比热，可按如下公式计算：

$$C_p = g_{N_2} C_{pN_2} + g_{CO_2} C_{pCO_2} + g_{O_2} C_{pO_2} + g_{H_2O} C_{pH_2O} \tag{9-1}$$

式中 C_p——烟气比热 kJ/（kg·℃）；

g_{N_2}，g_{CO_2}，g_{O_2}，g_{H_2O}——烟气中氮气、二氧化碳、氧气、水蒸气的质量成分（kg/kg）；

C_{pN_2}，C_{pCO_2}，C_{pO_2}，C_{pH_2O}——烟气中氮气、二氧化碳、氧气、水蒸气的比热［kJ/（kg·℃）］。

在0~1000℃范围内，各组分的比热有如下回归公式，其误差不超过2%：

$$
\begin{aligned}
C_{pN_2} &= 1.0258 + 1.869\times10^{-4}t \\
C_{pCO_2} &= 0.8373 + 9.09\times10^{-4}t - 6.1364\times10^{-7}t^2 + 1.5909\times10^{-10}t^3 \\
C_{pO_2} &= 0.9054 + 3.325\times10^{-4}t - 1.11\times10^{-7}t^2 \\
C_{pH_2O} &= 1.8243 + 6.478\times10^{-4}t
\end{aligned}
\tag{9-2}
$$

式中 t——温度（℃）。

将上述四个式子代入公式（9-1）则有：

$$C_p = a + bt + ct^2 + dt^3 \tag{9-3}$$

其中：

$$
\begin{aligned}
a &= 1.0258g_{N_2} + 0.8373g_{CO_2} + 0.9054g_{O_2} + 1.8243g_{H_2O} \\
b &= (1.869g_{N_2} + 9.09g_{CO_2} + 3.325g_{O_2} + 6.478g_{H_2O})\times10^{-4} \\
c &= -(6.1364g_{CO_2} + 1.11g_{N_2O})\times10^{-7} \\
d &= 1.5909\times10^{-10}g_{CO_2}
\end{aligned}
$$

（2）密度

烟气密度可按理想气体状态方程式计算：

$$\rho = \frac{pM}{R_M T} \tag{9-4}$$

式中 ρ——烟气密度（kg/mol）；

p——烟气压力（Pa）；

M——烟气的平均分子量（kg/mol）；

T——烟气温度（K）；

R_M——通用气体常数，$R_m = 8.314$J/（mol·K）。

烟气的平均分子量可按下式计算：

$$M = 28.062r_{N_2} + 44.01r_{CO_2} + 32r_{O_2} + 18.016r_{H_2O} \tag{9-5}$$

式中 r_{N_2}，r_{CO_2}，r_{O_2}，r_{H_2O}——烟气中氮气、二氧化碳、氧气、水蒸气的摩尔成分（kmol/kmol）。

各组分的质量成分可由摩尔成分计算而得：

$$g_i = r_i\frac{M_i}{M} \tag{9-6}$$

式中 M_i——各组分的分子量（kg·kmol）。

（3）黏度

在0~1000℃范围内，各组分的动力黏度有如下回归公式，其误差不超过2%：

$$
\begin{aligned}
\mu_{N_2} &= \frac{1.0385\times10^{-2}}{T+118}\left(\frac{T}{373}\right)^{1.5} \\
\mu_{CO_2} &= \frac{1.139\times10^{-2}}{T+252}\left(\frac{T}{373}\right)^{1.5} \\
\mu_{O_2} &= \frac{1.2622\times10^{-2}}{T+138}\left(\frac{T}{373}\right)^{1.5} \\
\mu_{H_2O} &= \frac{1.8875\times10^{-2}}{T+1191}\left(\frac{T}{373}\right)^{1.5}
\end{aligned}
\tag{9-7}
$$

式中 μ_{N_2}，μ_{CO_2}，μ_{O_2}，μ_{H_2O}——烟气中氮气、二氧化碳、氧气、水蒸气的动力黏度［kg/(m·s)］；

T——开尔文温度（K）。

烟气的动力黏度可由各组分的质量成分和动力黏度得到：

$$\mu = \sum_{i=1}^{N} g_i \mu_i \tag{9-8}$$

将（9－7）代入（9－8），则有：

$$\mu = 1.388\left(\frac{1.0385 g_{N_2}}{T+118} + \frac{1.1394 g_{CO_2}}{T+252} + \frac{1.2622 g_{O_2}}{T+138} + \frac{1.8875 g_{H_2O}}{T+1191}\right) \times 10^{-6} T^{1.5} \tag{9-9}$$

烟气的运动黏度可由动力黏度导出：

$$\gamma = \mu / \rho \tag{9-10}$$

（4）导热系数

烟气的导热系数同样决定于各组分的成分，经过推导，有如下公式：

$$\lambda = \frac{Y_{N_2}\lambda_{N_2}(t+391)}{A_1 t + B_1} + \frac{Y_{O_2}\lambda_{O_2}(t+411)}{A_2 t + B_2} + \frac{Y_{CO_2}\lambda_{CO_2}(t+525)}{A_3 t + B_3} + \frac{Y_{H_2O}\lambda_{H_2O}(t+1464)}{A_4 t + B_4} \tag{9-11}$$

式中 $A_1 = r_{N_2} + 0.9536 r_{CO_2} + 1.1293 r_{O_2} + 0.663 r_{H_2O}$；

$A_2 = r_{O_2} + 1.0499 r_{N_2} + 1.189 r_{CO_2} + 0.668 r_{H_2O}$；

$A_3 = r_{CO_2} + 0.8912 r_{N_2} + 0.8527 r_{O_2} + 0.605 r_{H_2O}$；

$A_4 = r_{H_2O} + 1.679 r_{N_2} + 1.584 r_{O_2} + 1.96 r_{CO_2}$；

$B_1 = 391 r_{N_2} + 382 r_{CO_2} + 503 r_{O_2} + 363 r_{H_2O}$；

$B_2 = 421 r_{N_2} + 411 r_{CO_2} + 546 r_{O_2} + 392 r_{H_2O}$；

$B_3 = 397 r_{N_2} + 391 r_{CO_2} + 525 r_{O_2} + 408 r_{H_2O}$；

$B_4 = 920 r_{N_2} + 903 r_{CO_2} + 1323 r_{O_2} + 1464 r_{H_2O}$。

在0～1000℃范围内，各组分的导热系数有如下回归公式：

$$\begin{aligned}
\lambda_{N_2} &= 0.0242 + 6.522 \times 10^{-5} t - 0.74 \times 10^{-8} t^2 \\
\lambda_{O_2} &= 0.0247 + 7.994 \times 10^{-5} t - 1.281 \times 10^{-8} t^2 \\
\lambda_{CO_2} &= 0.01466 + 8.036 \times 10^{-5} t - 0.979 \times 10^{-8} t^2 \\
\lambda_{H_2O} &= 0.0162 + 8.1 \times 10^{-5} t - 4.7 \times 10^{-8} t^2
\end{aligned} \tag{9-12}$$

（5）普朗特数

烟气的普朗特数可按下式计算：

$$P_r = \frac{\mu C_p}{\lambda} \tag{9-13}$$

2. 烟气排放计算

（1）燃烧所需的理论空气量

所谓理论空气量，是指每立方米（或千克）燃气按燃烧反应计量方程式完全燃烧所需的空气量，单位为标准立方米每标准立方米或标准立方米每公斤。理论空气需要量也是燃气完全燃烧所需的最小空气量。当燃气成分已知，可按下式计算：

$$V_0 = \frac{1}{21}\left[0.5Q_{H_2} + 0.5Q_{CO} + \sum\left(m + \frac{n}{4}\right)Q_{CmHn} + 1.5Q_{H_2S} - Q_{O_2}\right] \tag{9-14}$$

式中 V_0——理论空气需要量（$N\cdot m^3$ 干空气/ $N\cdot m^3$ 干燃气）；

Q_{H_2}，Q_{CO}，Q_{CmHn}，Q_{H_2S}——燃气中各种可燃组分的容积成分；

Q_{O_2}——燃气中氧气的容积成分。

（2）烟气成分的体积

在理想情况下，认为烟气完全燃烧生成的烟气只含有 CO_2、N_2、O_2和 H_2O 四种成分，下面分别给出它们的成分计算公式；

1）二氧化碳的体积

$$V_{CO_2} = 0.01(Q_{CO_2} + \sum mQ_{CmHn}) \tag{9-15}$$

式中 V_{CO_2}——二氧化碳的体积；

Q_{CO_2}，Q_{CmHn}——燃气中各种可燃组分的容积成分；

2）氮气的体积

$$V_{N_2} = 0.79aV_0 + 0.01Q_{N_2} \tag{9-16}$$

式中 V_{N_2}——氮气的体积（m^3）；

a——过量空气系数，1.2~1.6；

V_0——理论空气需要量（$N\cdot m^3$ 干空气/$N\cdot m^3$ 干燃气）；

Q_{N_2}——燃气中氮气的容积成分。

3）过剩氧气的体积

$$V_{O_2} = 0.21\ (a-1)\ V_0 \tag{9-17}$$

式中 V_{O_2}——氧气的体积（m^3）。

4）水蒸气的体积

$$V_{H_2O} = 0.01\left[H_2 + H_2S + \sum\frac{n}{2}C_mH_n + 120(d_g + aV_0d_a)\right] \tag{9-18}$$

式中 d_g——燃气含湿量（$kg/N\cdot m^3$ 干燃气），按进口燃气为饱和燃气计；

d_a——空气含湿量（$kg/N\cdot m^3$ 干空气），由湿空气的干湿球温度查湿空气的焓湿图可得。

5）实际烟气总体积

$$V_f = V_{CO_2} + V_{N_2} + V_{O_2} + V_{H_2O} \tag{9-19}$$

式中 V_f——实际烟气的总体积（$N\cdot m^3/N\cdot m^3$ 干燃气）。

（3）标准状况下的干燃气流量

$$V_{gn} = \frac{273}{273 + t_g}\cdot\frac{7.5B + P_g/13.6 - 7.5P_{H_2O}}{760}V_g \tag{9-20}$$

式中 V_g——燃烧的燃气流量（Nm^3/s）；

t_g——燃气的温度（℃）；

B——大气压力（kPa）；

P_g——燃气压力（mmH_2O）；

P_{H_2O}——燃气温度对应的饱和水蒸气压力（kPa）。

（4）锅炉的烟气量

$$V = V_g \cdot V_f \tag{9-21}$$

式中 V_g——天然气流量（$N \cdot m^3/a$）。

（5）有害物排放量

根据所测得的 NO_x 和 CO_2 及 CO 在烟气中的含量分别算出它们的体积为（$N \cdot m^3/a$）：

$$V_{NO_x} = 0.6 \times 10^{-4} \times V$$
$$V_{CO_2} = 0.097 \times V \tag{9-22}$$
$$V_{CO} = 0.1 \times 10^{-4} \times V$$

NO_x 和 CO_2 及 CO 的排放量分别为（t/a）：

$$M_{NO_x} = 2.05 \times V_{NO_2} \times 10^{-3}$$
$$M_{CO_2} = 2.05 \times V_{CO_2} \times 10^{-3} \tag{9-23}$$
$$M_{CO} = 2.05 \times V_{CO} \times 10^{-3}$$

9.4.2 节能潜力计算原理

天然气锅炉排烟中可利用的热能有烟气的显热和其中水蒸气的汽化潜热两部分。显热损失取决于烟气的温度和烟气组成成分的热容量。潜热损失取决于烟气中以水蒸气形态存在的水量的多少。由于种种因素的限制，锅炉的排烟温度较高。采用常规的省煤器、空气预热器回收烟气中的热量，一般只能利用烟气中的显热部分，而对其潜热部分无法加以利用，从而仅能使锅炉的总效率增加几个百分点，而大量的未被回收的热能仍存在于这些装置的下游排烟中。

在锅炉尾部加装冷凝式热能回收装置，将排烟温度降到露点温度以下，从而可回收烟气中的部分潜热，经实验可得潜热值所占的份额相当大，可以达到总换热量的 1/2 ~ 2/3，回收潜热可大大提高了锅炉的热效率。

具体的计算原理如下：

1. 烟气的比焓

近似按湿空气比焓计算，即：

$$h = 1.01t + d(2500 + 1.84t) \tag{9-24}$$

当空气过量系数为 1.2 时，烟气起始状态含湿量为 $d = 0.11424$kg/kg（a）。

查饱和空气状态参数表知：当烟气温度达到 55℃ 时，烟气达到饱和开始有凝结水析出。

2. 烟气放出的热量：

$$Q_h = m_1 h_1 - m_2 h_2 \tag{9-25}$$

式中 Q_h——烟气放出的热量（kJ）；

h——湿烟气的焓值［kJ/kg（a）］。

3. 烟气凝结液量：

$$W = M_a \times (d_1 - d_2) \tag{9-26}$$

式中 W——烟气凝结液量（g）；

M_a——干烟气的质量（g）；

d——烟气的含湿量［g/kg（a）］。

4. 燃气输入热量：

$$Q_r = V_r \times H_r \tag{9-27}$$

式中 Q_r——燃气输入热量（kW）；

V_r——燃气用量（m^3/h）；

H_r——燃气低位热值（kJ/Nm^3），这里取35.958kJ/Nm^3。

5. 锅炉的热回收效率

$$\eta = \frac{Q_h}{Q_r} \times 100 \tag{9-28}$$

式中 η——热回收效率（%）；

Q_h——热回收的热量（kW）；

Q_r——燃气输入的热量（kW）。

6. 节约的燃气费用为：

$$M_t = m_t \eta F \tag{9-29}$$

式中 m_t——原有的天然气用量（m^3/a）；

F——天然气价格（元/ m^3）。

9.4.3 烟气减排计算原理

每年污染气体减少的体积：

$$V'_{NOx} = \eta \times V_{NO_x}$$
$$V'_{CO_2} = \eta \times V_{CO_2}$$
$$V'_{CO} = \eta \times V_{CO} \tag{9-30}$$

式中 V_{NOx}，V_{CO_2}，V_{CO}——分别是氮氧化物、二氧化碳、一氧化碳的排放量（Nm^3/a）；

η——烟气冷凝热回收装置的回收效率（%）。

9.4.4 烟气冷凝热回收装置节能潜力及减排的计算与分析

1. 计算依据

锅炉容量：1t/h（700kW＝2520000kJ/h）；燃气用量：70N·m^3/（h·t）。

燃气低位热值：H_1＝35.958MJ/Nm^3 干燃气（北京）；空气过剩系数：1.2～1.6。

北京市天然气初始参数见表9－5。

北京市天然气初始参数　　表9－5

组分	CH_4	C_2H_6	C_3H_8	$i-C_4H_{10}$	$n-C_4H_{10}$	CO_2	N_2	合计	单位
含量（%）	94.749	1.949	0.540	0.066	0.072	1.861	0.644		
高热值	39842	70351	101270	113048	133885			39839	kJ/Nm^3

续表

组分	CH_4	C_2H_6	C_3H_8	$i-C_4H_{10}$	$n-C_4H_{10}$	CO_2	N_2	合计	单位
低热值	35906	64397	93244	122857	123649			35958	kJ/Nm^3
密度	0.717	1.355	2.010	2.691	2.703	1.977	1.250	0.766	kg/Nm^3
理论空气量	9.520	16.66	23.8	30.940	30.940			9.516	Nm^3/Nm^3

按北京市天然气低热值计得每吨锅炉每小时放出的热量：

$$Q = 70 \times 35958 = 2517060 kJ/h$$

2. 烟气成分与烟气量

(1) $1Nm^3$ 天然气燃烧生成的烟气量及各成分比例，见表 9-6。

烟气各成分比例计算表 **表 9-6**

过氧系数	$1Nm^3$ 天然气燃烧生成烟气各成分的体积					烟气质量		
	CO_2	N_2	过剩 O_2	水蒸气	总烟气量	含湿量	干烟气量	总质量
	Nm^3/Nm^3 干燃气	Nm^3/Nm^3 干燃气	Nm^3/Nm^3 干燃气	Nm^3/Nm^3 干燃气	Nm^3/Nm^3 干燃气	g/kg (a)	kg (a)	kg
1.2	1.0268	9.0276	0.3997	1.9820	12.4360	114.24	13.8721	15.4650
1.6	1.0268	12.0347	1.1990	1.9820	16.2424	83.88	18.7731	20.3657

烟气各成分体积比例				烟气分子量	烟气各成分质量比例			
CO_2	N_2	过剩 O_2	水蒸气		CO_2	N_2	过剩 O_2	水蒸气
0.0826	0.7259	0.0321	0.1594	27.8559	0.1304	0.7297	0.0415	0.1030
0.0632	0.7409	0.0738	0.1220	28.0865	0.0990	0.7387	0.0946	0.0782

由表 9-6 可知：

1) 当空气过量系数为 1.2 时，$1Nm^3$ 天然气燃烧生成的烟气的含湿量是 114.24g/kg (a)，总质量是 15.45650kg；

2) 当空气过量系数为 1.6 时，$1Nm^3$ 天然气燃烧生成的烟气的含湿量是 83.88g/kg (a)，总质量是 20.3657kg。

(2) 1t/h 锅炉产生的烟气量及各成分质量：

当空气过量系数为 1.2 时，计算如下：

1t 锅炉燃烧 1h 释放的烟气质量：$M = 70 \times 15.4650 = 1082.55$kg/ (h · t)

1t 锅炉燃烧 1h 释放的烟气中干烟气的质量：$M_a = M \times 0.9016/1.0105 = 971.047$kg/ (h · t)

1t 锅炉燃烧 1h 释放的烟气中水蒸气的质量：$M_V = M - M_a = 111.503$kg/ (h · t)

同理可计算出当空气过量系数为 1.6 时的烟气量及各成分质量，汇总如表 9-7 所示。

烟气量及各成分质量 **表 9-7**

空气过量系数	烟气质量 [kg/（h·t）]	烟气中干烟气的质量 [kg/（h·t）]	烟气中水蒸气的质量 [kg/（h·t）]
1.2	15.465	971.05	111.50
1.6	20.3657	1425.60	110.32

3. 计算结果与分析

排烟温度从 150℃降到 20℃。

当空气过量系数为 1.2 时，1t/h 锅炉烟气冷凝热回收的热量及效率计算结果见表 9-8。

当空气过量系数为 1.6 时，1t/h 锅炉烟气冷凝热回收的热量及效率计算结果见表 9-9。

由以上计算结果可知：

（1）空气过量系数不同时，烟气的露点温度不同，当空气过量系数为 1.2 时，烟气露点温度是 55℃；当空气过量系数为 1.6 时，烟气露点温度是 50℃。

（2）当出口烟温处于露点温度或者露点温度以下即有冷凝换热时，其换热效率大于出口温度处于露点温度以上的情况，这是因为凝结换热增强了换热效果。

（3）当只有显热换热即排烟温度高于露点温度时，热回收率随烟气温度的降低而升高的趋势较缓，排烟温度每下降 20℃，热回收效率平均可提高 1%；当显热潜热换热同时存在即排烟温度低于露点温度时，热回收率随烟气温度的降低而升高加快，排烟温度每下降 10℃，热回收效率平均可提高 3%。

（4）回收的热量和热回收与空气过量系数有关，在相同的烟气进出口温度下，空气过量系数大的回收的热量多，热回收率大。凝结水量亦和空气过量系数有关，相同条件下空气过量系数大产生的凝结水量大。

由计算结果亦可整理出空气过量系数为 1.2、1.6 时各对比关系图，如图 9-17 ~ 图 9-19所示。

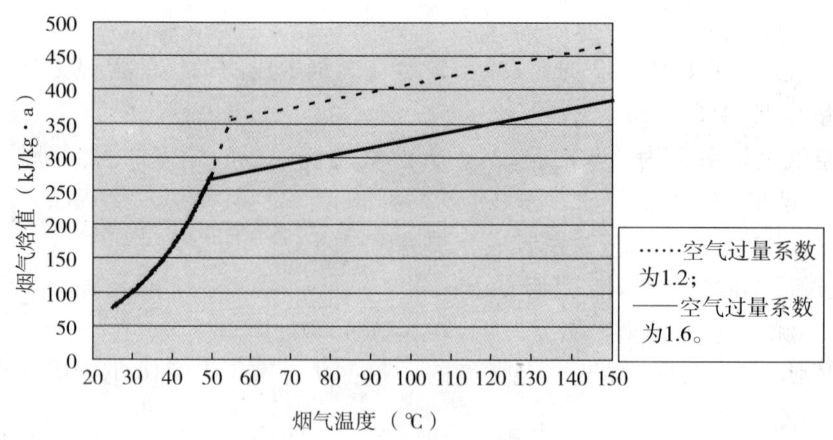

图 9-17 烟气温度与烟气焓关系

1t/h 锅炉烟气冷凝热（空气过量系数为 1.2 时） 表 9－8

温度 t_1（℃）	温度 t_2（℃）	温差 Δt（℃）	焓值 H_1（kJ）	焓值 H_2（kJ）	水蒸气量 d_1（kg）	水蒸气量 d_2（kg）	焓差（kJ）	凝结水量（kg）	回收的热量（kJ）	各温度段对应的效率（%）	累计回收的热量（kJ）	热回收累计热效率（%）
150	100	50	455339. 3	396040. 2	110. 932	110. 932	59299. 12	0	59299. 12	2. 35589	59299. 10	2. 35589
100	90	10	396040. 2	384180. 4	110. 932	110. 932	11859. 82	0	11859. 82	0. 47118	71158. 92	2. 82707
90	80	10	384180. 4	372320. 5	110. 932	110. 932	11859. 82	0	11859. 82	0. 47118	83018. 75	3. 29824
80	70	10	372320. 5	360460. 7	110. 932	110. 932	11859. 82	0	11859. 82	0. 47118	94878. 57	3. 76942
70	60	10	360460. 7	348600. 9	110. 932	110. 932	11859. 82	0	11859. 82	0. 47118	106738. 40	4. 2406
60	55	5	348600. 9	347343. 5	110. 932	110. 932	1257. 389	0	1257. 39	0. 04995	107995. 79	4. 29055
55	50	5	347343. 5	269271. 3	110. 932	84. 986	78072. 18	25. 9464	78072. 18	3. 10172	186067. 97	7. 39227
50	45	5	269271. 3	212270. 9	84. 986	64. 0114	57000. 46	20. 9746	57000. 46	2. 26456	243068. 42	9. 65684
45	40	5	212270. 9	162844. 6	64. 0114	48. 0862	49426. 29	15. 9252	49426. 29	1. 96365	292494. 72	11. 6205
40	35	5	162844. 6	126430. 3	48. 0862	35. 9773	36414. 26	12. 109	36414. 26	1. 4467	328908. 98	13. 0672
35	30	5	126430. 3	97590. 22	35. 9773	26. 7232	28840. 1	9. 25408	28840. 10	1. 14578	357749. 07	14. 213
30	25	5	97590. 22	74673. 51	26. 7232	19. 7511	22916. 71	6. 97212	22916. 71	0. 91046	380665. 78	15. 1234
25	20	5	74673. 51	56223. 62	19. 7511	14. 4492	18449. 89	5. 30192	18449. 89	0. 73299	399115. 68	15. 8564

1t/h 锅炉烟气冷凝热（空气过量系数为 1.6 时） **表 9－9**

温度 t_1（℃）	温度 t_2（℃）	温差 Δt（℃）	焓值 H_1（kJ）	焓值 H_2（kJ）	水蒸气量 d_1（kg）	水蒸气量 d_2（kg）	焓差（kJ）	凝结水量（kg）	回收的热量（kJ）	各温度段对应的效率（%）	累计回收的热量（kJ）	热回收累计热效率（%）
150	100	50	505804. 8	429178. 1	110. 326	110. 326	76626. 8	0	76626. 77	3. 0443	59299. 10	3. 0443
100	90	10	429178. 1	413852. 7	110. 326	110. 326	15325. 4	0	15325. 35	0. 60886	74624. 45	3. 65316
90	80	10	413852. 7	398527. 4	110. 326	110. 326	15325. 4	0	15325. 35	0. 60886	89949. 81	4. 26201
80	70	10	398527. 4	383202	110. 326	110. 326	15325. 4	0	15325. 35	0. 60886	105275. 16	4. 87087
70	60	10	383202	367876. 7	110. 326	110. 326	15325. 4	0	15325. 35	0. 60886	120600. 51	5. 47973
60	55	5	367876. 7	360214	110. 326	110. 326	7662. 68	0	7662. 68	0. 30443	128263. 19	5. 78416
55	50	5	360214	352551. 3	110. 326	110. 326	7662. 68	0	7662. 68	0. 30443	135925. 87	6. 08859
50	45	5	352551. 3	287520. 2	110. 326	86. 7033	65031. 1	23. 6224	65031. 10	2. 58361	200956. 97	8. 67221
45	40	5	287520. 2	220572. 5	86. 7033	65. 1327	66947. 8	21. 5706	66947. 75	2. 65976	267904. 72	11. 332
40	35	5	220572. 5	171249. 5	65. 1327	48. 7311	49323	16. 4015	49323. 00	1. 95955	317227. 72	13. 2915
35	30	5	171249. 5	132185. 6	48. 7311	36. 1965	39063. 8	12. 5346	39063. 82	1. 55196	356291. 53	14. 8435
30	25	5	132185. 6	101145	36. 1965	26. 7528	31040. 6	9. 44371	31040. 61	1. 23321	387332. 14	16. 0767
25	20	5	101145	76154. 71	26. 7528	19. 5714	24990. 3	7. 18143	24990. 32	0. 99284	412322. 46	17. 0695

由图 9－17 可知：

（1）烟气的焓值与温度有关，烟气的焓值随温度的升高而提高；在露点温度以下时，烟气的焓值随烟气温度增加的变化趋势较快，在露点温度以上时，烟气的焓值随烟气温度增加的变化趋势较缓和。

（2）在露点温度以下，烟气的焓值与空气过量系数无关；在露点温度以上，烟气的焓值与空气过量系数有关，烟气的焓值随空气过量系数增大而升高。

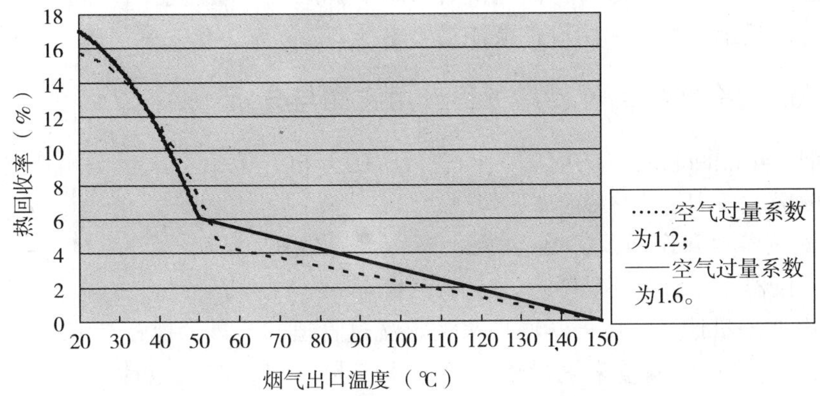

图 9－18 烟气出口温度与热回收率关系

由图 9－18 可知：

（1）热回收率的大小与烟气出口温度有关，热回收效率的大小随烟气出口温度的降低而升高。当烟气出口在露点温度以下时，热回收率的大小随烟气出口温度的降低而升高的变化趋势较快；当烟气出口在露点温度以上时，热回收率的大小随烟气出口温度的降低而升高的变化趋势较缓和。

（2）热回收率与空气过量系数有关，在相同的烟气出口温热回收率随空气过量系数增大而升高。

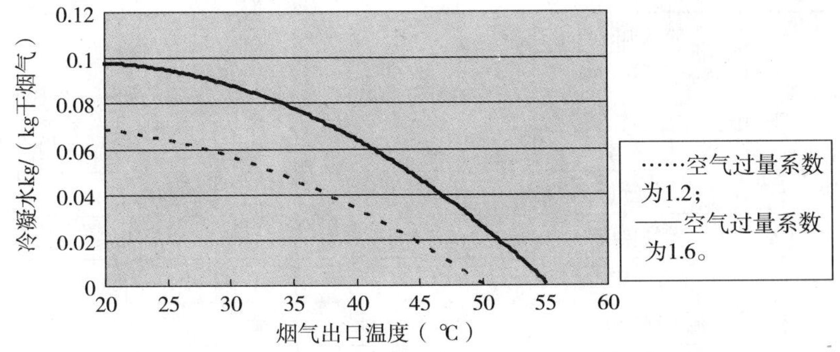

图 9－19 烟气出口温度与烟气冷凝水量关系

由图 9－19 可知：

（1）冷凝水的凝结量与烟气出口温度有关，冷凝水的凝结量随温度的升高而增加；

（2）冷凝水的凝结量与空气过量系数有关，在相同的烟气出口温度下，冷凝水的凝结量随空气过量系数的增大而增加。

9.5 烟气冷凝热回收装置工程应用的实测与影响因素分析

本章对应用烟气热能回收装置的应用工程进行实测分析，并对不同用途天然气锅炉供热系统特点及烟气热回收节能率影响因素分析比较。为探讨热回收利用装置的应用方案，正确设计选用烟气冷凝热能回收利用装置，进行天然气供热锅炉系统节能设计和节能改造及供热系统运行调节提供参考。从而经济有效地发挥烟气冷凝热能回收利用装置的节能作用，最大可能地挖掘天然气利用设备节能潜力。

9.5.1 烟气冷凝热回收装置工程应用实测与分析

对应用烟气热能回收装置的应用工程进行实测分析，包括本家·润园小区直燃机房、建银大厦锅炉房、卢沟桥小区锅炉机房。

1. 主要测试参数和仪器设备

主要实验仪器设备有：

（1）超声波流量计：利用声学原理来测定流过管道的流体的流速与流量，通过人工每隔5min记录初、终累计流量来测量锅炉循环水流量，超声波流量计与涡轮流量计对比，超声波流量计测量误差和修正系数为1.027，因此在计算时需乘修正系数1.027。

（2）铂电阻温度计：型号为Pt100，精度在0.01～0.1℃之间，由Agilent数据采集仪每隔10s自动读取数据，测量冷凝换热器进出口水温。

（3）热电偶：使用恒温水浴对其进行标定，由Agilent数据采集仪每隔10s自动读取数据，K型热电偶用来测量冷凝换热器进口烟气温度，T分度铜—康铜热电偶由自己制作，用来测量冷凝换热器出口烟气温度。

其他实验仪器设备及采集方式见表9－10，实验仪器见图9－20。

测试仪器设备及数据记录方式　　表9－10

序号	测量仪器	测量参数	型号	数量	记录方式	备注
1	燃气流量表	燃气流量	TBQZ－50B	1	人工，间隔5分钟	锅炉房自备
		燃气压力				
		燃气温度				
		大气压力				
2	烟气分析仪	烟气分析		1		由质检站测
3	气象色谱分析仪	燃气热值	GC－14B	1	人工	
4	U形压力计	烟气侧阻力		1	人工，间隔5分钟	
5	玻璃温度计	流出锅炉水温	精度0.01℃	1	人工，间隔5分钟	
6	玻璃温度计	进入锅炉水温参考值		1	人工，间隔5分钟	在三通处只作参考，需推算
7	压力表	水侧阻力		2	人工，间隔5分钟	
8	电子秤	冷凝水量	10kg最小精度1g	1	人工，间隔5分钟	
9	超级恒温水浴	标定热电偶	CS501－SP精度0.05℃	1		
10	秒表	时间		5		

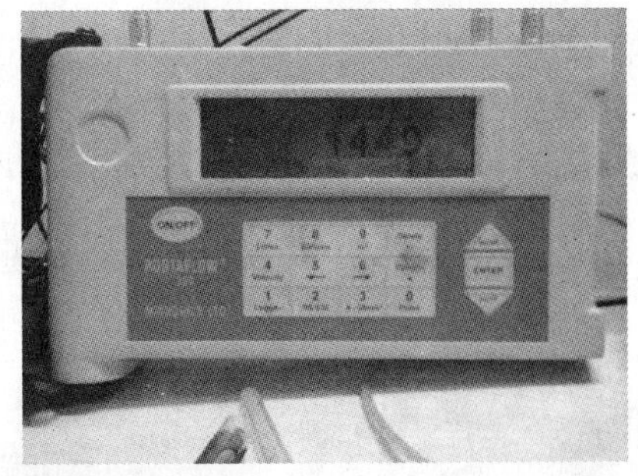

循环水流量测量（超声波流量计）

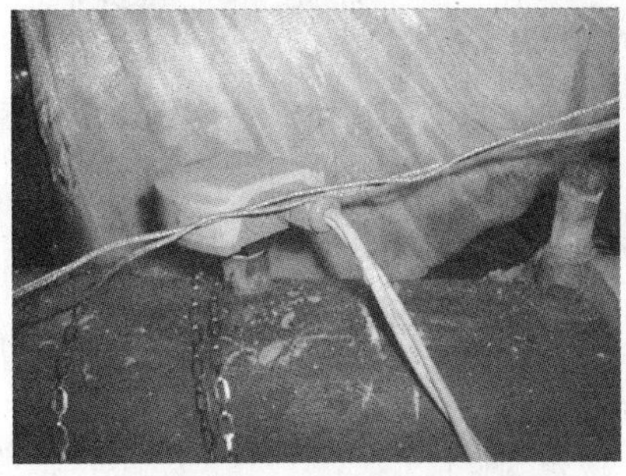

冷凝换热器阻力与进出口水温
（压力表与铂电阻温度计）

燃气参数测量（燃气表）

冷凝水量

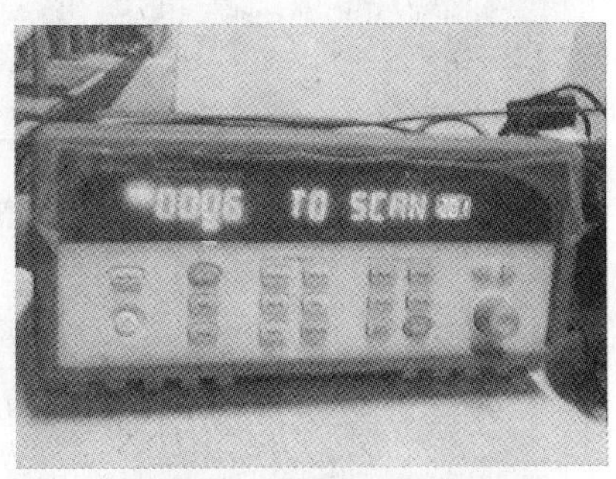

Agilent 数据采集仪记录仪

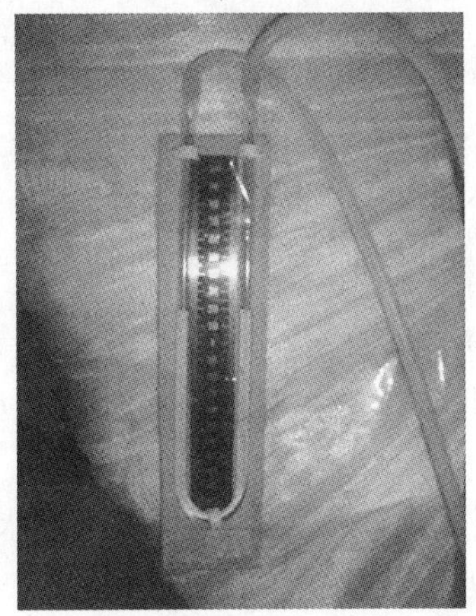

烟气侧阻力测量（U 形压力计）

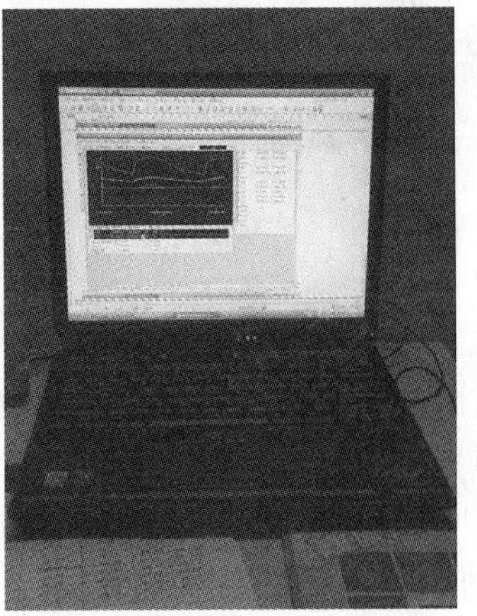

计算机实时监测与自动记录

图 9－20　现场测试仪表装置

2. 测试结果与分析

（1）本家润园小区直燃机房（图 9－21、图 9－22）

该小区直燃机房有三台直燃机组，其中两台安装了烟气冷凝装置。

图 9－21　本家·润园小区直燃机房图

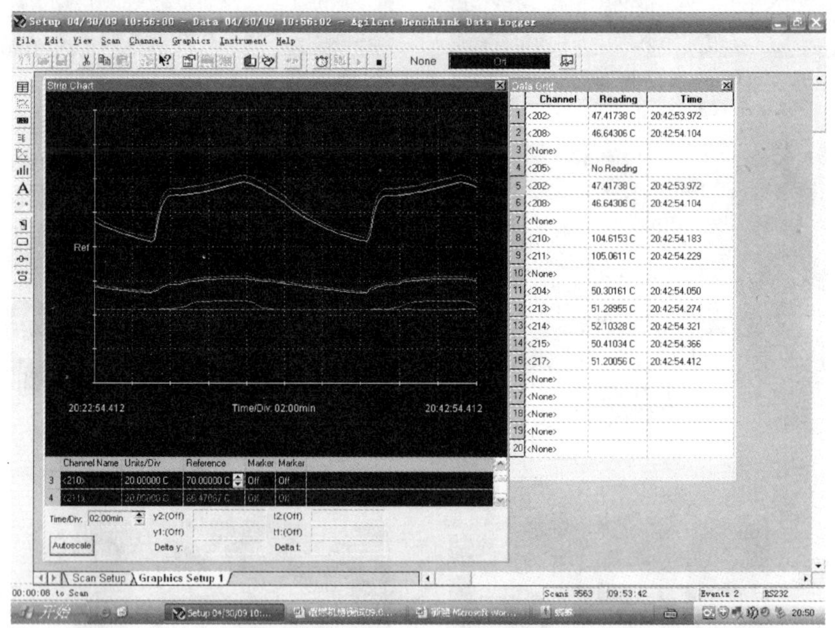

图 9－22　烟温与水温实时状态图

由测试结果可知：

1）该小区直燃机房在冬季作为该小区供暖期热源，在夏季作为冷源，同时全年提供生活热水。测试时期为过渡季节，该小区直燃机房只提供生活热水，运行方式为间歇式运行，直燃机组每 10 分钟启动一次，运行时间为 2 分钟。

2）安装完烟气热回收装置后，烟气温度可从 100℃降到 50℃以下，水温从 45℃升高到 49℃，烟气的热回收效率约为 8%以上，节能效果显著。在节能的同时，相应地减少了污染物的排放量。

（2）建银大厦锅炉房（图 9－23、图 9－24）

图 9－23　建银大厦锅炉房图

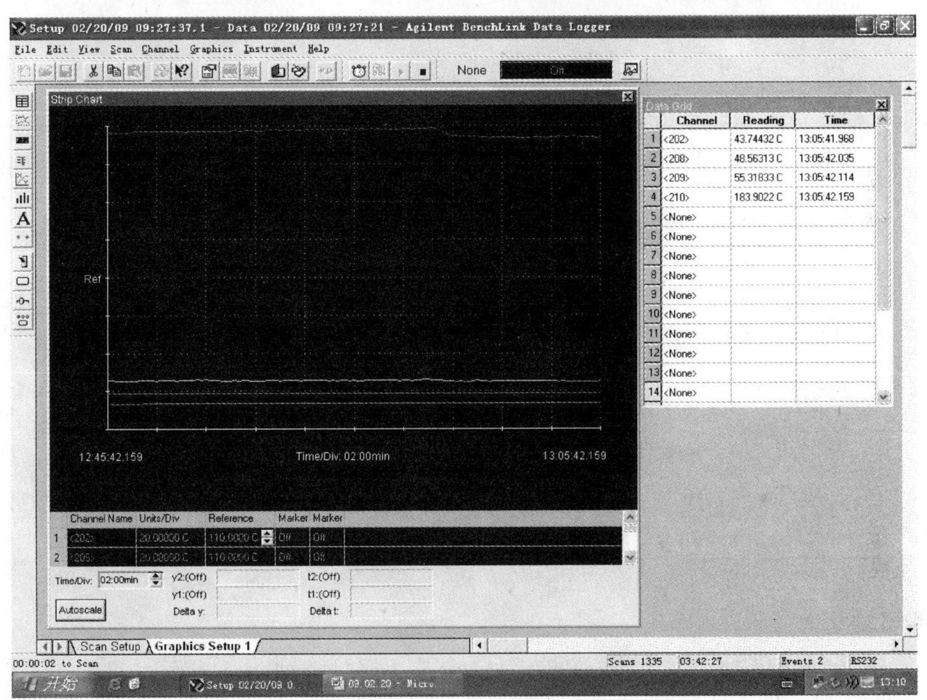

图 9－24　烟温与水温实时状态图

该大厦锅炉房有三台 2t/h 锅炉，其中一台安装了烟气冷凝热回收装置。

由测试结果可知：

1）该大厦锅炉房在冬季作为该小区供暖期热源，同时全年提供生活热水。

2）安装完烟气热回收装置后，烟气温度可从 170℃降到 55℃以下，水温从 42℃升高到 50℃，烟气的热回收效率约为 10%以上，节能效果显著。在节能的同时，相应地减少了污染物的排放量，而且锅炉每天能产生至少 1.2t/d 的烟气冷凝水。

（3）卢沟桥锅炉房（图 9－25）

该小区有三台锅炉，三台锅炉都安装了烟气冷凝热回收装置。

北京市卢沟桥小区锅炉房成功地进行了节能改造，该锅炉房采用了烟气冷凝热能回收装置，对其进行了测试，测试数据见表 9－11。

图 9 – 25　卢沟桥小区锅炉房图

该热回收装置部分测试数据　　表 9 – 11

进口烟气平均温度 ℃	出口烟气平均温度 ℃	水流量 t/h	进水温度 ℃	出水温度 ℃	凝结液量 kg/d·t	锅炉总效率 %	提高效率 %
142.9	44.9	14.7	30.5	34.3	1328	98.24	10.71
151.6	51.1	16.09	39.7	42.9	1068.1	97.81	9.55
147.5	50.6	15.96	37.1	40.6	1317.9	106.23	10.24
148.5	50.3	18.02	37.3	40.5	1343	99.15	10.26
150	50.1	20.11	37.4	40.3	1363.6	95.99	10.65
140.3	41.9	19.97	28	31.2	1587.9	93.75	11.46
141.7	46	16.16	32.9	36.4	1459	99.01	10.59
153.9	52.4	16.1	39.6	42.7	1182.3	98.09	9.01

由测试结果可知：

1）安装完烟气热回收装置后，烟气温度可从150℃降到50℃以下，烟气的热回收效率可达10%以上，节能效果显著。在节能的同时，相应地减少了污染物的排放，且每吨锅炉每天能产生至少1t的烟气冷凝水。

2）锅炉房节能改造时，可根据锅炉房的实际情况，结合锅炉与辅助设备的性能要求以及影响热能回收因素，正确选择烟气冷凝热回收装置与合适的节能方案，以充分回收利用锅炉系统余热和余压，经济有效地发挥烟气冷凝热能回收利用装置节能作用，最大可能地挖掘天然气利用设备节能潜力。

9.5.2　天然气锅炉房特点与影响回收率的因素分析

天然气锅炉包括热水锅炉与蒸汽锅炉，热水锅炉热用户主要为供暖用户和生活热用户，蒸汽锅炉用户包括生产热用户、供暖热用户和通风空调热用户及生活热水用户。不同用途的锅炉系统，热媒压力和温度及流量等参数不同，烟气的温度和流量，特别是水蒸气含量及余压不同，使得烟气热能回收潜力不同，热回收装置应用条件不同。根据所选热回收装置的不同和工程应用设计及运行条件方案不同，初投资和使用寿命及锅炉的实际热回收率也不同。

1. 锅炉的类型

蒸汽锅炉与热水锅炉相比，蒸汽锅炉内水在被加热过程中转变成蒸汽，不仅有显热交换且有潜热交换，热水锅炉水只有显热交换，锅炉供热量相同时，蒸汽锅炉的水流量比热水锅炉内的小得多。烟气热回收装置用于热水锅炉和蒸汽锅炉系统时，其可选择的水流量范围不同，如对于700kW蒸汽锅炉补水量约为1t/h，而对于热水锅炉则可达到40t/h，根据锅炉供、回水温差不同而不同，相差甚远。水流量不同会使得装置的传热温差不同和水侧对流换热系数不同。对同类型热回收装置，虽然水侧表面换热强弱对换热器传热系数的影响小于烟气侧，但水流量在如此大的范围变化，流动状态可从层流、过渡流直至变为紊流，因此，水侧对流换热系数的变化对换热器影响不可忽略。在水流量大时，水的温升小，有利于增大装置的传热温差，增强传热，且传热温差的变化比水侧对流换热系数的变化对传热的影响更大。但对于独立循环的水系统，需综合考虑水泵的能耗，达到系统综合节能。

蒸汽锅炉与热水锅炉相比，不仅水流量小，且频繁间歇运行，如空调用蒸汽加湿锅炉，还需要考虑热回收装置内水循环设计模式，以免干烧或过热。

工业用蒸汽锅炉排烟温度高，节能潜力大，但往往对水温有最高值的限定，以满足锅炉系统及辅助设备的特殊要求。

2. 锅炉烟气的温降及放热量

天然气主要成分为甲烷，根据天然气成分及混合用空气湿度的不同，烟气中含水蒸气量有所不同，水蒸气体积份额最高可达28%，其燃烧化学方程式为：

$$CH_4 + 2O_2 = 2H_2O + CO_2 + \text{热量}$$

由天然气燃烧化学方程式可以看出，每燃烧$1N \cdot m^3$的天然气大约可得到$2N \cdot m^3$的水蒸气，水蒸气的汽化潜热大约为燃气低热值的11%，这意味着当燃气燃烧每提供100kW显热时，同时也提供了11kW的潜热，利用冷凝热回收装置，可以将排烟温度降到烟气露点温度以下，不仅可以回收利用排烟显热，还可回收利用天然气燃烧时产生的大量水蒸气凝结时放出的大量潜热。

锅炉的排烟温降反映回收显热的多少，烟气中水蒸气含量和烟气凝结液量反映回收潜热的多少，即烟气放热量取决于烟气进出热回收装置的焓差。

（1）烟气进口焓与热回收潜力

进入热回收装置的烟气携带的热能可以用其焓值表示。焓值取决于燃气成分、燃气热值、燃气流量及空气中水蒸气含量及过剩空气系数等。不同地区燃气成分、热值不同；不同类型锅炉和相同类型锅炉，燃烧工况不同，空气过剩系数不同，燃烧产物不同，排烟成分和状态参数不同，特别是烟气中水蒸气含量和温度不同，其焓值不同，热回收潜力不同。

（2）烟气进出口焓差与烟气放热量

烟气温度降到其水蒸气分压力对应的饱和温度，即露点温度时开始凝结。在烟气凝结过程中，水蒸气分压力随着凝结不断降低，对应的饱和温度不断降低，每千克水蒸气凝结时放出汽化潜热不断增大，烟气质量流量随之不断减少，且汽化潜热的增大比烟气质量流量的减少快。因此，对同一烟气，其烟气温降不同，焓差不同，放出的热量不同；当烟气温度降相同，烟气进口温度不同时，烟气出口焓值不同，烟气放出总热也不同。

3. 进入烟气热回收装置的水温与水量

回收的烟气余热可以用于预热供热系统的回水、生活热水或其他用热水。

烟气热回收装置中的烟气与水的传热温差、传热系数、传热量、热回收效率均随着进水温度的降低和水量的增加而增加。进入热回收器水温越低越有利于增大传热温差；水量越大，水的温升越小，水的平均温度越低，也越有利于增大传热温差。水流量的大小还决定了热回收装置内水侧的流态，从而影响其换热规律。随着进水流量增加，水侧的扰动增强，提高了水侧的对流换热系数，进而提高了热回收装置的传热系数、回收的热量及余热回收效率等。

因此，在保证热回收装置水侧流动阻力不超过系统可利用的余压和系统其他方面不受影响的条件下，降低进入热回收装置的水温或增大水流量可以提高烟气余热的回收率。

4. 流动阻力与系统可利用的余压

烟气和水侧流动阻力是热回收装置设计与应用的两个重要参数。烟气和水在热回收装置内的流速越大，传热系数越高，但烟阻与水阻增加，设计和应用热回收装置时，宜将烟阻与水阻限定在系统可利用的余压范围内，即不增加动力与能耗，充分利用系统的余压，又节约改造的成本，并保证系统整体节能效果。

5. 烟气与流动方式

烟气与水之间可以有不同的流动方式，在有条件时采用逆流可以增大传热温差，且烟气自上而下有利于烟气凝结排除，减小凝结液膜厚度和液膜热阻，增强换热。反之，烟气自下而上流动，与凝结液逆向流动，使得已在低温下凝结的液体流到温度较高的换热面，要求换热面能够耐较高温液体腐蚀，并且会使得凝结液再次蒸发。

参考文献

[1] 范维唐．能源状况与发展趋势．发现・第二届中国科学家论坛专刊，2003.（2）：17－24.

[2] 佟阿思根．侯俊芝．中国能源消费现状及能源需求预测．内蒙古民族大学学报，1008－5149（2008）03－0083－03.

[3] 王亮军．中国能源战略及规划要点浅谈．科技情报开发与经济．2006. 54（16）：86－88.

[4] 国家发展和改革委员会．节能中长期专项规划．有色冶金节能，2005，22（2）.

[5] 江亿，付林．城市天然气采暖的新途径．TE65 1003－2355. 2001. 06－0008－05.

[6] 陆家亮．中国天然气工业发展形势及发展建议．天然气工业，2009，29（1）：8212.

[7] 郑得文等．国内外天然气资源现状与发展趋势．天然气工业，2008，28（1）：47249.

[8] 杨建红．中国天然气市场发展形势．当代石油石化，2005.

[9] 李洪．古全彬．燃气（油）锅炉司炉读本．银河出版社，2003：180－200.

[10] 胡真，陈小容．杭州德联科技有限公司供暖节能控制系统．德联公司出版，2006，（6）：5－8.

[11] 章兆淇．国外天然气发展的基本特点及启示．天然气经济，2005，21（4）：10－15.

[12] 车得福，亢艳滨，刘卫东，方胜．天然气锅炉极限热效率及排烟热损失分析．能源研究与信息，2001，17（4）.

[13] 雷素敏．小型燃气锅炉热能回收装置结构优化与应用研究．北京建筑工程学院硕士学位论文，2008.12.

[14] 北京市节能环保服务中心．2004年北京能源利用报告，2005.

[15] 李庆生，杨建红．2004年中国天然气行业发展综述．国际石油经济，2005.6.

[16] 马一太，杨俊兰，卢苇．天然气热电冷总能系统应用模式的探讨．能源研究与信息，2004，20(2)：86~91.

[17] 李慧君，王树众．冷凝式燃气锅炉烟气余热回收可行性经济分析．工业锅炉，2003.(02)：1-4.

[18] 王随林，傅忠诚，温治等．天然气供暖方式与天然气高效利用．供热制冷，2005.9：27-31.

尊敬的读者：

感谢您选购我社图书！建工版图书按图书销售分类在卖场上架，共设22个一级分类及43个二级分类，根据图书销售分类选购建筑类图书会节省您的大量时间。现将建工版图书销售分类及与我社联系方式介绍给您，欢迎随时与我们联系。

★建工版图书销售分类表（详见下表）。

★欢迎登陆中国建筑工业出版社网站www.cabp.com.cn，本网站为您提供建工版图书信息查询，网上留言、购书服务，并邀请您加入网上读者俱乐部。

★中国建筑工业出版社总编室　电　话：010—58337016

传　真：010—68321361

★中国建筑工业出版社发行部　电　话：010—58337346

传　真：010—68325420

E-mail：hbw@cabp.com.cn

建工版图书销售分类表

一级分类名称（代码）	二级分类名称（代码）	一级分类名称（代码）	二级分类名称（代码）
建筑学（A）	建筑历史与理论（A10）	园林景观（G）	园林史与园林景观理论（G10）
	建筑设计（A20）		园林景观规划与设计（G20）
	建筑技术（A30）		环境艺术设计（G30）
	建筑表现・建筑制图（A40）		园林景观施工（G40）
	建筑艺术（A50）		园林植物与应用（G50）
建筑设备・建筑材料（F）	暖通空调（F10）	城乡建设・市政工程・环境工程（B）	城镇与乡（村）建设（B10）
	建筑给水排水（F20）		道路桥梁工程（B20）
	建筑电气与建筑智能化技术（F30）		市政给水排水工程（B30）
	建筑节能・建筑防火（F40）		市政供热、供燃气工程（B40）
	建筑材料（F50）		环境工程（B50）
城市规划・城市设计（P）	城市史与城市规划理论（P10）	建筑结构与岩土工程（S）	建筑结构（S10）
	城市规划与城市设计（P20）		岩土工程（S20）
室内设计・装饰装修（D）	室内设计与表现（D10）	建筑施工・设备安装技术（C）	施工技术（C10）
	家具与装饰（D20）		设备安装技术（C20）
	装修材料与施工（D30）		工程质量与安全（C30）
建筑工程经济与管理（M）	施工管理（M10）	房地产开发管理（E）	房地产开发与经营（E10）
	工程管理（M20）		物业管理（E20）
	工程监理（M30）	辞典・连续出版物（Z）	辞典（Z10）
	工程经济与造价（M40）		连续出版物（Z20）
艺术・设计（K）	艺术（K10）	旅游・其他（Q）	旅游（Q10）
	工业设计（K20）		其他（Q20）
	平面设计（K30）	土木建筑计算机应用系列（J）	
执业资格考试用书（R）		法律法规与标准规范单行本（T）	
高校教材（V）		法律法规与标准规范汇编/大全（U）	
高职高专教材（X）		培训教材（Y）	
中职中专教材（W）		电子出版物（H）	

注：建工版图书销售分类已标注于图书封底。